西藏
果树生产技术

■ 谢东锋 朱振家 主编

中国农业科学技术出版社

图书在版编目（CIP）数据

西藏果树生产技术 / 谢东锋，朱振家主编 . -- 北京：中国农业科学技术出版社，2024.9. --ISBN 978-7-5116-7060-1

I. S66

中国国家版本馆 CP 数据核字第 2024777CX8 号

责任编辑	李 娜 朱 绯
责任校对	马广洋
责任印制	姜义伟 王思文

出 版 者	中国农业科学技术出版社
	北京市中关村南大街 12 号　　邮编：100081
电　　话	（010）62111246（编辑室）　　（010）82106624（发行部）
	（010）82109707（读者服务部）
网　　址	https://castp.caas.cn
经 销 者	各地新华书店
印 刷 者	北京建宏印刷有限公司
开　　本	185 mm×260 mm　1/16
印　　张	26
字　　数	545 千字
版　　次	2024 年 9 月第 1 版　2024 年 9 月第 1 次印刷
定　　价	98.00 元

――― 版权所有・侵权必究 ―――

《西藏果树生产技术》
编委会

主　编： 谢东锋　西藏职业技术学院

　　　　朱振家　西藏职业技术学院

副主编： 朱荣杰　西藏农牧科学院蔬菜研究所

　　　　秦　宝　西藏职业技术学院

　　　　邵妍丽　西藏职业技术学院

参　编：（按姓氏首字母为序排列）

　　　　郭东伟　西北农林科技大学

　　　　任军辉　西藏职业技术学院

　　　　孙福权　西藏职业技术学院

　　　　王国强　西藏职业技术学院

　　　　杨　瑞　西藏职业技术学院

　　　　张俊文　宝鸡市农业技术推广服务中心

顾　问： 左　力　西藏林业厅森林病虫害防治检疫站

主　审： 徐　炎　西北农林科技大学

前言

西藏是我国果树资源最为丰富的区域之一。由于果树新品种、新生产技术的引入得到重视，西藏果树生产技术得到很大提升。党的二十大以来，随着西藏社会经济发展水平的提高，西藏果树产业取得了长足发展，果树栽培面积和产量逐年增加，果品收入已成为当地果树产区农民的重要经济来源，在解决城乡就业、增加农民收入、提高人民生活水平等方面占有重要地位。

《西藏果树生产技术》是园艺技术专业核心课程，也是一门实践性很强的专业课程。学生通过该课程的学习，能够正确选择适合当地生产的果树种类和栽培品种，因地制宜进行果树建园，根据品种特点和生育进程进行整形修剪，根据园地状况和果树长势进行土肥水管理，根据栽培目标进行花果管理，根据采收要求进行合理采收。

本书从学生的兴趣和就业需求出发，是适合西藏职业教育的果树生产技术教材，填补了西藏地区因缺乏适合高原地区职业院校专业课程教材造成的不足，弥补了园艺技术专业课程国家统编教材的局限性。本书以理论教学"必需、够用"为原则，突出教材的适用性和应用性。实践教学部分力求阐明果树生产中的基本理论和基本生产技术，紧密联系西藏果树生产实际，体现高等职业教育教学体系的特点。全书共分4个模块，从西藏果树生产实际出发，进行果树识别，苗木繁育，生产基地建立，果园田间管理，针对西藏种植面积较大的树种如苹果、桃、葡萄、核桃，以及发展前景较好的树种如草莓、樱桃、杏、李等，全面介绍了果品生产全过程。教材编写过程中我们总结了多年教学经验和实践成果，吸纳了大量企业一线技术人员的生产经验，全书内容力求简洁、易懂、可操作性强，教学内容与生产任务无缝对接，教材更贴近西藏生产实际，更有利于西藏本土学生掌握生产技能。

全书编写分工如下：西藏果树生产概述、西藏苹果生产技术、西藏梨生产技术由谢东锋编写；观测果树树体结构和附录由秦宝编写；果树生长发育规律由任军辉编写；高标准果园建设由张俊文编写；果树苗木繁育由孙福权编写；果园田间管理由郭东伟、王国强编写；西藏桃生产技术、西藏樱桃生产技术由朱荣杰编写；西藏葡萄生产技术由杨瑞编写；西藏核桃生产技术由邵妍丽编写；西藏设施草莓生产技术、西藏李生产技术、西藏杏生产技术由朱振家编写。全书由谢东锋统稿。

在教材编写过程中，得到了西藏森林病虫害防治检疫站左力研究员的全面指导，西北农林科技大学徐炎教授、四川农业科学院园艺研究所谢红江研究员、西藏自治区农牧科学院代安国研究员、李艳锋副研究员、西藏职业技术学院廖云飞副教授、贾新社副教授等专家学者为本教材的编写提供了宝贵的意见和建议。同时，教材的部分内容引用了一些学者和同行的研究成果，在此一并表示衷心的感谢。受编者知识与实践水平所限，加之时间仓促，教材中疏漏之处敬请读者批评指正。

编 者

2024 年 7 月

目 录

西藏果树生产概述 ·· 1

模块一　果树生产基础知识

项目一　观测果树树体结构 ··· 18
　　任务一　识别果树种类 ·· 18
　　任务二　观测果树树体结构 ·· 19

项目二　果树生长发育规律 ··· 26
　　任务一　果树一年中生长发育规律 ·· 26
　　任务二　果树一年内树体营养变化 ·· 37
　　任务三　果树一生生长发育规律 ·· 41

模块二　果树生产基本技术

项目一　果树苗木繁育 ·· 46
　　任务一　建立苗圃 ·· 46
　　任务二　繁育实生苗 ··· 48
　　任务三　繁育营养苗 ··· 56

项目二　高标准果园建设 ··· 71
　　任务一　园址选择 ·· 71
　　任务二　果园规划设计 ·· 74
　　任务三　果树定植 ·· 78

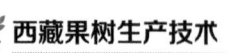

项目三	果园田间管理	82
任务一	土壤管理	82
任务二	施肥管理	87
任务三	水分管理	93
任务四	果树整形修剪	96
任务五	花果管理	105

模块三　西藏主要果树生产技术

项目一	西藏苹果生产技术	114
任务一	西藏苹果资源分布、种类及品种	115
任务二	苹果生物学特性	118
任务三	苹果栽培环境	121
任务四	苹果栽培管理	122

项目二	西藏梨生产技术	147
任务一	西藏梨资源分布、种类及品种	148
任务二	梨生物学特性	151
任务三	梨栽培环境	154
任务四	梨栽培管理	155

项目三	西藏桃生产技术	172
任务一	西藏桃资源分布、种类及品种	173
任务二	桃生物学特性	176
任务三	桃栽培环境	184
任务四	桃露地栽培管理	185
任务五	桃设施生产技术	192

项目四	西藏葡萄生产技术	203
任务一	西藏葡萄资源分布、种类及品种	203
任务二	葡萄生物学特性	207
任务三	葡萄栽培环境	210
任务四	葡萄露地栽培管理	211
任务五	葡萄设施生产技术	217

模块四　特色果树生产技术

项目一　西藏核桃生产技术 **226**
任务一　核桃主要品种与砧木识别 227
任务二　培育核桃砧木苗 236
任务三　核桃苗嫁接技术 242
任务四　核桃生物学特性 251
任务五　核桃周年栽培管理 256

项目二　西藏设施草莓生产技术 **285**
任务一　西藏草莓资源分布、种类及品种 286
任务二　草莓生物学特性 291
任务三　草莓栽培环境 298
任务四　草莓繁殖及育苗 300
任务五　草莓设施栽培技术 305

项目三　西藏樱桃生产技术 **314**
任务一　西藏樱桃资源分布、种类及品种 315
任务二　樱桃生物学特性 320
任务三　樱桃栽培环境 325
任务四　大樱桃露地生产技术 326
任务五　樱桃设施生产技术 335

项目四　西藏李生产技术 **344**
任务一　西藏李资源分布、种类及品种 345
任务二　李生物学特性 348
任务三　李栽培环境 352
任务四　李露地生产技术 354
任务五　李设施生产技术 363

项目五　西藏杏生产技术 **368**
任务一　西藏杏资源分布、种类及品种 369
任务二　杏生物学特性 373

　任务三　杏对环境条件的要求……………………………………………………375

　任务四　杏露地生产技术…………………………………………………………377

　任务五　杏设施生产技术…………………………………………………………387

附　录……………………………………………………………………………392

参考文献…………………………………………………………………………403

西藏果树生产概述

一、果树生产的意义

（一）果树及果树生产

果树为多年生植物，是能提供可供食用的果实、种子及其砧木的总称，是农业生产的重要作物之一。果树生产是指包括果树苗木的培育、果园的建立及管理，以及果实采收的整个过程。果树产业则是指果树生产及服务于果树生产的相关行业的统称，是集经济效益、社会效益和生态效益于一体的产业，包括果树育种、栽培、采收、果品贮藏加工、运输销售及技术服务等环节。发展果树生产，对合理利用土地、增加经济收益、改善人民生活和美化环境具有十分重要的意义。

果树生产的主要任务是生产绿色优质的果品来满足消费者的需求。随着人们生活质量和消费水平的不断提高，果树生产的状况发生了很大变化，由单纯追求产量向优质丰产迈进，由偏重果品经济效益向生产绿色无公害果品发展。要搞好果树生产，提高经济效益和社会效益，不仅要在果树栽培这个重要环节中考虑自然规律和经济原则，还要了解消费市场的信息以及相关的分级、包装、贮藏加工、运输、销售等诸多环节，只有从生产到消费的整个过程相互衔接，果树生产才能得到很好地发展。

（二）果树生产在国民经济和人民生活中的作用

果树生产是农业生产的组成部分，是农村经济收入的主要来源。发展果树生产，对增进农业产值，增加外汇收益，改善人民生活具有重要的意义。

1. 果品的营养价值

果实中含有丰富的营养物质，是人类营养的重要来源之一。如栗、枣、柿等果实中含有大量糖类，可以代替粮食；核桃、榛子、山杏等，含有较多的脂肪和蛋白质，是宝贵的油料来源。此外，果实中还含有人体营养不可缺少的铁、磷、钙等矿物质和有助于消化的果酸、单宁和芳香物质以及多种维生素。

随着我国国民经济收入的增加和人民生活水平的不断提高，我国的食品结构也正在发生变化，粮食消费量的比重逐渐下降，畜产品、果品、蔬菜的消费水平日益提高。过去偏重谷类的食品结构，正在向谷、果、肉、菜全面发展的均衡食品结构发展，其中果品所占的比重将日益增加。

2. 加工制品及其用途

果品除鲜食外，还可制成果酒、果汁、果酱、果干、果冻、蜜饯、罐头、果脯、果粉等，可以促进食品工业的发展。某些果实的加工制品以及果皮、果心、果核、种子等副产品或残渣为原料，可以通过综合利用，提取或制成各种产品。如核桃、石榴的果皮可提取单宁；橘皮可提炼香精油，柑橘、苹果、梨、山楂的果皮、果渣是很好的果胶原料，葡萄渣的应用领域遍及食品、医疗、化工及饲料，如葡萄果渣通过添加糖浆可以酿造桃红葡萄酒。

3. 果品的医疗保健作用

许多果品还具有医疗价值。我国古代医书《黄帝内经·素问》曾提到："肝色青，宜食甘，粳米牛肉枣葵皆甘。心色赤，宜食酸，小豆犬肉李韭皆酸。肺色白，宜食苦，麦羊肉杏薤皆苦。脾色黄，宜食咸，大豆豕肉栗藿皆咸。肾色黑，宜食辛，黄黍鸡肉桃葱皆辛。"明代医学家李时珍撰著的《本草纲目》是集我国古代药物大成的一部科学巨著，其中包括果树近60种。经过近年研究和临床应用，果品的医疗保健作用得到科学的证实，正在付诸应用。如：橘皮有健胃祛风之效；山楂可降低胆固醇、降血压、防治冠心病；苦杏仁对消炎止咳有一定疗效等。葡萄汁、葡萄酒的活性成分白藜芦醇可以保养皮肤，对心脑血管疾病具有一定保健作用。

4. 发展商品经济，提高农民收入

果树生产与农业多种经营互相依赖，相互促进。幼年果树可间作其他作物，栽培果树需要大量有机肥料，可促进畜牧业发展，有些果园需要营造防风林，可促进林业发展，许多果园栽植授粉树，需昆虫授粉，可刺激养蜂业的发展。

我国果树栽种一般在丘陵、山区、沙荒、河滩、盐碱地等，其产值比一般大田作物高出数倍。因此，果树已成为许多地方农村经济收入的主要来源，有些果树集中产区，已实现脱贫致富。

果品及其加工品也是外销出口的重要商品，可以换取外汇支援经济建设。

此外，发展果树生产还可以绿化城乡，美化环境，改造自然，减轻污染，有益于人体健康。

（三）西藏发展果树生产的意义

果树产业的发展是实施乡村振兴战略的重要物质基础，是推进治边稳藏、加快西藏社会经济发展的迫切需要，是实现富民兴藏、促进乡村振兴的重要抓手，是建设美丽西藏、促进生态宜居的重要保障。西藏地区独特的自然资源优势为果树产业的发展提供了得天独厚的优势条件。近年来，随着西藏社会经济的跨越式发展，西藏人民的生活水平也在稳步提升，在国家的扶持下，西藏地区果树栽培的规模逐渐扩大，主要产区有米林、朗县、察隅、墨脱、察雅、芒康、八宿等市县。

果树发展壮大了集体经济，涌现出许多示范种植村，部分地区苹果、核桃等已是当地创汇的重要商品，许多农户靠果树生产、庭院果树或果品经营致富。果品作为重要的加工原料，促进了乡镇企业的发展，果品营销同时也带动了包装、贮藏、运输、零售业的发展。

二、果树生产的特点及现状

(一) 果树生产的特点

果树是一种经济作物,与其他的经济作物相比具有以下特点。

果树主要是多年生草本、木本植物,果树不仅具有春花秋实的年周期变化,还要受到相对复杂的生命规律的支配,对环境条件和栽培技术的反应有时效性和持续性的累积效应。果树长期在固定地方生长,加大了土肥水管理和病虫害防治的难度。

在年周期中同时存在营养生长和生殖生长,果树不仅需要制造同化营养物质来满足当年的萌芽、开花、结果,还要同时进行花芽分化和贮备营养,为第二年的正常生长奠定良好的基础。果树营养生长和生殖生长的这种多重性,就需要在生产中调节供需关系和缓冲供需之间的矛盾,避免引起各种生命活动的生理失调。

果树生产技术性强,精细化管理程度高,目前我国的果品主要以鲜食为主,果品质量直接关系到消费者的健康,因而生产时至少应达到国家无公害果品生产要求,这就要求生产的各个环节必须严格执行标准,再加之果树种类、品种丰富以及不同的商品需求,只有采取精细的管理技术,才能满足消费者的多种需求,从而实现果品的最大商品价值。

果树栽培中矮化密植逐渐普及,有的果树外形较高大、生长周期较长、对生长环境的要求也较为严苛,不利于开展果树规模化种植。通过品种矮化或者使用矮化技术,将原本高大的果树有效缩小,即为矮化密植技术。矮化技术能够提高单位面积内种植果树的数量,有效提高土地利用率,提高果树栽培经济效益。以苹果种植为例,一般来讲乔化苹果普遍树体高大,结果较晚,4~5年进入初果期,10年后才能够进入盛果期;若采用矮化密植技术,果树的结果周期会明显缩短,2~3年即可开花结果,6年左右进入盛果期。矮化密植对于果树种植业具有较大的意义,一方面,矮化密植能够提高对光照的利用效率,提升果树产量;另一方面,矮化密植能够有效减少种植人员在修剪果树枝条等果树日常管理工作方面的投入,提高工作效率。

果树繁殖,以无性繁殖为主。果树的繁殖技术包括无性繁殖和有性繁殖两种方式。无性繁殖速度快,树体性状稳定,适合扩大种植规模;有性繁殖能够保持较高的遗传多样性,适应环境变化。常见的无性繁殖方法有嫁接、扦插、压条、离体培养等,果树栽培过程中种苗生产主要以无性繁殖为主。

(二) 我国果树生产现状

目前,我国已成为果树产业第一大国,果品贸易在世界果品市场上占有重要地位,尤其是对促进山区经济发展以及生态环境保护具有特别的意义。随着我国人民生活水平的提高,我国果树产业的发展也取得巨大成就,年产值约1万亿元,从业人口1亿人左右,果树种植面积和产量居世界首位,人均果品占有量达195 kg。果树产业的发展促进了我国

一、二、三产业的繁荣，果树的文化与休闲功能日益突出，近年各地城郊休闲观光果园迅速发展。果树产业在我国农业产业发展中占有十分重要的战略地位，对促进农村经济发展意义重大。

据国家统计局最新公布的统计数据，2021年我国水果（含西瓜、甜瓜和草莓）生产继续保持稳中有增的态势，面积和产量分别较2020年增加了16.17万 hm² 和 1 277.84 万 t，分别达 1 280.80 万 hm² 和 29 970.20 万 t（不包含港澳台地区的数据），增长幅度分别为 1.28% 和 4.45%；与 10 年前的 2012 年相比，面积和产量分别增加了 181.83 万 hm² 和 7 878.70 t，增长幅度分别达 16.55% 和 35.66%。

当前，我国水果面积和产量居前6位的树种分别是柑橘、苹果、梨、桃、葡萄和香蕉（表1），果业已成为我国农业的重要组成部分，在种植业中种植面积、产量和产值仅次于粮食、蔬菜，排在第三位。果业在保障食物安全、生态安全、人民健康、农民增收和农业可持续发展中的作用日益凸显，是促进乡村振兴的重要支柱产业之一。

表1 我国主要果树种植面积及产量（2022年国家统计局）

果树	面积 / 万 hm²	占比全世界 /%	产量 / 万 t	占比全世界 /%
柑橘	299.581	29.42	6 003.89	28.56
苹果	195.577	43.39	4 757.18	49.37
梨	91.497	73.57	1 926.53	70.13
桃	82.31	54.70	1 600.00	64.01
香蕉	32.685	64.65	1 177.68	93.81
葡萄	70.511	8.62	1 537.79	15.23
草莓	147.45	—	398.16	—
西瓜	1 484.82	—	6 302.31	—
甜瓜	380.76	—	1 386.79	—

（三）西藏果树生产现状

西藏位于我国西南边陲，青藏高原主体的西南部，面积约 120 万 km²。地域辽阔，生态类型多样，果树种类较多，分布分散。西藏果树主要集中分布在林芝、昌都和山南等地区，日喀则和拉萨两地市也有少量分布。林芝是全区最集中的果品生产区，昌都地区次之。目前西藏有苹果、核桃、梨、桃、柑橘等主要果树种类，截至 2022 年西藏果树总面积约 0.561 万 hm²，总产量 3.14 万 t（表2）。

目前，西藏果树产业发展还处于初级阶段，果树品种结构的不合理，种植管理粗犷，思想观念陈旧僵化，生产模式和经营方式较为落后，大多数产区仍以传统栽培模式为主。现代化程度低，缺少系统配套、先进实用的果品生产技术标准体系，技术集成应用差。由于生产标准化程度低，果品质量或商品性普遍较低，市场竞争力差。深加工企业较少，以出售初级产品为主，并面临着树体老化严重、产业化发展滞后和品牌意识淡薄的挑战。只有利用和发展好西藏地区独特的自然资源，以及不同于其他省份果树产业的特色，攻坚克难，把握机遇，直面挑战，这样才能保障西藏地区果树产业发展。

表 2　西藏主要果树面积及产量（2022 年国家统计局）

果树	面积 / 万 hm²	产量 / 万 t
总数据	0.561	3.14
苹果	0.228	0.73
梨	0.028	0.17
桃	0.103	0.3
香蕉	0.007	0.06
葡萄	0.095	0.41
柑橘	0.023	0.07
西瓜	0.017	0.63
甜瓜	0.001	0.04
草莓	0.011	0.33

三、西藏果树生产存在的问题

（一）果树栽培环境条件较差

西藏地区高海拔生态类型多样，气候因子变化较大，果树适生区气温较低、年较差较小、日较差较大、降水量较少、日照充足、空气稀薄、透明度好等为果树产业的发展提供了独特的空间。但高原高寒、干旱等气候条件限制，无霜期短，也为果树的发展带来较多的限制因子。

西藏大多数果园建在河谷冲积土地带，土层厚度一般在 40～80 cm，多为砂壤土，有机质含量为 1.5% 左右。有相当一部分果园土壤砂性大，还有一部分果园是建在河滩卵石上，有机质含量低，漏水漏肥。

（二）盲目引进新品种

西藏果树生产起步较晚，前期果树品种大多引进区外品种，这些新品种对丰富西藏本地果树生产起到了至关重要的作用。但新品种是在一定的地理、气候条件下培育出来的，不同的地理、气候条件对果树的生长影响较大，由于西藏独特的自然气候条件，盲目引进新品种后不适应西藏当地生态环境，结果表现和原培育地有较大差异。适合西藏当地发展的丰产优质并且与市场需求相适应的果树品种，才是适合发展的品种。西藏自治区昼夜温差大，有利于有色系果品上色及糖分的积累，如红富士苹果外观颜色、光泽度及可溶性固形物含量均高于区外产地,但西藏全年温度较低,积温不够,晚熟型果树在西藏不能成熟。盲目引进晚熟型果品导致栽培失败的例子很多。

(三)栽培管理技术落后

果园缺乏技术指导,县乡两级基层专业推广技术人员缺乏,果树栽培技术培训很少,先进的栽培技术推广力度不够,不能满足果农对技术指导的需求。水肥一体化、省工省力栽培、果园机械化推广力度不够,果园施肥及树体管理不善,树形结构不合理,老果园基本不进行修剪,栽植时间越早的树形越差。积极发展果树现代栽培模式,充分利用矮化砧木育苗建园,即矮砧栽培、宽行密植,以及自由纺锤形整枝、水肥一体化等与省力化的机械化作业相配套,减少劳动力,提高工作效率,降低生产成本。传统的栽培管理模式种植理念和栽培技术不仅费工费时增加了劳动成本,而且所生产的果实品质不能满足现在市场需求,即使丰产也达不到生产优质高档安全果品的目的,造成丰产不增收。

(四)果树病虫害严重

近年来,随着西藏产业结构的调整和果树种植面积的迅速扩大,果树种类不断增多,但受果树种苗大量引进、栽培管理技术滞后等的影响,果园病虫害种类、发生、发展呈现出日益加剧的态势,外来病虫害也逐渐增多,已成为威胁全区果树产业安全的主要因素之一。由于引种过程中基本没有进行严格检疫,且农药及药械的购置、供应、运输困难,出现病虫也束手无策,无力防治,树势衰弱,抗病虫害能力较差。如林芝雨水多、湿度大,苹果棉蚜、白粉病、腐烂病、锈病、早期落叶病较为严重。苹果棉蚜在林芝地区苹果树上发生较为严重,部分果园危害株率在60%以上;苹小食心虫在山南、林芝、昌都等地普遍发生,尤其在以'黄香蕉'品种为主的昌都八宿县虫果果园较为严重,虫果率达40%。苹果斑点落叶病在山南、林芝、昌都等地苹果树上普遍发生,平均病叶率为40%,以郁闭、通透性差的果园发生严重。苹果白粉病在山南、林芝、昌都等地普遍发生,以幼苗和扦插枝上较严重,平均发病率为40%。桃褐斑穿孔病在拉萨、山南、林芝、昌都等各调查区均有发生,整体为严重发生,其中林芝、昌都发生较重,在3~5年生树上尤为严重,最高病株率在85%以上,病叶率达60%。桃缩叶病在山南、林芝、昌都等地普遍发生,平均发病率为30%,在林芝个别果园内3~5年生桃、油桃上发病率可达55%。核桃黑斑病在山南、林芝、昌都等核桃种植区普遍发生,常见于5~8年生核桃树上,平均发病率为30%。

(五)品种结构不合理

近年来尽管西藏果树生产者已经对果树种植的类型进行了调整,市场上果品的种类选择也趋于多样化,但总的来看,西藏果品的种类比例仍然存在不合理的地方。如苹果产业仍处于发展的初始阶段,主要以黄、红元帅为主,品种单一,基本上为20世纪六七十年代种植的，近几年苹果树体老化、品种落后的现象十分突出，主产区主要集中在林芝市米林农场、强嘎果园、昌都部分地区、雅鲁藏布江流域两岸一带及驻军部队小范围种植，且规模小、管理粗放等问题较严重。梨树主要是20世纪60年代引进的苹果梨、巴梨、斯梨，还有栽培历史超100年的乌梨。桃主要为'夏金康布''北京一号''早熟桃'等老品种。这就造成了单一的水果在销售时其价格难以控制，常会出现价格偏低，农户经济效益受损的情况，且该系列苹果难以贮藏，长途运输困难，货架期较短，商品价值低。在果树种植类型比较单一的情况下，其市场的竞争力也相对衰减，使得果树生产种植呈现出不合理的发展趋势。

（六）采后贮藏保鲜水平低

由于缺乏统一的整体规划，致使园区道路交通、仓储、冷链等基础设施薄弱，果园基础设施配套不到位，鲜果储藏水平相对落后，季节性水果很难做到全年销售，于是就出现了一地产果，运输到各地销售的情况。但在这种情况下，果品在运输过程中，运输车辆临时的保温和保湿措施不到位，从而导致果品的腐烂和损耗等情况严重。即便是果品在运输过程中没有腐烂和损坏，在经过长时间的运输和反复的搬运后，其口感已经大大降低，影响了果品的质量。

四、西藏果树生产的发展方向

现阶段西藏果树产业正处于一个转型发展期，"十四五"时期西藏果树产业发展主要方向：一是稳定、二是调整、三是提高。稳定：即稳定面积，划定优势区，发展适宜区，保持现有面积基本稳定和适度规模；调整：调整树种和品种结构，突出特色和多样性，推广现代高效栽培模式和经营管理方式；提高：即提高产品质量、效益和市场竞争力。

（一）发展适宜区，做强优势区，保持果园面积基本稳定和适度规模

以藏东南、藏东为优势区域，以生态保护为前提，凭借独特高原气候优势，发展具有藏区特色的优质果类品种及其加工产品，形成以藏区及其旅游消费市场为主体的消费市场，积极争取拓展内地与边贸市场的生产格局。

根据西藏果业生产基础，林芝地区的朗县、米林、林芝、察隅、墨脱、米林农场，山南地区的乃东、加查，昌都地区的察雅、八宿、左贡、芒康为西藏果树优势区域。

（二）提升栽培技术，发展西藏现代果树产业

依靠科技的进步来发展和壮大西藏果树产业。果树栽培过程中，要不断积累优质果树的种植经验，将果树的优良品种改进作为重中之重，培养优质的果品以满足生产和消费的需要，提升果树管理手段和病虫害防治技术，加强果品的贮藏、运输等技术的引进，以进一步提高果品的价值。

（三）以市场为导向，调整种植范围和种植类型

西藏果树的发展必须以市场经济为导向，果树的发展必然要通过市场来进行调节，使其能够适应未来市场的需求，在区内区外市场上谋求一席之地。逐渐形成果树的生产和科技成果的产业化，并且能够在发展的过程中逐步建立起密集化的企业。引种之前做好前期调研及试验，防止盲目引种，果树生命周期长，在对果园进行改造的同时，还应该对果树的品种进行改进，在西藏果树引种过程中除强调果树的适应性外还须特别重视选择良种，尤其是与果品口感、色泽、营养等有关的品种种性。

（四）改变种植模式，提高单产和品质

利用西藏当地的自然环境，探索优质果品的集中种植模式，建立果树商品种植基地。在果树的种植过程中，逐步向股份合作制等规模经营模式转变，在农村社会服务体系中，完善果树在生产前后的流通和销售渠道，实现农工商的三位一体协同发展。加强果树生产经营管理，生产具有高原特色的优质、绿色、高档果品，提高果品的附加价值，提升西藏果品在本地市场上的竞争力。

五、中国果树区划

以中国自然地理特点及果树对生态条件的适应程度为依据，而划分的果树带或生产区域。是中国农业区划的一个组成部分。中国农业地理条件具有极大的差异性，果树生产不仅受自然因子所制约，同时，也受人为的改造、调整和控制所影响。通过全面评价各地自然条件、经济条件，分析各地果树生产的历史和现状；比较各地发展果树生产的有利与不利因素、特点、生产潜力与问题，遵循农业区划的理论和方法，才能科学地制定果树区划或主要果树生产区域。

正确的果树区划，揭示了果树与自然条件之间的依存关系，是调整果树发展结构与布局，建设果品生产基地，开展果树引种和品种选育以及制定果树规范化生产技术措施的重要科学依据。因而，对于果树生产的发展，以至果树科研方面都有非常实际的重要意义。

（一）区划的原则

果树区（带）的划分要综合考虑自然条件、社会条件及果树诸方面的因素。主要依据以下几方面。

一是果树生产条件的相对一致。如地理位置（如纬度、海拔高度等）类似，生产技术水平的相近。

二是自然生态条件的异同。综合考虑土壤、水分、温度、光照、大气等条件。特别是要考虑到水、热资源的季节性变化，对果树生长期长短、越冬性及花芽分化等生物学特性、产量、品质的重大影响。

三是果树生产的特点，发展方向和关键措施的相对一致。

四是照顾到县（市）级行政区划的基本完整。此外，由于地理上的连续性，在进行区划时，相邻地区常有重叠的情况，允许有不典型地带的出现。

进行区划时除综合考虑全部生态条件的综合效应，以及这种综合效应与果树之间的协调关系之外，还要考虑果树的组成、结构、更替和适应性。以及技术水平、社会条件、种植历史等因素。

果树区（带）的命名是以适应范围和果树类别的二段命名法。中国自然果树区（带）以适应范围和果树类别的二段命名法可划分为 8 个果树带。

（二）中国果树带

1. 耐寒落叶果树带

位于中国东北部，介于 41°N ～ 50°N，即沈阳以北至黑龙江的黑河。年平均气温 0.5 ～ 7.3 ℃，1 月平均气温 -23.5 ～ -13.0 ℃，7 月平均气温 22.8 ～ 24.9 ℃，绝对最低气温 -45.2 ～ -33.1 ℃；年降水量 472.7 ～ 729.9 mm；无霜期 125 ～ 150 d。生长期内的水、热条件均可满足一般落叶果树生长结果的要求，但生长期短，休眠期中气温与湿度太低，对果树越冬十分不利。

主要果树为：小苹果、秋子梨、李、杏、山楂、榛子、越橘、山葡萄、树莓、醋栗、穗醋栗等。在小气候较好的地方，可匍匐栽培苹果，防寒栽培葡萄。根据此带的自然条件，其南部可发展秋子梨、小苹果、山楂、李及杏；其北部可发展小苹果、李、树莓、醋栗、草莓、越橘、山葡萄等。在栽培上注意防寒并选育抗寒优质品种。

2. 干旱落叶果树带

位于中国北部，包括内蒙古自治区、新疆维吾尔自治区、河北承德、怀来及北京怀柔以北，宁夏回族自治区吴忠、甘肃兰州、青海西宁以北地区。界限内年降水量一般低于 300 mm，很少有超过 400 mm 的地方；年平均气温 6.9 ～ 10.8 ℃，1 月平均气温 -12.6 ～ -6.2 ℃，7 月平均为 18.7 ～ 27.2 ℃（吐鲁番为 32.7 ℃），绝对最低气温为 -31.8 ～ -22.5 ℃，绝对最高气温为 38.0 ～ 48.1 ℃；无霜期 150 d 以上。

分布最广的果树为杏、梨，其次为沙果、槟子、海棠，再次为葡萄。此外，桃、苹果、洋梨、李、核桃、枣、石榴、无花果、扁桃和阿月浑子等也有一定数量的栽培。新疆伊犁地区至今尚有苹果、核桃、杏的野生林。因此在新疆可因地制宜发展各种落叶果树，并可作为葡萄干及仁用杏生产基地。河西走廊和青海湟水下游民和、尖扎地区等可发展仁果类果树。

3. 温带落叶果树带

中国最大的果树生产区域，主要落叶果树均在此带内集中生产。其界限在干旱落叶果树带和耐寒落叶果树带以南，青藏高原落叶果树带以东，南沿为 33°30′N，即大致位于秦岭、淮河以北。包括辽宁南部、西部，河北、山东、山西、甘肃、江苏和安徽部分、河南中、北部，陕西中、北部以及四川西北部。年降水量自郑州向西，其南界，大约与 750 mm 等雨量线相合；西北部偏少，如山西清徐为 450 mm 左右；东南偏高，江苏赣榆 952.6 mm，多数在 600～700 mm。年平均气温 10～15 ℃，1 月平均气温为 -7.6～0.5 ℃，7 月平均气温 23.6～29.7 ℃，绝对最低气温为 -29.5～-15 ℃；无霜期 200 d 左右。光、热资源丰富，冬季冻害较少。

栽培最多的果树为：苹果、梨、枣、柿、葡萄、杏、桃、板栗、山楂等；核桃、石榴、银杏、樱桃等也有较多栽培；落叶果树的资源也极丰富。在利用老基地、开辟西北黄土高原、西南高山地带继续发展苹果生产的同时，在沿海宜大力发展甜樱桃、洋梨、无花果、草莓等水果；华北平原及黄河故道的沙荒碱地可发展梨、枣和葡萄；山区则宜发展板栗、核桃、杏、柿等干果；交通方便、城市、工矿、郊区可发展桃等多种水果。

4．温带落叶、常绿果树混交带

由温带落叶果树带向南，至 30°N 线左右。其南界东起浙江钱塘江，西经江西上饶、南昌，湖南岳阳，沿长江西北行至湖北宜昌，再西经四川苍溪、茂县，而至汉源一线。年平均气温为 15.0～18.6 ℃，1 月平均气温 0.3～5.1 ℃，7 月平均气温约 28 ℃，绝对最低气温 -13.8～-5.9 ℃；平均年降水量 1 000 mm 左右（689.5～1 320 mm）；无霜期 250～300 d。

本带内仍以落叶果树为主，主要树种有：桃、梨、枣、柿、李、樱桃、板栗、石榴等，苹果、山核桃也有少量生产栽培。此外，还有部分常绿果树：如柑橘、梅、枇杷、杨梅、香榧等。重点可发展桃、柑橘、李、梨、樱桃等果树，柑橘应选择小气候温和地区并选用抗寒品种，桃应逐步转向以加工品种为主。

5．亚热带常绿果树带

常绿果树的重要生产基地。位于落叶、常绿果树混交带以南，东起台湾的台中向西经福建的泉州、漳州，再经广东潮汕、佛冈至广西梧州、桂平，西至云南开远、临沧，南界大致在 23°N 左右。年平均气温 17～22 ℃，1 月平均气温不低于 4 ℃，7 月平均气温约 28 ℃，绝对最低气温一般为 -4～-3 ℃；年降水量为 1 500 mm 左右；无霜期 300～350 d。

本带内，亚热带常绿果树最丰富，大宗为柑橘、龙眼、荔枝、枇杷、橄榄和杨梅；热带果树如菠萝、香蕉；落叶果树中沙梨、枣、柿、李、板栗等均有少量栽培。可进一步发展成为中国甜橙主要生产基地，荔枝、龙眼也宜相应发展。

6．热带常绿果树带

中国境内 23°30′N 线以南各地，包括台湾、海南及南海诸岛。年平均气温在 21 ℃ 以上，1 月平均气温 13.5～17 ℃，7 月平均气温约 28 ℃，绝对最低气温不低于 -1 ℃；年降水量 1 500～2 100 mm；全年无霜。

本带主要栽培热带果树，以香蕉、菠萝为主，尚有番木瓜、杧果、树菠萝、黄皮、番荔枝、椰子、人心果、油梨、韶子（红毛丹）等少量栽培。发展重点为菠萝和香蕉。

7. 云贵高原落叶、常绿果树混交带

以贵州全部、云南绝大部分（西双版纳傣族自治州以北），以及四川凉山州。海拔一般在1 500～2 000 m。各地气候条件和果树分布明显受海拔高度的影响，表现出垂直分布规律。一般在海拔800 m以下的河谷地带，气温高、终年无霜，雨量充沛，栽培着热带果树，如香蕉、菠萝、杧果、椰子、番荔枝、番木瓜等果树；800～1 000 m地带为亚热带果树栽培区，有柑橘、荔枝、龙眼、枇杷、石榴；海拔1 300 m以上则为温带落叶果树，如苹果、梨、桃、李、核桃、板栗等，往往同一县内可栽培热带、亚热带及温带果树。此带云、贵、川三省交界的1 500～1 800 m地带在发展优质苹果方面有一定的潜力，梨及桃也可适当发展；其他低海拔地带则以发展柑橘、香蕉、菠萝、荔枝等为主。

8. 青藏高原落叶果树带

位于中国西南边陲，包括西藏全部、青海绝大部分和四川甘孜州，海拔多数在4 000 m以上，为高寒草原区，气候寒冷、干燥。有野生的光核桃等少量果树。大部栽培果树主要分布在青、藏的河谷地带，栽培着少量的苹果、桃、核桃、李、杏等。西藏东南部2 000 m以下低海拔的河谷中，还有少量亚热带和落叶果树栽培，如柑橘、梨、枇杷、石榴、葡萄等。其中核桃、早中熟苹果、桃、杏等果树有一定发展潜力。

六、西藏果树区划

西藏是热带、亚热带常绿果树和温带落叶果树的交会地带，西藏自治区内山河交错，气候复杂多变。既有热带、亚热带气候，又有温带、寒温带气候。

（一）西藏果树分布的影响因子

1. 温度

果树的生长受气候、地貌、土壤及其他各种自然因素的影响和制约。高原温带和高原寒温带的分界线，即为西藏果树的南北分界线。该线东南部海拔低于4 100 m，年平均温度大于4 ℃，>10 ℃以上年积温大于1 500 ℃，>10 ℃以上年日数大于50天，最暖月平均气温高于13 ℃，能满足果树的生长发育。而该线西北部，海拔高于4 100 m，年平均气温低于4 ℃，>10 ℃以上年积温低于1 500 ℃，>10 ℃以上年日数小于50 d，最暖月平均气温低于13 ℃，无霜期短，不能满足果树的生长发育，几乎没有果树资源分布。这与西藏果树的纬向地带性分布和垂直地带性分布有很大的相似性。

2. 降水

降水也是影响果树分布的一个限制因子，降水的地带性变化与日照、土壤、植被等多种自然因子的地带性变化之间有一定的相关趋势。降水的地带性变化，影响果树类型随之发生相应的变化。降水不仅影响果树的分布，还影响产量、质量和树体的生长发育。大多数研究证明，果树一般每年需水量为1 200 t/亩，折合降水量为180 mm，而果树实际吸

收量为天然降水量的1/3,则每年需水量为540 mm。当年降水<450 mm时,表现为严重干旱,新梢发育不良,产量和质量明显下降;>860 mm时,苹果、梨等常表现为着色不良,果锈严重,风味淡,花芽不够充实,产量和质量较低。因此,以200 mm、500 mm、800 mm年降水量作为区分干旱、半干旱、半湿润和湿润的指标,基本可以反映西藏果树的经向地带性分布特征。

(1)200～500 mm年降水等值线,如昌都、拉萨、江孜、日喀则等地,为西藏果树分布的半干旱地区,水量条件较差,影响果树的生长发育。

(2)500～800 mm年降水等值线,如林芝市巴宜区、米林市、朗县等地,为西藏果树半湿润地区,水利条件较适宜,有利于落叶果树的栽培,是西藏的主要果树栽培区。

(3)800 mm年降水等值线东南角,为西藏湿润地区,适宜栽培耐湿抗病的落叶果树和亚热带果树。

3．其他综合因素

果树自然条件诸因素是综合的,相互影响、相互制约的。因此,除果树气候条件外,还应综合考虑其他各种自然条件和社会经济条件。

(1)地形地貌

地形地貌是影响果树生长的长期而稳定的因素,它影响气候、土壤等多种果树生态条件。其中地势和海拔对果树的分布影响十分显著。据调查,西藏果树大都分布在雅鲁藏布江中下游和怒江、澜沧江、金沙江沿岸的河谷农区,从海拔1 700 m(下察隅)到海拔4 050 m的江孜和4 100 m的拉孜。而最佳的商品基地则在海拔3 100 m左右的河谷农区。大的山川走向(如喜马拉雅山、冈底斯山等)对果树气候和果树分布的影响至关重要,也作为划界时的重要参考依据。

(2)生育期的长短及热量条件

生育期的长短及热量条件是果树合理布局的一项主要参考因素。如藏东南亚热带、山地湿润果树气候带以南地区,年均温>12 ℃,>10 ℃以上年积温在3 500 ℃以上,>10 ℃的年日数为180 d以上,果实生育期在200 d以上,可以满足晚熟柑桔主栽品种(如甜橙),达到成熟期的要求。高原温暖果树气候带,则果实生长发育期一般在170 d左右,>10 ℃以上年积温2 000 ℃以上,基本上可以满足晚熟苹果品种(如着色系富士)果实发育对热量的要求。

(3)果树适应性和优势树种、标志树种的生态表现

果树的生态适应性是合理布局的一项重要依据。不同树种对气候、土壤等自然条件的生态适应性不同。例如:大苹果的生长温度一般为年平均气温为7～14 ℃,最冷月平均气温≥-12 ℃。不同系统的梨,对温度的要求也不同,如白梨系统的上述各项温度指标要求为7～15 ℃和>-12 ℃;而杏、山楂、李等适应性很强;枣、葡萄、桃等果树比较耐盐碱;核桃则喜微碱性钙质土壤。

主要优势树种、标志树种的生态表现可作为划区的主要参考依据，如晚熟苹果品种国光、富士等，在高原温暖果树气候带，则表现为色泽美观、品质好，产量高而稳定，而在拉萨等地则果实小、不能充分成熟，基本上不具备栽培价值。由此可见，果树的适应性和优势树种、标志树种的生态表现等可作为划界的主要参考依据。

（二）西藏果树带的划分

结合西藏的果树资源和西藏特殊的地形、地貌，以热量条件为划带（一级区）的指标，将西藏果树气候区划为3个气候带，即亚热带山地气候带、高原温带和高原寒带亚热带山地气候带和高原温带是亚热带果树和温暖果树的交会地带，而高原温带和高原寒带的分界线则是西藏果树分布的分界线。

二级区（果树区）的划分主要以温度和降水为主要指标，大体以年平均气温>12 ℃、4～12 ℃、<4 ℃及200 mm、500 mm和800 mm年降水线走向划界。特殊情况下，则以当地影响果树生长的主导因子作为划界的主要指标。以温度降水指标所划得的区界，实现了宏观控制。

根据上述分区依据，全区共分为两个果树带，五个果树区。

1. 藏东南亚热带山地湿润果树气候带

本带内包括一个果树区，即亚热带山地湿润果树气候区。本区包括察隅、芒康的盐井、墨脱和错那南部，代表果树有柑橘、芭蕉等。

本区大部分地区位于喜马拉雅山脉东段南翼，伯舒拉岭以西的低山地带。北高南低，地势起伏很大，垂直高低悬殊，谷地都在2 200 m以下，南部边缘更低，一般在1 000 m到几百米。此区主要包括察隅南部、芒康的盐井、墨脱和错那南部。本区年平均气温大于12 ℃（其中西南部边缘局部地区可达20 ℃），最暖月平均气温大于18 ℃，>10 ℃的年日数在180 d以上 >10 ℃以上年积温在3 500 ℃以上，年降水量大于800 mm，干燥度<1.0。该区云雨较多，日照时数较少，多在1 800 h/年以下，日照率小于40%。河谷狭窄，流水浸蚀作用强烈。土壤属砖红壤或山地黄壤或黄棕壤，一般偏酸性。土壤中钾的含量较高，一般在1.5%左右，有机质的含量在3%左右。森林覆盖率大，以低山热带常绿雨林和季雨林为主。主要农作物有水稻、旱稻、鸡爪谷、玉米、小麦等，一年两熟。野生果树繁多，主要有柑橘、柠檬、芭蕉、木瓜、光核桃、君迁子、藏杏、李、核桃、野葡萄等，现有栽培果树主要有苹果、柑橘、香蕉等，本区内适宜发展亚热带果树和温暖喜温果树。

本区气候条件优越，具有西藏"江南"之美称。但人烟稀少，交通极为不便，给果树生产的发展带来很大的制约。我们认为在交通便利的地区建立一定规模的柑橘等水果生产基地，可逐步满足区内城乡居民的需要。可发展葡萄和柿子等，经粗加工制成柿饼，葡萄干等。

2. 高原温暖果树气候带

该带位于丁青、边坝、林周、尼木、南木林、吉隆、普兰、扎达一线东南部，海拔 2 200～4 100 m 的河谷农区。该带内气候温和，年降水量在 200 mm 以上，日照在 1 500～3 000 h，年均温 4～12 ℃，最暖月平均气温 13～18 ℃，>10 ℃以上年积温 1 500～3 500 ℃，>10 ℃年日数为 50～180 d，水热条件适宜，土壤类型较复杂，土壤 pH 值在 5.8～8.0 以上该带内交通便利，人口较集中，是我区果树最适生态栽培区和适宜栽培区。生态条件适合苹果、核桃、梨、桃、杏等大果类和小果类（如草莓、树莓等）的栽培。

该带内交通便利，人口较集中，是我区果树最适生态栽培区和适宜栽培区。生态条件适合苹果、核桃、梨、桃、杏等大果类和小果类（如草莓、树莓等）的栽培。由于该带内水热条件的差异和果树生长发育差异较大，考虑到晚霜和积温是部分地区果树生产的限制因子，将该带划为四个果树区。

（1）高原温暖湿润果树气候区

本区包括波密、易贡、亚东、樟木。年降水量在 800 mm 以上，年均温 9.0 ℃以上，代表果树有苹果、梨、李、核桃等。

本区包括波密、易贡、林芝的东久、亚东和樟木等。最热月平均气温 15～18 ℃，年平均气温在 9.0 ℃以上；年日照在 1 500 h 左右，日照率 35%；无霜期 200 d 左右，>10 ℃年日数在 150 d 以上，>10 ℃以上年积温 2 300 ℃左右。土壤以山地棕壤为主。森林资源丰富，以针叶阔叶混交林为主。因地形的作用，易受偏湿气流的影响，年降水量在 800 mm 以上，主要农作物有青稞、小麦、豌豆、油菜等，部分地区可种玉米、茶叶等。一般农作物种一季后还可以种生长期较短的农作物。该区是亚热带果树和温带果树的交会地带，果树资源十分丰富，主要有葡萄、木瓜、木通、树苗、李、梨、桃、核桃等。本区内适宜栽植苹果、梨、桃、核桃等。考虑到该区交通不便，离城市较远，自身消费能力有限，雨水多、湿度大等特点，应以发展核桃和喜温湿耐贮运的中、晚熟苹果和梨为主。

（2）高原温暖半湿润果树气候区

本区包括林芝、米林、朗县、加查、工布江达等。年降水量在 500～800 mm，年均温在 8.5 ℃左右。代表果树有苹果、梨、桃、核桃等。

本区包括雅鲁藏布江流域中下游地区，以林芝、米林、朗县、加查、工布江达为主。海拔 3 000～3 400 m，年平均气温 8～8.5 ℃，最热月平均气温大于 15 ℃，>10 ℃年积温 2 000～2 300 ℃，>10 ℃以上年日数 160 d 左右；年降水量 500～800 mm，无霜期 144～200 d，日照时数 2 000～3 000 h。该区东南部森林资源丰富，以针阔混交林为主。土壤以棕色森林土为主，微酸性。主要农作物有小麦、青稞、豌豆、油菜等。本区内野果树资源繁多，主要有海棠、光核桃、核桃、树莓、李、杏等。主要栽培果树有苹果、梨、桃、核桃。本区是西藏主要的果品商品基地，幼树结果早、产量高、果实品质好。交通便利，离城市较近，可大力发展核桃和苹果、梨，适当发展桃、李等。在品种选择上，应以耐贮运的中晚熟品种为主。

（3）高原温暖半干旱果树气候区

本区包括昌都、拉萨、山南，日喀则等地。海拔3 500～4 050 m，无霜期110～140 d，年平均气温6～8 ℃，最暖月平均气温10～16 ℃，>10 ℃年日数为110～150 d，>10 ℃年积温1 500～1 800 ℃，年降水量200～500 mm，日照时数达2 900～3 200 h，日照率达67%～73%，河谷多夜雨。主要植被有杨树、柳树、狼牙刺等。土壤属高山草甸土、灌丛草甸土，土壤pH值在8以上。农作物有青稞、小麦、豌豆、油菜等，一年一熟。野生果树有光核桃、核桃和海棠，寺庙院内有杏、李和樱桃等。代表果树有早、中熟苹果、梨、桃等。

本区内阳光充足，日照时间长，光合作用效率高。核桃、苹果、梨、桃等果树能够生长和结果。但因冬季风沙大，干旱，幼树越冬期间抽干严重。无霜期短，积温不够，晚熟品种（如晚熟富士、国光等）几乎不能够成熟，果小质差，无经济价值。本区晚霜危害严重，产量不稳定，每年产量损失达80%左右，可见晚霜是本区果树生产的主要限制因子。考虑到该区是西藏的主要城镇，交通方便，人口集中，消费量大等。我们认为，可以发展核桃和早、中熟的苹果、梨、桃和小苹果等。同时，根据该区的气候特点和山楂的早产、高产、稳产，尤其是花期比苹果花期晚15 d的特点，在本区内引种山楂，既丰富了果树种类，又可以缓和晚霜的危害，增加花色品种和产量。

（4）高原"三江"温热干燥果树气候区

本区包括"三江"流域的察雅、左贡、芒康等地。代表果树有苹果、梨、核桃、石榴等。地形复杂，山高谷深，岭谷相间。夏季，本区易受偏南暖湿气流的影响，因地形抬升而易致雨；冬季，易受沿江而下的北方冷空气影响。全年降水量约450～580 mm，年内降水分配较集中，雨季一般开始于5月中下旬，结束于10月上中旬。年均气温4～10 ℃，>10 ℃的年日数为60～150 d，>10 ℃年积温800 ℃以上，>5 ℃年积温大于2 000 ℃，无霜期120 d以上，年日照时数2 000 h以上。

日照率大于45%。本区内，农牧林垂直结构十分明显，耕地基本上零散分布在海拔2 000～3 000 m的河谷阶梯及谷地。主要农作物有小麦、青稞、油菜、豌豆等。果树资源丰富，有柑橘、葡萄。杏、梨、核桃、光核桃及海棠类。主要栽培果树有苹果、梨、桃、核桃。本区温热干燥，无霜期较短，热量资源丰富，但人烟稀少，交通较差，适宜发展苹果、梨等耐贮运的中晚熟品种及核桃等干果类果树。根据当地的气候特点，可适当发展部分杏、柿等，既可鲜食又可加工。

课程思政

1. 思政元素点

通过学习果树栽培发展历程和在西藏栽培的历史，了解果树生产现状及其发展趋势，嵌入习近平新时代中国特色社会主义思想和爱国主义思政元素。

2. 课程思政导入

介绍我国是世界水果起源中心之一，强调我国对世界果树栽培事业的贡献，培养学生的民族自豪感和爱国情怀，了解果树生产技术的发展历程，体现中国特色社会主义的指导作用，认识果树生产技术在实现中华民族伟大复兴的中国梦中的重要地位。了解果树生产技术是服务于现代果业产业升级的综合性应用技术科学，符合习近平新时代中国特色社会主义思想的发展理念，为经济建设和果树生产与发展服务。通过学习果树生产的历史沿革、主要果树种类、产量、分布、质量、市场等方面的内容，学生可以对果树产业有一个全面的认识，激发他们从事果树生产的动力和信心。

模块一

果树生产基础知识

项目一　观测果树树体结构

🌸 知识目标
熟悉果树的分类，掌握果树的种类及树体结构。

🌸 能力目标
能够识别常见果树的种类及树体结构，通过分析各种果树树体结构来指导生产实践。

🌸 学习任务
识别果树种类、观测果树树体结构和了解果树生长发育规律。

通过学习果树的分类与分布、果树的树体结构嵌入习近平新时代中国特色社会主义思想的爱国主义思政元素。

任务一　识别果树种类

我国地域辽阔，气候类型多样，孕育出丰富的果树资源。所有栽培果树都是经人类由原始的野生植物长期栽培驯化不断选择而来。西藏地处我国西南边陲，青藏高原西南部，是青藏高原的主体，占地面积 120 万 km^2。区内山河交错，气候复杂多变。既有热带、亚热带气候，又有温带、寒温带气候；既有热带、亚热带常绿果树，又有温带落叶果树。总的来说，果树生长的自然条件比较优越，适宜多种常绿果树和落叶果树的生长，果树资源十分丰富。为了科学合理规划，充分利用果树资源，扩大栽培区域，对果树进行分类十分必要。

一、栽培学分类

（一）按照冬季叶幕特性分类

（1）落叶果树

该类果树在秋季集中落叶，冬季树冠上没有叶片。苹果、梨、桃、核桃、柿、葡萄等即属此类。

(2) 常绿果树

该类果树不集中落叶，冬季树冠上有叶片存留。柑橘类、荔枝、龙眼、枇杷、杧果等即属此类。

（二）根据植株形态特性分类

(1) 乔木果树

多年生木本植物，高 2m 以上，有明显的主干。如苹果、梨、银杏、板栗、橄榄、木菠萝等。

(2) 灌木果树

多年生木本植物，高 0.5～3.0 m，无明显的主干，至地面开始分枝，呈丛生状。如树莓、无花果、番荔枝、榛子、醋栗等。

(3) 藤本果树

茎或枝条为藤状、细长、柔软，依靠缠绕或攀缘在支持物体上生长的果树。如葡萄、猕猴桃、西番莲等。

(4) 草本果树

多年生植物，无木质茎，具有草本植物形态。如香蕉、草莓、菠萝等。

二、生态适应性分类

根据果树生态适应性分类，一般可分为以下 4 种。

1. 寒带果树

如山葡萄、榛子、醋栗等。

2. 温带果树

如苹果、李、杏、核桃、枣、梨等。

3. 亚热带果树

①落叶性亚热带果树，如扁桃、无花果、石榴、猕猴桃等。

②常绿性亚热带果树，如荔枝、柑橘类、龙眼、橄榄、杨梅等。

4. 热带果树

如番荔枝、人心果、菠萝、香蕉、番木瓜、榴梿、可可、山竹、面包果、槟榔等。

任务二　观测果树树体结构

一、果树的树体构成

果树的种类繁多，树体结构形态各有不同，乔木与灌木及蔓生果树之间，草本与木本果树之间，树体组成差别很大。但树体基本构成都是由根、茎、叶三大部分组成。现以乔木果树为例，说明树体的构成。

乔木果树地上部分由树干、主枝、侧枝、结果枝组及叶幕组成（图1-1）。

树干。树体的中轴，包括主干和中心干。

主干。根颈以上，第一主枝以下的部分。

中心干。第一主枝以上至树顶部分。

主枝。中心干上的永久性的分枝。

侧枝。主枝上的永久性分枝。

主干、中心干、主枝及侧枝是树体的骨架，统称为骨干枝，它们起着支撑、运输、贮藏的作用。

结果枝组。分布在各级骨干枝上的小枝群。它是果树生长结果的基本单位。

叶幕。树冠内叶片总体的反映。

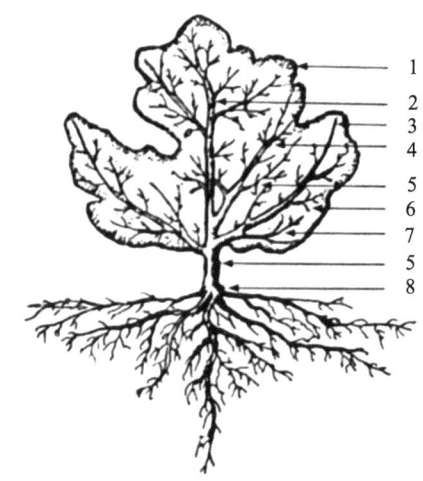

图1-1　果树树体结构

1.树冠；2.中心干；3.延长枝；4.主枝；5.侧枝；6.主干；7.枝组；8.根颈

二、果树的根

（一）根系主要功能

①固定作用。

②吸收作用（水分和矿质营养）。

③贮藏作用。

④合成作用（如生长素和细胞分裂素）。

⑤繁殖作用。

（二）果树的根系

1．根系的类型

果树的根系根据来源不同分为3种类型（图1-2）。

（1）实生根系

用种子繁殖的实生苗的根系，它是由种子的胚根发育而成的。特点：主根发达，根系较深，生活力强，个体差异明显。

（2）茎源根系

用扦插、压条繁殖的苗木的根系，其根系来源于母体茎上的不定根。特点主要有：主根不明显，根系较浅，生理年龄较老，生活力相对弱，个体间相对一致。

（3）根蘖根系

有的果树在根上发生不定芽而形成的根蘖，与母体分离形成的个体，其根系为根蘖根系。果树根系的特点为同茎源根系。

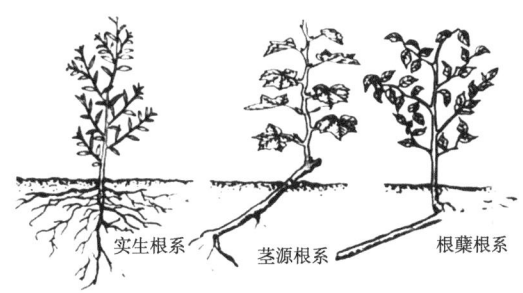

图 1-2　果树根系类型

2．根系的结构

果树的根系通常由主根、侧根和须根组成。以实生根系为例，主根是由种子的胚根发育而成；侧根是主根上各级粗大的分枝；须根是根系最活跃的部位，主要吸收养分和水分、扩大根系的分布范围。

3．根系的分布

①果树的根系在土壤中有水平分布和垂直分布现象；水平根分布范围为冠径的 2～3 倍，垂直根的深度大于树高，多集中在 20～60 cm 的土层内。

②果树的根系在土壤中有明显的成层分布现象。

4．根系的年生长规律

①果树的根系没有自然休眠，只要条件适宜，全年可不断生长。

②果树的根系一年有 2～3 次生长高峰。

③果树根系生长高峰与枝叶生长高峰相互交替，通常新根发生高峰出现在枝叶生长高峰之后。

5．根颈、菌根、根蘖

①根颈是根和茎的交界处。是果树地上部分与地下部分物质交流的通道。

②菌根是土壤中真菌与果树根系形成的共生体。菌丝体能在土壤含水量低时，从土壤中吸收水分，改善果树的水分状况。

③根蘖是由水平根上发生的不定芽形成的，如枣、李、山楂等的根蘖。

三、果树的芽

1. 芽的类型

（1）按性质将芽分为叶芽和花芽

叶芽：萌发枝、叶的芽。

花芽：萌发后开花或开花结果的芽。花芽又分纯花芽和混合芽，纯花芽是萌发后只开花结果，不长枝叶的芽，如核果类。混合芽是指芽萌发后既开花结果，又长枝、叶的芽，如仁果类、葡萄、核桃等。

（2）按芽的着生位置分为顶芽和侧芽

顶芽：指着生在枝条顶端的芽。

侧芽：指着生在叶腋内的芽。

（3）按同一节位上着生芽数的多少将芽分为单芽和复芽

单芽：在一个节位上着生一个芽。比如仁果类。

复芽：在一个节位上着生两个以上的芽。核果类。

（4）按芽的生理活性分为活动芽和休眠芽

活动芽：芽形成的当年或第二年能萌发的芽。

休眠芽：芽形成的第二年不能萌发的芽。又叫潜伏芽。

2. 芽的特性

（1）芽的异质性

芽形成时由于枝条内部的营养状况和外界环境条件的不同，使同一枝条上不同部位的芽存在形态和质量差异的现象。

（2）萌芽力

一年生枝上芽萌发后抽生枝、叶的能力。用一年生枝上芽萌发的百分率来表示（图1-3）。

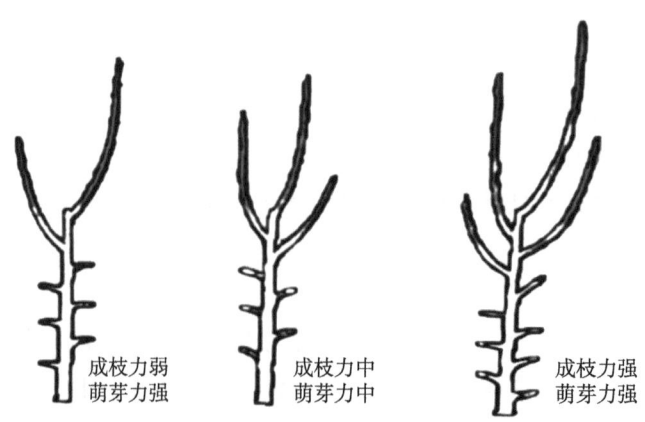

图 1-3 果树的萌芽力与成枝力

（3）成枝力

一年生枝上芽萌发后抽生长枝的能力。用具体的长枝数来表示。

（4）芽的早熟性

当年新梢上的芽当年就萌发的现象。

（5）芽的晚熟性

当年的芽当年一般不萌发，要到第二年春才萌发的特性。

（6）芽的潜伏力

隐芽寿命的长短。

四、果树的枝

（一）枝条的类型

1. 按枝条的性质将枝条分为营养枝、结果枝

（1）营养枝

只着生叶芽而没有花芽的一年生枝。按生长势强弱又分为4类（图1-4）。

叶丛枝：未形成花芽的短枝，节间短，叶片密集，常呈莲座状。

纤细枝：比发育枝纤细且短的一类营养枝。芽内分化不良，萌发后叶片稀疏，小而薄，组织不充实。

普通营养枝：生长健壮，芽体充实饱满，是形成骨干枝、扩大树冠和抽生结果枝的主要枝条。

徒长枝：多年生枝干上的潜伏芽萌发后抽生的强旺枝条。节间长，发育不充实。

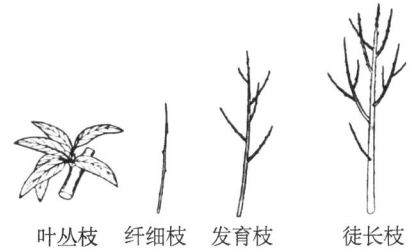

图1-4 果树的营养枝类型

（2）结果枝

着生花芽的枝条称为结果枝。

①仁果类结果枝类型有以下6种。

长果枝：长度为15 cm以上。

中果枝：长度为5～15 cm。

短果枝：长度为5 cm以下。

短果枝群：短果枝连续分枝后形成的小枝群。

果台：苹果、梨着生果实部位膨大的部分（图1-5）。

果台副梢：结果枝开花结果后由果台上抽生的副梢。

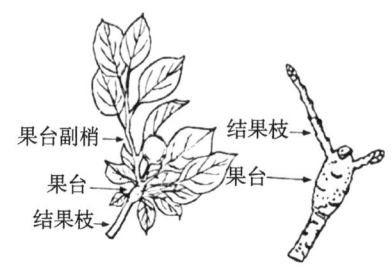

图1-5 仁果类果树的果台与果台副梢

②核果类结果枝类型有以下6种。

徒长性果枝：长度为60 cm以上。

长果枝：长度为30～60 cm。

中果枝：长度为15～30 cm。

短果枝：长度为5～15 cm。

花束状果枝：顶端为叶芽并密生花芽的短果枝，长度5 cm以下，节间明显。

花簇状短果枝：节间极短而花芽常聚生在一起呈簇状的短果枝，长度2 cm以下。

2．按枝条的长度将枝条分为长枝、中枝和短枝

长枝：长度在15 cm以上生长健壮的枝条。

中枝：长度在5～15 cm的枝条。

短枝：长度在5 cm以内的枝条。

3．按枝条的年龄将枝条分为一年生枝、二年生枝、多年生枝

新梢：春季萌发后抽生的枝条在落叶前称新梢。

一年生枝：新梢落叶后到第二年萌发前，称为一年生枝。

二年生枝：一年生枝在第二年芽萌发后称为二年生枝。

多年生枝：指二年生以上的枝。

果树随着年龄的增长，在解剖学上可以借助年轮区分树龄和枝龄。在形态学上常依据枝条基部的芽鳞痕来区分枝条的年龄。常绿果树常一年多次抽梢，且叶芽多为裸芽，萌发抽梢后未留下芽鳞痕，因此，一年生枝与二年生枝的界限不明显。详见图1-6。

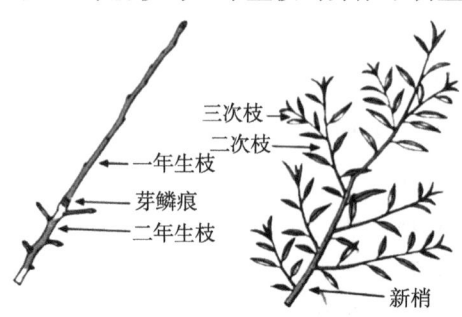

图1-6 果树的新梢、一年生枝与二年生枝

4．按枝条发生的季节分为春梢、秋梢（仁果类）

春梢：春季萌芽后至第一次停止生长形成的一段枝条。

秋梢：春梢停止生长或形成顶芽之后又继续萌发生长形成的一段枝条。

盲节：指仅有叶痕而无明显芽的节。通常春、秋梢交界处为盲节。

常绿果树依枝条抽生的季节不同，有春梢、夏梢、秋梢、冬梢之分。也称三月梢、六月梢、八月梢、十月梢等。

5．按枝梢连续抽生的次数分为一次枝、二次枝等

一次枝：越冬芽春季萌发后第一次生长的枝条。

二次枝：当年由一次枝上的侧芽萌发抽生的枝条。依次有三次枝、四次枝。

副梢：二次枝以上的各次枝的总称，如葡萄的夏芽萌发形成的枝条称为副梢。

（二）枝条的特性

（1）顶端优势

是指枝条顶端生理活性强，芽萌发早，长势强，所抽生的新梢生长量最大；侧芽所萌发的新梢由上而下长势依次递减，最下部的芽多不萌发而呈休眠状态的现象（图1-7）。

（2）垂直优势

枝条的生长势因枝条着生姿势不同而不同。一般地，直立生长的枝条长势强，随着枝条开张角度增加，枝条的生长势依次减弱的现象。

图1-7　枝条的顶端优势

（3）干性

中心干的强弱与维持时间的长短。

（4）层性

由顶端优势和芽的异质性引起的主枝和侧枝在树冠内成层分布的现象。

五、果树的叶

叶是果树进行光合作用、制造养分的主要器官。了解果树叶片和叶幕的形成对果树管理具有十分重要的意义。叶幕是指同一层骨干枝上全部叶片构成的具有一定形状和体积的集合体。

复习思考题

1．果树主要根系的功能及类型有哪些？

2．果树的芽是如何分类的？

3．简述果树枝条的特性。

项目二　果树生长发育规律

❀ **知识目标**

熟悉果树一年中、一生中的发育规律。

❀ **能力目标**

能够按照果树的生长发育规律，指导企业进行生产，解决企业生产中常见的问题。

❀ **学习任务**

学习了解果树生长发育规律。

通过学习果树生长发育规律和生物学特性提升果树生产的基础理论知识、观察和分析能力嵌入科学家精神思政元素。

任务一　果树一年中生长发育规律

果树年周期生命活动与环境条件的年周期变化相关联，表现出有节奏的形态和生理机能的变化。落叶果树在一年中的生命活动表现出最明显的两个阶段，即生长期和休眠期。在生长期中，可以明显地看出形态上的变化，萌芽、开花、枝叶生长、芽的形成与分化、果实的发育与成熟、落叶和休眠。生长期是由春季萌芽开始到落叶为止。落叶后果树进入休眠，直至第二年春季萌芽为止。在休眠期，果树除进行微弱的呼吸、蒸腾等生命活动外，还在树体内进行一系列的生理活动。常绿果树没有集中的落叶期，无明显的休眠期，只是当环境条件不适宜时被迫停止生长。

果树一年中器官在形态和生理上的变化都和一年中气候的季节性变化相吻合，而且有一定的顺序性。我们把这种一年中随季节性气候变化而进行的器官形成和生理机能的规律性变化，称为生物学物候期，简称物候期。了解果树的物候期，有助于认识果树的生长发育与环境条件的关系，是制定果树栽培措施的依据。

一、萌芽

萌芽标志着果树休眠期结束和生长期的开始。萌芽期是由芽膨大至花蕾伸出或幼叶分离为止。萌芽时期一般包括两个阶段，芽膨大期和芽开绽期。芽膨大期是由芽开始膨大到鳞片开始松开，颜色变淡。芽开绽期是由鳞片松开，到芽先端幼叶露出为止。

萌芽期内呼吸和酶的活性迅速加强，营养物质大量水解并向生长点输送，为新梢生长和开花提供能量和物质基础。同时芽内器官迅速发育，雏梢基部和中部形成侧芽，花器中产生花粉和胚珠。

果树萌芽的迟早与温度、水分有密切关系，各种果树萌芽都要求一定的积温。落叶果树一般在日平均温度 5 ℃以上，土温达 7～8 ℃时，经 10～15 d 即开始萌芽。而常绿果树则要求较高的温度，需日平均气温 10 ℃以上及更长的时间才开始萌芽。

果树的春季萌芽，在天气晴朗、高温、干燥时萌芽整齐而且延续时间短；相反，阴雨、低温、湿润则萌芽持续时间长。此外，树体的营养状况与萌芽也有密切关系。树体贮藏养分充足萌芽较早，萌芽势强，树势强壮；一般营养充足的成年树要比弱树和幼树萌芽早；树冠外围和顶部生长的健壮枝条比树冠内膛和下部的枝条较早；枝条顶部的芽萌发优势强，同一枝条上中部以上的较充实的芽萌发也较早。

二、开花

（一）开花期

开花期指从花蕾的花瓣松裂时起至花瓣脱落为止。一般分为 4 个时期。

1. 初花期

全树有 5% 的花开放。

2. 盛花期

25% 以上的花开放为盛花初期，50% 的花开放为盛花期，75% 以上的花开放为盛花末期。

3. 终花期

全部花已开放，并有部分花瓣开始脱落。

4. 谢花期

大量落花至落花完毕。

果树开花的迟早与延续时间的长短因树种、品种和气候条件不同而异。就品种而言，梅最早，樱桃、杏、李、桃开花较早，梨、苹果、山楂、杨梅、柑橘次之，葡萄、柿、枣、栗、金柑再次之，枇杷最迟。同一株树上，短果枝先开，长果枝和腋花芽后开。就气候条件而言，各种果树开花期要求的温度不同，落叶果树一般为 10～20 ℃，热带、亚热带果树一般为 18～25 ℃。果树开花期与当地自然条件有关，平原情况下，一般纬度向北推进 1°（110 km），开花期延迟 4～6 d；山地条件下，海拔每升高 100 m，开花期延迟 3～4 d。不同果树花期长短不一样，枣、板栗、柿花期长，枣可达 21～37 d；桃、梨、苹果花期较短，桃为 7～9 d，苹果花期 5～15 d。高温干燥，花期短；冷凉湿润花期长。树体营养水平高，开花整齐，单花的开花期长，坐果率高；弱树、老树营养水平差，开花不整齐，单花开花期短。

（二）自花授粉和异花授粉

果树同一品种间的授粉称为自花授粉；不同品种间的授粉称异花授粉。葡萄的花在花冠脱落以前，在同一朵花内就已经进行了授粉，称为闭花授粉。

（三）自花授粉与自花结实

自花授粉后能得到满足经济栽培要求的产量，称为自花结实。如大多数的桃、杏的品种，葡萄、部分李、樱桃。自花结实的品种，异花授粉后产量更高。

自花授粉后不能达到经济栽培要求的产量，称为自花不实。大部分的苹果、梨的品种，全部的甜樱桃品种，不少李的品种，以及桃、梅、杏的某些品种，自花结实率很低，需要异花授粉后才能提高结实率。

果树自花不实的原因很多，主要有：雌雄异株（如银杏、杨梅等）；花粉无生活力，如桃的某些品种；雌雄异熟，花粉散发过早或过晚，不能适时授粉，如核桃、长山核桃的某些品种；自交不亲和，如欧洲李、甜樱桃和扁桃等。

凡栽培自花不实的品种，建立果园时必须配置授粉树，创造异花授粉的条件。

（四）单性结实与无融合生殖

未经过受精而形成果实，但无种子的现象称为单性结实。不须任何刺激就能单性结实的，称为自发性单性结实。如香蕉、菠萝、无花果、温州蜜柑等。要有花粉或其他刺激才能结实的单性结实，称为刺激性单性结实。如洋梨的雪凯尔用黄魁苹果花粉刺激可使之单性结实。

有些果树不经授粉受精，果实和种子都能发育，且种子具有发芽力，称为无融合生殖。如湖北海棠、变叶海棠等。

三、果实发育

（一）坐果和落花落果

经过授粉受精，子房或子房及其附属部分膨大发育成为果实，在生产上称为坐果。坐果数与开花数的百分比称为坐果率。

从花蕾出现到果实成熟采收期间出现的花、果脱落现象称为落花、落果现象。落花不是花瓣自然脱落的谢花，而是指未经授粉受精的子房脱落。落果是指授粉受精后，一部分幼果因授粉不充分、营养供应不足或其他原因而脱落，果实在成熟之前，有些品种也有落果现象，称为采前落果。

落花落果的时期和原因：

落花落果是果树在系统发育过程中为适应不良环境而形成的一种自疏现象，也是一种自身的调节。仁果类、核果类果树的落花落果现象，一般包括以下几种。

1. 落花现象

在开花后,未见子房膨大,花即脱落。脱落的花主要是花器发育不全,缺乏雌蕊等,本身无授粉能力,得不到花粉发芽时生长素、赤霉素等的刺激,子房不能膨大而脱落;另一部分花虽发育健全,但缺乏授粉受精的条件,如雌雄异熟、缺乏授粉树、气候条件影响、自交或异交不亲和等,其子房也因缺乏生长素而脱落。

2. 早期的生理落果

在第一次落花后 2 周左右,子房已开始膨大,但仍有大批的幼果脱落。其原因有二:一是授粉受精不充分,子房所产生的生长素不多,而新胚乳所产生的生长素尚少,不能刺激子房继续膨大;二是贮藏养分不足,根系及新梢与幼果竞争养分。

3. 六月落果

在第二次落果后 1 个月,即开花后 6 周左右出现的落果,这次落果多在六月发生,习惯上常称为六月落果。引起落果的原因除授粉受精不完全外,主要是同化养分和水分供应不足。特别是在开花过多的上一年,由于新梢上叶片的吸水力常大于幼果,而且这时树体内养分供应中心移向新梢,幼果因养分水分相对缺乏而大量脱落。

4. 采前落果

采前落果常发生于仁果类和杨梅。苹果中的元帅、红星、红玉、旭等在果实将近成熟时,由于种子中的胚产生生长素的能力逐渐降低,同时随着果实成熟而生成乙烯,从而发生落果。

引起落花落果的原因很多,除内部因素外,外界条件如干旱、水涝、风害、霜害、病虫害等偶然因素也能引起落花落果。

(二)果实发育过程

不同树种、品种的果实发育期的长短是不一样的。一般草莓为 3 周,樱桃为 40～50 d,桃为 60～170 d,杏为 70～100 d,苹果为 80～180 d,梨为 150～180 d,荔枝为 90～100 d,金柑为 110～140 d,柑橘为 100～140 d,香榧长达一年半。果实发育时间的长短因外界条件与农业技术有关。天气干旱,温度高,光照强,果实发育短;相反则长。果实成熟期,灌水或施用氮肥过多,会延迟果实成熟;喷布植物生长调节剂,可以提早或延迟果实的成熟。

果实的发育过程一般分为三个时期:第一阶段为胚乳发育期,这一时期主要是进行细胞的分裂,细胞数量不断增多,细胞体积增长较慢;第二阶段为种胚发育期,这一时期细胞分裂基本停止,细胞体积增大较慢,主要是进行组织的分化;第三阶段为果实的膨大与成熟期,这一时期果肉细胞分裂很慢,体积迅速膨大,果实体积也迅速增大,到了后期果实内会发生一系列生理生化变化,果实达到成熟。

(三)果实的增大

果实体积的增大决定于细胞数目的增加和细胞体积及细胞间隙的增大,以前两个因素为主，细胞间隙和果实大小一般无明显相关。果实细胞分裂是从花原基形成后开始，直到开花时暂时停止，花后细胞分裂旺盛时，细胞体积同时开始增大，细胞分裂停止时，细胞体积仍继续增大。

果实细胞分裂初期，表现为果实的纵径生长快，以后随着细胞增大，横径生长超过纵径。我们把果实纵横径的相对生长状况称为果形指数，一般用纵径/横径（L/D）之比表示。充分发育的果实，其形状主要决定于品种特性和果形指数。果形指数近于或等于1的为圆形，小于1的为扁圆形，大于1的为长圆形。

（四）果实发育过程中的生理变化

果树开花坐果后，果实开始发育，直到果实成熟采收，在这一过程中果实内部会发生一系列的变化。

果实发育过程的生理变化主要表现在果实的蒸腾作用、光合作用及呼吸作用随着果实的生长发育而呈现的变化。

果实成熟时果皮上常具有较厚的果粉、蜡质或茸毛，以防水分的过多蒸散。一般地，在果实生长前期果皮通气性大，往往蒸腾量也大，随着果实的增长，果皮的透气性逐渐减弱，蒸腾量也随之降低。

果实在生长前期，果皮外层都具有叶绿素，可进行光合作用，但其同化率不如同等大小的叶片表面。果实的呼吸作用一般是花后幼果期最高，以后即锐减，然后逐渐降低。若以一个果实为单位计，其呼吸量则随着果实生长而增加。

果实在发育和成熟过程中，也会发生化学成分和组织结构的变化。以仁果类和核果类为例，第一生长期内主要是进行细胞分裂和胚乳的发育，需要大量的氮、磷和碳水化合物，以供原生质的增长。

第二生长期内果实发育主要是组织分化和细胞膨大，细胞分裂基本停止。

第三生长期果实在成熟前积累大量淀粉、有机酸、蛋白质、单宁等，此时果实酸涩、无香味。未成熟的果实细胞的原果胶不溶于水，所以果实较硬。随着果实的成熟，淀粉转化为糖，有机酸参与呼吸作用而氧化分解，或转化为不溶性的物质。在果胶酶的作用下原果胶被分解为可溶性的果胶，果肉变得松脆或柔软。与此同时，细胞内产生了乙烯，促进呼吸作用和各种生化过程，加速了果实成熟。在果实成熟过程中，经过酶的作用，高级醇与脂肪形成酯，使果实具有芳香味。采收过早，酯的含量较低。随着果实的成熟，糖的含量迅速增加，有机酸虽有所增加，但由于糖的增加和糖酸比值的提高，因而食用时甜味多酸味少。果实成熟时果皮产生蜡质的果粉，有保护作用，并增加美观。果实着色是由于叶绿素分解，细胞内的类胡萝卜素显示出黄、橙等色，称为底色；由叶中运来的色素源经过氧化酶在氧气充足、温度较高和光照的条件下，产生花青素苷，而显示出红色、紫色，称为面色。花青素苷是碳水化合物在阳光的作用下形成的，凡有利提高叶片光合能力，有利于碳水化合物积累的因素都有利于果实着色。

四、新梢生长和叶片的形成

（一）芽的发育与形成

叶芽萌发以前，芽内已形成新梢的雏形，称为雏梢。随着芽的萌发，在雏梢的叶腋间，由下而上发生芽原基。芽原基出现后，生长点即由外向内分化鳞片原基，逐渐发育成鳞片。随着越冬芽的萌发，一直到这个节的叶原基发育成为叶为止，整个叶片增大期就是腋芽鳞片分化期。

芽的鳞片分化期后，芽进入夏季休眠期。直到秋季开始进行雏梢分化，到落叶以前，一般雏梢只有3~7个叶原基，这一阶段称为冬季休眠前的雏梢分化期。落叶后雏梢分化停止，进入冬季休眠。2月中旬以后，雏梢继续分化，这一阶段称为冬季休眠后的雏梢分化期。这一时期芽内叶数的增加，在不同芽之间是不同的。将来萌发为短梢的芽，不再增加叶数，或只增加1~3个叶；将来萌发为中、长梢的，此期可增加3~10个叶。芽内雏梢分化的多少，在一定程度上可决定未来新梢的长短。叶数较多的新梢将长，相反则短。萌芽前雏梢节数增加变缓或停止。夏芽在生长期随着新梢的生长，在新梢的叶腋处形成。一般在形成当年即可萌发，属于早熟性芽。夏芽体外没有鳞片，为裸芽。葡萄夏芽发出的枝为"副梢"，其上发生的分枝，又可分别称为一级（次）副梢、二级（次）副梢。

（二）新梢生长

新梢生长是从叶芽萌发后露出芽外的幼叶彼此分离后开始的，至新梢顶芽形成为止。新梢生长包括加长生长和加粗生长两个方面。

1. 新梢的加长生长

加长生长是通过枝条顶端分生组织的细胞分裂、伸长实现的。新梢的加长生长一般包括三个时期。

①叶丛期。春季萌芽后，新梢处于缓慢生长阶段，叶片展开后呈叶丛状态，此时叫作叶丛期或新梢的第一生长期。

②新梢旺盛生长期。叶丛期过后，除已封顶停止生长形成顶芽的短枝外，其余枝条进入旺盛生长期继续向前延伸，直到初夏逐渐停止生长，这一时期叫作新梢的第二生长期。

③新梢缓慢生长期。第二生长期后，部分形成顶芽的枝或暂停生长的枝条又继续生长，直到秋季生长渐缓以致停止。这个时期称为新梢的第三生长期。

总之，新梢的加长生长是幼叶和成熟叶片共同作用的结果。幼嫩叶内产生类似赤霉素的物质，导致节间伸长；成熟叶内产生有机营养如碳水化合物和蛋白质等与生长素一起引起叶和节的分化。

2. 加粗生长

新梢的加粗生长是形成层细胞分裂和新细胞分化、增大的结果。所以新梢、枝干和根都有加粗生长。加粗生长的开始比加长生长稍晚，其停止也晚。加粗生长的高峰出现在加长生长高峰之后。秋季由于叶片积累大量光合产物，因而枝干加粗也最明显，主干的加粗生长一直到落叶后才停止。新梢生长同时受到树体内源激素（生长素和赤霉素、脱落酸和根皮素）和营养物质的影响和控制。

新梢加长生长和加粗生长在一年内达到的长度和粗度称为生长量；在一定时期内加长和加粗的快慢称为生长势。

（三）枝梢的组织成熟

果树的枝梢从停止生长到正常落叶休眠之前，要经过一个生理准备时期，此期在组织内部会发生一系列的生理生化变化，称为组织成熟期。

新梢加长生长开始后，枝条逐渐木质化。新梢生长停止后，秋季温度适宜，光照充足时，光合产物不再用于器官的建造，营养物质消耗少，积累多，树体和枝条的组织内开始积累大量的碳水化合物（主要是淀粉和可溶性糖）和含氮化合物等。养分积累以果实采收后达到高峰，一直持续到落叶以前。落叶后，当温度进一步下降时，树体组织和细胞内积累的淀粉转化为糖，细胞内脂肪和单宁物质增加，细胞液浓度和原生质黏性提高，原生质膜形成拟脂层，透性减弱。与此同时根系也大量贮藏养分，吸收能力逐渐减弱，树体内的自由水减少。新梢正常地停止生长，保留健全叶片，积累养分和适时供应充足水分，是保证果树新梢组织成熟的条件，也为果树安全越冬奠定了基础。

（四）单叶的发育与功能期

果树单叶的发育是从叶原基出现以后，经过叶片、叶柄和托叶的分化，直到叶片展开，叶面积停止增大为止，是叶的整个发育过程。新梢不同部位的叶片，其形成时间以及生长发育时间的长短各不相同。新梢基部的叶，其叶原基是在芽内冬季休眠前出现的，到次年休眠结束后进一步分化，叶片和叶柄也相继伸长，萌芽后，叶片和叶柄伸长加快，而后叶片展开，叶面积迅速增大，同时，叶柄也继续伸长。

春季，新梢生长初期，基部的叶生理活动较活跃，随着新梢伸长，活动中心不断上移，基部的叶逐渐衰老，生理活动减弱。因此，新梢上不同部位、不同叶龄的叶片，其光合能力是不同的。细嫩的叶片，由于叶肉组织量少，叶绿素浓度低，因而光合总产量也低；随着叶龄的增加，叶面积扩大，生理上处于活跃状态，光合效能大大提高，直到老熟为止。以后，由于叶片的衰老而降低。

（五）叶幕形成与产量

叶幕是指叶片在树冠内的集中分布情况，它是一个与树冠形态相一致的叶片群体。叶幕结构因树种、品种、树龄和树势而异。不同整形方法，叶幕结构也不同，杯状整形，叶幕呈现杯状，绿叶层薄，难以高产；圆头形整枝，叶幕呈半圆形，绿叶层较厚；层形树冠，叶幕呈层状分布，有利于获得高产。

落叶果树的叶幕，在春季萌芽后，随着新梢的伸长，叶片不断增加而形成，在年周期中有明显的季节变化。落叶果树理想的叶幕最好是在较短的时间内迅速建成最大叶面积，结构合理而消光少，并保持较长时间的稳定，后期注意防止早衰。常绿果树的叶片寿命长（1年以上），而且老叶多在新叶形成后脱落，故叶幕结构相对稳定。

叶幕的厚薄是衡量果树叶面积多少的一种方法，通常用叶面积指数来表示。叶面积指数是指单位面积内栽植果树的株数总叶面积与单位面积的比值，它能正确说明单位面积的叶面积数。叶面积指数高则表明叶片多，反之则少。一般果树的叶面积指数以4～6比较合适，耐荫树种可稍高。叶面积指数低于3或高于7，都是低产的标志。

果树不但要求有一定量的叶片，而且要求叶片在树冠内分布合理，相互遮光少，树冠内的有效光区大，光能利用率高，能增加经济产量。

五、花芽分化

花芽分化是果树年周期中一个重要物候期。花芽的数量和质量对果树产量和果实品质有直接影响。因此，研究和掌握花芽分化的规律非常重要。

果树的花芽和叶芽在开始形成时，内部形态构造并无明显区别，在发育过程中，由于受特定的内在和外在条件的综合作用，一部分芽先在生理上发生变化，而后在形态上出现变化。生理变化主要是树体内核酸、营养物质、内源激素和酶系统的变化，这个过程称为花芽的生理分化。随着这些变化所产生的效应，在芽的雏梢上出现花原基而产生了形态上的变化，这个过程为花芽的形态分化。

花芽分化是指从生理分化开始，经过花器官各部分的发生，到形成花粉和胚囊的全过程；而自花原基出现开始，到花粉和胚囊完全形成为止，称为花芽形成期。

（一）花芽分化的时期

各类果树的花芽分化期是不同的，一般将果树花芽分化可归纳为以下几种类型。

1. 夏秋分化型

包括仁果类、核果类的大部分温带落叶果树，多在夏秋新梢生长减缓后开始分化，经过冬季休眠后，雌雄蕊才正常发育成熟，于春季开花。

2. 冬春分化型

柑橘和某些常绿果树是冬春进行花芽分化，并连续进行花器官各部分的分化与发育，不需经过休眠就能开花，花芽开始分化到开花通常只需要1.5～3个月时间。

3. 多次分化型

如柠檬、金柑、杨桃等，一年内能多次分化花芽，多次开花结果。

4. 不定期分化型

如香蕉、菠萝等植株，一年仅分化花芽一次，可以在一年中的任何时候进行，其主要决定因素是植株大小和叶片多少。

在阶段发育上达到成年期的果树，花芽分化时期主要决定于芽的发育程度及其所处的内外在条件。核果类、仁果类果树是在新梢生长停止，其上的芽鳞片分化完成时；葡萄、板栗、荔枝、龙眼、枇杷等果树，不但要完成鳞片分化，而且要使雏梢分化到一定的节数。

果树花芽分化的早晚，因树种和枝条类型而异，还受树势、气候条件、结果数量等因素的影响。

（二）花芽分化过程

1. 生理分化

果树的花芽分化在形态分化前有一个生理分化期。处于生理分化期的芽在生理分化方面，必须具有一定的核酸、营养物质、内源激素和酶系统的活性；在形态上必须完成鳞片的分化，雏梢发育到一定的节数。

2. 形态分化

不同种类的果树花芽分化过程及形态标志各异。以仁果类为例可分为7个时期。

①叶芽期。生长点狭小，光滑而不突出，在生长点范围内为体积小、等直径、形状相似和排列整齐的原分生组织细胞，不存在异形的和已分化的细胞。

②分化初期。生长点肥大高起，高起部分呈半球形。在此生长点范围内，除原分生组织细胞外，尚有大而圆、排列疏松的初生髓部细胞出现。

③花蕾形成期。肥大高起的生长点变为不圆滑、四周有突起的形状。突起的顶部为中心花蕾原始体，两侧为侧花原始体。

④萼片形成期。花原始体顶部先变平坦，然后中心部分相对凹入，四周产生突起，即为萼片原始体。

⑤花瓣形成期。萼片内方基部发生突起，即为花瓣原始体。

⑥雄蕊形成期。花瓣原始体内方基部发生突起，即为雄蕊原始体。

⑦雌蕊形成期。在花原始体中心底部发生突体，通常为5个，即为雌蕊的心皮原始体。雌蕊基部的子房深埋于花托组织中。

（三）花芽分化的条件

1. 必须以良好的枝叶生长为基础

只有良好的枝叶生长才能满足根系、枝干和花果对光合产物的需求，然后才能形成正常的花芽。

2. 芽内生长点细胞必须处在缓慢分裂状态

花芽是特殊的分化组织。芽内生长点必须处在生理活跃状态，并且细胞进行缓慢分裂才能分化。进入休眠的芽，停止细胞分裂的芽都不能分化。旺长的新梢由于生长点细胞分裂迅速，也不能转化为花芽，而只能继续延长生长。

3. 营养物质

碳、氮营养及碳氮比（C/N）学说 E. J. Krans 和 H. R. Kraybil（1918）在综合前人研究碳、氮营养对成花作用的基础上，通过对番茄的试验，认为开花结果不是决定于碳水化合物和含氮物质质量的多少，而是决定于两者的比例，提出花芽形成的碳氮比（C/N）学说。以后J. H. Gourley 和 F. S. Howlett（1941）对苹果花芽分化进行了研究，把碳氮比总结为4种情况：当光照不足或叶片受害脱落，碳水化合物积累很少时，则不能形成花芽；施氮肥太多，修剪过重，树体生长旺盛，碳水化合物积累少，也不能形成花芽；氮肥供应和碳水化合物积累都适量，树体生长不太旺，花芽大量形成；氮素不足，生长过弱，碳水化合物积累虽多，能形成花芽，但结果不良。碳氮比学说对果树生产有一定的指导意义。

其他营养元素磷是核酸和许多酶的成分，也是构成细胞核的主要成分，能够影响细胞的分裂和分化。磷对花芽的形成有重要作用。钾在代谢中起调节作用，通过活化某些酶，在许多酶促反应中起活化剂的作用。在将要分化花芽的枝条中，钾的含量较高。缺钾的情况下，花芽形成减少。适当浓度的锌，可以降低核糖核酸酶的活性，加速核糖核酸和蛋白质的合成；锌不足，花芽形成少。

树体的营养生理状况与花芽形成密切相关，营养物质的种类、含量、相互比例以及物质的代谢方向都影响花芽的形成。营养物质特别是碳水化合物、氨基酸、蛋白质、有机磷等是花芽形成所必需的物质基础。

4. 激素

果树花芽分化是在多种激素的相互作用下发生的，花芽分化需要激素的启动与促进。研究结果认为有成花作用的激素直接参与花芽分化。

①赤霉素。研究结果表明，赤霉素可促进低温、长日照的草本植物开花，而在果树上，一般是抑制花芽分化的，内源赤霉素主要产生于迅速生长的枝条顶端，特别是正在扩展的幼叶和正在发育中的种胚，种子中产生的赤霉素主要抑制短果枝花芽的形成，而枝条顶端产生的赤霉素，则抑制腋花芽的形成。

②生长素。应用生长素可以诱导荔枝、菠萝开花。在一般果树上，生长素在茎顶端形成后，即向下运送，引起顶端优势现象，促进节间伸长与组织分化。摘心后除去生长素的来源，可以促进花芽分化。

③细胞分裂素。研究证明，细胞分裂素可以促进几种短日照植物开花或诱导开花。在果树上应用细胞分裂素对促进开花和花芽形成有明显的效果。

④脱落酸。脱落酸对花芽形成的作用一直未能肯定，许多研究结果认为脱落酸对花芽形成有促进作用。黑醋栗在短日照条件下侧芽形成脱落酸（ABA）多，容易形成花芽；长日照条件下侧芽形成赤霉素（GA）多，不易成花。有些外源抑制剂［如矮壮素、比久（B9）］有促进花芽形成的作用。脱落酸和赤霉素的生理功能有拮抗作用。脱落酸与赤霉素的比例与花芽形成有密切关系。

⑤乙烯。乙烯可以促进菠萝开花，对苹果、梨的花芽分化也有促进作用。

植物激素对开花的机制是复杂的，开花是在多种激素的相互作用下发生的。植物开花取决于促进开花（来自叶和根系）和抑制开花（来自种子、茎尖和幼叶）这两类激素的平衡。促花激素主要指成熟叶中产生的脱落酸和根尖产生的细胞分裂素；抑花激素主要指产生于种子、幼叶的赤霉素和产生于茎尖的生长素。

5. 遗传物质（RNA、DNA）

控制成花理论综合前人在苹果、黑醋栗等果树上的研究结果，认为 RNA/DNA 的比例增高，核糖核酸酶的活性降低，有利于促进花芽分化。

（四）环境条件对花芽分化的影响

1. 光照

光是影响花芽分化最重要的因子。光不但影响营养物质的合成与积累，而且也影响内源激素的产生与平衡，在强光下，激素合成慢，特别是在紫外光照射下，生长素和赤霉素被分解或活化受抑制。从而抑制新梢的生长，促进花芽的分化。因此，在光照充足的条件下，果树容易形成花芽。

2. 温度

温度影响果树的生长和果树体内的一系列生理过程及激素平衡，间接影响花芽分化的时期、质量和数量。各种果树的花芽分化要求一定的温度条件，过高过低都不利于花芽分化。落叶果树一般都在高温下进行花芽分化（苹果适温为 20 ℃左右），柑橘类、杨梅、荔枝及龙眼等则在较低的温度下分化（柑橘适温为 13 ℃以下）。

3. 水分

水分与花芽分化有非常密切的关系。在花芽分化临界期前，适当控制给水，抑制新梢生长，有利光合产物的积累和花芽分化。控制和降低土壤含水量（田间持水量的 60%～70%），可以增加植物体内的氨基酸，特别是精氨酸的水平，对花芽分化有利，同时，提高叶片中脱落酸（ABA）含量，从而抑制赤霉素的合成和淀粉酶的产生，促进淀粉积累和抑制吲哚乙酸（IAA）合成，有利花芽分化。

水分过多，会引起细胞液浓度降低，以及氮素的供应过程，新梢生长停止迟，不利于花芽分化。

六、落叶与休眠

落叶是果树结束生长进入休眠的标志。落叶前叶片内进行一系列变化，如叶绿素的分解，光合及呼吸作用减弱，一部分氮、钾成分转入枝条中，最后叶柄产生离层脱落。

温带果树的正常落叶是在日平均气温降到 15 ℃以下，日照短于 12 h 的情况下开始的。昼夜温差增大，也能促进落叶。各种果树的落叶对气温的敏感程度不同，以枣最为敏感，其次是桃、梨、苹果和葡萄。干旱、水涝和病虫危害都能引起果树落叶，早期落叶使树体营养亏缺，有时引起二次萌芽、开花，损伤树势，降低产量。生长后期的高温和潮湿又会延迟落叶，过晚落叶则叶内养分来不及运往枝条而损失，而且枝梢组织成熟不充分。因此，过早落叶或延迟落叶对越冬和第二年的生长、结果都是不利的。

果树落叶之后即进入休眠期。果树在休眠期生命活动并没有停止，树体内部仍进行着各种生理活动，如呼吸、蒸腾和根的吸收、合成，芽的进一步分化，以及树体内养分的转化等。但这些活动比生长期微弱得多。整个休眠期可分为两个阶段，即自然休眠和被迫休眠。自然休眠取决于树种、品种特性及光照、温度和水分条件，一般落叶果树的自然休眠大体在12月至翌年1月上旬；核桃、柿、枣、葡萄要长些，到2月中下旬才结束。自然休眠解除之后，果树的越冬性显著降低，遇较暖天气，容易引起树体活动而开始生长。此时，如果温度突然下降，就会导致冻害，特别是花芽冻害较为明显。

据观察，果树通过休眠最适宜的温度是稍高于0℃（3～5℃），果树度过自然休眠的时间长短因树种、品种而异。当冬季温度在5℃以下的天数不能满足时，果树必须利用春季已经上升的温度完成休眠阶段，这样通过休眠就需要较多的天数。因此，有些温带果树在我国南方比北方萌芽要晚。但原产热带的果树进入休眠并不需要低温条件，决定因素是水分，即在干旱条件下进入休眠。

被迫休眠是由于外界温度条件不能满足果树萌芽生长的要求时形成的。因此，可以采用喷白和春季灌水等栽培技术措施，迫使其继续休眠，以避免冻害。

果树的根系没有自然休眠期，在地上部分的休眠期内，只要土壤温度适宜，根仍可以生长。冬季严寒地区，在冻土层以下分布较深的根，冬季仍能生长。

果树的自然休眠期长短与其原产地有关。原产温暖地区的树种，与温带大陆性寒冷地带的树种不同。如扁桃通常11月下旬结束自然休眠，度过自然休眠期要求的时间短；醋栗、杏、桃、柿、栗、沙梨等在12月中下旬至翌年1月中旬，苹果在1月下旬，核桃和葡萄最长，一般在1月下旬至2月中下旬才结束。

一般原产温带冬暖地区的树种，其早春发芽的迟早与自然休眠期的长短有关，而原产温带中北部寒冷地区的树种，早春发芽的迟早与被迫休眠期的长短有关（即低温期的长短有关）。果树树龄不同，进入休眠期的早晚不同，幼树进入休眠期晚于成年树，且解除休眠也迟。果树不同器官和组织进入休眠的早晚也不一致，一般小枝、细弱枝、早形成的芽比主干、主枝休眠早，根颈进入休眠最晚，但解除休眠最早，故最易受冻害。花芽比叶芽休眠早，萌发也早。同是花芽，顶花芽又比腋花芽萌发早。同一枝条不同组织进入休眠迟早不同，皮层和木质部进入休眠较早，形成层最迟。所以，初冬遇到严寒低温时，形成层最易受冻；一旦进入休眠后，形成层比木质部和皮层抗冻，因而深冬冻害多发生在木质部。

任务二　果树一年内树体营养变化

果树营养器官和生殖器官的生长发育都取决于树体营养状况。果树的生物学总产量中，有机物占干物质重的90%～95%，无机物只占5%～10%，有机物的形成，主要依赖土壤中的水分和空气中的CO_2，其次靠土壤中的各种无机营养元素。

一、一年内树体营养代谢的变化

果树在年周期中,营养代谢有氮素代谢和碳素代谢两种基本类型。从春季到初夏是以细胞分裂为主的枝叶建造和幼果发育阶段,叶片光合产量处于逐渐增加的过程中,主要是树体贮存营养的基础上,吸收大量氮素合成蛋白质,以供细胞分裂和器官建造,称为氮素营养时期,此期内有机营养消耗多,积累少,对肥水(特别是氮素)要求高。

随着新器官功能的逐渐增强,光合生产不断加强,有机营养的积累也随之增强,树体主要转入组织分化(鳞片、叶片分化、花芽分化等)氮素代谢和碳素代谢都比较旺盛。

7月以后,大部分枝叶建造完成了,主要进行碳素化合物的生产。果实细胞分裂停止、果实开始膨大,并进行花芽分化。氮素代谢渐衰,进入积累营养的时期,称为碳素营养时期或碳素代谢时期。

春季的氮素代谢是以上年的碳素代谢为基础,而氮素代谢又扩大了营养器官,为碳素代谢和有机营养的进一步积累创造了条件。

二、营养物质的产生

果树的绿色部分,特别是叶片,是进行物质生产的主体。而叶片光合产物的多少,又同光照强弱、叶片的面积和质量、CO_2和水分供应,以及温度条件有关。营养物质的生产量与光能利用率有很大的关系,一般地影响光能利用率的因素主要有以下几个方面。

(一)光能的截获量

光能的截获量与叶片大小、数量、分布有关。单叶大、数量多、总叶面积大、分布均匀、互不重叠,则受光量多,光能利用率高;相互遮阴严重,光能利用率下降,异化作用的叶面积增加,同化产物积累量下降。因此,任何果树的叶面积指数只能允许在一定的范围内。生产上通过整形修剪,保证果树结构合理,以截获更多的光能,增强营养物质的生产力。

(二)CO_2和肥水的供应

果园空气流通,树冠通风透光良好,施肥灌水及时,光合作用过程中各种矿物质营养元素及水分充足,则叶片的功能强,生产的有机营养物质相应增多。反之,果园通风透光不良、肥水缺乏、CO_2不足,则光合效率下降,光合产物减少。

(三)叶片高光能时期的长短

一般旺盛生长的幼叶,特别是叶色未转绿前,叶绿体少,光合能力很弱,生产的有机物质不能满足本身的呼吸消耗,没有营养物质积累。因而,前期幼叶生长过慢,成熟过程太长,就会缩短成熟叶片的高光合效能的时间,减少了后期营养物质的生产和积累时间,不利于树体营养物质的积累。

（四）温度的影响

各种果树进行光合作用的最适宜温度在 20～30 ℃，过高、过低都会影响光合效率。

三、营养物质的分配和运转

果树体内营养物质一经合成，一部分为呼吸消耗，另一部分用于器官建造而向需要的器官输送。而物质在运转过程中存在着转化和再次合成，这一过程的主要特点如下。

（一）分配的不均衡性

果树的各种器官对营养物质的竞争能力不同，因而运向各器官的营养物质的数量也不相等。一般是代谢旺盛的器官获得的营养物质最多。就枝条而言，位于枝条顶端部位代谢最旺盛，获得的营养物质最多。

不同物候期，果树各器官的代谢强度不同，所获得的营养物质数量也不一样。萌芽、开花期，芽或花的代谢最旺，获得的营养物质也最多。当新梢、幼果同时进入迅速生长期后，营养物质运转分配便集中于新梢和幼果，梢、果代谢均强，导致争夺营养。

（二）分配的局限性

果树各类枝条上的叶片数量不同，产生光合产物的能力也不同，其上同化产物的运转表现出很大的局限性。营养枝上产生的光合产物外运的范围因枝条类型而不同，且营养物质外运的数量随着营养枝距离的加大而减少。

一般地，中、短枝上产生的有机营养量少，营养物质除供应本枝生长外，只能运送到附近的枝条和果实中；而长枝上有机营养的生产量大，营养物质的外运范围广，多年生枝及根系中的有机营养都来源于长枝。长果枝也有较强的光合能力，其同化产物运送到果实中的较多，运送到所着生的母枝和其他枝中的较少；长、中果枝所需的同化产物基本不需要其他枝条供给，在花芽分化期主要供应花芽分化，以后则贮藏于母枝中和运送到附近的短枝中。

（三）分配的异质性

果树根系吸收的营养元素的分配受极性影响很大，并与蒸腾面积和输导组织数量成正相关。而地上部分同化产物的分配，除受代谢强度的制约外，还受器官类型的影响，因此，运转的局限性强。由于根系和地上部分的吸收和同化养分的分配及运转的不同，使树体不同部位、不同时期、两类营养物质的结合形式和成分存在着质的差异。这种差异决定着器官形成的类型与速度，表现在营养生长和生殖生长的矛盾上，并直接影响到花芽分化和开花结果。

（四）分配的集中性

果树营养分配受器官活动的影响和制约，一年中养分集中分配的中心通常按以下四个物候期进行。

1. 萌芽和开花

这个时期主要利用上年所贮存的养分，落叶果树处于营养消耗阶段，这时营养分配中心集中在开花，如花量过多，消耗大量的营养，就会抑制新梢生长，影响当年的养分积累。果树栽培上采取早春施肥、灌水和疏花疏果等措施来补充营养，调节花量，促进新梢生长，提高坐果率。

2. 新梢生长和果实发育

二者几乎同时进行，且都需要充足的营养。这时营养分配集中供应果实和枝叶生长，如果新梢生长占优势，必然会影响果实的发育，甚至因营养不良而出现落花落果现象。

3. 新梢停止生长和花芽分化

此期养分来自当年的新梢。新梢生长高峰已过，开始进入花芽分化期和果实加速生长期。养分分配中心由新梢生长转向花芽分化，后期又从花芽分化转向果实生长。在养分供应上，主要表现为花芽分化与果实发育和新梢生长的矛盾。因而控制灌水和新梢的后期旺长，增施磷钾肥料，有利于花芽分化，促进果实发育。

4. 果实成熟和落叶

此时营养生长已逐渐停止，当年的同化营养除一部分继续向果实运送外，另一部分则向树干、骨干枝和根系运转，回流集中于树体内，直至落叶为止。所以，秋季保护叶片功能，防止叶片早衰和早期脱落，增强叶片的光合功能，提高树体营养积累水平，有利于花芽的进一步分化，提高树体的越冬性。

总之，果树的生长发育和整个生命活动都是以营养物质为基础的，了解营养物质的分配与运转规律，可以采取适当的栽培措施，增加营养物质的生产与积累，合理分配养分，协调营养生长与生殖生长的矛盾，获得果树的高产、稳产，不断提高果品质量。

四、营养物质的消耗与积累

果树在年周期发育中，在生长前期，萌芽、开花、坐果、新梢生长，这一时期，营养消耗占优势，幼叶光合效能低，积累少；生长中期，新梢生长、果实发育也要消耗营养、积累很少；果实采收后，枝梢停止生长，秋季气温低，呼吸消耗少，成熟的叶片效能高，消耗少，积累多，是树体营养积累的重要时期。栽培上要采取措施，生长前期加快枝叶的建造速度，尽快形成最大叶面积，并使叶幕结构合理，延长叶功能期，增加秋季营养物质的积累。

果树积累贮藏的营养物质，主要是碳水化合物（淀粉为主）、蛋白质和脂肪等。这些物质贮存于皮层、木质部和髓部的薄壁细胞中，大枝和基部贮藏最多，根部贮藏尤多。落叶果树叶片中的营养物质（如氮、钾等）在落叶前也回流枝干、根部，常绿果树的叶片是营养贮藏器官，冬季保护叶片，防止落叶，对提高树体营养贮藏水平，促进花芽分化，增强越冬性都具有重要作用。

任务三　果树一生生长发育规律

一、果树年龄时期的意义

各种果树都有它的生长、结果、衰老、更新和死亡的过程，这个过程称为年龄时期，或称为生命周期。研究果树年龄时期的发育规律，对于控制果树的提早结果、高产、稳产有着十分重要的意义。果树因繁殖方法不同，有两种不同的年龄时期，即实生树的年龄时期和营养繁殖果树的年龄时期。

（一）实生树的年龄时期

实生树的年龄时期包括幼年阶段和成年阶段。实生树从种胚发芽到第一次开花结果以前，称为幼年阶段（幼年期，也称为童期）；从第一次开花结果以后，实生树进入成年阶段（成年期）；进入成年期的实生树在适当的营养条件、外界环境和正确的农业技术的影响下，可以连年开花结果；实生树经过多年开花结果后，生长逐渐衰弱，产量不断下降，最后甚至没有产量，出现衰老以至死亡现象，这个过程称为老化过程或衰老过程。

（二）营养繁殖果树的年龄时期

营养繁殖果树是采用扦插、压条、嫁接、分株和组织培养等方法培育的，其繁殖材料和接穗取自成年阶段的优良母树，是母枝芽发育的继续，已经度过了幼年阶段，在适当的条件下，随时可以开花结果。营养繁殖果树经过多年开花结果，也要逐渐老化而衰老死亡，是在性成熟基础上的老化过程。

缩短实生树的幼年阶段，加速性成熟过程，使其提早结果，保持成年阶段，延长结果年限，抑制衰老过程是果树栽培者的重要任务之一。

二、了解果树的年龄时期

一般根据果树生长、结果、衰老和更新的具体表现，将果树的年龄时期分为以下四个时期。

（一）幼年期

果树从种子萌发到第一次结果，或从苗木定植到第一次结果为幼年期。这一时期果树主要是进行营养生长，因而称为营养生长期。这个时期的生长特点是：果树的离心生长旺盛，根系和地上部分迅速生长，光合面积和吸收面积迅速扩大，并逐步形成树冠和根系的骨架，枝条多趋向直立，树冠多呈圆锥形，新梢生长量大，节间较长，叶片较大；年生长期长，生长停止晚，枝梢往往发育不充实，影响越冬性。根系生长旺盛，逐渐形成粗大的骨干根和须根，建成根系的骨架。这个时期由于生长旺盛且生长期长，因而养分主要用于生长，消耗多、积累少，所以，这一时期果树一般不结果。

幼年期的长短因树种、品种而异。一般桃、葡萄、枣1～3年，杏、李2～4年，苹果、梨3～6年，柑橘、枇杷5～7年。矮化品种比乔化品种进入结果要早；营养繁殖果树比实生树进入结果要早。

这一时期的栽培管理要注意从以下几个方面入手，首先要为果树根系生长创造良好的土壤环境。在建园前和定植后的头几年要进行土壤改良，增施有机肥以提高土壤肥力。这个阶段要做好整形工作，开张主枝角度，增加枝量，及早建成良好的树体骨架，为早结果和丰产奠定基础。修剪上要注意轻剪，多留枝叶，扩大光合面积，增加营养积累，促使早结果。每年生长后期要保证枝条及时结束生长，并使组织充分成熟，以提高树体的越冬性。北方寒冷地区还应做好防寒工作，以保证幼树安全越冬。

（二）初结果期

初结果期是指果树从初次结果到大量结果之前。这一时期，树体营养生长仍占优势，树冠继续扩大，根系继续向土层深处和水平方向扩展，须根大量增加。随着树冠的扩大，主枝逐渐开张，树势渐趋缓和，枝类组成发生变化，中、短果枝比例增加，长果枝的比例减少，产量逐年上升。初结果时，果形较大，风味较淡，品质稍差，较不耐贮藏；结果几年后，逐渐表现固有品种特性，果实品质逐年提高。

这一时期栽培管理要继续深耕熟化果园土壤，合理施肥供水，保证根系和树冠的不断扩大。整形修剪上要保持各类枝间的从属关系，完成树冠骨架建造，使树冠结构合理，通风透光良好，并不断培养与更新结果枝组，增加结果部位。开始结果以后，要加强花果管理，合理负担产量，注意调节营养生长与生殖生长的关系，保证生长结果正常，不断提高产量。

（三）盛果期

盛果期是果树大量结果时期，指从开始出现丰产到产量开始下降为止。

这一时期根系和树冠不再继续扩大，达到最大体积。骨干枝离心生长逐渐减弱以至停止，结果枝大量出现，花芽大量形成，产量最高，质量最好。骨干枝上光照不良部位的结果枝有干枯死亡现象，结果部位外移，树冠内光秃现象加重。后期骨干枝先端衰老死亡，树冠内膛出现更新枝。产量开始下降。这一时期，栽培管理不当，容易发生大小年。

这一时期的栽培管理首先必须加强肥水管理，保证土壤有机质丰富，以维持根系健壮。同时要疏花疏果、合理留果，防止"大小年"的发生。合理修剪，注意更新结果枝和骨干枝，改善树冠内光照条件，稳定树冠体积，保持树冠的生长结果能力，抑制衰老过程。

（四）衰老期

衰老期是从产量开始下降到主枝开始枯死。这一时期初期，新梢数量显著减少，骨干枝末端开始死亡，结果枝大量衰老死亡，产量渐减，树冠体积缩小，树冠内发生大量的徒长枝，向心更新明显。后期部分骨干枝开始枯死，主枝上出现更新枝，骨干根也有大量死亡。老枝上芽虽多，但落花落果严重，产量急剧下降，果实变小，品质降低，树体抗逆性也显著减弱。

这一时期的栽培技术措施主要是在加强土肥水管理和树体保护的基础上，进行老树更新，培养更新枝，形成新树冠，恢复树势，保持经济产量。

果树年龄时期的变化是逐渐转换的，而且是连续的，各个时期之间并没有明显的界限。充分了解果树年龄时期的变化规律，就可根据树性，因势利导，制定正确的栽培技术措施，缩短经济上无效的年限，降低消耗，做到幼树提早结果，早期丰产；成年树丰产稳产，品质优良，树体健壮，延长经济寿命，从而获得最大的经济效益。

课程思政

1. 思政元素点

通过学习果树生长发育规律和生物学特性提升果树生产的基础理论知识、观察和分析能力嵌入科学家精神思政元素。

2. 课程思政导入

通过学习果树根、茎、花和果实等器官生长发育规律，理解光、温、水及土壤对果树生长发育的影响，运用科学的方法和思维分析果树生产中的问题和现象。了解果树生长发育的科学规律和栽培技术的原理和方法，培养学生的科学思维和创新能力，鼓励学生探索新知识和新技术，提高果树生产的效率和质量。通过对果树的形态、生理、遗传等方面的学习，可以掌握果树生产的科学原理，培养对果树生长发育的敏感性和规律性的认识，为后续的技术操作提供理论指导和依据。

复习思考题

1. 果树分为几个年龄时期？每个年龄时期的栽培技术要点是什么？
2. 简述果树落花落果的类型及原因。
3. 果树的营养物质的分配和运转有什么特点？

模块二

果树生产基本技术

项目一　果树苗木繁育

知识目标

掌握果树苗圃规划设计知识，了解果树苗圃选择应考虑的因素，掌握果树苗木的各种繁殖方法，掌握果树建园规划设计的原理，掌握果树定植知识。

能力目标

能够进行较简单的果树建园及苗圃规划设计，在生产上能够运用各种苗木繁殖方法进行果树苗木繁育，能够熟练进行果树嫁接和对果树进行定植。

学习任务

果树苗圃的建立，果树实生苗、自根苗、嫁接苗的培育，苗木出圃，果树建园与栽植技术。

培育品种纯正的健壮苗木是果树早果、优质、丰产的基础。苗木的质量对果树栽植成活率、整齐度、生长结果及经济寿命、果品质量、抗逆性等影响很大，因此育苗对于果树生产十分重要。优良果树苗木，包括品种纯正、砧木适宜、苗木健壮、无检疫对象等内容。对有些果树苗木脱毒也是优质苗木的基本要求。果树种类繁多，生物学特性各异，因而繁殖方法多种多样。果树苗木繁育可分为实生苗繁育和营养苗繁育两大类。

任务一　建立苗圃

西藏地域广阔，果树生产小气候复杂，为避免从外地引进的苗木不适应西藏当地自然条件，在发展果树生产时，应根据当地自然条件，采用自繁自育自种的原则进行果树苗木的繁殖。果树苗木繁殖可采用有性繁殖法，即实生繁殖；无性繁殖法，即自根繁殖（扦插、压条和分株）和嫁接繁殖。

一、苗圃地的选择

苗圃地址的选择应以当地主要经济树种的苗木繁殖需求为依据，同时应选择交通、土壤、地势、水源等综合条件良好的区域,并注意远离环境污染严重的区域。

(一)地点

应选在地理位置中心或附近,并应交通便利,以减少苗木长途运输,提高成活率。

(二)地势

应选择背风向阳,地势平坦或坡度较小的区域。低洼盆地不易排水,且易聚集冷空气致使苗木受害,不宜选作苗圃地。

(三)土壤

应选土层深厚、肥力高、石砾少、土质结构疏松、透水、透气良好的砂壤土或轻黏壤土,土壤为中性或近于中性,有利于苗木根系生长,提高出苗率。注意育苗中不同经济树种对土壤酸碱度的不同要求,并根据树种特点、种子大小、育苗难易等来进行相应的土壤改良。

(四)灌溉

充足的水源、良好的灌溉设施是现代化苗圃的必备条件。尤其是在春夏两季干旱少雨的北方地区更加重要。水源条件的好坏是决定育苗成败的关键因素,在苗圃地选址时应给予充分重视。

二、苗圃地的规划设计

苗圃建立的起始阶段,应根据所培育果树的种类、数量,结合苗圃地的立地条件进行全面规划。专业苗圃应设有母本园、繁殖区、组织培养室等功能区域。

(一)母本园

用于提供良种繁殖材料,如种子、接穗和自根苗繁殖材料等。母本园的材料要纯正。同时应精细管理,防止病虫危害。脱毒材料应用防虫网覆盖,并定期进行病毒检测,保证繁殖材料不被病毒侵染。

(二)繁殖区

根据繁殖苗木的方式不同可以划分为实生苗培育区、嫁接苗培育区、自根苗培育区、移植区、温室区等。出于轮作换茬的需要,各小区位置不是一成不变的。温室位置应与组织培养室的建造统筹规划,便于组培苗的驯化炼苗。

(三)道路

干路是纵贯苗圃及与外界连接的主要道路,宽度在 6～8 m,可通过大型车辆。
支路是结合苗圃内各大区设置,宽度在 3 m 左右,可通过中小型车辆机械。

（四）排灌系统

苗圃地建立时应结合道路、小区及地形设置灌溉系统。为了节省用水、减少灌水用工，应尽量采用地下管道或防渗渠道网。大中型苗圃应配套喷灌设施，同时可预防霜冻和高温危害。温室内和扦插繁殖区应设置间歇弥雾设施。在地势低洼，地下水位较高及降水量较多地区建立苗圃时应设置排水系统。

（五）防护林

在苗圃地的主风方向或者四周建立防护林，具有降低风速、削弱寒流危害、调节温度等效果。

（六）建筑物

建筑物包括办公室、组织培养室、工具室、种子贮藏室、肥料农药室、苗木贮藏室、苗木包装室、宿舍、车库等，应选位置适中、交通方便的地点，且尽量不占用生产用地。

三、完善苗圃档案

各果树苗圃都应建立苗圃档案，有专职技术人员负责，按要求详细记载，其内容主要有：苗圃地原来的地貌特点，地形平面图；母本树品种定植图及各种材料引进引出记载；各繁殖小区土壤类型、肥力水平及每年土壤管理状况；各地块每年度育苗种类、方式、生长管理状况、出苗数量、经济效益等；苗圃地每天的作业管理日记；气象资料记载；每年各树种、品种苗木的销售数量、去向、售价等。苗高、地径等应实地测量。每年的档案要分类整理装订，妥善保存。

任务二　繁育实生苗

利用种子培育苗木的方法称为实生繁殖，利用种子繁殖的苗木称为实生苗。实生苗主要作为砧木培育嫁接苗，也可用作果苗。

一、实生苗特点的利用

（一）实生苗优点

种子体积小、重量轻，便于采集、运输和贮藏。种子来源广，播种方法简便，便于大量繁殖。实生苗根系发达、生长旺盛、寿命较长。对环境条件适应能力强，并具病毒免疫的能力。

（二）实生苗缺点

种子繁殖的苗木后代易出现分离，优良性状遗传不稳定。实生苗需经过幼龄期后才具有开花潜能，进入结果期晚。因此果树种子繁殖主要用于培育砧木和杂交育种。

二、种子采集、调制、检验与贮藏

（一）种子采集

采种时应选品种纯正、生长健壮、无病虫害的优良母株。用于实生繁殖的树种应选优质、丰产、抗性强的单株，固定为采种母株。采种时间应在形态成熟后，果面和种皮颜色充分成熟后进行。主要果树种子采集时期见表2-1。

表2-1 主要果树树种及砧木种子采集时期

树种	采种时期	树种	采种时期
沙枣	9—10月	新疆野苹果	9月
文冠果	8—9月	花红（沙果子）	8月
山樱桃	6月中旬至7月上旬	山定子	9—10月
核桃	9月	海棠果	9—10月
山楂（山里红）	8—11月	秋子梨（山梨）	9—10月
甜樱桃	6—7月	砂梨	8月
毛樱桃	6月	杜梨	9—10月
山葡萄	8月	豆梨	8—9月
君迁子（黑枣）	11月	山桃	7—8月
板栗	9—11月	毛桃	7—8月
榛子	9月	山杏	6月下旬至7月中旬

（二）种实调制

种实调制即从果实中取出种子、清除杂物和分级，根据不同树种的具体要求控制种子含水量，使种子达到适于贮藏和播种的程度。干燥后的种子按照标准要求，进行精选和分级，使种子纯度达到99%以上。挂标签注明种类、品种、产地、质量、水分、纯度等。调制方法有以下几种。

1. 阴干法

根据种实构造，一般适用于闭果、裂果的果实种子，将采集来的果实摊放在空气流通、干燥的室内，使其自然干燥或裂开取得种子。阴干法并非不能使用日晒，凡是适于干藏的种子，可适当日晒，因日光中紫外线有杀菌作用，有利种子贮藏。但板栗、桑等种子不宜日晒。

2. 淘洗法

将肉质果类的果实,如各种浆果、核果、聚花果、仁果、坚果等,收集到种实后,应采用堆沤腐烂、淘洗的方法取出种子。果实堆沤应常翻动,控制温度不超过45 ℃。淘洗出种子后应阴干,忌强光暴晒。

(三)种子品质检验

种子品质是种子优劣程度的各项指标的统称。为了计划播种量,保证出苗健壮整齐,在购种或播种前必须对种子作品质检验。其检测指标有下述几项。

1. 种子含水量

它是种子安全贮藏、运输及分级的指标之一。

$$种子含水量(\%) = \frac{干燥前种子重量 - 干燥后种子重量}{干燥前种子重量} \times 100$$

2. 种子净度和千粒重

种子净度又称种子纯度,指纯净种子的质量占供检验种子总质量的百分比。

$$种子净度(\%) = \frac{纯净种子重量}{供试种子重量} \times 100$$

千粒重是指1 000粒种子的质量(g/千粒)。用来衡量种子大小与饱满程度,也是计算播种量的依据之一。

3. 种子发芽

种子发芽力用发芽率和发芽势两个指标衡量,通过发芽试验测定。种子发芽率是在最适宜发芽的环境条件下,在规定时间内(时间依树种而异),发芽种子占供检种子总数的百分率。

$$发芽率(\%) = \frac{萌芽种子粒数}{供试种子粒数} \times 100$$

发芽势是指种子自开始发芽至发芽最高峰时的发芽粒数占供试种子总数的百分率。发芽势表示种子发芽能力和速度的强弱,数值大表示发芽势高,即说明种子萌发快,萌芽整齐。

$$发芽势 = \frac{规定天数内种子发芽粒数}{供试种子总粒数} \times 100\%$$

4. 种子生活力测定

种子生活力是在适宜条件下,种子潜在的发芽能力。大部分果树种子采集后处于休眠状态,难以直接用发芽试验来判断种子生活力。简单快速测定种子生活力的方法有下述几种。

①目测法。直接观察种子的外部形态和内部结构,凡种仁饱满、种皮有光泽、剥皮后胚及子叶呈乳白色、不透明、并具有弹性为有活力种子,如种皮发皱、破损、色暗、种仁呈透明状或变色为失去活力种子,种仁变硬脆为陈年种子。

②染色法。将种子在水中浸 10～24 h，使种子吸水膨胀、种皮软化，小心剥去内外种皮，浸入 0.1%～0.2% 的靛蓝溶液、0.1% 曙红或 5% 的红墨水中染色 2～4 h，取出用清水冲洗后观察，完全不上色者为有生活力的种子，染色或胚着色者是无生活力种子。

③TTC（氯化三苯基四氮唑）法。将种子 100 粒剥皮，剖为两半，取胚完整的一半放在器皿中，加入 0.5% TTC 溶液淹没种子，置于 30～35 ℃黑暗条件下 3～5 h，胚芽及子叶背面染色，子叶腹面染色较轻，周缘部分色深为有生活力；无生活力的种子腹面、周缘不着色，或腹面中间部分染色不规则呈交错斑块。

（四）种子贮藏

果树种类繁多，种子寿命及对贮藏条件的要求差异较大，根据对贮藏环境要求的不同，果树种子可分为冷冻干燥贮藏型和冷凉潮湿贮藏型两类。

1. 干藏法

短期贮藏的种子，如秋季采集的种子供春天播种用，可采用普通干藏法，放在较阴凉的室内。需要长期保存的种子，以及用普通贮藏法易丧失生活力的种子，可采用密封干燥法，把种子装入不透气的容器内，加盖密封；为了防止种子受潮，可在容器内放入干燥剂，如氧化钙、石灰粉、木炭块等。

2. 湿藏法

板栗、银杏、甜樱桃和大多数常绿果树的种子，必须采后立即播种或湿藏。湿藏时，种子与含水量为 50% 的洁净河沙混合后，堆放室内或装入箱、罐内。贮藏期间要经常检查温度、湿度和通气状况，尤其夏季气温高、湿度大，种子易发热出汗，筐、袋上层种子易结露，应及时晾晒，散热降温，并通气换气。

三、种子处理

播种前对种子进行物理、化学和生物等措施处理的总称叫种子处理。种子处理的方法有如下几种。

（一）种子消毒

为了防止种子在层积处理期间和播种后遭受病虫危害，处理前对种子应进行药剂处理。方法有 1% 硫酸铜，浸种 4～6 h；10% 磷酸钠、2% 氢氧化钠、0.15% 甲醛浸种 15～30 min，捞出后密闭 2 h；0.5% 高锰酸钾浸种 1 h，捞出后密闭 0.5 h；敌克松拌种按种子重量的 0.2%～0.5% 的用药量，先与药体积的 10～15 倍细土配成药土后拌种。种子药剂消毒后，可以用清水洗去残药，并注意已发芽的种子不能用上述药剂处理（表 2-2）。

表 2-2 种子消毒灭菌方法

名称	使用方法
硫酸铜	用 0.3%～1% 的溶液浸种 4～6 h 清水冲洗后捞出阴干
硫酸亚铁	用 0.5%～1% 的溶液浸种 2 h 用清水冲洗后捞出阴干
高锰酸钾	用 0.5% 的溶液浸种 2 h 捞出密封半小时后阴干，用清水冲洗后胚根突破种皮的种子不宜用此法
福尔马林	用 0.15% 的溶液浸种 15～30 min，捞出密封 2 h 后阴干
退菌特	用 800 倍液浸种 15 min
敌克松	用粉剂拌种，用药量为种子重量的 0.2%～0.5%

（二）机械破皮

用于种皮坚硬致密，层积处理效果不太理想的果树种子，如酸枣、山桃等。也可对种皮磨伤处理，促进吸水膨胀和气体交换，如花椒种。

（三）浸种

水浸泡种子可软化种皮，除去抑制发芽的物质，促进吸水膨胀，尽早发芽。一般用冷水或 45 ℃ 以下温水浸种；对种皮较厚且坚硬的种子，可用热水（70～75 ℃）浸种或变温（90～100 ℃）浸种，用水量不少于种子体积的 3 倍，应每日换水 1 次。

（四）种子的休眠与层积处理

1. 种子的休眠和后熟

休眠是指有生命力的种子，由于内、外条件的影响而不能发芽的现象。种子成熟后，其内部存在妨碍发芽的因素时处于休眠状态，称为自然休眠。形态上成熟的种子，萌芽前内部进行生理活动引起种子后熟的生理变化能导致种子萌发的生理变化称为后熟作用。通过后熟的种子吸水后，由于环境条件不适宜仍处于休眠状态，称为被迫休眠。落叶果树的种子必须通过自然休眠才能在适宜条件下萌芽。常绿果树的种子多数没有或有很短休眠期，采种后稍晾干，立即播种即发芽，少数常绿果树种子有休眠期。

种子休眠是由于一种或多种因素综合作用的结果。例如山楂种子休眠主要是生理原因引起的，但其种皮硬厚、致密，不透性延长了后熟过程。因此，不同种类的种子，完成后熟需要的时间不同，如湖北海棠需 30～35 d，山楂种子一般播种后需经过 2 个冬天才能发芽，如果提前采收或经过破壳处理，或温、湿处理后再行层积，也可翌年播种后发芽。核桃需一定的低温就可以完成后熟。

生产上使种子完成后熟的方法有两种，一是秋季播种，种子在田间自然条件下通过休眠；二是春季播种，播种前需进行人工处理，最常用的方法是层积处理。

2. 层积处理

将落叶果树的种子与基质相间放置或按一定比例混合，经过一定时间的低温、湿润处理，完成后熟，解除休眠的过程称为层积处理。

①挖层积沟一般选择地势高燥、排水良好、背风背阴的地方挖沟。沟深 60～80 cm，宽 50～100 cm，长度随种子多少而定（图 2-1）。

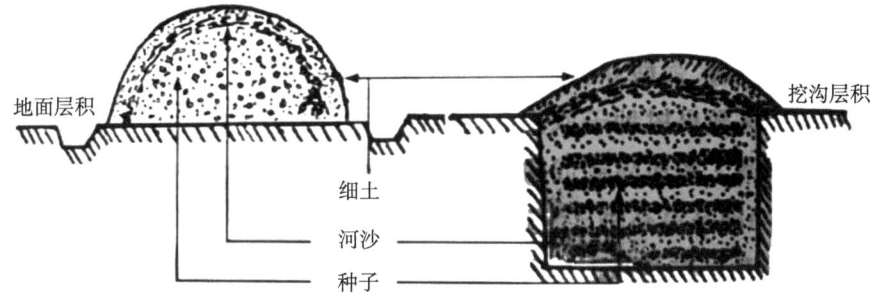

图 2-1　室外种子层积处理

②层积准备 将种子洗净，除去瘪子和杂子。洁净的河沙用量，小粒种子为种子量的 5 倍，大粒种子为种子量的 10 倍。河沙的湿度，以手握成团不滴水、松手能散开为宜。

③层积操作 层积时底部先铺放 5 cm 的湿沙，坑中央每隔一定距离插一把草把，以便通气。然后一层种子一层沙，交替填放；仁果类的小粒种子，如海棠、杜梨等适宜混合贮藏（种子与沙子混合拌均匀），堆到距离地面 10 cm 为止。上面再铺 10 cm 厚的湿沙，最后覆土，成屋脊形。层积沟的四周要挖排水沟，以防积水。如种子量少，可将种子与湿沙混合装入木箱或花盆内，放在背阴处。

④层积时间，各地春播需层积的种子，开始层积的时间，应根据果树种子完成后熟需要的时间（天数）和当地春季适宜播种的时间来决定（表 2-3）。

表 2-3　果树种子需要低温处理的情况

种类	层积日数 /d	处理温度 /℃	播种量 /（kg/667 m²）
沙果	50～60	3	2～3
海棠	40～50	3	1.5～2
山荆子	30～50	3	1.5～2
新疆野苹果	80～90	3	3～3.5
杜梨	60	3	2.5
豆梨	70	3	2.5
柔毛山楂	75～90	1～4	10～15
山桃	60～80	3～5	60～80
毛桃	100～110	3～5	100～120
杏	90～100	3～5	80～100
毛樱桃	50～75	3～5	50～70
李	60～75	3～5	40～50
扁桃	60～80	3～7	60～70
核桃	30～60	5	100～150
酸枣	60～100	1～4	6
沙棘	30	3～5	3.5～5

（五）种子的播种前处理

一般情况下，在播种前将种子移至温度较高的地方，待种子露白时即可播种。播种前 5～10 d 移入室内，保持一定室温，任其自然发芽；大量种子可用电热装置、塑料拱棚或温室大棚进行催芽；有些厚壳种子，如核果类，层积处理后种皮硬壳仍未裂开时，催芽前或播种前可行破核。

四、播种

（一）苗床准备

播种前应施足基肥，进行种子或者土壤药剂处理，以防止苗期病虫害。然后灌水，旋耕耙平，修畦做垄。畦床可分为高畦和低畦（或平畦）。高畦整地时，畦面高出步道 15～20 cm，宽度 1 m 左右，长度依地形而异，在 10～15 m。步道宽 30～40 cm。高畦排水方便，适于多雨或地下水位较高的地区以及对水分敏感、怕积水的苗木。低畦畦面低于步道 10～15 cm，畦与步道的长、宽与高畦相似。低畦浇水省工、保水防旱，适于北方干旱地区。

（二）播种时期

根据气候特点与树种要求，果树播种时期有春播和秋播 2 种。

1. 春播

从土壤解冻后开始到 4 月上旬。春播幼苗出土较早，根茎部木质化充分，可防止夏季幼苗基部灼伤。

2. 秋播

从秋作物收获后到初冬土壤封冻前为止。秋播种子可在土壤中自然后熟，省去层积处理等程序，而且翌春出苗早。但在冬季降水量较少的地区，应注意防止播种层土壤失水变干，可采用地膜覆盖，或者播种后先加厚覆土层再于翌春出苗前刮去。

（三）播种方法

1. 条播

按一定行距开沟播种的方法。适用于中小粒种子，幼苗出土量适中，通风透光、生长健壮，便于嫁接和各种抚育管理，是果树育苗应用较多的方法。条播行距依不同树种及苗木大小而定，为增加出苗量可以用宽窄行或加宽播幅。开沟深度依种子大小和覆土厚度而定。小粒种子可不开沟，浇水渗下后直接顺行撒种。

2. 点播（穴播）

用于大中粒种子。如核桃、板栗、桃、杏、李、扁桃、银杏、酸枣、海棠等。按一定行距开沟后，把种子按一定株距播入沟内。点播苗木分布均匀，通风透光、生长势强、节约种子。覆土厚度根据种子大小、土壤性质而定，一般为种子横径的 3 倍左右。覆土应及时，厚度均匀严实，土粒细润。秋播时应适当加厚覆土。

（四）播种量

单位土地面积的用种量称为播种量。通常以 kg/667 m² 或 kg/hm² 表示。播种量可根据树种、当地条件、播种方法、株行距等，由计划育苗数、每千克种子的粒数及种子质量计算得出其公式如下：

$$667 \text{ m}^2 \text{播种量（kg）} = \frac{667 \text{m}^2 \text{计划出苗数（成苗出圃数）}}{\text{每千克种子粒数} \times \text{种子发芽数} \times \text{种子纯度}}$$

在育苗过程中，影响成苗出圃数量的因素很多，应根据种子质量和大小、土壤性质、播种方法、气候条件、病虫危害等情况来决定播种量，主要果树每千克数量及播种量见表 2-4。

表 2-4 果树种子播种量

树种	每千克种子粒数	播种量 / (kg/hm²)	树种	每千克种子粒数 / 粒	播种量 / (kg/hm²)
山定子	150 000 ~ 220 000	15 ~ 22.5	山核桃	100 ~ 200	2 250 ~ 2 625
丽江山定子	100 000 ~ 120 000	15 ~ 22.5	枣	2 000 ~ 2 600	112.5 ~ 300
海棠果	40 000 ~ 60 000	15 ~ 22.5	毛樱桃	8 000 ~ 14 000	112.5 ~ 300
沙果	44 800	15 ~ 37.5	山楂	13 000 ~ 18 000	112.5 ~ 300
秋子梨	1 600 ~ 28 000	30 ~ 9	核桃	70 ~ 100	1 500 ~ 2 250
杜梨	28 000 ~ 70 000	15 ~ 37.5	山葡萄	26 000 ~ 30 000	22.5 ~ 37.5
野生沙梨	20 000 ~ 40 000	225 ~ 675	板栗	120 ~ 300	2 000 ~ 2 250
豆梨	80 000 ~ 90 000	112.5 ~ 337.5	丹东栗	100 ~ 140	2 250 ~ 2 625
毛桃	200 ~ 400	450 ~ 750	君迁子	3 400 ~ 8 000	45 ~ 150
山杏	800 ~ 1 400	225 ~ 450	酸枣	4 000 ~ 5 600	60 ~ 90
文冠果	45 ~ 75	450 ~ 600	沙枣	3 000 ~ 3 500	600

（五）播后管理

播种后为了出苗整齐、幼苗健壮生长和预防各种原因造成的死亡，还要进行覆盖、搭荫棚、施肥浇水、间苗移栽、叶面喷肥、防治病虫、松土除草、截根、越冬防寒等一系列培育管理。

1. 覆盖

覆盖材料有农用地膜、稻草等，具有使土壤增温保墒、防止表土板结、防止幼苗日灼、增加出苗量等功效。地膜覆盖方式有地面平铺和搭小拱棚两种。前者适合于秋季播种和点播方法，在苗木出土前应及时揭去地膜，以防地膜烧伤幼苗。后者也应在幼苗生长触到地膜前撤膜。揭膜时一定要注意先放风，让幼苗锻炼适应后，再揭去地膜。地膜覆盖除上述功效外，还可防幼苗晚霜冻害，提早出苗，缩短缓苗期，苗木健壮，是果树育苗中常用的措施。

2. 施肥灌水

保持苗床湿润是正常出苗的关键因素之一。播种前一般应灌足底水。中、小型种子在出土期及出苗后1个月左右的缓苗期内,易受干旱及日灼危害,而在此期间漫灌又易引起冲刷及地面板结。所以,最好用小拱棚地膜覆盖或采用喷灌。

苗木进入迅速生长期后,应随灌水追施速效性肥料或人粪尿,配合进行叶面喷肥。

3. 截根

对实生苗(如核桃、板栗等)截断主根可以促进侧根和须根生长,减少起苗时根系损伤,提高定植成活率,是培育优质苗不可或缺的措施。断根可在翌年发芽前自苗侧方45°从15~20 cm处截断主根,或者在秋季8月底至9月下旬,地上部停止生长,根系开始进入生长高峰期时,从主根15~20 cm处截断。断根后应配合浇水。如在育苗期间计划移栽则不需截根。

任务三　繁育营养苗

无性繁殖又称营养器官繁殖,是利用植物根、茎、叶等营养器官的再生能力,促生新根和新芽,培育成独立新个体的繁殖方式。主要包括有嫁接、扦插、压条及组织培养等方法。

一、嫁接繁殖

嫁接是果树营养苗培育的主要方法。由嫁接繁殖形成的苗木叫嫁接苗。用于嫁接的芽或枝段部分,称为接穗。承受接穗的部分叫砧木,有时在品种与砧木间接入一段有特殊用途的枝段叫中间砧。

(一)嫁接繁殖的特点

1. 优点

①嫁接苗能保持接穗品种的各种优良性状。

②可以选择砧木类型,利用砧木的矮化、丰产、优质、抗旱、抗寒、耐涝、耐盐碱、抗病虫等特性来扩大栽培范围,提高经济效益。

③繁殖系数高,多数砧木可以用种子繁殖,数量大、来源广;接穗1芽或数芽1苗,适合于优良品种大量生产。

④接穗采自成年大树,已渡过童期阶段,与实生苗相比进入结果期大大提前。此外,嫁接法还用于高接换种,改良老品种,保存种质资源,病毒检测,乔接病疤,植物生理生化研究等方面。

2. 缺点

嫁接繁殖易造成病毒类病原体的传播泛滥。

(二) 嫁接成活的原理与影响因素

1. 嫁接成活的过程

接穗嫁接到砧木上后，在两者伤口表面，受到损伤的细胞残留物会形成一层褐色隔膜，封闭和保护伤口，此后，双方形成层开始细胞分裂。同时，由于受伤细胞产生一种创伤激素，刺激周围未受伤组织细胞分裂，形成愈伤组织。愈伤组织除来自于形成层和伤口周围细胞团外，髓射线、未成熟的木质部、韧皮部、韧皮射线等也均可产生愈伤组织。砧木和接穗切面的愈伤组织几乎同时产生，但前者形成快且多。随着愈伤组织形成的增多，将隔膜包被于愈伤组织之中，直到输导组织形成和连通。芽接时愈伤组织约在嫁接后 7 d 左右逐渐填满砧、穗接口空隙，开始形成愈伤形成层。10 d 左右由老形成层恢复分裂，形成弯曲的新形成层环。砧、穗双方新的形成层环连接后，接穗开始生长活动。这时新的形成层逐渐分化，向内分化新的木质部，向外分化新的韧皮部，将砧、穗间木质部的导管和韧皮部的筛管等输导组织连通起来，从而接穗得到来自砧木充足的水分养分供应，成为一棵新植株。

2. 影响嫁接成活的因素

①砧木与接穗的亲和力。嫁接亲和力是指砧木和接穗经嫁接能愈合，并正常生长发育的能力。亲和力良好时表现砧、穗内部的组织结构、生理机能等能够互相适应。一般来说砧、穗间亲缘关系越近，亲和力越强。因而嫁接的砧木一般选用植物分类学上同种或同属的种类。

②嫁接时期和环境条件。无论何种嫁接方法，均要求伤口迅速愈合以及输导组织的连通。因此对嫁接时期有一定的湿度和温度要求。若砧、穗均处于旺盛生长阶段，形成层最活跃时，则嫁接成活率高，一般温度条件以 20 ℃ 左右为宜；土壤水分充足或嫁接前后浇水，接口密封程度和保湿条件好则成活率高。例如，近年来普遍采用的塑料膜缠绑和蜡封接穗，由于密封性好，大大提高成活率。

③砧穗质量和嫁接技术。接穗和砧木生长充实，贮藏营养物质多时，嫁接成活率高。嫁接时应选生长充实、芽体饱满的发育枝作接穗，同一接穗应选充实部位的芽或枝段进行嫁接。剪下接穗后，应妥善保存，尽量减少失水。正确熟练的嫁接技术，也是嫁接成活的重要条件。砧木和接穗削面平滑，形成层对准，操作动作快，接口包扎严实则成活率高。

④其他因素。有些树种，如桃、杏、樱桃等因伤口流胶而影响愈伤组织形成，降低成活率。核桃、葡萄等春季枝接时，因根压大、伤流多而窒息了切口处细胞呼吸，使成活率降低。

（三）砧木及接穗的准备

1. 砧木选择

砧木对接穗的生长发育、适应性和抗逆性等具有重要影响。不同类型的砧木对气候、土壤条件的适应性，以及对接穗的影响有明显差异。在嫁接育苗，选择砧木类型时应依据下列条件：一是与接穗有良好的亲和力；二是适应栽培地区的土壤气候条件，表现抗寒、抗旱、抗病、耐涝、耐盐碱等；三是具有矮化性。

2. 接穗准备

采集接穗的母株应品种优良纯正、生长健壮、结果良好，并无检疫对象。用作接穗的枝条应选组织充实、芽体饱满的1年生发育枝。春季枝接用的接穗可在休眠期结合冬季修剪采集，采后挂标签并立即挖沟，用湿沙分层保存，接穗蘸蜡保存时，在石蜡中加70%左右蜂蜡或石蜡、10%松香、20%猪油，加温熔化到100～110℃时，迅速浸蘸接穗，使接穗表面形成一层很薄的蜡膜。打捆后装入塑料袋包严，0～9℃条件下备用。夏秋季芽接用接穗，采下后立即剪除叶片保留长1 cm左右叶柄。最好随采随用或尽早嫁接，尤其对嫁接成活率较低的核桃、杏、樱桃等接穗采下后最好当日用掉。生长季接穗在贮运中，应采取各种方法，创造高湿低温的环境条件。

（四）嫁接时期和方法

嫁接方法多种多样。因不同树种、不同环境条件和砧、穗材料的不同，要求的嫁接方法和嫁接时期不同。根据所使用接穗器官的不同可分为芽接、枝接两种

嫁接方式。根据砧木上放置接穗的高低位置可分为高接、腹接、根接等方式。

1. 芽接

用一个芽片作接穗的方法叫芽接。芽接操作方法简单，速度快，接穗利用率高，愈合牢固，成活率高，适合于大量繁殖苗木，是果树嫁接育苗中的主要育苗方法。芽接分为带木质芽接和不带木质芽接两类。在皮层可以剥离的时期，用不带木质部的芽片嫁接，也可用带有少许木质部的芽片嫁接；皮层不易剥离，只能进行带木质嵌芽接。

①"T"形芽接。又称盾状芽接，是芽接中应用最广的一种方法。多用于1年生砧木苗上，在砧木及接穗皮层易剥离时进行。其操作程序有以下几步，如图2-2所示。

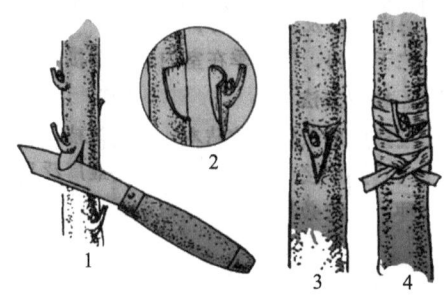

图2-2 "T"形芽接

1.削接穗芽片；2.取下的芽片；3.在切好的砧木上插入芽片；4.绑扎

削芽片。一手顺拿握住接穗,另一只手持芽接刀,先在被取芽上方 0.5~1.0 cm 处横切一刀,深达木质部,宽度为接穗粗度的 1/3~1/2,再在芽的下方 1.0~1.5 cm 处斜削入木质部,由浅入深向上推刀,纵刀口与横刀口相遇为止。用拿刀的手捏住接芽两侧,轻轻一掰,取下一个盾状芽片。

切砧木。在砧木苗基部离地面 5 cm 左右处,选择光滑无疤部位,用芽接刀切一个丁形切口(即先横切一刀,宽 1 cm 左右,再从横切口中央往下竖切一刀,长 1.5 cm 左右),度以切断皮层而不伤木质部为宜。

插芽片。用嫁接刀或骨柄将砧木切口皮层向左右一拨,轻轻开皮层,用左手捏住好的芽片左右两侧,芽片尖端紧随撬砧木皮层的刀尖,迅速插入砧木皮层,紧贴木质部向推进,直至芽片上方与"T"形横切口对齐。

捆绑。用塑料条从接芽的下部逐渐往上压茬缠绑到横切口上方,芽和叶柄外露(要当年萌发)或不外露(来年萌发)均可,但伤口一定要包扎严密、紧固。

②嵌芽接。也是芽接中应用较多的一种方法,不管皮层是否容易剥离,一年中都能进行。其操作程序有以下几步,如图 2-3 所示。

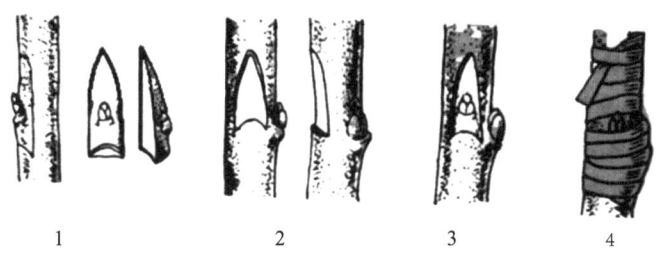

图 2-3 嵌芽接
1.削芽片;2.削砧木;3.嵌入接芽;4.绑缚

切芽片。一手倒拿握住接穗,另一只手持芽接刀,从芽上方 1.0~1.2 cm 处向下斜削入木质部,长约 2 cm,略带木质不宜过厚,然后在芽下方 1 cm 处呈 30°角斜切到第一刀口底部,取下带木质盾状芽片。

切砧木。切砧木与削芽片基本一样,在砧木光滑部位,先斜切一刀,再在其上方 2 cm 处由上向下斜削入木质部,至下切口处相遇。不同的是,砧木削面可比接芽稍长,但宽度应保持一致。

插芽片。取掉砧木盾片,将接芽嵌入,如果砧木粗,削面宽时,可将一边形成层对齐。

绑缚。用塑料薄膜条由下往上压茬缠绑到接口上方,绑紧包严。

③贴芽接。先从芽的下方 1.5 cm 左右处下刀,推到芽的上方 1.5 cm 左右,稍带木质部削下芽片,芽片长 2.5 cm 左右。再在砧木上削相同的切口,但比芽片稍长。将芽片贴到砧木上,最后用塑料薄膜条绑扎。

2. 枝接

把带有数芽或单芽的枝嫁接到砧木上叫枝接。枝接时期在北方一般为 4 月上旬至 5 月中旬。接穗可以结合冬季修剪获得，来源丰富，并且嫁接当年可成苗出圃。但与芽接相比，枝接操作技术难度大，速度慢，接穗利用率低。常用的枝接方法有劈接、皮下接、腹接、插枝接等。

（1）劈接

劈接是应用广泛的一种枝接方法，在砧木离皮、不离皮的情况下都可进行。其操作程序如下。

削接穗。剪截一段带有2～4个饱满芽的接穗，在接穗的下端削1个3 cm左右的斜面，再在这个削面背后削一个相等的斜面，使接穗下端呈长楔形，插入砧木的内侧稍薄，外侧稍厚些，削面光滑、平整。

劈砧木。先将砧木从嫁接处剪（锯）断，修平茬口。然后在砧木断面中央劈一垂直切口，长3 cm以上。砧木如果较粗，劈口可偏向一侧，位于断面1/3处。劈砧时，不要用力过猛，以免劈口过长，失去夹力。

插接穗。将接穗厚的一面朝外，薄的一面朝内插入砧木垂直切口，必须对准砧木与接穗的形成层，不要把接穗削面全部插入砧木切口内，削面上端露出切面0.3～0.5 cm，俗称露白，使砧、穗紧密接触，有利于伤口愈合。较粗砧木可插入两个接穗，劈口两端各1个。

捆绑。将砧木断面和接口用塑料薄膜条缠绑严密。较粗砧木要用方块薄膜覆盖伤口，或罩套塑料袋，以免漏气失水，影响成活。

详见图2-4。

图2-4　劈接

1.接穗削法；2.砧木劈法；3.插入接穗；4.捆绑

（2）插皮接

削接穗。剪一段带有2～4个芽的接穗，在接穗下端斜削1个长约3 cm的长削面，再在这个长削面背后尖端削1个长0.3～0.5 cm的短削面，并将长削面背后两侧皮层削去少量，但不伤木质部。

劈砧木。先在砧木近地面处选光滑无疤部位剪断，削平剪口，然后在砧木皮层光滑的一侧纵切1刀，长约2 cm，不伤木质部。

插接穗捆绑。用刀尖将砧木纵切口皮层向两边拨开。将接穗长削面向内，紧贴木质部插入，长削面上端应在砧木平断面之上外露 0.3～0.5 cm，使接穗保持垂直，接触紧密。然后用塑料条包严、绑紧。

详见图 2-5。

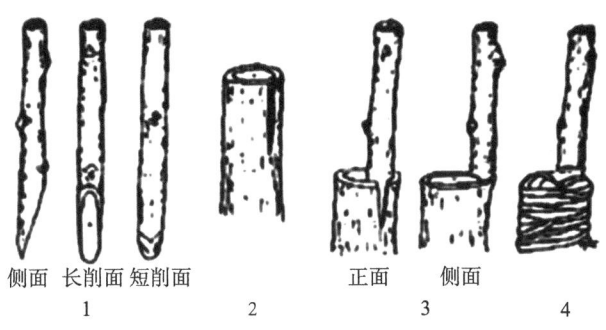

图 2-5　插皮接

1. 接穗削法；2. 砧木切法；3. 插入接穗；4. 捆绑

（3）腹接

削接穗。在接穗下端先削 1 个长 3～4 cm 的斜面，再在其背后削 1 个 2 cm 左右的短斜面，呈斜楔形。

切砧木。在砧木离地面 5 cm 左右处，或待接部位，呈 30° 角斜切 1 刀。

插接穗捆绑。轻轻掰开砧木斜切口，将接穗长面向里，短面向外斜插入砧木切口，对准形成层，用塑料条绑紧。

详见图 2-6。

图 2-6　腹接

1. 削接穗；2. 切砧木法；3. 插入接穗；4. 捆绑

（五）嫁接苗的管理

1. 检查成活、解绑及补接

芽接 10 d 后检查成活情况，凡接芽新鲜，叶柄一触即落的为成活。绑带有弹性，为防发生绞缢，可在次年春结合剪砧时解绑。枝接时，接穗萌芽后有一定生长量的为成活，未成活的应及时补接。

2. 培土防寒

冬季严寒干旱地区，为防止接芽受冻或砧木抽条，土壤封冻前应培土防寒。即取行间土，埋到砧木基部超过接芽 6～10 cm。春季土壤解冻后要及时去掉培土。

3. 剪砧及补接

翌春砧木发芽前及时从接芽以上剪去砧木，以促进接芽萌发。剪砧部位应在接芽以上 0.3～0.5 cm 处，剪口稍向接芽背面倾斜，有利于剪口愈合。越冬后未成活植株可用枝接法补接。

4. 除萌、立支柱

嫁接苗剪砧后砧木基部会发生许多萌蘖，需多次除萌，以免与接芽争夺营养。春季风大的地区，当幼苗长到 20 cm 上下时应在砧木旁立一支柱，引缚新梢，以防大风吹折幼苗。

5. 其他管理

苗圃地春季易发生各种蝼蛄、蛴螬等地下害虫危害，夏季易发生蚜虫类危害，应注意防治。夏秋季应注意防治各种食叶害虫。另外，应加强肥水管理、中耕除草等工作。

二、扦插繁殖

扦插繁殖是切取植物的枝条、叶片或根的一部分，插入土壤或基质中，使其生根、萌芽、抽枝，长成为新植株的繁殖方法。扦插与压条、分株等无性繁殖方法又称为自根繁殖，所培育的苗木叫自根苗。其特点是变异小，能保持母株的优良性状与特性；幼龄期短，进入结果早，投产快；繁殖方法简便，成苗快。扦插繁殖还有材料易得，适宜大量繁殖的特点。生产中主要应用扦插繁殖的果树树种有葡萄、无花果、楹梓、树莓、醋栗、枸杞、沙棘等。

（一）扦插繁殖的方法和时期

扦插繁殖根据所用材料及不同的剪截方式有下述几种。

1. 枝插

根据枝条的不同生长阶段可分为硬枝扦插（指利用已经木质化的成熟枝条扦插）（图 2-7），绿枝扦插（又称嫩枝扦插、带叶扦插）（图 2-8），枝插的插条长度通常 5～15 cm，带 1～5 个芽；当插条仅带一个芽时叫单芽扦插，插条基部一般斜剪或平剪，插条进入基质的状态有垂直插、斜插等。扦插的时间根据扦插方法不同而不同。硬枝扦插时间，一般在休眠期后的春季进行；绿枝扦插应在春末夏初，随采随插。

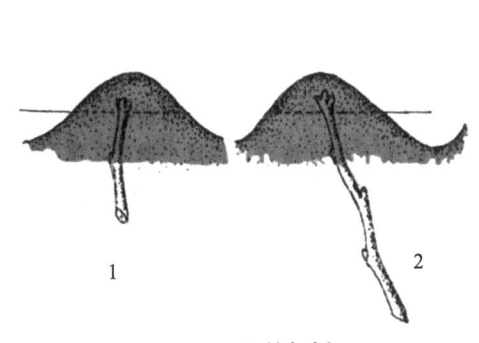

图 2-7 硬枝扦插
1.短枝条直插；2.长枝条斜插

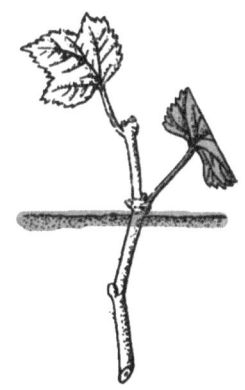

图 2-8 绿枝扦插

2. 根插

根插是利用根上能形成不定芽的能力扦插繁殖苗木的方法，用于枝插不易成活或生根缓慢的树种，如枣、柿、山楂、李、香椿等。根插的材料可从母株周围挖取或结合苗木出圃时收集粗度在 0.3～1.0 cm 的根段，剪成长 10～15 cm，上口平剪，下口斜剪。根插多在春季进行，可直插或斜插，以直插容易发芽。操作中应注意生长极性，切勿倒插。

（二）影响扦插生根的因素及促进生根处理

扦插苗成活的关键是能否形成不定根。植物种类及材料不同，扦插后不定根发生部位不同。扦插苗不定根发生部位主要在形成层与放射性维管束附近、芽迹、愈伤组织、皮孔、髓射线、皮层等。

1. 影响扦插生根的因素

①植物种类、品种。根据生根难易可将植物分为极易生根类、较易生根类和极难生根类。品种不同生根能力也有差异。

②树龄、枝龄和枝条部位。一般幼龄树或阶段发育年龄轻的树、一年生枝、幼龄枝易生根。同一新梢比较，则顶部插穗比基部插穗易生根。

③营养状况。插条充实、营养状况好，全氮含量低有利于生根。硼对插条生根和根系生长有促进作用。

④激素类生长素和维生素对生根和根生长有促进作用。扦插时常用生长素类物质处理插穗。

⑤插穗叶面积。一定量的叶片能合成营养物质和产生生长激素，有利于生根。但叶面积过大时，蒸腾失水量大，易导致插条水分不平衡。因此嫩枝扦插时应保留一定量的叶面积，同时采用遮光、间歇弥雾装置。

⑥环境条件。扦插环境的温度、湿度、光等条件对生根影响很大。温度一般要求白天气温 25～28 ℃，夜温 15 ℃。基质温度 15～20 ℃或略高于平均气温 3～5 ℃。为防

止插条失水过多,应保持环境中较高的湿度,插床基质湿度要适宜,维持土壤持水量的60%~80%,最好采用自动控制的间歇式弥雾装置。扦插初期强光加剧了土壤及插条水分消耗,易导致插条失水。硬枝扦插生根前可以完全遮光。绿枝带叶扦插要有适当的光照,以利于叶片的光合作用。

2. 促进生根处理

根据上述影响扦插生根的各种因素,在具备适宜环境条件的同时,还有多种方法可促进插穗生根。

①药剂处理。用植物生长调节剂按30~50 mg/kg水溶液浸蘸插穗基部20~24 h或者用高浓度(1 000~2 000 mg/kg)的50%酒精液速浸插穗基部几秒后扦插。常用的植物生长调节剂有IBA、IAA、NAA、2,4-D和ABT生根粉等。另外用一定浓度的维生素B_1、维生素C、硼、高锰酸钾、蔗糖处理也有促进生根和成活的效果。

②加温催根处理利用火炕、阳畦、塑料膜覆盖、电热温床加温等措施,提高插床介质温度,保持在20~23 ℃,使插床温度高于气温,可促进先发根后发芽,提高扦插成活率。

3. 扦插繁殖设施

①插床基质。易生根的树种,例如无花果、沙棘等插条对基质要求不严,一般土壤即可。绿枝扦插或较难生根树种,对基质则要求较严。一般要求孔隙度在10%以上,含水量达20%以上,土壤pH值5~6,对生根有利。常用扦插基质有蛭石、珍珠岩、泥炭、河沙、苔藓、腐殖土、炉渣灰、火山灰和木炭粉等。基质重复使用时应用高温蒸汽消毒或在强太阳光下使温度达60 ℃,晒30 min来杀菌。

②遮光。遮光一般用市售黑色的遮阳网。根据季节与插穗材料的需要可以遮去全光照的60%~90%,也可就地取材,采用作物秸秆等编织物遮光。

三、压条繁殖

压条繁殖是在枝条不与母株分离的状态下,将枝梢部分压入土中,促使枝梢生根后,与母株分离成独立植株的繁殖方法。压条繁殖方法简单易行,但繁殖系数低,用于扦插等方法难以生根的树种品种。

(一)直立压条法(垂直压条、培土压条)

可用于石榴、无花果、榛子等树种。具体方法:按(0.3×2)m~(0.5×2)m定植自根苗后,春季萌芽前,每株留2 cm左右短截,促使基部发出萌蘖。当新梢长到15~20 cm时,进行第一次培土,培土高度约为新梢长度的1/2。约1个月后,新梢长度40 cm左右时第二次培土,培土总高度约30 cm。一般培土后20 d左右生根。入冬前扒开土堆,自每根萌蘖基部靠近母株处留2 cm短桩剪截移栽。未生根的萌蘖也同时剪掉,母株翌年可继续培土繁殖(图2-9)。

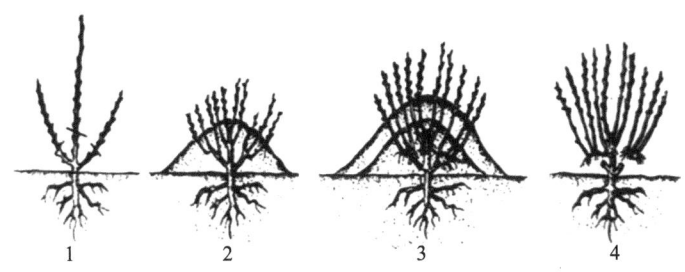

图 2-9 直立压条

1. 短截促萌；2. 第一次培土；3. 第二次培土；4. 秋季分株

（二）水平压条法

又称沟压，定植时将母株呈 45°倾斜栽植，将枝条呈水平状压入深 15 cm 左右的浅沟内，用枝杈固定。待新梢长到 15～20 cm 时第一次培土，新梢长到 25～30 cm 时第二次培土。到秋季落叶后分株，在靠近母株基部应保留 1～2 条枝梢，供来年再次水平压条（图 2-10）。

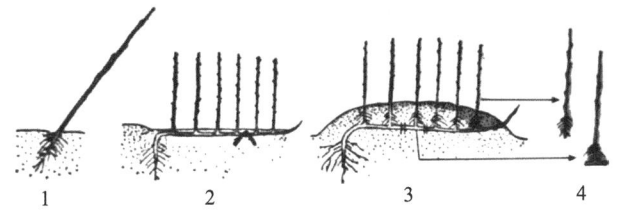

图 2-10 水平压条

1. 斜栽母株；2. 母株压到在沟内；3. 环割后培土；4. 分株

（三）空中压条

空中压条又称高压法，适用于枝条坚硬、不易弯曲或树冠太高以及扦插生根较难的珍贵树种的繁殖（图 2-11）。在整个生长季均可进行，但以春季和夏季为好。选择发育充实的 1～3 年生枝条，在枝条基部 5～6 cm 处环剥，宽 3～4 cm，在伤口处用毛笔涂抹 5 000 mg/kg 的吲哚丁酸（IBA）或萘乙酸（NAA）等生长素或生根粉，然后在环剥处覆以保湿生根基质，如砂壤土、细沙、锯末、蛭石等，用塑料膜或油纸包紧，适量灌水。一般 2～3 个月即可生根，发根后剪离成一新植株。

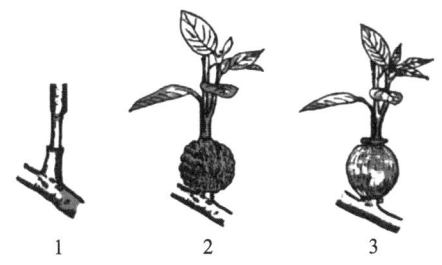

图 2-11 空中压条

1. 枝条基部刻伤；2. 包上松软湿土或苔藓；3. 养料布包扎

四、分株繁殖

利用母株的根蘖、匍匐茎、吸芽等营养器官，在自然状况下生根后，分离栽植的方法常用的有根蘖分株法、根状茎分株法、茎分株法。

（一）根蘖分株法

枣、山楂、樱桃、石榴等果树，易生根，可利用自然根蘖于休眠期分离栽植。为促使多发生根蘖，一般于休眠期或萌发前将母株树冠外围部分骨干根切断或刻伤。生长期加强肥水管理，使根蘖苗旺盛生长发根，到秋季或翌春挖出分离培养。

（二）根状茎分株法

草莓的根状茎具有发生新茎的能力。每个新茎分枝上部长叶，基部发根，待其具有4片以上良好叶，发根较多时，将整株挖出，将带根新茎逐个分离，单株即可定植。

（三）匍匐茎分株法

草莓地下茎上的腋芽，在形成的当年就能萌发成为匍匐在地面的匍匐茎。在匍匐茎的偶数节上发生叶簇和芽，下部生根，扎入土中，形成一新植株，夏末秋初将幼苗与母株切断后挖出，即可栽植。

五、苗木出圃

（一）起苗

起苗时间依树种及地区而异。北方落叶果树多在秋季落叶期土壤冻结前起苗。某些耐寒树种及冬季较温暖地区常在春季起苗。秋季起苗应在秋梢充分成熟后起苗。起苗时，应提前 $5\sim 6d$ 灌水 1 次，操作中应尽量减少根系损伤，苗木出土后应立即清点、分级、蘸浆，避免根系长时间日晒。

（二）苗木分级

苗木挖起后，要根据其大小、质量优劣进行分级。分级时，应根据国家及地方对果树具体分级标准进行。对果树出圃苗木的基本要求是：品种纯正，砧木正确；地上部枝条健壮充实，达到一定的高度与粗度，整形带芽体饱满，根系发达，须根多、断根少；无检疫对象和严重病虫害；无机械损伤；嫁接苗的接合部愈合良好。

（三）苗木包装、运输与贮藏

苗木分级后，经有关部门检疫合格，外运时应妥善包装。包装方法根据运输时间、距离的长短及运输工具有所不同。重点是防止根系失水过多和茎根部损伤。带土苗应用塑料薄膜、草绳、草袋等包根后，装入箩筐运输，裸根苗捆后蘸泥浆，用蒲包、草袋、塑料膜等包住根系，内部填充湿锯木屑。每一捆苗都应挂上标签，注明树种、品种、砧木、数量、等级、产地等。北方地区冬季运输苗木时，应防止苗木根系冻伤。

苗木出土后如不马上栽植或运走，可临时假植。即选一适宜地块，挖深 30～40 cm 的沟，把苗木单排成捆按 45°放入后，埋湿润土踏实。苗木需要越冬假植时，选背风向阳地块，与主风方向垂直，挖深 60～80 cm，宽 50 cm 深沟，苗木拆捆后，按顺风方向，约 45°成排放入沟中。先用湿润细土把根系埋住，然后从另一边加大沟宽取土，把苗木埋住。或者先埋住苗木高度的 80%，再随天气降温，分次把苗木全部埋住。假植时，为了苗木安全越冬，应该注意土壤湿度控制。湿度过大，透气不良易造成苗木霉烂；土壤湿度过低，则易造成苗木失水多，栽植成活降低。此外，应注意选土壤不受污染的地块。注意不同品种间做好标志，并做好记录，以防混杂。

六、育苗新技术——全光照自动间歇喷雾育苗技术

在露地喷雾条件下进行嫩枝扦插，是当前发展最为迅速的先进育苗技术。全光照自动间歇喷雾，可以为带叶嫩枝扦插提供最适宜的生根条件。间歇喷雾可使插穗表面保持一层水膜，使插穗在生根前不至于失水而枯死，而且插穗表面水分的蒸腾，还可以降低插穗的温度，即使在夏季烈日下，插穗也不会灼伤。相反，会使插穗进行充分的光合作用，促使插穗迅速生根、成活。

全光照自动间歇喷雾扦插育苗技术，与传统露地育苗的主要区别是，需建造全光照自动间歇喷雾扦插床，安装间歇喷雾设备，使其按需要自动喷雾，以降低空气温度，保持叶面湿度，有利于生根。

全光喷雾苗床的工作原理：扦插床上能够自动喷雾，关键在于电子叶输送信号。电子叶上有两个电极，当电子叶上的水分挥发时，电子叶的两极短路，使湿度自控仪的电源接通，电磁阀打开，接通水源，喷头喷雾；当插穗叶面上喷满水分时，电子叶上也形成了水膜，电子叶就中断输送信号，电源截断，停止喷雾。这样反复自动循环，使叶面上的湿度处于饱和状态，降低温度，减少蒸腾，有利于生根。全光喷雾苗床使用的基质必须是疏松通气，排水良好，防止床内积水枝条腐烂，但又保持插床湿润。通常用的扦插基质材料有较细的河沙、石英沙、珍珠岩、蛭石、锯末等。在选择扦插基质时应因地制宜，通常几种基质混合使用比单独使用效果好。如国外多用泥炭土：珍珠岩：沙为 1∶1∶1 基质配方，扦插多种树种都获得较为理想的效果。

【实训1】果树砧木种子层积处理

一、实训目标
了解果树砧木种子层积处理要求，掌握层积处理方法。

二、实训材料
材料：砧木种子、干净河沙。

用具。水桶、挖土工具。

三、实训内容

挖掘层积坑。选地形稍高、排水良好的背阴处，挖深 60～100 cm、宽 100 cm 左右、长随种子数量而定的层积坑。

拌沙。用水将沙拌湿（含水量约 50%），以手握成团不滴水为度。

层积。先在坑底铺一层湿沙，坑中央插一小草把，然后将种子与湿沙分层相间堆积，堆至离地面 10～30 cm，上覆湿沙与地面持平。再用土堆成屋脊形。坑四周挖排水浅沟。

四、实训方法

本次实训最好结合生产进行，以便学生在实际操作中掌握技术。如条件不具备时，可准备少量种子，用木箱或花盆等容器进行层积处理。或在室外进行模拟演练。

五、实训结果考核

考查学生实训态度。不迟到、不早退，态度端正，认真、仔细，遵守纪律（20 分）。

考查学生对相关知识的掌握。掌握果树木种子层积的方法（25 分）。

能够按照程序正确进行果树木种子层积处理，序准确，技术规范熟练（40 分）。

实训结果验收。按时完成实训报告，内容完整，结论正确（15 分）。

【实训2】扦插育苗

一、实训目标

熟悉扦插育苗的关键技术环节，掌握整地、覆膜、插条处理及扦插方法。

二、实训材料

材料。硬枝扦插繁殖用的插条（葡萄一年生枝条）、植物生长素（IBA、IAA 或 NAA 等）、地膜和薄膜等。

用具。修枝剪、嫁接刀、水桶和整地工具等。

三、实训内容

整地。按照技术要求整地作畦或起垄，并覆盖地膜。

剪截插条。将插条截成长约 20 cm、带有 1～4 个饱满芽的枝段，上口剪平，下口剪成斜面。并用刀在下剪口背面和上部纵刻 3～5 条 5～6 cm 长的伤口。

激素处理。选地面平整的地方，用砖块围成长方形浅池（深度 10～12 cm，即两平砖），再用宽幅双层薄膜将浅池铺垫（薄膜应超出池外）。将 IBA 或 IAA 用少量酒精溶解按 5～100 mg/kg 浓度配兑，将制备好的溶液倒入浅池内，池内溶液深度保持 3 cm 左右，然后将插条基部整齐，捆成小捆，整齐地放在浅池内，浸泡 12～24 h。

扦插按设计行、株距，破膜扦插，插后培土 2 cm 左右，覆盖顶芽。

四、实训方法

本次实训最好结合生产进行，以便学生在实际操作中掌握技术。如条件不具备时，可准备少量插条，进行模拟演练。

五、实训结果考核

考查学生实训态度。不迟到早退，态度端正，认真、仔细，遵守纪律（20分）。

考查学生对相关知识的掌握程度。掌握果树扦插的方法（25分）。

能够正确进行果树扦插操作，程序准确，技术规范熟练（40分）。

实训结果验收。按时完成实训报告，内容完整，结论正确（15分）。

【实训3】嫁接技术

一、实训目标

了解果树嫁接的基本知识，熟悉常用枝接与芽接的方法，掌握嫁接操作要领，熟练嫁接技能，提高嫁接成活率。

二、实训材料

材料。供嫁接实训用的接穗、砧木、枝条，包扎材料（塑料薄膜条）。

工具。修枝剪、芽接刀、枝接刀、磨刀石、水桶等。

三、实训内容

枝接。进行劈接、皮下接和切接的训练，练习削接穗、劈木、插接穗和绑缚等关键技术

芽接。进行"T"形芽接、嵌芽接的训练，练习削芽片、切砧木、插接芽等关键技术。

四、实训方法

嫁接前，先由指导教师或熟练技工逐项示范操作，学生领会后独立操作反复练习，教师和技工巡回检查指导，纠正错误，直到学生熟练掌握嫁接技术。

嫁接实际操作。学生操作合格后，可结合生产进行实际训练。

检查成活。嫁接后，利用业余时间适时检查成活，统计成活数量，计算成活率，并总结分析嫁接成活率高低的原因。

五、实训结果考核

考查学生实训态度，要求做到不迟到、不早退，态度端正，认真、仔细，遵守纪律（20分）。

掌握果树嫁接的方法，每人交实物5～10份（25分）。

能够正确进行果树嫁接操作，程序准确，技术规范熟练，成活率高（40分）。

按时完成实训报告，内容完整，对嫁接情况进行统计，并总结分析嫁接成败的原因（15分）。

课程思政

1. 思政元素点

通过学习果树育苗技术如繁育嫁接苗、繁育自根苗、果树苗木的品种选择、培育方法、质量标准等使学生能够熟练地进行果树的繁殖,为建立优质果园提供良种苗木,提升果树繁殖的实践技能,培养学生的创新能力和工匠精神。

2. 课程思政导入

通过学习果树的实生、扦插、嫁接等繁殖方法,培养果树育苗的操作技能,激发对新品种、新技术的探索和创造。掌握果树实生苗、自根苗及嫁接繁育原理和技术,追求果树生产技术的精益求精,提高果树生产技术的质量和效率,培养学生的工匠精神和创新意识。

复习思考题

1. 果树苗圃应具备哪些条件?如何进行苗圃的规划?
2. 影响果树嫁接成活的因素有哪些?如何提高果树嫁接的成活率?
3. 怎样才能提高播种质量?保证苗木优质的技术措施有哪些?
4. 种子为什么要进行沙藏处理?如何进行种子沙藏处理?
5. 果树苗木在出圃、调运和贮藏过程中应注意哪些问题?

项目二　高标准果园建设

❀ 知识目标

了解建设高标准果园园址选择的原则；熟悉果园规划设计的内容；掌握果树栽植的一般流程

❀ 能力目标

能够进行果园规划设计，能够规范进行果树栽植，指导建立果园。

❀ 学习任务

能够完成果园的规划设计，并按照要求进行果树栽植，并指导建设高标准果园。

通过学习果园的规划设计、果树的栽植、果园的土壤改良、果园的设施建设等知识，掌握果园规划设计的综合能力，培养学生的科学家精神和团队协作能力，提升学生的民族情怀、历史使命感。

任务一　园址选择

园地选择应以果树的生理特性和对环境条件的要求为依据，在适地适树原则的指导下，参照当地自然条件和气象资料，以生态区划为依据，选择果树最适生长的气候区域。在灾害性天气频繁发生，而目前又无有效办法防止的地区不宜选作园地。选择园地时必须考虑两大方面的因素，即自然因素和社会因素。

一、自然条件

自然条件包括拟建园地区的气候、土壤、地形、地势、水源等。

（一）地形、地貌

包括地势高度、坡度、坡向、坡形以及谷地、盆地、地面的起伏情况等。果园要求一般平地或坡度低于 20° 的山坡地均可，但须避免在排水不良的凹地及地下水位常年较高的地带建园。

对果树来说，由于高海拔地区的直射光强度和紫外线含量较高，因而果树表现为较易形成花芽，果实着色鲜艳，品质好。在平地，建果园要求形状方正，方位正南（或略偏东或偏西），以最大限度地利光照，有利于田园机械化作业。在山坡地建果园时，则对果园的形状无特别要求，但注意选择坡向。南坡光照最好，背风向阳，最适合建园；东坡上午光照好而下午光照较差，自然条件不如南坡，但也可以建园；西坡上午光照较差，下午光照较好，自然光强度的变化与植物光合作用的日变化规律相反，有时还会出现树干和果实的日灼现象。因此比东坡的条件稍差，也可以建园；北坡光照一般不如南坡，会影响到果实产品的品质，但在坡度小于 5° 的缓坡地带则与南坡差别不大，因此，能否在北坡建园及建园后种植什么种类的果树，要看坡度而定。

（二）农业气象条件

包括年降水量、日照时数、极端低温和高温、年有效积温、大风等，着重了解拟建园地区的小气候及灾害性天气发生的情况，以便确定能否建园和建园后拟发展的果树种类和品种及与之相适应的栽培方式、栽培模式和病虫害防治措施，有针对性地克服或减少不利因素的影响。

（三）土壤条件

土壤情况主要包括土壤的通气性、保肥性和保水性、透水性、土壤类型、土层厚度、土壤的酸碱度、地下水位、有机质及主要营养元素的含量等。果树的根系较深，耐瘠薄能力和适应能力较强，因此对土壤肥力的要求不太严格，一般砂壤土、壤土、细沙土上均可建果园，但以透气性好、保肥水能力较强的砂壤土为最好，园地的常年地下水位应在 1.5 m 以下。

（四）水源

果树需水量大多比较大，因此建种植园时，必须有充足的水源保证。水源包括年降水情况、地下水资源、河流及湖泊等，在年降水量较小的地区必须有灌溉条件做保证。

（五）环境污染情况

主要指空气和水源的污染，一般的污染物目前多指重金属离子、二氧化硫、二氧化氮、氟化物、氰化物、砷化物、粉尘、烟尘等。

拟建园地的附近不应有对环境污染较严重的工厂，如化工厂、炼钢厂、砖瓦厂、石灰厂等。这类工厂往往排出一些废水、废气及烟雾、粉尘等污染大气和地下水，轻者则污染果实产品，使果实的外观品质和内在品质均下降、含有毒物质等，食用后对人体有害，影响了产品的食用价值和观赏价值。严重者妨碍果树正常生长发育或导致死亡，造成减产或绝产。因此，拟建园的地点应远离污染源，灌溉水和空气质量应符合国家无公害果品产地环境质量要求。

二、社会条件

（一）市场需求情况

建园时必须根据果品的特点，考查了解拟建果园所对应的销售市场状况、对象和范围、居民消费习惯和水平等。绝不可不考虑市场状况，盲目建园，否则建园后产品滞销，就会造成不可弥补的损失。

不同地区的经济条件差异较大，同一地区的不同消费者之间经济条件差异也很大，经济条件的差异决定了其消费水平的高低，这就要求生产者要把握好各个层次消费者的数量及比例，以便确定所生产的各档次果树产品的数量。

（二）交通和运输

交通便利是建园的先决条件，便利的交通还可弥补距离市场较远带来的欠缺。离市场的远近也是确定种植的种类和品种必须考虑的因素之一，因为不同的果品的耐运输性能差别很大，有些可以远距离运输，有些则不宜远距离运输。

（三）经济状况

经济状况决定了建园者的投资能力和所产商品的档次，同时地区的经济状况也决定了当地的总体消费水平。

（四）劳动力状况

劳动力的数量、劳动力价格、文化素质和技术水平直接影响到种植园的生产管理质量和经济效益，因此，在选择和确定建园地点时也必须对当地的劳动力状况进行考查。

（五）传统的生产模式和生产技术水平

包括当地过去有无种果树的历史，人们的生产习惯和生产观念如何，生产水平如何，基础设施状况和机械化水平如何等。

（六）不同果园类型及特点

不同果园类型及特点详见表 2-5。

表 2-5　不同果园类型及特点

果园类型	平地果园	丘陵、山地果园	沙滩地果园	盐碱地果园	观光果园
地形、地势	地势平坦或坡度小于 5° 的缓坡地	坡度在 5°～10° 的斜坡或梯田等地	地势平坦或低洼	地势平坦或低洼，主要是河滩地	地势平坦、交通便利，生态条件优越
果园特点	土层深厚、土质疏松肥沃、地下水位低，便于集约化、规模化栽培和管理、符合生产优质果品的生态	光照充足，通风排水良好、昼夜温差大，具备生产优质果品的优越条件	土壤含沙量高，肥力低，土质疏松，地下水位较高	土壤盐碱含量高，易返盐。植物不易成活。建园前必须要做好土壤改良工作	是集生产、生态、休闲、旅游、科普教育和经济效益为一体的新型果园类型

续表

果园类型	平地果园	丘陵、山地果园	沙滩地果园	盐碱地果园	观光果园
建园要求	要远离公路、工矿企业等污染源和桧柏、圆柏等锈病中间寄主植物，距离至少在3～5km以上	建园前要做好园区规划、道路、防护林的修筑和营造及修建梯田、撩壕、鱼鳞坑等	适合种植耐盐力强和需肥水较多的树种，如梨、葡萄等	要做好灌水洗盐，种植绿肥等土壤改良工作，同时要选择耐盐碱的砧木和树种	要做好规划设计，选择优良树种和品种

任务二　果园规划设计

果园规划设计是一个综合性的过程，涉及土地利用、果树种植、道路设计、水源规划等多个方面。

一、园地勘察

要做好地形勘察和土壤调查等工作，了解当地地形、地势、土壤质地、肥力状况和植被分布及气候条件等自然生态条件和特点，了解未来果园的土层结构及肥力状况，水源、水质、地下水位的高低及地表径流趋向等，以便确定果园设计方案，为合理规划提供依据。

二、小区划分

小区是果园栽植和管理的基本单位。其面积、形状、大小和方位应根据当地的地形、气候、土壤等条件，结合道路、排灌系统和防护林的设置等加以规划设计，以便于实行统一管理和集约化栽培为原则。平地果园小区面积以4～6 hm² 为宜，其形状采用长方形，长宽为（2∶1）～（5∶1），小区的长边最好与当地主风向相垂直。山地果园小区划分可因地形、地等因素而异进行灵活设计，生产上常以自然分布的沟、坡、渠或道路等划分，面积为1～3 hm²，其形状可根据地形采用长方形、梯形或等高栽植等，其长边应与等高线走向一致，以减少水土流失和便于管理。

三、道路系统规划

道路系统应与小区、排灌系统、防护林统筹规划。大、中型果园的道路系统一般可分为2～3级，由主路（干路）、支路和小路组成。主路要求位置适中，贯穿全园，外连公路，最好与防护林带伴行，宽度6～8 m。支路设置在小区之间，与主路垂直，宽度4～6 m。小路与支路垂直，宽度1～3 m，大型果园的小路应能通过小型农用车，以便于机械化作业（需设置1～2条3～5 m宽的道路），贯穿全园，用于小型机动车通行路可临时设置于果树的行间，能顺利通过行人即可。

四、灌溉系统规划

果园常用的灌水方法有渠灌、喷灌、滴、渗灌等。

（一）渠灌

这是一种传统的灌水方法，由机井（或河流、湖泊）、干渠、支渠、毛渠组。渠道一般设置在道路、防护林带旁边，使路、渠、林配套，以节约用地。尽量缩短渠道的长度，并保持 0.1%～0.3% 的比降，落差大的地方要设跌水槽，保证水的流速适宜。以井作为水源的，一般每 3～4 hm² 设 1 口机井。

（二）喷灌

喷灌是把水喷到空中，成细小的水珠再落到地面的一种灌水方法。喷灌系统包括首部枢纽（取水、加压、控制系统、过滤和混肥装置）、输水管道和喷嘴三个组成部分。此种灌水方法的优点是：较渠灌节约用水 50% 以上，不破坏土壤结构；可调节果园小气候；除灌水外，还可兼喷洒农药及叶面肥；在各种地形、地势上均可应用，且灌溉较均匀、省时。缺点是设备投资较大，微喷灌的喷头易堵塞，对水质要求较高。

（三）滴灌

滴灌是近几十年发展起来的自动化的先进灌溉技术。它是将有压力的水，通过一系列的管道和滴头，把水一滴滴灌入果树根系集中分布区域的土壤。滴灌系统由首部枢纽、水管网和滴头组成。首部枢纽包括水泵、过滤器、混肥装置等。输水系统由干管、支管、毛管组成，在毛管上每隔一定距离安装一滴头。

滴灌的优点是更节水，比渠灌节水 60%～70%；灌溉时不破坏土壤结构，可维持较稳定的土壤水分；灌溉还可结合追肥，省力；缺点是成本较高，滴头易堵塞，冬季结冰期不便使用。

滴灌的毛管要铺设在果树根系的集中分布区域，稀植果园一般在树冠下铺设成环状，密植果园一般沿树行铺成直线。

（四）渗灌

渗灌系统由首部枢纽和输水管网组成，它的毛管上有许多孔眼，毛管埋于地下，水分不断从毛管的孔眼中渗出，浸润土壤。渗灌的优点是：保持土壤结构，不造成土壤板结，减少蒸发，不占用地面，便于耕作，灌水与其他农事操作可同时进行；缺点是：造价高，易堵塞，检修难，在透水性好的土壤中，渗漏损失大。

五、防护林的营造

在于改善果园的生态条件，保护果树正常生长发育。

（一）防护林的作用

主要表现在降低风速、防风固沙；调节小气候，增加温度和湿度；减轻冻害，提高坐果率；山地、丘陵地果园建立防护林，还可保持水土、减少地表径流和绿化、美化生态环境。

（二）防护林的类型及效应

1. 紧密型林带

由乔木、亚乔木和灌木组成，林带上紧下密，透风力差，透风系数小于0.3，防护距离短但防护效果显著，在林缘附近易形成高大的雪堆或沙堆。

2. 稀疏型林带

由乔木和灌木组成，林带结构稀疏，透风系数为0.3～0.5，背风面最小风速区出现在林带高的3～5倍处。

3. 透风型林带

由乔木组成，林带下部有较大空隙透风，透风系数为0.5～0.7。背风面最小风速区为林带高的5～10倍处。

果园的防护林以营造稀疏型或透风型林带为好。在平地防护林带可使树高20～25倍离内的风速减低一半，在山坡、沟谷地上部设紧密型林带，坡下部设透风或稀疏型林带，可及时排除冷空气，防止霜冻发生和危害。

（三）防护林树种的选择

1. 树种要求

用作防护林的树种首先要求能适应当地的环境条件、抗逆性强，尽量选用乡土树种；生长迅速、树体高大、枝叶繁茂，防风效果好；与果树无共同病虫害或不能是果树病虫害的中间寄主；根蘖少、不串根；具有一定的经济价值且能绿化美化环境。

2. 常用树种

乔木类，杨、柳、榆、刺槐、椿、泡桐、核桃、银杏、枣、山楂、柿、桑树等；灌木类，紫穗槐、柽柳、荆条、酸枣、毛樱桃、花椒等。建园前2～3年可根据树种类、地形、土壤等条件选择适宜的林带树种进行栽植。林带与果树间距为10～15 m，中间挖断根沟以保护果树。

（四）防护林的营造

防护林应设主林带和副林带，形成防护林网。主林带的方向尽量与当地主要害风方向垂直，偏角最多不超过30°，副林带与主林带垂直。主林带一般由5～7行树组成，林带间距以200～300 m为宜；副林带由2～4行树组成，林带间距为300～500 m。防护林栽植的株行距为：乔木树为（2.0～2.5）m×（1.0～1.5）m，灌木树为1.0 m×1.0 m。同一种乔木树种应栽植成一行，不宜混栽。防护林距离最近一行果树的距离应不小于10 m。

六、果树树种和品种的选择

栽植果树的种类和品种应按以下原则确定：第一，所选果树及品种适应当地的气候和土壤条件，表现丰产优质，病虫害较轻。第二，适应市场需求，适销对路，经济效益高。第三，既要考虑不同成熟期品种的合理搭配、授粉品种与主栽品种的配套，同时还要考虑品种不能过于杂乱，每个品种都要达到一定的生产规模。作为商品化果园，栽植的树种尽量单一，不要搞各种果树混栽，主栽品种亦不宜过多，一般大、中型果园2～4个主栽品种即可。

七、授粉树的配置

大部分果树具有自花授粉不实或自花结实率很低的特性。进行异花授粉后，坐果率提高，果形端正，外观和品质更好。因此，建园时必须配置授粉树。授粉树的配置，并不是任意将两个品种栽在一起就能相互授粉。必须选择适宜的品种组合，按比例搭配，确定合理的配置方式，才能保证授粉质量，有效地提高坐果率和果实品质。

（一）授粉树应具备的条件

做为授粉品种应同时具备以下条件：必须与主栽品种花期一致，且能产生大量发芽率高的花粉；与主栽品种授粉亲和力强，最好能相互授粉；授粉树的生长结果习性要与主栽品种相匹配，即与主栽品种长势相仿，树体大小接近能同时进入结果期，开花期基本一致；进入结果期较早或与主栽品种同时进入结果期且无明显的大小年结果现象。

（二）授粉树的配置比例

授粉树与主栽品种的配置比例，应根据授粉树品种质量及授粉效果等因素来确定，一般从以下几个方面考虑：授粉品种丰产性强，果实品质优良，可以加大授粉品种比例，甚至实行等量栽植；授粉品种花粉质量好，授粉结实率高，为了保持主栽品种较高比例，可适当少栽授粉品种，但不能少于15%，若授粉效果稍差，应保持在20%以上；主栽品种不能为授粉品种提供花粉时，还应增加品种，解决授粉品种的授粉问题。

（三）授粉树的配置方式

授粉树的配置方式，应根据授粉品种所占比例、果园栽培品种的数量和地形等确定，通常采用的配置方式有以下几种。

1. 中心式

授粉树较少时，为能均匀授粉，提高受精结实率，每9株配置1株授粉树于中心位置。

2. 行列式

大面积果园，为管理方便，将主栽品种与授粉品种分别成行栽植，授粉树较少时，每间隔3～4行主栽品种配置1～2行授粉品种，如果授粉品种也是主栽品种之一，可各3～4行等量相间栽植。

3．复合行列式

两个品种不能相互授粉，须配置第三个品种进行授粉，每个品种1～2行间限栽植。

任务三　果树定植

定植是指将育好的果苗移栽于果园中的作业，定植后植株将在固定的位置一直生长到生命周期结束或将近结束。而将果苗从一个苗圃移栽于另一个苗圃，则称之为移植或假植。定植是种植园生产的开始，这一过程要把握好定植时期、定植方法、定植密度三方面的问题。

一、定植时期

一般落叶果树在秋季植株落叶后或春季发芽前定植为宜。常绿果树，在春夏秋均能进行定植，以新梢停止生长时较好；春夏移植时应注意去掉一些枝叶，减少水分蒸发，也可剪除一些过长的根系，不要将根系弯曲在定植穴内，影响根系向下和向四周的扩展。

二、定植密度

定植密度是指单位土地面积上栽植果树的株数，也常用株行距大小表示。为了最大限度地利用光热和土地资源，必须合理密植。密植的合理性在于果树生育期里群体结构既能保证产品产量高，又能保证产品品质优良，同时还便于田间操作管理。影响作物定植密度的因素很多，果树的种类和品种、当地气候和土壤条件、栽培方式和技术水平等均与栽植密度有关。

我国果树种类、品种和砧木繁多，栽植方式和管理方法也不尽相同，西藏全区由于区域、土壤、降水、管理方式等表现差异，西藏各地市果树栽植密度也呈现出多种多样。

现将主要果树常用栽植密度列表仅供参考（表2-6）。

表2-6　主要果树栽植参考密度

果树种类	株距/m×行距/m	每667 m² 株数	备注
苹果	4×6～6×8	14～27	乔化砧
	2×3～3×5	44～111	半矮化砧
	1.5×3～4×4	83～150	矮化砧
梨	3×5～6×8	27～44	乔化砧
桃	2×2～4×6	27～83	乔化砧

续表

果树种类	株距/m×行距/m	每667 m² 株数	备注
葡萄	（1.5～2）×（2.5～3.5） （1.5～2）×（4～6）	111～296 83～148	篱架整形 棚架整形
核桃	5×6～6×8	14～19	
大樱桃	4×5～3×4	33～56	
草莓	（0.15～0.25）×（0.15～0.25）	7 000～15 000	
李	3×5～4×6	27～44	
杏	（4～5）×6,（5～6）×7	16～22	

三、定植方式

平地果园的栽植方式主要有以下几种。

（一）长方形定植

长方形定植是生产上广泛采用的定植方式。特点是行距大于株距，株距一般稍小于或等于冠幅，通风透光良好，便于机械耕作。生产上，果树多采用这种方式。果树定植时，一般以南北行向定植为好，尤其是平地果园，南北行向较东西行向树体受光量大而均匀，果实品质好。

（二）正方形定植

正方形定植行距和株距相等。植株呈正方形排列，便于横向、纵向作业管理，但密植时易郁闭，稀植时土地利用不合理，不利于间作和机械化操作。

（三）带状定植

即宽窄行定植，一般双行或3～4行成一带。带内的行距较小，带间距较大，便于带间操作管理。带内通风透光条件稍差，带间较好。在果树生产上应用较少。

（四）三角形定植

三角形定植即相邻行的植株位置相互错开，与隔行植株相对应，相邻3株呈正三角形或等腰三角形。这种定植方式较适宜密植，但生产管理不方便。

（五）等高定植

等高定植即同一行树沿着等高线定植，适于山地丘陵地果园。

（六）计划定植

计划定植又称变化定植，为了充分利用土地，一些多年生果树，在幼树时树冠还不大，栽植密度可大些，待果树长大后，果园出现郁闭时进行有计划的间伐。

四、果树栽植

(一) 栽植准备

1. 土壤准备

栽树前要针对不同类型的土壤进行改良,平地要深翻熟化,山地要做好梯田或鱼鳞坑或撩壕。无论是山地还是平地,果树栽植前都要求平整,土壤细碎。

2. 测量定植点

果树和防风林带的距离一般为 7~10 m,这个距离确定后,便可用测绳和三个标杆测量定植点。先沿小区两长边方向各做一条与长边(折风线)平行的基线,两基线的距离应为行距的倍数,在两基线上即两个边行上按株距找出两个边行的定植点,再以这两行的定植点为准,用测绳按行距找出各行的定植点。

梯田栽植点是在阶面外缘,阶面宽度的 1/3 处按株距确定的;撩壕是在壕顶或壕外(下坡)紧挨壕土按株距确定的;鱼鳞坑,每坑中心即为一个定植点。

3. 苗木准备

栽植果树时取出假植苗,剪掉根系发霉、折坏的部分和接口枯桩,一边修整一边定植。根系最易失水,注意不要在空气中暴露时间过长。

外购果苗要弄清有无检疫对象、品种和数量,并看失水情况,失水过多时,要将根部浸泡一夜后,经修整再行定植。

4. 挖定植穴

定植穴的大小因品种、土质及肥料多少而异。一般来说,根系深广的梨、苹果、葡萄、杏和李宜大,穴深和直径各 60~80 cm;穗醋栗、醋栗、树莓等小浆果根系较浅,穴深和直径各 50 cm 左右即可。挖坑时要把表土和底土分开放置,挖成圆柱形坑,坑的中心点应正好是定植点。

5. 肥料准备

挖好定植穴后,每株施 5~12.5 kg 腐熟的质量好的基肥、0.5 kg 草木灰。

(二) 栽植方法

先将表土与肥料混拌好,填入坑内至坑深一半左右,呈馒头形踩实,将苗木放入定植穴,即可继续填土,注意根系要向四方自然舒展,当填至略高于地表时,要轻轻提动树苗,使根系伸展开随后踩实,让根与土密切接触,再用剩余底土以树为中心,直径与定植坑相近围成水盘,以便灌水。栽后要马上灌水,待水渗后及时覆土,覆土时可做高于地表 10 cm 的土堆以便保墒。

(三) 栽后管理

定植一年生单干苗的,定植后要定干。定植在圃内已留有主枝的整形苗要重剪,以减少萌芽量和蒸发量,确保成活。萌芽后要去掉保墒土堆,当天气干旱时,要及时浇水,以提高成活率,促进幼树生长。

课程思政

1. 思政元素点

通过学习果园的规划设计、果树的栽植、果园的土壤改良、果园的设施建设等知识,掌握果园规划设计的综合能力,培养学生的科学家精神和团队协作能力,提升学生的民族情怀、历史使命感。

2. 课程思政导入

通过学习果园的选址、布局、架式、栽植等技术,可以培养果园建设的综合能力,包括对土壤、气候、水源、品种、市场等因素的综合考虑和分析,以及对果园的长期发展和效益的规划和评估。同时,果园建设也需要团队的协作和配合,培养团队精神和沟通能力。讲解果园的规划设计和栽植技术,结合中华优秀传统文化和革命文化的元素,培养学生的民族情怀和历史使命感,培养科学精神,使他们能够运用科学的方法和技术,提高果园的生产效率和质量。引导学生了解果园建立的基本要素和流程,培养对西藏果业产业升级和农村振兴的关注和参与,结合国家发展规划和地方实际,规划合理的果园建设方案。

复习思考题

1. 果园规划设计的一般步骤是什么?
2. 果树的关键栽植技术有哪些?

项目三　果园田间管理

❀ 知识目标

了解现代果园管理常见管理技术,掌握西藏果树土、肥、水管理,花果管理,整形修剪的基本知识,熟悉西藏果树常见树形及整形修剪原理与方法。

❀ 能力目标

能够根据西藏果园的实际情况及特点制订科学的果园管理方案,准确判断果园肥水需求并能独立进行施肥、灌溉;能够根据西藏当地果园特点指导果树生产,能正确进行果园土、肥、水管理,花果管理,整形修剪,完成果园田间管理任务。

❀ 学习任务

学习果园田间管理的基本要求及综合管理技术,掌握西藏果园土、肥、水管理技能,花果管理技能,果树整形修剪技能,了解和掌握西藏果树生产中田间管理的基本技能和操作过程。

任务一　土壤管理

土壤是果树生长的基础,是养分和水分的源泉。土壤疏松,通气良好,微生物活跃,土壤肥力提高,有利于果树根系的发展。所以,根据果树根系生长发育的特点,改善和调控土壤的水、肥、气、热条件,把果树根系集中分布区的土壤,改造成适宜根系生长的活土层,使分布其中的根系得以充分扩展并行使吸收功能,是果园土壤管理的主要内容。

西藏高原土壤普遍土层薄,有机质含量低。西藏许多种植果树的园地土壤距果树生长阶段所需的要求存在着很大的差距,表现为土层瘠薄、结构不良、有机质含量低、偏酸或偏碱,有的虽经改良,仍存在没有熟化的土壤。这些土壤不利于果树根系的生长发育,必须加以改良,才能使土壤中的水、肥、气、热得到协调。

一、果园深翻

果园土壤深翻,结合施入有机肥,是果园土壤改良的有效措施之一。荒滩果园,更应结合水土保持工程做好土壤的深翻熟化工作。

（一）深翻的作用

1. 改善果园土壤的结构和理化性状

果园土壤深翻后，团粒结构增多，土壤孔隙度增加，提高了土壤蓄水、保水能力，土壤空气条件得到改善，好气性微生物随之增多，活动加强，加速了有机质的分解，使难溶性营养物质转化为可溶性养分，提高了土壤的熟化程度和肥力。

2. 为果树根系生长创造良好的环境条件

果园土壤深翻后，可以提高果树的抗旱性及避免极端的低温和高温对根系的危害。另外，深翻促进果树根类、根量增加，特别是吸收根量可增加3～6倍，总根量增加1倍。

3. 促进果树生长，提高产量

果园土壤深翻后，果树生长健壮，新梢长，叶大色深，花芽分化好，果树产量和果实品质提高。

（二）深翻时期

果园深翻以秋季果实采收后，结合施基肥进行为宜。这时正值果树叶片所制造的有机养分回流，有利于伤根的愈合和产生新根。对于冬季干旱地区，深翻后须灌水，有利保墒。

（三）深翻的深度

在一般栽培条件下，果树根系不超过1 m，故深翻深度以40～80 cm为宜，宽50 cm左右；最浅不少于40 cm。另外，深翻深度还要考虑土壤结构和土质，砂地可浅，黏土可深；水源不足处宜浅，反之宜深。

（四）深翻的方法

1. 扩穴深翻

幼树定植后的头几年，逐年从定植穴的外缘向外挖宽50～100 cm、深60～80 cm的环形沟，把沟中的石砂、硬土掏出，填入好土和有机肥，直至株行间全部翻完为止。

2. 隔行深翻

即每隔一行翻一行，除树盘外，行内全部深翻，次年或数年再翻另一半。此方法优点是只伤害树体的一边根系，对果树的生长发育影响较小，且便于劳力的安排。此法适宜成龄果园。

（五）深翻注意事项

①保护好根系。俗话说"人怕伤心，树怕伤根"。为尽量减少损伤根系，在近树干处浅翻向外逐渐加深，注意保护粗度在1 cm以上的大根，并避免根系暴露时间过长，防止风吹日晒。

②应注意表土与心土上下倒换。

③翻后应及时灌水，使土壤与根系密接。

④深翻与施基肥相结合。现代果树栽培一般不主张对初结果期以后的果树进行深翻，尤其是在矮化密植的果园。

二、盐碱地土壤改良

（一）深沟高畦，引水洗碱

果园顺行间每隔 20～40 m 挖一道排水沟，一般沟深 1 m、宽 1.5 m、底宽 0.5～1 m。排水沟与较大排水支渠相连，各种水渠均应有一定的比降，使盐碱能顺利地排出园外。有条件时，还可引淡水洗盐，直至土壤含盐量降至 0.1% 左右为止，以后应注意生长期灌水压碱，防止盐碱上升。

（二）深耕并增施有机肥

有机肥除含有果树所需的营养物质外，还含有有机酸，可中和土壤的碱，改良土壤理化性质，促进团粒结构的形成，提高土壤肥力，减少蒸发，防止返碱。

（三）地面覆盖

地面覆草能够阻止盐碱上升，覆草 15～20 cm，可起到冬季保温防冻、夏季防晒保墒防盐碱上升的作用。

（四）营造防护林和种植绿肥

防护林可降低风速，减少蒸发，防止土壤返碱。绿肥能增加有机质，改善土壤理化性质。

三、清耕

清耕是传统的土壤管理方式之一。是在果园内不种任何作物，常年进行中耕除草，使土保持疏松和无杂草状态。一些地区，常在行间种草，树盘内采用清耕方式管理。

清耕全年均可进行，一般秋季深耕，生长季节进行多次中耕，使土壤保持疏松通气，促进微生物繁殖和有机物分解，短期内可显著地增加土壤有机态氮素。中耕松土，能起到除草、保肥保水作用。但长期采用清耕法，土壤有机质减少，土壤结构受到严重破坏，土壤的保肥保水能力变差。对于山地果园来说，清耕不利于水土保持。清耕管理的果园干、湿、冷、热变化频繁，使最肥沃的表层土成为非生态稳定层，以致 15 cm 以上的层中根系很少，因此随着可持续发展观念的提出和对生态环境保护的重视，清耕在果园土壤管理中的应用会越来越少，取而代之的将是生草、覆盖等其他管理方式。

四、果园间作

间作是幼龄果园利用行间空地种植其他作物的土壤管理技术。间作作物只能种在树冠外围，以不影响果树生长发育为前提。1~3年生幼树应留出1.0~1.5 m树盘，以后随着树冠和根系逐年扩大，间作面积逐年缩小，进入盛果期果园一般不宜间作。为保证果树的正常生长，应加强间作作物的肥水管理。对新建果园在留足树盘后（1 m）间作，以后随树冠扩大，逐渐扩大树盘，缩小间作面积，避免间作作物与果树之间互相争夺肥、水。密植园最多间作3年。

常用的间作作物有花生、大豆、甘薯、马铃薯、菠菜、油菜、白菜、萝卜、牧草及耐荫中药材等。生产上多实行不同间作作物轮作倒茬的方式，如花生—豆类—甘薯、绿肥—大豆—马铃薯—甘薯—花生。间作作物的选择时需考虑土壤的肥沃程度，一般瘠薄地多种甘薯、花生，较肥沃地间种粮食作物、药材、蔬菜等。

绿肥也可以作为果园间作物，它可有效解决土壤有机质含量偏低，果园用肥不足的现象。如烟台市果树研究所在黏重土壤果园行间种植红三叶草，每667 m^2 红三叶草产鲜草3 350 kg，相当于31~34 kg尿素、16~23 kg过磷酸钙、32~33 kg硫酸钾。3年后40 cm以上土层中的有机质含量从0.4%~0.6%提高到0.87%，有效地提高了土壤肥力，改善了土壤结构。

五、果园生草

（一）人工生草

果园生草一般在年降水量大于500 mm，最好是800 mm以上的地区或具有灌水条件的果园中实施，西藏林芝市、昌都市部分地区可以采用此法。它可以分为全园生草、行间生草和株间生草等模式，具体应用何种模式主要取决于果园立地条件、种植管理条件。在土层深厚、肥沃，根系分布深的果园，可全园生草，反之，在土壤贫瘠、土层浅薄的果园可采用后两种模式，一般在果树3年生后不能间作其他作物时进行生草。目前发达国家的果园多采用行间生草、行内清耕的耕作制度。即在果树行间种植1年或多年生豆科或禾本科植物，待生长到40~50 cm高度留15~20 cm刈割后覆盖在树盘下作绿肥使用，每个生长季节可以刈割3~4次，或在每年秋季将绿肥翻压到土壤中。

采用生草法时，注意以下几个关键环节。

①因地制宜地选好草种和品种。我国北方选用的草种主要以豆科为主，如三叶草、紫花苜蓿、豌豆、紫云英、草木樨、苕子等，其次为禾本科绿肥，如黑麦草、早熟禾、果园牧草等。这些品种适应性强，植林矮小，生长速度快，鲜草量大，覆盖期长，容易繁殖管理，再生能力强，且能有效地抑制杂草发生。

②掌握播种技术。播种时间以春秋两季为宜，春季在3—4月土壤解冻后进行，秋季在9—10月。春季适宜条播，秋季适宜撒播。播种前每667 m^2 撒施磷肥150 kg，翻20 cm，整平地面，为草种出苗和苗期生长创造良好的条件。采用条播，行距约30 cm，土厚度小粒种子或黏土果园约为2 cm，大粒草种或砂土、壤土约为5 cm。

③生草最初的几个月不要刈割,当草根扎深、营养体显著增加后,才开始刈割。一般1年刈割2～4次。

④苗期注意中耕除草,控制杂草生长,干旱时及时灌水并可补施少量氮肥。

⑤刈割技术。无灌溉条件的多年生草,宜雨后刈割,刈割后撒施少量氮肥,促进草的再生;有灌溉条件的多年生草,每次刈割后撒施少量氮肥和灌水。

⑥草的更新。生草5～7年后,草逐渐老化,应及时将草翻压,休闲1～2年后再重新播种。

(二) 自然留草

自然留草可选用当地果园常见的杂草资源,最好选用植株矮小,生草量大,有利天敌及生物活动的杂草,如稗草、狗尾草等。待草长到40 cm左右,留10 cm左右,然后覆盖在树盘下做绿肥使用,每个生长季节可以刈割4～6次,每年秋季将杂草用旋耕机翻压到土壤中。

果园生草种类一般有:豆科类,如白三叶草、紫花苜蓿、沙打旺、草木樨、百脉根等;禾本科类,如鸭茅、无芒雀麦、草地早熟禾、黑麦草等;十字花科类,如二月兰等。对于地下水位较高或灌区果园,宜选用白三叶草、红三叶草等较耐渍的草种;而对于旱地、灌水不便的果园,宜选用百脉根、紫花苜蓿等较为耐旱的牧草。

六、果园地膜覆盖

地膜覆盖指用塑料薄膜将园地覆盖。西藏全区土壤薄、干旱面积大,局部地区无草源,在这些地方特别是常有春旱发生的地区,提倡覆盖地膜。

具体做法:早春土壤解冻后,先在覆盖的树行内进行化学除草,然后打碎土块,将地整平。若土壤干旱,应先浇水。然后用两条地膜沿树两边通行覆盖,将地膜紧贴地面,并用湿土将地膜中间的接缝和四周压实。同时间隔一定距离在膜上压土,以防风刮。树冠较小时,可单独覆盖树盘。覆盖地膜前最好先深翻熟化,增施有机肥或埋入作物秸秆。有条件的地区或果园,还可以春覆地膜增温保墒,夏季覆草保墒调温,覆膜、覆草综合运用。

根据不同目的选用不同的地膜材料,如在幼树定植后,为了增加早春地温和防止水分蒸发,宜选用白色地膜;为了保湿和防草可以选用黑色地膜;为了增加果实着色均匀,可以铺银色反光膜。覆膜具有良好的增温、保墒效果,据试验资料证明,早春果园覆膜后,0～20 cm土层的地温比对照高2～4℃,土壤含水量比清耕果园的土壤含水量高2%左右。但由于覆膜不能为土壤提供有机质,且覆膜后地温高,土壤有机质矿化分解速度加快,养分易流失,且容易引起白色污染。

推荐使用无纺布黑色地膜。与塑料地膜相比,它不仅具有提温、保墒、防草等优点,而且由于无纺布透气性好,可以维持果树根系良好的呼吸作用,促进根系的生长和新陈代谢,防止由于无氧呼吸而造成的根系腐烂等问题。覆盖此种地膜还能有效保持土壤湿度,减少浇水的频率,使土壤内水分变化幅度相对平缓,有利于维持果树良好的生长环境,增强对病害的抵抗力。此外，它还具备可降解的优点，加上其制造工艺简单，使用年限可控，环保无污染，在现代农业上将有广阔的发展和应用前景。

任务二　施肥管理

肥料是果树提高产量和品质的基础，科学施肥是保证果树高产、稳产、优质、低成本和防止环境污染极其重要的环节，在实现果树产业化中居相当重要的位置。

一、了解果树必需的营养元素

果树体内所含的元素种类有60多种。目前为止，认为果树正常生长发育所必需的营养元素只有16种，分别为碳（C）、氢（H）、氧（O）、氮（N）、磷（P）、硫（S）、氯（Cl）、钾（K）、钙（Ca）、镁（Mg）、铁（Fe）、锰（Mn）、硼（B）、锌（Zn）、钼（Mo）、铜（Cu）。这16种元素中，有些元素在植物组织中含量比较多，如碳、氢、氧、氮、磷、钾、钙、镁、硫等，称为大量元素，而硼、氯、铜、铁、锰、钼、锌等元素在植物组织中含量很低，称为微量元素。

（一）主要元素对果树生长发育的作用

1. 氮

氮是组成氨基酸、蛋白质、核酸、磷脂、叶绿素、酶、维生素等的重要成分，在植物生命活动中起着非常重要的作用。氮肥可促进营养生长，使幼树早成形，老树延迟衰老，提高光合效能，促进花芽分化，提高坐果率，增加果重，提高产量。缺氮时，叶色变黄，影响光合作用的进行与蛋白质的形成，枝叶量少，新梢细弱，落花落果严重；长期缺氮，降低果树的抗逆性，树体寿命缩短。但氮素过多，则造成枝叶徒长，营养生长过旺，花芽分化不良，落花落果严重，产量低而不稳，品质降低，抗逆性减弱。

2. 磷

磷是形成原生质和细胞核的主要成分，存在于磷脂、核酸、酶、维生素等物质中；它与氮素营养有密切关系，提高磷的含量，能有效地提高蛋白质含量。磷在生命活动旺盛的部分，如新根、新梢、种子中含量较多，与细胞分裂关系密切。磷能促进花芽分化，提早开花结果，促进果实种子成熟，提高果实品质，增强根的吸收能力，促进物质转化，增强抗逆性。磷不足时，果树延迟开花，萌芽力降低，新梢和根系生长减弱，叶片变小，颜色变浅，绿色变为灰绿色，花芽分化不良，果实色泽不鲜艳，含糖量降低，产量下降，抗逆性减弱，甚至会引起早期落叶。但磷过多，会阻碍锌、铜的吸收，引起缺锌、缺铜症。

3. 钾

钾对植物淀粉、糖类合成、运转以及蛋白质、叶绿素形成有密切关系。钾能促进光合作用，促进新梢成熟，提高抗寒、抗旱、抗高温能力。钾在果实中含量最多，能促使果实增大，提早成熟，色泽鲜艳，含糖量高，提高果实的品质和耐贮性。钾不足时，新梢和根系生长减弱，叶小、果小，着色差，品质下降，且易裂果。但钾过多时，会影响镁、锌、铁的吸收，从而出现缺素症。

4. 钙

钙是植物细胞壁的重要组成成分，能调节植物体中的酸碱度，起着平衡生理活动的作用。钙能使土壤溶液达到离子平衡，促进植物对氮、磷的吸收，还能减轻碱性土壤中钠、钾离子和酸性土中氢、锰、铝等离子的毒害作用，使果树能正常地吸收氨态氮，保持植株正常的生长发育。缺钙时，根粗短弯曲，尖端不久死亡，新梢生长受阻，叶片变小；严重时枝条枯死，花朵萎缩。缺钙常使核果类果树发生流胶病和根癌病，苹果果实发生苦痘病、软木栓病、痘斑病、心腐病、水心病以及裂果，特别是高氮低钙情况下更严重。但钙过多，土壤偏碱易板结，使铁、锰、锌易成为不溶性元素，不能为果树吸收而发生缺素症。

5. 铁

铁是多种氧化酶的组成成分，在叶绿素的形成中起催化作用。一般土壤中铁的含量较丰富，不会缺铁，但盐碱地常因钙含量较多，使铁变为不溶性，不被果树吸收，在钾不足、地温低、土壤湿度大、通气不良等条件下，铁变为还原铁，果树也不能利用。果树缺铁时影响叶绿素的形成，幼叶失绿，叶肉呈黄绿色，叶脉仍为绿色，随着病情加重，叶脉也相继失绿变成黄色，故缺铁症又叫黄叶病。之后叶片上先出现棕褐色枯斑或枯边，逐渐枯死脱落，有时新梢尖端也枯死，树势衰弱，花芽形成不良，坐果率低。

6. 硼

硼能提高光合作用和蛋白质的合成，促进碳水化合物的转化和运输。在果树的花器中含硼最多，它能促进花粉发芽和花粉管的伸长，促进子房发育，提高果实中维生素、糖含量和果实品质，促进根系发育。缺硼会使根、茎生长点枯萎，叶片变黄，早期脱落，叶柄、叶脉质脆易折断，严重时根系变弱，枝顶小叶簇生，花芽分化不良，受精不正常。但硼过量，会对果树产生毒害作用，影响根系生长。

7. 锌

锌存在于碳酸酐酶中，与叶绿素的形成、光合作用、呼吸作用有关，还和生长素的形成有关。它主要分布在幼叶及茎尖中，可以移动。缺锌时，枝叶、果实停止生长或萎缩，生长素含量低，新梢节间极短，叶片窄、质脆、小叶簇生，称小叶病，病枝花果少、小、畸形。沙地、盐碱地及瘠薄山地果园以及灌水次数多、伤根多、修剪重、重茬果园或苗圃均易发生缺锌症。

（二）各元素的相互作用

果树正常生长发育需要多种元素，而且各元素间有一定的比例关系。某一元素的增减，就会影响这种关系，导致另一元素的增减或减增，即相助或拮抗。如氮和钙、镁间就存在相助作用，而氮与钾、硼、铜、锌元素间存在拮抗作用。如过量施用氮肥，树体内钾、硼、铜、锌的含量就相应地减少；相反地，对苹果幼树施少量氮肥，叶片中钾素的含量就增多，且土壤溶液中氮素含量越少，对钾的吸收就越多，甚至导致树体内钾素过剩而呈现氮素缺乏症。磷素施用过量，不相应增施钾、镁肥，则抑制果树对钾、镁的吸收。而钾素过多，对钙、镁的吸收就减少；相反地，低量钾肥可提高钙、镁的含量。所以，施肥须考虑元素间的相互作用，才能使施用的肥料充分发挥作用。

二、施肥时期

（一）确定施肥时期的依据

1. 根据果树的需肥时期及果树的营养状况

施肥能否发挥作用，关键在于果树的生理状态。如果对处于休眠期或大量结果后树体内严重缺乏生命活动物质（碳水化合物等有机营养）、或因某种原因根系受害，进行大量施肥非但不能被吸收，反而有害。果树体内的养分分配，首先满足生命活动最旺盛的器官，即生长中心。随着物候期的进展，分配的中心也随之转移。

如苹果植株的氮肥营养分为三个时期，第一期从萌芽至新梢加速生长，即大量需氮期，此期氮的来源主要是贮藏氮，同时还取决于各类植株根系生长情况和吸氮能力；第二期从新梢旺长至果实采收前为氮素营养稳定期，此期各类植株的含氮量处于低水平；第三期从果实采收后到养分回流，根系中含氮量明显回升。由此可见，按物候期施肥最合理。

2. 土壤中营养元素状况和水分变化规律

一般果园春季土壤含氮素较少，夏季有所增加，钾素含量与氮素相似，磷的含量则不同，春季多，夏季少。同一季节不同田块土壤养分含量也不相同。此外，土壤营养物质含量与间作作物种类和土壤管理程度等也有关系。土壤含水量与发挥肥效有关。土壤水分缺少，施肥有害而无利；积水或多雨地区易造成肥料养分淋溶流失，降低肥料利用率。因此，应当根据当地土壤水分变化规律或结合灌水施肥。

3. 根据肥料的性质和作用

肥料性质不同，施肥时期也不同。易流失挥发的速效性肥或施后易被土壤固定的肥料，如碳酸氢铵、过磷酸钙等，应在果树需肥期稍前施入；迟效性肥料；如有机肥等，因需腐烂分解、矿化后才能被果树吸收利用，故应提前施入。

（二）具体施肥时期

1. 基肥

较长时期供给果树养分的基础肥料，以秋施为好。一般早熟品种在采收后、中晚熟品种在采收前施用，宜早不宜晚。此期施肥的优点：一是正值根系第二次或第三次生长高峰期，有利于根部伤口愈合，并能促发新根，若能适量加入氮肥，效果更好。二是新梢停止生长或接近停止，叶功能正常，制造的营养物质以积累贮存为主，可提高树体营养水平，提高细胞液浓度，增强果树越冬性，可提高花芽质量，有机物能充分腐烂分解，有利于根系吸收。三是有利于果园积雪保墒，提高地温，减少根部冻害。

基肥经发酵处理后的有机肥为主，如厩肥、堆肥、人粪尿、腐熟的羊粪等；过磷酸钙、骨粉等容易与土壤中的钙、铁等化合，根系不易吸收，可与上述有机肥混合堆积，经腐熟后再施用。基肥最好每年施用1次。

2．追肥

成年树一般每年追施2～4次。

①萌芽前或花前追肥。果树萌芽开花期需要耗费大量养分，同时还要为树体贮存养分。如果树体营养水平低，氮肥供应不足，必将影响开花坐果和新梢生长。适量追肥可明显提高坐果率，促进新梢萌发和生长。这次追肥，若是老、弱或结果过多的大树，应多施；若为旺树，可少施或不施。

②花后追肥。落花后坐果期是果树需肥较多的时期，这一时期幼果迅速增大，新梢迅速增长，都需要氮素营养。追肥可促进新梢生长，增加叶面积，提高光合效能，减少生理落果。花前、花后肥可以相互补充，如花前施肥量大，花后也可不施。

③果实膨大和花芽分化追肥。一般在生理落果后，花芽分化期施用。这一时期春梢停止生长或接近停止生长，花芽开始分化。追肥可促进花芽分化，增加花芽数量，提高花芽质量加速果实膨大，既能提高当年产量，又为来年结果打下基础，对克服"大小年"有很好的作用。这次追肥要掌握好时期和用量，结果少和新梢尚未停止生长的初结果树，氮肥施用量要适当，避免二次生长，影响花芽分化。

④秋季追肥。宜在秋梢停止生长后及早施用，早、中熟品种可在采收后立即施肥，晚熟品种可在临近采收时施肥。这次追肥，主要是解决果树大量结果造成树体营养物质亏缺和花芽分化、养分积累的矛盾。及时追施氮、磷、钾比例适宜的肥料，可使果实增大，产量和品质提高有利于花芽的发育和枝芽充实，延长叶片寿命和衰老，提高其光合作用，增加树体营养积累，提高树体营养水平。

三、施肥方法

（一）土壤施肥

施肥效果与施肥方法有密切关系，而施肥方法又要与果树根系分布特点相适应，只有把肥料施在根系分布层内，肥料才能发挥最大效应。常用的土壤施肥方法有以下几种。

1．环状或放射状沟施

在树冠外沿开环状沟，沟宽30～50 cm，深40～60 cm。将肥料施入沟中后，覆土填平。幼树根系分布范围较小，当用此法，每年随着根系扩展，逐渐扩大环形沟（图2-12）。若肥少，劳力不足，则可用放射状沟施，即每年挖半环放射状沟施在树冠下顺水平根生长方向，离树干1 m处开始，向外挖放射沟4～8条，沟的深度是里浅外深，宽度与环状沟相同，长度达树冠外缘，隔年更换开沟位置，以加大施肥面积。此法伤根较小，多用于成龄果园（图 2-13）。

2. 条状沟施

在果树行间、株间或隔行开沟施入肥料，也可结合果园深翻进行。此法便于机械作业，但伤根较重（图 2-14）。

3. 全园撒施

秋耕时将肥料均匀撒在地面，然后翻入土中。此法施肥较浅，仅 15～20 cm，根系有趋肥性，易使主要吸收根系上浮土表，导致果树抗旱力减弱，可与放射状沟施交叉使用。成年果园或密植果园，适于此法。

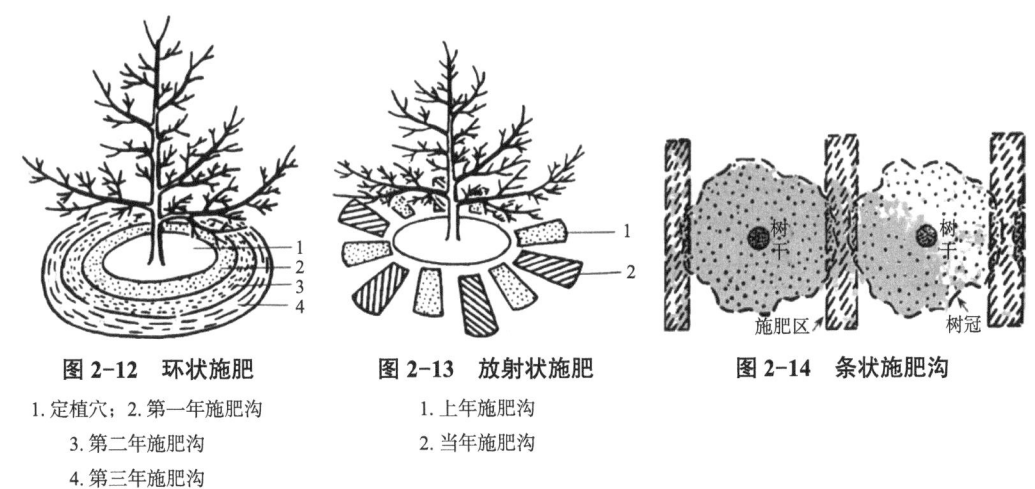

图 2-12　环状施肥

1. 定植穴；2. 第一年施肥沟
3. 第二年施肥沟
4. 第三年施肥沟

图 2-13　放射状施肥

1. 上年施肥沟
2. 当年施肥沟

图 2-14　条状施肥沟

（二）根外追肥

又叫叶面施肥。将肥料配成一定浓度的溶液，亦可用动植物源营养液，直接喷洒到果树枝叶上。根外追肥特点如表 2-7 所示。

表 2-7　根外追肥溶液浓度

肥料种类	喷施浓度 /%	肥料种类	喷施浓度 /%
尿素	0.3～0.5	柠檬酸钾	0.05～0.1
硝酸铵	0.3	硫酸锌	0.05～0.1
硫酸铵	0.3	硫酸亚铁	0.05～0.1
过磷酸钙	0.5～1.0	硫酸锰	0.05～0.1
磷酸二氢钾	0.2～0.3	硫酸铜	0.01～0.02
硫酸钾	0.5	硼酸	0.05～0.1
草木灰	1.0～3.0	硫酸镁	0.05～0.1

①肥效快，能均匀地喷洒在各类新梢上，对新梢更为有利；一般喷后 2 h 即可被果树吸收利用。

②用肥省，可减少肥料损失，提高肥效，避免了磷、钾、铁、锌、硼等在土壤中的固定作用，可结合喷药和喷灌进行。

③根外追肥有促进光合作用,提高叶片的呼吸作用和酶的活力,改善根系营养状况,促进根系发育的作用。但它不能代替土壤施肥,而只能作为施肥的辅助手段,树体营养绝大部分仍要靠土壤施肥来供给。根外追肥应在阴天或晴天的早晚进行,浓度过大会引起药害。

(三) 灌溉施肥

灌溉施肥是将肥料通过灌溉系统(喷灌、微量灌溉、滴灌)进行果园施肥的一种方法。灌溉施肥具有如下特点和好处。

①肥料要素已呈溶解状态,因而比肥料直接施于地表能更快地为根系所吸收利用,提高肥料利用率。

②灌溉时期有高度的灵活性,可完全根据果树的需要安排。

③在土壤中养分分布均匀,既不会伤根,又不会影响耕作层土壤结构。能节省施肥的费用和劳力。灌溉施肥尤对树冠交接的成年果园和密植果园更为适用。

灌溉施肥须注意的问题如下。

①喷头或滴灌头嘴堵塞是灌溉施肥的一个重要问题,必须施用可溶性肥料。

②两种以上的肥料混合施用,必须防止相互间的化学作用生成不溶性的化合物,如硝酸镁与磷铵肥混用会生成不溶性的磷酸铵镁。

③灌溉施肥用水的酸碱度以中性为宜,如碱性强的水能与磷反应生成不溶性的磷酸钙,多种金属元素的有效性会降低,严重影响施用效果。

(四) 施肥量

1. 确定施肥量的依据

①根据果树需肥情况。果树树种不同,需肥量不一样;例如苹果、葡萄需肥量大,而枣、杏等较耐瘠薄。品种间由于生长特性不同也有差别,不同砧木的嫁接苗吸肥状况也常不同,应在施肥量上加以调节。幼树根系分布范围小且结果少,需肥量较成年树少。不同生育状况的树,施肥量应有区别,例如,生长势的强弱、结果量的多少都是决定施肥量的重要依据。

②根据土壤、气候等外界条件。土壤状况与施肥量有密切关系。基础好而肥沃的土壤,施肥量可适当减少;瘠薄的山地、沙地果园除积极进行土壤改良外,必须配合多施肥,才能保证果树生长结果良好。此外,地形、地势、土壤酸碱度、气候条件的综合状况等,对施肥量都有影响果园的栽培管理技术也是施肥的依据。

③肥料种类和施肥期。各种肥料中有效成分不同,施肥量应有区别。不同施肥时期的作用不一样,使用肥料的种类应区别对待。

2. 施肥量的确定

以前我国果园施肥量的确定大多是根据植株生长势、花芽形成多少、产量指数等,参考当地果园的生产经验施肥量,认为达到既能保证树势健壮,又能获得丰产要求,就是较合理的施肥量。随着科学技术的提高与普及,现已逐渐根据田间肥料试验、土壤分析和叶分析相结合的方法，对照各种需要元素的指标进行施肥，取得好的效果。分析叶片，不仅能查出肉眼见不到的症状，分析出多种元素的适量、不足或过剩，分辨出不同元素引起的相对症状，且能在病症出现前及早测知，可及时补充所需营养元素，因此是确定施肥量较科学的方法。根据国内外叶分析结果认为，氮：磷：钾的大致比例是 2.5 : 1 : 3.5，因此一般情况下按照 2 : 1 : 2 或 2 : 1 : 3 的比例是较适宜的。根据生产中实际施肥量，每生产 50 kg 果约需氮 0.35 kg，磷 0.18 kg，钾 0.35 kg。

3．平衡施肥

平衡施肥技术，主要是指科学施用化肥技术。在进行土壤诊断，分析果树需肥规律、掌握土壤供肥和肥料释放相关条件变化特点的基础上，确定施用肥料的种类、配比肥用量，按方配肥、科学施用。根据果树需肥量与土壤供肥量之差来计算实现目标产量（或计划产量）的施肥量，由果树目标产量、果树需肥量、土壤供肥量、肥料利用率和肥料中有效养分含量五大参数构成平衡法计量施肥公式，可确定施用多少肥料。确定施肥量可以用下列公式计算：

$$施肥量（kg/hm^2）= \frac{果树达到目标产量的吸收营养元素量 - 土壤供肥量}{肥料中有效养分含量（\%）\times 肥料利用率（\%）}$$

肥料利用率一般按氮 50%、磷 30%、钾 40%，土壤供肥量按氮为吸收量的 1/3，磷钾约为吸收量的 1/2 进行计算。

任务三　水分管理

水是果树的重要组成部分，枝、叶、根等器官含水量约为总重的 50%，新鲜果实为 80% ～ 90%。水是有机物合成的主要原料，也是植物体有机物、无机物运输的主要载体。果树一切生命活动都与水有密切的关系。

一、果树需水规律

果树树种、品种、树龄不同，抗旱能力不一（表 2-8），枣、柿、板栗、杏抗旱力最强，核桃、葡萄次之，苹果、梨、桃、柑橘抗旱力较弱。不同果树耐涝力也不同，葡萄、枣耐涝力强，梨、苹果中等，桃、杏、李的耐涝力最差。

表 2-8　主要果树的需水量及耐旱、耐涝力

树种	每 667 m² 需水量 /m³	耐旱、耐涝力
苹果	146 ～ 415	较耐旱
砂梨	404 ～ 564	耐涝
桃	369	较耐旱、极耐涝
欧洲葡萄	113 ～ 502	较耐旱
欧亚葡萄	342 ～ 422	较耐旱、较耐涝

几种主要的落叶果树需水量从大到小的排列次序：梨＞李＞桃＞苹果＞樱桃＞杏。不同品质种间的需水量也存在差别，一般来讲，晚熟品种的需水量要大于早熟品种。

果树在一年中灌水的时期及次数应根据果树不同物候期的需水情况、土壤含水量和自然降水量的情况而定，但以萌芽前期、新梢旺长期、果实膨大期和基肥施用后的越冬前灌水尤为重要。

（一）萌芽前期

此期水分充足，可以使果树萌芽整齐，新梢生长和叶面积增长快，增强光合作用，使开花坐果正常，春旱地区，此期灌水更为重要。

（二）新梢旺长期

此期由于温度迅速升高，叶面积增加，需水量最多，而北方正处于春旱时期，是需水临界期。

（三）果实膨大期

此期常称为果树的第二需水临界期。如果缺水，叶片夺去幼果和根系的水分，使幼果脱落，吸收根自疏死亡，造成树体生长衰弱，产量下降，所以应及时灌水。

（四）基肥施用后的越冬期

在土壤结冻前灌一次封冻水，不但对果树越冬很有利，而且能促进肥料的分解，有利于早春果树的生长。

灌水量应根据树种、品种、树冠大小、土质、土壤湿度、降雨情况和灌水方法来定，一般来说，以浸透果树根系分布范围的土壤为宜，渗透深度一般不小于80 cm。耐旱果树（如枣、杏等）应少灌；需水多的果树（如苹果、葡萄、梨等）可多灌；大树比幼树灌水多，沙地果园应少量多次灌水。水分对果树的梢、叶生长特别重要，最适于果树营养生长的土壤含水量为田间最大持水量的60%～80%。水分不足，新梢和果实生长受阻，新梢停长，果实变小；水分过多，土壤透气不良，根的呼吸受到抑制，尤其是滞水时间过长，氧气缺乏，土壤中会产生许多有害的还原性产物，毒害根系。

做到合理灌水除了掌握好灌水量之外，还应做到因树、因时制宜。树势不同，促控目的不同，灌水时期也应有区别。对旺长树，只要不出现叶子萎蔫现象，除封冻前、萌芽前两次水外，不必灌水。弱树应在新梢生长期灌水，以促进枝叶生长。在根的生长期适当灌水，可促进根系生长，扶弱转强，恢复树势。

二、果园灌溉方法

（一）确定灌溉量

最适宜的灌水量，应在灌溉后，使根域土壤湿度达到最有利于植物生长发育的程度。可根据不同土壤的持水量、灌溉前的土壤湿度、土壤容重、要求土壤浸润的深度来计算。

即：灌水量＝灌溉面积×土壤浸润深度×土壤容重（田间持水量－灌溉前土壤湿度）

应用该公式计算灌水量，还需根据灌溉方式、树种、品种、不同生育期、物候期、间作物以及日照、温度、风、干旱持续时间等因素进行调整，以便更符合实际需要。若采用沟灌，湿润面积占总面积的60%，则灌水量可节约40%。使用滴灌进行灌溉的果园，每次的灌溉量为前一天树体的蒸腾量，灌溉深度通常为3～6 mm。

（二）灌溉技术

1. 喷灌

利用专门设备，将水压提到一定高度后射出来，如下雨一般均匀落在果树上。其优点是：节省用水，土壤结构破坏较少，可调节小气候，避免低温、高温、干热（旱）风对果树的危害，还可喷洒农药及叶面追肥，也可以在地形复杂的山地果园使用，工效高，省劳力，但投资较大。

2. 滴灌

以水滴或细小水流缓慢灌入果树根系的一种灌水方法。特点是节省用水，比喷灌省水一半左右，提高产量，滴灌结合施肥，可为结果树创造适宜的水、气、热、养分等条件；大幅度地提高旱地果园产量；适宜山地、丘陵地果园采用；省劳力，但投资较大。

3. 移动式灌溉系统

固定式喷灌设备网管投资多而应用较少。移动式喷灌主要在坡地等不平整土地果园上使用，具有省水、省工等优点。在密植平地果园现在发展一种软管移动式微喷系统，很有推广前途。移动式喷灌系统，一般由水源、水泵、干管、支管、竖管和喷头组成。

4. 沟灌

地面灌溉中较好的方法。即在果树行间开沟，把水引入沟中，靠渗透湿润根际土壤。此法具有节省灌溉用水，使全园土壤湿润均匀，不破坏土壤结构的特点，而且土壤通气良好，有利于土壤微生物的活动，还可减少果园中平整土地的工作量，便于机械化操作。灌水沟的数量，可因栽植密度和土壤类型而异。一般可在树冠一侧开沟，也可在树冠两侧开沟。密植园可在两行树之间只开一条沟。沟宽、深各为30～40 cm。

5. 树盘灌水

以树干为中心，在树冠投影下的地上，用土做垄，围成圆盘或方盘，盘与灌溉渠道相通灌溉时使水流入盘内，以灌满树盘为宜，灌溉后耙松表土或用草覆盖，以减少水分蒸发。此种方法用水较为经济，但湿润土壤的范围较小。是山区梯田、坡地和幼树经常采用的灌水方法。

6. 穴灌

即根据树冠大小，在树冠投影的外缘挖6～8个直径25～30 cm、深20～30 cm的穴，将水注入穴中，待水渗后埋土保墒。在灌过水的穴上覆盖地膜或杂草，保墒效果更好。此法用水经济，湿润根系土壤范围较为宽广和均匀，不会引起大面积土壤板结。在水源缺乏地区采用此种方法较好。

任务四　果树整形修剪

整形修剪包括整形和修剪两项密切关联的操作技术。"修"是修整树形的意思,"剪"是剪截枝条的意思,二者合起来就是整形和剪枝。在习惯上,常用整形和修剪两个名词。整形修剪是果园综合管理的一个环节,它与土、肥、水管理、花果管理和病虫草害防治等有密切相关,只有合理运用各种栽培管理措施,才能充分发挥整形修剪应有的作用和增产潜力。任何片面强调修剪技术的行为,都不能达到丰产优质栽培的目的。

一、了解整形修剪的基础知识

(一)整形

人为地把树体整理修造成一定的形状,使其形状符合其自身的生长发育特点。整形的目的是使主侧枝在树冠内配置合理,构成坚固的骨架,能负担起丰产的重量,并充分利用空间和光照,减少非生产性枝条,缩短地上部与地下部距离,使果树立体结果,生长健壮,丰产优质。

(二)修剪

对树体枝条进行剪截(机械、化学、物理方法),凡是能够控制果树枝干生长的方法都可以称为修剪。修剪是调节果树生长与结果关系的措施,它除完成整形任务外,还应使各类枝条分布协调,充分利用光照条件,调节养分分配,以使果树早结果、早丰产、稳产丰产,延长盛果期和经济寿命。

(三)整形修剪的意义

①可以使果树提早结果,控制营养生长向生殖生长转变。
②延长经济寿命,减少冻害及氧化,使枝条老化的速度减慢,改变了物质运输和分配,使生长结果均衡。
③提高产量、克服大小年现象。
④改善树体通风透光条件,使树冠中光照达有效光强以上,提高品质。
⑤减少病虫害,提高抗逆性。

(四)整形修剪的依据

1. 依据树种、品种特性

树种品种特性不同,其整形和修剪方法也不同。如苹果、梨培养成有中心干的分层形;桃、石榴则常培养成无中心干的开心形或半圆形。

2. 依据树龄、树势

树龄和树势不同,修剪的目的和采用的方法也不同。如幼龄树主要以培养树形为主,而成树则需维持生长与结果的平衡。树势强的需缓和生长势，树势弱的需增强生长势，各自所用的方法也不同。

3. 依据自然条件和栽培技术

气候、土壤、密度、树木种类、机械化情况、技术水平等不同，所培养的树形和修剪方法也不同。如在瘠薄、干旱的山地果园，树势弱，结果早为维持树势，应少缓多截。相反，在土壤肥沃的平地果园，果树常常旺长，结果不良，为缓和树势，应少截多缓等。

4. 依据修剪反应

修剪反应就是过去的修剪技术留在树上的痕迹，通过它看到同一株树历年采用的修剪技术，修剪以后的具体效果，以此能准确确定修剪方案。

（五）修剪的时期

果树修剪的时间，一般分为冬季修剪（休眠期修剪）和夏季修剪（生长期修剪）。

1. 冬季修剪

从落叶到来年萌发前所进行的修剪。但不同的树种、树龄、树势应区别对待，成树、弱树不宜过早或过晚，以免消耗养分和削弱树势；幼树、旺树可提早或延迟修剪，即落叶前后或萌发前后进行，人为造成养分消耗，缓和生长势；发芽早、伤流重的要早剪，如柿子、葡萄、核桃、桃、杏等；髓部大、易失水的应晚剪，如无花果等。

2. 夏季修剪

夏季修剪又称生长期修剪，包括春、夏、秋三季。夏季修剪具有损伤小、效果好、主动性强、缓势作用明显等特点，因此对提早幼树结果和缓和生长势尤为重要。总体来说，冬季修剪由于减少了春季养分回流后的分散部位，促进剩余部位的生长，因此有增势作用；而夏季修剪减少了光合器官叶片，降低了树体营养水平，缓和生长势，有利于促进幼树、旺树的成花。所以，有"冬剪长树，夏剪成花"之说。

二、常见树形结构

（一）有中心干形

①疏散分层形。主枝5～7个，在中心干上分2～3层排列，一层3个，二层2～3个，三层1～2个，各层主枝间有较大的层间距，此形符合果树生长分层的特性。

②主干形。干高0.7～0.9 m，树高3.5～4.0 m，在中心干上着生30～40个大、中小型枝组，枝组长度0.7～2.0 m，中心干上主枝层不明显，树形较高。

③自由纺锤形。干高0.9～1.0 m，树高2.5～3.0 m，冠径3 m左右，在中心干四周培养10～15个长度小于1.5 m的近水平主枝，不分层，全树主枝下长上短，呈纺锤形。

④细长纺锤形。干高90～100 cm，树高2.5～3.0 m，冠径1.5～20 m，树上均匀配备14～15个小主枝，插空排列，螺旋上升，间距15 cm左右，开张角度95°～100°，主枝长度0.5～2.0 m，全树上下短、中部略长，呈细纺锤形。

(二)无中心干形

①单层高位开心形。干高 0.6～0.7 m,中心干高 1.6～1.8 m,树高 3.0～3.5 m,在中心干上或基轴上培养 10～12 个长放枝组。最上部 2 个枝组呈水平反弓弯拉向行间,各基轴与主干夹角 70°左右。最终使全树只有 1 层,叶幕厚度 2.0～2.5 m。

②自然开心形。三个主枝在主干上错落着生,直线延伸,主枝两侧培养较壮侧枝,充分利用空间。此形符合桃等干性弱、喜光性强的树种,树冠开心,光照好,容易获得优质果品。缺点是初期基本主枝少,早期产量低。梨和苹果上也有应用,同样有利生产优质果实。

③开心形。干高(低干 1.0 m 左右,中干 1.5 m 左右,高干 1.8～2.0 m),在主干上保留 3～5 个永久性主枝,主枝向四周均匀分布,间距 40～60 cm,主枝角度 50°～60°,每个主枝上各配 2～3 个大侧枝。

(三)篱架形

特点是需设置篱架,以固定植株和枝梢,整形较方便。常用于蔓性果树随着果树生产的发展,欧洲、澳大利亚和美国在苹果、梨等树种上广泛应用。如棕榈叶形、双层栅篱形、"Y"形等。

果树常见树形结构如图 2-15 所示。

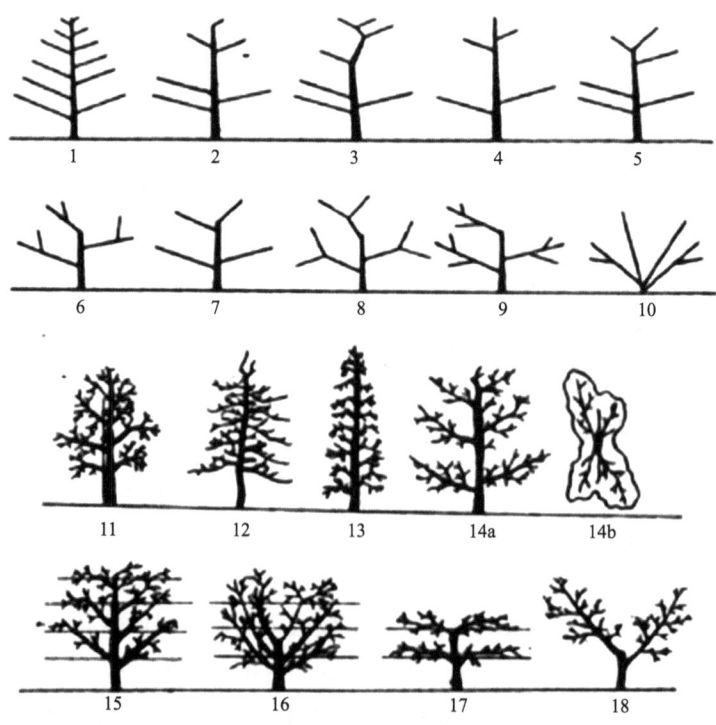

图 2-15 果树常见树形结构

1. 主干形;2. 疏散分层形;3. 基部三主枝小弯曲半圆形;4. "十"字形;5. 自然圆头形;6. 主枝开心圆头形;7. 多主枝自然形;8. 自然杯状形;9. 自然开心形;10. 丛状形;11. 纺锤形;12. 细纺锤形;13. 圆柱形;14. 自然扇形;a. 侧视图,b. 顶视图;15. 斜脉形;16. 棕榈叶形;17. 双层栅篱形;18. "Y"形

三、果树整形修剪方法

(一) 不同季节果树修剪方法

1. 春季

(1) 刻芽

可定向促发健壮发育枝,促发中短枝,增加枝量,有利于补空、成花。萌芽前到萌芽期,对 2～4 年生的中心干和多年生枝主枝两侧、中心干的光秃部位及衰弱枝组的基部,可定向于芽的上(前)方 0.3～0.5 cm 处用小钢锯条、小手锯顺齿拉一道,伤及木质,长度为枝干周长的 1/3～1/2,深度为枝干粗度的 1/10～1/7(图 2-16)。需抽生强枝者应按照"早、近、深、长"的要求;需抽生小弱枝者应按照"迟、远、浅、短"的要求。抽生骨干大枝宜在萌芽前 7～10 d 进行,抽生中小枝宜在萌芽期进行。

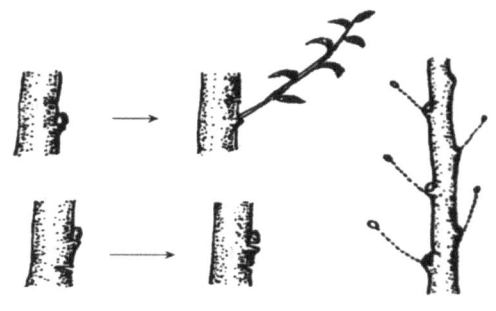

图 2-16 刻芽

(2) 抹芽

萌芽后用手抹除或用刀削去嫩芽,留优去劣,减少枝量;调整分布,加快成形;减少伤口,节省养分。对主干上(全部)、延长枝头上(留一顶芽)、主枝背上及骨干枝基部 20 cm 以内及剪锯口周围无空间的萌芽全部抹除。

2. 夏季

(1) 摘心

摘除新梢顶端部分嫩梢称摘心。削弱顶端优势,促生分枝,增加养分积累。生长旺盛的新梢于 15 cm 处摘心,促生副梢;7 月中旬对部分强旺副梢再次摘心,形成短枝,部分可成花;当果台副梢长至 25 cm 左右时,保留 8～10 片摘心,提高坐果,并促进幼果生长发育(图 2-17)。

(2) 扭梢

扭转枝梢下部,伤及皮层和木质部,改变枝向,削弱长势;改善光照,积累养分,促进成花。一般在春梢旺长期对中心干上过多新枝主枝背上旺枝,当长至 15～20 cm 时,用手指从基部 5 cm 处扭转 180°,向缺枝的一侧补空。6 月上中旬对 2～3 年生长较强的营养枝从基部扭转半圈,使之呈斜生或下垂状态(图 2-18)。

(3) 拿枝

对旺梢自其基部到顶部用手揉捋 3～4 次，伤及木质部，折响而不断的称为拿（揉）枝。有缓和长势、积累养分的作用，对提高来年萌芽率、促生中短枝结果显著。夏季 6 月，当新梢长到 50 cm 以上时，选 2～3 年生中庸枝进行拿枝（图 2-19）。

(4) 环剥、环切

一般从 5 月中旬到 6 月下进行。对适龄不结果的旺树可采取主干环剥，宽度约为主干粗度 1/10～1/8，要求宽度均匀，并对各刀口用胶带或报刊纸包裹伤口，以利愈合；矮砧旺树和改形树仅对其强旺枝组和缓疏的大枝在基部 10 cm 处环切 1～2 道，间隔 7～10 d，再前移 10～20 cm 环切 1～2 道，刀口用树叶包裹（图 2-20）。

图 2-17　摘心

图 2-18　扭梢

图 2-19　拿枝

图 2-20　主枝环剥

1. 环状剥皮；2. 带状剥皮；3. 半环对剥

3. 秋季

(1) 拉枝

用麻绳、铁丝、扎带将枝条人为地拉至整形要求的方位和角度，称为拉枝。有利于扩大树冠、加速成形；改善通风透光条件，促使成花，充分利用空间，实现立体结果 1～2 年生枝，秋季拉枝效果最好，拉枝后易固定，来年萌芽分布均匀，背上"冒条"少，一般采取"一推、二揉、三压、四固定"手法进行（图 2-21）。

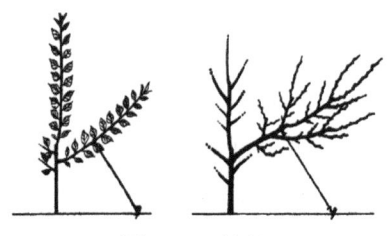
图 2-21　拉枝

1～2年生枝及未结果的多年生枝宜在8月中旬至9月上旬拉枝，骨干大枝和多年生强旺枝组宜在5月中下旬春旺长期进行。肥水条件好、不易成花的大冠品种，拉枝角度要大，拉至100°～120°为宜；矮砧、易成花的品种，拉枝角度宜小，拉至90°即可；红富士品种一般根据枝类需要分别拉至90°～115°。对于小主枝和结果枝组可用"E"形开角器开张角度。

（2）疏梢

将当年抽生枝梢勇除称疏梢。一般于果实成熟前20～30 d，将内膛萌生枝和细弱枝外围遮光枝和较大枝组的两侧枝及强旺的果台副梢（去强留弱、去直留斜）进行剪除（图2-22）。

图2-22　疏梢

4. 冬季

（1）短截

即剪去一年生枝条的一部分。短截的主要作用是刺激剪口下侧芽萌发和抽枝，剪口下第一芽受刺激作用最强，向下依次减弱。短截越重，刺激作用越强，但发枝不一定旺。因为发枝强弱还与剪口芽的质量有关，所以短截部位不同，其反应不同（图2-23）。

①轻短截。只剪去枝条顶端一部分（去1/4左右）。由于剪口下芽多为次饱满芽，剪后抽生的长枝较少，生长势弱，但发出的中、短枝多，全枝势力缓和，有利花芽形成。

②中短截。在枝条春梢中上部饱满处截（去1/2左右）剪口下多为饱满，后可抽生几个强旺枝条，中、短枝发生较少，成枝力强，单枝生长势强，此法多用于骨干枝延长头的修剪及培养大型枝组等。

③重短截。在枝条中下部次饱满芽处剪截（去1/4～1/3）。虽短截较重，但剪口下芽子质量较差，可抽生1～2个较强旺的长枝，成枝率较低，中、短枝抽生较少，不利于成花重短截对局部的刺激作用较大，但对全枝有削弱作用。一般多用于培养枝组、改造徒长枝等。

④极重短截。在枝条基部留2～3个芽短截，也称为台剪。由于剪口下芽质量差，只能抽生1～3个中、短枝条，可降低枝位，缓和枝势，有利于形成果枝。但用在幼树和对修剪反应比较敏感的品种上，也能抽生出长枝。所以，应用时必须配合夏季扭梢、摘心或绿枝短截进行控制，才能取得良好效果。此法多用于对竞争枝的处理和培养靠近骨干枝的紧凑型枝组。

⑤戴帽短截。在枝条春、秋梢交界处（也称轮痕、盲节短截），由于剪截部位不同，

又分为"戴活帽"和"戴死帽"。

⑥戴活帽。在春、秋梢交界处以上留1~2个芽剪截。由于芽当头，剪口下可抽生1~2个中、长新梢，春梢部分的芽子萌发出短枝，有利于形成花芽。此法多用于较强旺的枝条。

⑦戴死帽。在春、秋梢交界处剪截。由于剪口处盲节（无明芽），因而抑制了顶端优势，刺激春梢部位的芽萌发出中、短枝，有利于形成花芽。此法多用于生长势较弱的枝条。短截的方法较多，不同品种、树龄、树势对各种短截方法敏感程度各异，应用时必须灵活掌握。

（2）回缩

对二年生以上的枝进行前截称为回缩，又称缩剪。回缩对局部生长有促进作用。一般主要用于回缩主枝延长头和主干延长头，控冠、控高。可改善通风透光条件，有利果实发育和花芽形成。但回缩对全树的生长有削弱作用，回缩越重，削弱也越大。

回缩常用于衰弱枝组和骨干枝的更新复壮；对较大辅养枝的改造；对交叉重叠枝的清理；对骨干枝角度的调整；对树冠的控制；解决通风透光和调整树势等，在冬季修剪中应用范围较广。具体运用时，一定要掌握好回缩部位和轻重程度，防止造成失误。更新性回缩必须缩到健壮部位，造伤过大时，要注意选留辅养枝，以免削弱带头枝的生长。旺树回缩不宜过多过重，以防刺激萌发大量旺枝，使树势更旺（图2-24）。

（3）疏枝

将枝条从基部剪除称为疏枝，也称为疏剪。疏枝可以改善树冠光照条件，提高叶片光合效能，增加营养积累，有利于花芽形成和果实发育。疏枝对伤口以上的枝条有削弱作用，而对伤口以下的枝条有促进作用，伤口越大作用越明显。疏枝对全树有削弱作用，削弱作用的大小决定于疏枝量和被疏枝的粗度。若去强留弱，疏枝量大，削弱作用就大；去弱留强，疏枝量小，养分集中，生长势相对增强（图2-25）。

（4）长放

对枝条不进行任何剪截，任其生长，称为长放，也称为甩放或缓放，由于长放枝条未经修剪刺激，枝条上留芽多，养分分散，长势缓和，萌芽率高，易形成中、短枝，停止生长早，有利于营养物质积累，花芽容易形成。长放对象主要是中庸枝，过旺枝不宜长放，否则会引起徒长。过弱枝长放后效果不佳，也不宜长放（图2-26）。

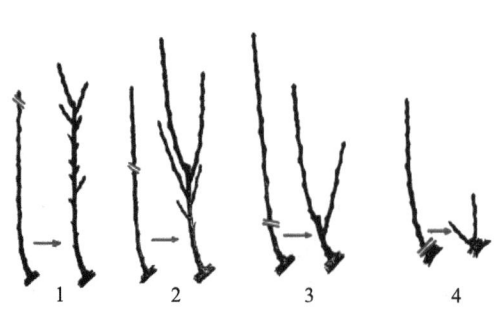

图2-23 一年生枝条不同部位短截反应
1.轻短截；2.中度短截；3.重短截；4.极重短截

图2-24 回缩

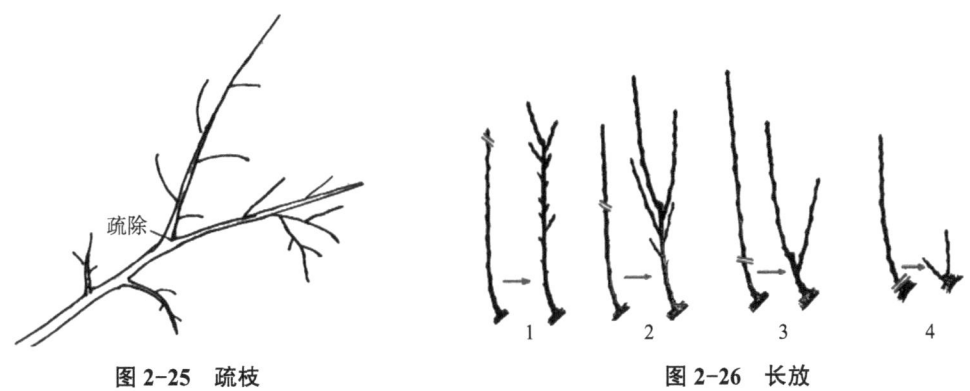

图 2-25 疏枝　　　　图 2-26 长放

（二）不同年龄时期的修剪

1. 幼树期

主要任务：促进树体迅速扩大，增加枝量，提早成形；搞好辅养枝的转化，促其成花，提早结果。按树形要求定干。其定干高度为主干高度加整形带高度。不同树形主干高度不一，因此定干高度也不相同。整形带是抽生第一层主枝部位，在 20～30 cm 整形带内应有 8～10 个饱满芽，以便抽生出良好分枝。如在规定高度整形带内没有足够数量的饱满芽，可适当抬高或降低定干高度。切忌不论芽质优劣盲目定干，强求一样高，以免影响基部主枝培养。

加速骨干枝培养。骨干枝培养要根据所选树形结构，确定其数目、方位、角度、长度层次及层间距离等。对骨干枝要以促为主，使树冠迅速扩大，尽快增加枝量，为早期丰产奠定基础。对辅养枝要轻剪缓放，促发短枝，以利成花，提早挂果。

结果枝组的培养方法如下：

①小型枝组采用先放后缩法，即对一年生枝不剪长放，待成花结果后再回缩。此法在幼树和初果树上应用较多。

②大型结果枝组采用先截后放再缩法培养，即对一年生枝轻短截或戴帽剪，促发中、短枝，成花结果后，适当回缩，可形成中、小型枝组，但结果晚，在初果期不宜应用。落头开心。完成整形任务后，要注意控制树冠高度在 3.0～3.5 m 为宜，对超高树必须及时落头开心。方法是：对准备去掉的一段中心干，在冬季修剪时只疏去旺枝而不短截，翌春萌芽前，在预定落头部位，将中干上部揉拿拉平，插向空间，萌芽后及时抹除背上萌蘖，夏季环割或环剥，促花结果，以果压顶，控制树高。

2. 盛果期

进入盛果期的树整形工作已经结束，修剪任务是：维持健壮树势，调节生长与结果的关系，改善光照条件，搞好枝组培养、调整和更新复壮，争取丰产、稳产、优质和延长盛果期年限。调节营养生长和生殖生长平衡。要根据树体营养情况和花芽形成花情况确定修剪量，在花芽多时，以疏为主，降低花量；对花量少的树，采取环切，拉枝，变向等措施促花，剪后留枝量达到 40 000～70 000，枝类比达到长枝 10%～15%。中枝 20%、短枝 60%～70% 为宜。

改善冠内光照条件。进入盛果期的树，因枝叶量大，常易使树冠郁闭，光照条件差，影响树体成花，应及早对枝条进行控制，以拉枝为主，控制新梢长度和粗度、结合疏枝、增光，提高成花质量和果实品质。

①结果枝组修剪。结果枝应根据不同情况，采取合理的修剪措施，才能维持健壮长势和良好的结果性能。

②强旺枝组，营养枝多而旺，长枝多，中、短枝少，花芽不易形成，结果不良。这类枝组应疏除旺长枝和密生枝，其余枝条尽量缓放。夏季加强捋枝，缓和长势，促进成花。

③中壮枝组。营养枝长势中庸健壮，长、中、短枝比例适当，容易形成花芽，结果稳定这类枝组要调整花、叶芽比例，按"三套枝"修剪法修剪。即对一部分形成花芽的果枝不剪，使其当年结果；另一部分轻或不剪，使其当年形成花芽，下一年结果。其余枝条中短截，促其发枝，下一年轻剪缓放，促生花芽，后年结果。这样轮换更新，交替结果，才能保持果枝连续结果能力。

④衰弱枝组。一般中、短枝多，长枝少，花芽多，坐果少。这类枝组应疏除大量花芽，减轻负担，采取去远留近、去斜留直、去老留新、去密留疏、去下留上的更新修剪，恢复枝组长势。

3．衰老期

主要任务是：更新骨干枝和结果枝组，恢复树势，延长结果年限。

①更新。在衰老树上要提前培养徒长枝，然后对结果枝进行逐年更新，应分年疏除过多的短果枝，短截长果枝，减轻树体负担，增强生长势。若树势极度衰弱，主、侧枝的延长头很短，甚至不能抽生枝条时，要及时回缩换头，抬高枝头角度，恢复长势。后部潜伏芽发生的徒长枝，要充分利用，培养成新的结果枝组。

②复壮。要适当降低衰老树的产量，加强病虫害的防治，同时增施有机肥和氮肥，促进树势恢复，延长经济寿命。

（三）果树整形修剪的方法步骤

1．修剪的方法

目前苹果主要修剪方法以刻芽、抹芽、疏枝、长放、拉枝、变向、环切等方法为主，扭梢、摘心、圈枝应用较少，不同品种修剪方法，差异变小，修剪方法趋向简单化、统一化。

2．修剪步骤

①确认品种、判断树势和花量。修剪之前，要分清品种，观察长势，了解花量。做到修剪前心中有数。然后根据不同品种，不同树势，不同花量确定具体的修剪方法。

②修剪操作原则。先剪大枝，后剪小枝；先剪上部、外部；后剪下部，内部，先剪衰弱病虫枝，后剪健康枝。

③调整骨架，处理大枝。主要以调整骨干枝的角度和从属关系为主。修剪时，先根据既定树形要求，调整骨干枝数量、角度、体积和从属关系。骨干枝尚未配齐者应继续选留培养。多余的骨干枝疏除，或重回缩改造成枝组。角度过小的应设法开张。体积过大，扰乱从属关系者，应回缩控制，使树体骨架良好，结构合理，从属关系明确。

④辅养枝修剪。检查辅养枝的着生位置、体积、长势和延伸方向等是否合适。对妨碍骨干枝生长、扰乱树形和影响通风透光的密生枝、交叉枝、重叠枝、竞争枝、病虫枝等辅养枝，应予以疏除。对所保留的辅养枝，注意控制体积，内大外小，对背上大枝疏除，背下较大的下垂枝回缩体积。达到枝条布局合理，通风透光良好。

⑤结果枝修剪。主要选留靠近主干，果台副梢多的水平枝或背下枝为好，要求枝长在 5～15 cm 的中果枝结果为宜，短果枝多数，果形不正，长果枝所结果实偏小，均不宜多用。

⑥延长头修剪。对中心干、主枝及侧枝延长头剪截，应根据需要区别对待。凡需要继续扩冠者，在延长枝饱满芽处短截；不需要延伸或长势过旺者，长放不剪。中心干过强时，换头弯曲上升，树冠达到预定高度后，落头开心，使其不再长高。主枝延长头若与相邻树冠交接或长势衰弱者，应回缩换头。辅养枝枝头延伸方向应与主枝头相交错，不并列重叠，单轴延伸。

⑦枝组修剪。枝组应根据长势和花量进行细致修剪。强旺枝组，适当疏除密生枝、旺枝，其余缓放不剪，促进花芽形成。中庸健壮、结果良好的枝组，按"三套枝"法修剪，调整好花、叶芽比例，稳定结果能力。衰弱枝组，应疏去部分花芽，减轻负担，增加营养枝量，并适当回缩，更新复壮。主、侧枝背上直立大型枝组，要压缩控制，较长的下垂枝组应收缩紧凑，使各类枝组保持适宜的体积和长势。

⑧查漏补缺。修剪完成之后，将全树检查一遍，主要检查枝条分布，病虫枝处理的干净程度及骨干枝调整的合理性等。如果发现处理不当及时更正，以便提高修剪质量。

任务五 花果管理

花果管理，是指直接对花和果实进行管理的技术措施。其内容包括生长期中的花、果管理技术和果实采收及采后处理技术。花果管理是果树现代化栽培中的重要的技术措施。采用适宜的花果管理措施，是果树连年丰产、稳产、优质的保证。

一、保花保果

目前在果树生产中，果树单位面积产量低的主要原因之一是落花落果严重。引起落花落果的原因很多，例如早春霜冻、雨涝、冷害、营养不良、缺乏授粉受精条件、本身的特性等都会影响坐果率，需要综合治理，才能达到提高坐果率、减少落果的目的。

（一）选好授粉树

合理搭配授粉树是果树保花保果关键，苹果、梨、大樱桃、李、杏等果树自花结实率低，建园时应合理配置授粉树。一般主栽品种与授粉品种按照（4～5）∶1 搭配比较适宜，且授粉树要求花粉量大，与主栽品种花期相遇，亲和力强。

（二）加强果园管理

加强肥水管理，保证营养充分供给，使树体生长健壮，花芽分化及花器发育良好，为提高坐果率打下基础。

（三）辅助授粉

1. 人工授粉

在授粉品种缺乏或花期天气不良时，应该进行人工授粉。其常用的方法有以下几种：

①液体授粉。花期喷营养液，即初花期至盛花期 8∶00—10∶00 配喷 0.3% 硼砂 + 0.1% 尿素 +1% 糖（最好蜂蜜）的混合营养液 + 花粉 100 g。配好后要在 2 h 内喷完，喷的时间在主要花朵盛开时为好。

②高接花枝。当授粉品种缺乏或不足时，在树冠内高接授粉品种带有花芽的多年生枝，以提高坐果率。对高接枝在落花后进行疏果，否则常因坐果过多，当年花芽形成不好，影响来年授粉。

③花期人工点授。花前采集蕾期花朵，剥取花药阴干散出花粉后，将花粉于初开花 1～2 d，8∶00—10∶00 人工点在雌蕊柱头上即可。

花药采集：花药应在授粉前 4～5 d 采集，主要采集大期和初花期的花朵，此期，花粉含量高，为适宜采花期，而盛花后花粉含量开始降低。通常 1 000 m² 的果园需要采集花朵 10 000～15 000 个来提供花粉。

花药的剥取与晾晒：若花朵量大可利用脱药机剥取花药；若花朵较少，用手搓下花药即可将采集的花药在 20～25 ℃ 条件下阴干 24～48 h，空气相对湿度保持 60%～80% 为宜，如果气温超过 30 ℃ 会加快花粉死亡的速度。花粉囊自然破裂后，用小型磨粉机研磨 2～3 遍，可得到授粉用的纯花粉。

花粉的配制：若直接点授纯花粉，花粉用量过大，同时授粉时花朵也不易辨认。果农在实践中采用了石松子花粉与苹果花粉混合授粉的方法，使苹果人工授粉花朵呈红色，易于辨认，使果农对授粉一目了然。石松子花粉在花期阴雨低温时，如苹果花粉的比例宜为（3～5）∶1，而在晴天温度适宜时，与苹果花粉的比例可加大到（11～15）∶1 以节约花粉。为保证柱头有效授粉受精，石松子与苹果花粉的安全比例为 5∶1 左右。

授粉的时间：一般在开花当天至第二天 9∶00—16∶00，苹果柱头分泌旺盛，为授粉的最适时间。授粉时只给中心花授粉，以便生产果个较大的优质果实。边花不授。每蘸一次花粉（用羽状花粉刷）可点授 30 个左右的中心花朵为好，每 667 m² 点授 2 万～3 万朵花有条件的可重复点授。

2. 果园放蜂

果园放蜂可提高坐果率15%～20%，目前果园放的蜂主要有蜜蜂、壁蜂（角额壁蜂、凹唇壁蜂）、熊蜂、豆小蜂等，在现有授粉昆虫当中，由于壁蜂、熊蜂适应范围广，授粉效率高，将是未来授粉主要昆虫。

二、疏花疏果

疏花疏果是人为及时疏除过量花果，保持合理留果量，以保持树势稳定，实现稳产、高产、优质的一项技术措施。

（一）合理确定负载量

合理的留果量，必须根据品种、树势、树冠大小和坐果多少及栽培管理水平等方面的情况来确定。由于不同树种、品种在栽培管理条件下成花和坐果能力差异很大，因此，很难确定统一的留果标准。目前确定适宜留果标准的方法主要有：

1. 间距法

梨、苹果等大型果一般25～30 cm留1个果，中型果20 cm选留1个果，小型果15 cm选留1个果，按照间距选留，剔除主枝内与梢头果，重点选留树冠中上部优质果。

2. 枝果比

枝条数与果实数的比值，是用来确定苹果、梨等果树留果量普遍参考的指标之一。据调查树势稳定的盛果期苹果树，平均单枝叶片数为13～15，当枝果比为3∶1时，叶果比为（39～45）∶1；枝果比为5∶1时，叶果比为（65～75）∶1。在当前的生产条件下，小型苹果品种枝果比（3～4）∶1，大果型品种枝果比（5～6）∶1。小型梨品种枝果比3∶1左右，大型梨品种枝果比（4～5）∶1。枝果比因树种、品种、砧木、树势以及立地条件和管理水平的不同而异，因此在确定留果量时应综合考虑，灵活运用。

3. 叶果比

指总叶片数与总果数之比，是确定留果量的另一个主要指标。每个果实都以其邻近叶片供应营养为主，所以每个果必须有一定数量的叶片生产出光合产物来保证其正常的生长发育，即一定量的果实，需要足够的叶片供应营养。对同一种果树、同一品种，在良好管理的条件下，叶果比是相对稳定的。如苹果的叶果比为：乔砧树、大型果品种为（40～60）∶1，矮树、中小型果品种为（20～40）∶1，如鸭梨叶果比（30～40）∶1，西洋梨（40～50）∶1，桃（30～40）∶1。根据叶果比来确定负载量，是相对准确的方法，但在生产实践中，由于疏果时叶幕尚未完全形成，叶果比的应用有一定困难，可参考枝果比、果间距等经验指标，灵活运用。

（二）疏花疏果

常言道："疏果不如疏花，疏花不如疏蕾，疏蕾不如疏芽"。这是因为疏除越早，树体贮藏营养的无效消耗越少，使所留花果获取更充足的营养，发育更好。但在实际操作时，不可一步到位，人工疏花疏果一般分四步进行：第一步疏花芽，第二步疏花，第三步疏果，第四步定果。定果依据负载量指标（枝果比、叶果比、间距法、干周及干截面积法等）确定单株留果量，以树定产。一般实际留果量比定产留果量多 10%~20%，以防后期落果和病虫害造成减产。定果可在花后 1 周至生理落果前进行，1 个月内完成。

三、果实套袋

果实套袋是促进果实着色、改善果面外观，减轻农药、化肥及病虫污染，提高果园经济效益的有效措施之一。

（一）选择优质果袋

优质果袋是实现套袋成功的基础。要选购有注册商标、优质名牌、有厂家担保、并在本地应用效果较好的果袋。双层纸袋要求外袋纸质能经得起风吹、日晒、雨淋、透气性好，不渗水，遮光性好，纸质柔软，口底胶合好，内袋蜡好且涂蜡均匀，日晒后不易蜡化；袋口要有扎丝，内外袋相互分离。

（二）套袋时间

套袋在定果后进行，套袋期确定后还应掌握具体套袋时间，一般情况下，自早晨露水干后到傍晚都可进行。但在天气晴朗、温度较高和太阳光较强的情况下，以 8：30—11：30 和 14：30—17：30 为宜。这样可以提高袋内温度，促进幼果发育，并能有效地防止日烧。早晨露水未干、药液未干时或下雨期均不能套袋，否则，果实顶端容易出现斑点。因为露水通常具有一定的酸性，会增加药液溶解度，导致果皮中毒产生死斑点。

（三）套袋流程

消毒。套袋前应对果实全面喷施杀菌剂及杀虫剂 1 次，以清除果实上的病虫。
纸袋套袋前浸水。用 0.2% 多菌灵液浸 2 min，袋口向下，在潮湿地方放置半天。
持袋。左手掌心向上，两个手指夹住果袋，袋口向下与手腕平行。
撑袋。右手拇指、食指和中指捏住袋角，撑开袋口，向袋中吹气，使袋膨开。
推果。右手持袋，左手食指和中指夹住果梗，双手拇指伸入袋里，推果入袋。
合拢袋口。折叠袋口，两手折叠袋口 2~3 折。
封口。把袋口金属丝在袋长 7/10 的部位折叠成"V"形。

（四）除袋

苹果黄绿色品种的单层袋，可在采收时除袋；红色品种使用单层袋的，于采收前 30 d 左右，将袋体撕开呈伞形，罩于果上防止日光直射果面，过 7~10 d 后将全袋除去以防止日灼，加速着色；红色品种使用双层袋的，于果实采收前 30~40 d，先摘外袋，外袋除去后经 4~5 个晴天再除去内袋。桃摘袋的时间在采收前 30~35 d 一次去袋。梨、葡葡采收前不去袋。一天中适宜除袋时间为 9：00—11：00，15：00—17：00，上午除南侧的纸袋，一定要避开中午日光最强的时间，以免果实受日灼。摘袋方法，摘除双层袋时先沿除袋切线撕掉外袋，待 5～7 d 后再摘除内层袋；除单层袋时，先打开袋底通风或将纸袋撕成长条，几天后即除掉。

（五）除袋后增色管理

1. 摘叶和转果

摘叶和转果的目的使果实全面着色。摘叶一般分几次进行，套袋果在除外袋的同时进行第一次摘叶，非套袋果在采收前 15～20 d 开始，此次摘叶主要是摘掉贴在果实上或紧靠果实的叶片，采前 5～10 d 再进行第二次摘叶。第二次主要是摘除遮挡果实着光的叶片。摘叶时期在果实刚上色时为宜，不可过早，两次摘叶量一般不超过全树总叶量的 25%，否则影响树体光合作用，且会导致果实日烧发生。转果在果实阳面均匀着色时。轻轻将果实阴面转向阳面，促使阴面着色，根据果实着色情况反复转动，促进果实全面着色，切记转果时动作要轻，以免果实脱落。为防止果实回转，可用透明胶带固定果实，促进果实稳定全面上色。

2. 铺反光膜

摘叶和转果只能解决果实正面和侧面的光照条件，但果实下部的光照很难解决。在树下铺反光膜，可显著地改善树冠内部和果实下部的光照条件，生产全红果实铺反光膜一定要和摘叶结合使用，在果实进入着色期即开始铺膜。

【实训1】果树冬季修剪

一、实训目标

掌握不同果树种类所采用的树形，树体基本结构特点及整形的过程。

了解修剪对调节果树生长与结果关系的作用，学会因枝修剪、随树作形。

通过实际操作，掌握整形修剪技术和操作方法

二、实训材料

材料。苹果、梨、葡萄、桃的幼龄树、结果树、衰老树或放任树。

用具。修枝剪、手锯、高梯（或高凳）、保护剂（愈合剂、油漆等）。

三、实训内容

修剪的一般规则。修剪的顺序、一年生枝剪截、多年生枝缩剪、疏枝等。

苹果、梨、葡萄、桃的整形。

中心干和主侧枝培养，葡萄确定留枝量和留芽量。

枝组的培养，葡萄结果母枝剪留长度。

辅养枝的利用，葡萄的更新修剪。

四、实训方法

本实训一般在果树落叶 3 周后至翌年树液流动前进行。冬季需埋土防寒的地区应在埋土前进行。实训时间 4～8 d。

实训时，先由指导教师讲解和示范，然后再由学生进行分组操作训练。学生训练初期可按每组 2～3 人分组进行，随操作技能的提高，小组人数逐渐减少，最后独立操作，老师点评总结。

五、实训结果考核

考查学生实训态度，要求学生不迟到早退，态度端正，遵守纪律，注意安全，保护树体（20 分）。

对学生相关知识掌握程度考查，掌握常见果树休眠期修基本知识，并能陈述不同树种的修剪区别（25 分）。

考查学生专业技能，能够正确进行各种树种冬季修剪，程序准确，技术规范熟练（40 分）。

对学生实训结果进行考核，按时完成各种果树冬季修剪报告，内容完整，结论正确（15 分）。

【实训2】果树夏季修剪

一、实训目标

明确果树夏季修剪的作用、目的和时期。

通过实际操作，掌握果树夏季修剪的方法。

二、实训材料

材料。苹果、桃或葡萄植株。

用具。修枝剪、芽接刀、塑料绳等。

三、实训内容

1. 苹果的夏季修剪

花前复剪。

疏枝。

短截或摘心。

手术措施。开张分枝角度；扭梢和拿枝；环剥及倒贴皮。

2. 桃树的夏季修剪

抹芽疏枝。

摘心和剪截。

3. 葡萄的夏季修剪

抹芽疏枝。

摘心。

副梢处理。

疏花序及掐花序尖。

除卷须与新梢引缚。

留萌蘖。

四、实训方法

夏季修剪是在整个生长季节中进行。实训时应尽量安排在5—6月，可做较多的树种、品种和夏季修剪内容。实训时间 2～3 d。

实训时，先由指导教师讲解和示范，然后再由学生进行分组操作训练。学生训练初期可按每组 2～3 人分组进行，随操作技能的提高，小组人数逐渐减少，最后独立操作，老师点评总结。

五、实训结果考核

考查学生对实训的态度，不迟到早退，态度端正，遵守纪律，注意安全，保护树体（20分）。

对学生相关知识掌握程度进行考查，能掌握各种果树夏季修剪时期以及夏季修剪方法，并能陈述各个果树的修剪区别（25分）。

考查学生专业技能，能够正确进行各种果树不同夏剪，程序准确，技术规范熟练（40分）。

对学生实训结果进行考核，按时完成夏季修剪实训报告，内容完整，结论正确（15分）。

课程思政

1. 思政元素点

本项目介绍了果树的土肥水管理、整形修剪、花果管理等基本技术，这些知识可以培养学生的工匠精神、环境保护意识、社会责任感，使他们能够精心细致地对果树进行管理，提高果实的品质和价值。

2. 课程思政导入

通过学习果园的土壤管理、施肥和灌溉技术，强调环境保护和资源节约的重要性，培养学生的环境保护意识和社会责任感，学习果树的整形修剪的基础知识和方法，结合行业工匠的案例，培养学生的工匠精神和专业素养，学习果树的保花保果、疏花疏果、果实增色等技术，结合市场需求和行业动态，培养学生的创新能力和职业发展意识。通过学习和掌握果园的土壤、施肥、灌溉、修剪、花果管理等技术，可以培养决策能力和应变能力。

复习思考题

1. 简述果园生草技术。
2. 果园间作有何优点？常用的间作物都有哪些？
3. 简述果园确定施肥量的依据与方法。
4. 果园施肥有哪些规定和要求？
5. 简述套袋的基本程序。
6. 简述疏花疏果的意义及方法。
7. 提高果实品质的措施有哪些？
8. 与常规的灌溉方法相比，节水灌溉有何优点？
9. 如何合理确定果树施肥和灌水时期？
10. 如何进行夏季修剪？
11. 如何进行果树冬季修剪？
12. 以学院或周边果树基地为调查对象，分析其整形修剪过程中存在的问题，并提出解决措施。

模块三

西藏主要果树生产技术

项目一 西藏苹果生产技术

❀ **知识目标**

了解西藏苹果栽培的意义、现状、发展趋势等苹果生产概况;

熟悉苹果生物学特性、种类及优良品种;

掌握苹果土肥水管理、整形修剪、花果管理等关键生产技术及原理。

❀ **能力目标**

能够正确识别西藏常见的苹果主栽品种;

能结合西藏当地气候及土壤条件,选种适宜品种,并能掌握优质、丰产、高效的生产技术;

掌握苹果秋施基肥、疏花疏果、整形修剪、套袋和人工授粉技术。

❀ **学习任务**

学习苹果生物学特性,苹果安全生产的基本要求,苹果的主要种类和品种,生物学特性,土肥水管理,主要树形和整形修剪技术,花果管理等技术。

苹果是西藏栽培的主要水果之一,其分布上,以米林、波密、朗县、加查、昌都一带最为集中,是西藏最主要的苹果主产区,其次是藏东横断山区海拔 3 600 m 以下的干旱河谷区,阿里地区也有少量分布。

据西藏自治区农业农村厅统计,2022年水果种植面积0.561万 hm^2(包括苹果、柑橘、梨、桃、葡萄、香蕉、猕猴桃等),产量 3.14 万 t,其中苹果种植面积 0.228 万 hm^2,产量 0.73 万 t,苹果在全区水果产量中所占的比重约为 23.24%,占种植面积的约 40%。苹果产业的发展是实施乡村振兴战略的重要物质基础,是推进治边稳藏、加快经济发展的迫切需要,是实现富民兴藏、促进脱贫攻坚的重要抓手,是建设美丽西藏、促进生态宜居的重要保障。西藏地区独特的自然资优势为苹果产业的发展提供了得天独厚的优势条件。

任务一 西藏苹果资源分布、种类及品种

一、主要分布

西藏苹果种植区主要分布在藏南谷地和藏东高山峡谷区的山南、林芝、昌都等地海拔 1 500～4 180 m、年降水量 550～850 mm、年平均气温 8～11 ℃、年日照时数 1 600～3 000 h 范围内的温暖半湿润、温暖半干旱气候区。

西藏苹果生产以引入品种为主，种植区域主要集中在林芝、昌都等地，其他地区（如山南、阿里）也有少量种植。此外，海拔高度对栽培苹果品种分布也有重要影响，其中以海拔 1 500～3 500 m 的农区最为适宜栽培苹果，栽培品种也多样，如'嘎啦''新红星''红富士'等；而海拔 3 500～3 800 m 的农区栽培品种主要是早、中熟苹果，如'嘎啦''早富士'等；海拔 3 800～4 100 m 的农区栽培品种则以早熟、中早熟品种和耐寒的小苹果类型为主，如'嘎啦'等。

二、主要种类

苹果属蔷薇科（Rosaceae），苹果属（*Malus* Mill.）植物。全世界约有苹果属植物 35 种，原产我国的种有 22 个、亚种 1 个、变种 11 个、变型 5 个。其中有的是重要栽培种，有的可供砧木用，有的则为观赏植物。以下是西藏的苹果种植资源。

（一）花叶海棠

主要产于昌都地区。该种有长果和小圆果两种类型。圆果类型分布较广，树体高大，适应性较强，长果类型分布于昌都地区中北部海拔 3 000 m 左右的地带，抗寒抗旱性强，可作为苹果抗寒育种及矮化砧木育种材料。

（二）变叶海棠

又名贡嘎海棠，藏语音为"俄色"，藏语意为"光芒"，是蔷薇科苹果属的灌木至小乔木植物。果倒卵圆形或长椭圆形，黄色，有红晕；花期 4—5 月，果期 9 月。变叶海棠分布在中国甘肃、四川和西藏昌都、波密、察隅等县，海拔 2 700～3 400 m 的阶地灌木丛中和田埂地边、路旁。变叶海棠用作苹果砧木，是十分重要的苹果砧木资源。

（三）丽江山定子

又名喜马拉雅山荆子。分布于林芝米林、波密等海拔 1 500～4 180 m 地域。可作为苹果砧木，其嫁接苗适应性强，生长茂盛，已在林芝等地苹果栽培中广泛应用。

(四)沧江海棠

分布于温暖多湿地区或半干旱半湿润地区。生长结果良好,抗涝性强,为温暖、湿润区苹果良好砧木。

(五)毛山荆子

别名辽山荆子,乔木,高达15 m。小枝嫩时密被短柔毛,老时逐渐脱落,紫褐色或暗褐色。单叶互生;叶柄长3~4 cm,具疏短柔毛;托叶线状披针形,边缘具疏腺齿,早落;果实椭圆形或倒卵形,直径8~12 mm,红色,萼片脱落。花期5—6月,果期8—9月。

(六)锡金海棠

锡金海棠,蔷薇科、苹果属植物,落叶小乔木,高6~8 m;果实倒卵状球形或梨形,直径10~18 mm,成熟时暗红色。5—6月开花,果实9月成熟。分布于印度(东北部、锡金)、不丹和中国;在中国分布于云南(丽江、维西、德钦)和西藏(察隅、波密、米林、错亚东和定结)。生长于海拔2 500~3 000 m亚高山地带。锡金海棠可作苹果砧木种质资源。

(七)垂丝海棠

垂丝海棠,蔷薇科苹果属的落叶小乔木。树冠疏散,枝开展;小枝细弱,微弯曲,圆柱形,呈紫色或紫褐色;花梗细弱,下垂,有稀疏柔毛,紫色,花瓣倒卵形,基部有短爪,粉红色;果实梨形或倒卵形,略带紫色,成熟很迟,萼片脱落。

(八)滇池海棠

滇池海棠,又名云南海棠。乔木,高达10 m。小枝粗壮,幼时密生茸毛,老时逐渐脱落减少,暗紫色或紫褐色。叶互生;叶柄长2~3.5 cm,具茸毛;果实球形,直径1.0~1.5 cm,红色,有白点,萼裂片宿存;果梗长2~3 cm。花期5月,果期8—9月。

三、主要品种

(一)金冠

又名金帅、黄香蕉、黄帅、美国品种。1956年引入西藏,最早栽培于拉萨,现在已分布于昌都、察隅、林芝、米林、加查、朗县、乃东等地,其中以海拔3 000~3 700 m地带的果园栽培较多,目前已成为西藏苹果的主栽品种之一。果实成长圆形,顶部棱起较显著。果个较大,单果重200 g左右。成熟时底色黄绿色,稍亡后会而金黄色,阳面偶有淡红晕;果皮源,较光滑,梗洼处有辐射状锈。果肉黄白色,肉活其细,刚采收时食之脆而多汁,贮藏后稍变软。味浓甜,稍有酸味,芳香气较烈,生食品质极上等。金冠植株生长中庸,枝条密,开张,丰产性佳。金冠是非常重要的育种材料,以金冠为亲本培养了许多优良品种。

(二) 元帅及元帅系

又名红香蕉，原产于美国。元帅是现今世界上最易发生芽变的苹果品种，元帅系第二代品种30余个，多数是元帅的着色系芽变，其中以红星为典型代表，在生产上栽培面积不大。元帅系第三代有品种60余个，多数是元帅系第二代的短枝型变，其中以新红星为代表，当前我国种植面积较大。元帅系第四品种有20余个，其中以首红为典型代表，与第三代相比，其着色期早，颜色更浓，短枝性状更明显。元帅系第五代品种有瓦里短枝等10余个品种，其着色状况和短枝性状均进一步提高。

元帅系苹果果实圆锥形，顶部有明显的五棱。果个大，一般单果重250 g左右，大可达450 g。成熟时底色黄绿色，多被有鲜红色霞和浓红色条纹、着色系芽变为紫红色果肉淡黄白色，肉质松脆，汁中等多，味浓甜或略带酸味，具有浓烈芳香，生食品质上。如贮藏条件不良，果肉极易沙化。我国在20世纪80年代，各地发展了相当大数量的元帅系第三代、第四代、第五代品种，这些树自1996年进入盛果期以来，随产量激增导致效益下降，栽培面积逐渐减少，现在其栽培比重仍处继续下降趋势。

(三) 富士

日本品种，是从国光×元帅杂交后代中培育的品种。我国于1966年开始引入富士试栽，富士是现在我国和日本等国家苹果栽培面积最大的品种果实扁圆形或短圆形，顶端微显果棱。果个中型、大型，单果重170～220 g，许多果实大于250 g。成熟时底色近淡黄色，片状或条纹状着鲜红色。果肉淡黄色，细脆汁多，风味浓甜，或略带酸味，具有芳香，品质极上，极耐贮运。树势中等，结果较早、丰产，管理不当时易隔年结果。富士抗寒性不如国光，对轮纹病和水心病抗性较差。西藏大部分地区由于积温不够，不建议栽培。

富士是一个很好的育种亲本，迄今为止，以富士为亲本育出20余个品种。富士也是个容易产生芽变的品种，近几年我国和日本发现许多富士的芽变品种。

(四) 嘎啦

新西兰品种，20世纪80年代初引入我国。果实近圆形或圆锥形，大小较整齐。果个中等大，平均单果重180 g。果皮底色黄色，果皮红色，有深红色条纹。果皮薄，有光泽，洁净美观。果肉乳南质松，汁中等多，酸甜味淡，有香气，品质极上。树势中等，幼树腋花芽结果较多，盛果期以短枝结果为主。

嘎拉很容易发生芽变，目前已发现的芽变有皇家嘎啦、帝国嘎啦、丽嘎啦、嘎啦斯及烟嘎等。我国现在嘎啦多数是皇家嘎啦和烟嘎，二者均为嘎啦的浓红色型芽变，较普通嘎啦色泽浓且色面大，其他性状同嘎啦。

（五）津轻

果实较大，果个一致，扁圆形至近圆形；果面平滑，底色黄绿，阳面被红霞及鲜红条纹；蜡质多，果点较多，大小不一致，小果点为淡黄色，不明显，大果点凸出显着果皮较薄；果肉黄白色，质细松脆，汁多，风味酸甜，稍有香气，品质上，果实不耐贮藏。

（六）乔纳金

果实较大，扁圆至圆形；果面平滑，底色黄绿；果肉浅黄色，质细松脆；稍耐藏，一般可放至春节前后。果实生育期155 d左右，幼树结果早，坐果率高，丰产。于10月上中旬成熟。

（七）红玉

果实近圆形或圆而小，梗洼易生片状锈斑，果梗基部稍膨大，果皮薄而韧；果肉黄白色，肉质致扁圆形；果面底色黄绿，着色良好者全面呈浓红色；果皮光滑有光泽，果粉中厚，果点密而脆，果汁多，贮藏后果肉变成浅黄色，酸甜适口，香气浓郁，风味甚佳。果实较耐贮藏，发育期120 d。

（八）美国8号

果实近圆形，果个大，平均单果质量265 g，最大单果质量380 g，成熟果实底色发黄，表面浓红色，果面有蜡质光泽，果肉黄白色，肉质细脆多汁，风味酸甜可口，具有芳香味，可溶性固形物达12%以上，品质上等，8月初成熟，正值水果淡季，是众多早熟品种中的佼佼者，常温下货架期可达20 d左右。该品种树势强健，幼树生长快，结果早，有腋花芽结果习性，丰产性强。有轻微采前落果和不耐贮运现象，应及早采收。

任务二　苹果生物学特性

一、生长特性

（一）根系生长

苹果树的根系无自然休眠期，在温度适宜时可全年生长，根系生长比地上部的发芽要早，一般提前1个月左右。当地温达3 ℃时即开始生长，20～24 ℃为最适温度，低于3 ℃或高于30 ℃时即停止生长。在一年中，根系有2～3次生长高峰（成年树2次，幼树多为3次），并与地上部枝叶的迅速生长期交替进行。

苹果树一年有3次生长高峰，并与地上根系生长高峰交替出现，根系生长主要取决于土壤理化性状和砧木类型，乔化砧根系深，主要根群垂直分布在土层 20～60 cm 范围内，以 20～40 cm 土层中居多。水平根分布范围大于树冠，可超过树冠 2～3 倍。但主要吸收根分布在树冠的 2/3 以外，是肥水的主要吸收部位。

苹果根生长与周围环境密切相关，要求最适宜的湿度为田间持水量的 60%～80%，壤空气中的氧气达到 10%～15% 时较好，降到 3% 以下时，根生长就会停止，同时，土壤肥力，酸碱度及树体营养等因素均会影响根的正常生长。

（二）枝条生长

苹果叶芽萌发成新梢。枝条的生长表现为加长生长和加粗生长。加长生长是由生长点细胞分裂和分化实现的，春季萌芽标志着新梢加长生长开始。加粗生长是形成层细胞分裂和分化实现的，加粗生长开始稍落后于加长生长，基本与加长生长相伴而行，而比加长生长停止晚，在多年生枝上明显。

新梢生长的强度，常因品种和栽培技术的差异而不同。一般幼树期及结果初期的树，其新梢生长强度大，为 80～120 cm；盛果期其生长势显著减弱，一般为 30～80 m；盛果末期新梢生长长度就更加减弱，一般在 20 cm 左右。

苹果的新梢在一年中有 2 次明显的生长，春季生长的部分称为春梢，夏秋延长生长的部分叫秋梢，春、秋梢的交界处形成明显的盲节。缺少灌溉条件的春旱秋涝地区和高温高湿的平原地区，春梢短秋梢长，且生长不充实，结果少。盛果期以后，新梢一年常常只有一次春季生长，没有秋梢。对幼树、旺树加强春季水肥管理，促进春梢生长，缓和秋梢生长，能增加营养积累，促进花芽分化。

（三）树体生长

苹果是落叶乔木果树，苹果树的经济寿命是乔化砧一般 40～50 年，矮化密植园 20～30 年。通过根系生长和枝条发育，树冠扩展迅速，在自然情况下，树高可达 8～14 m。在栽培条件下，通过人为控制，高度为 3～5 m，树冠横径 2.5～6.0 m。树冠发育受木和品种双重因素制约，树冠大小一般表现为乔化砧 > 短枝形 > 矮化中间砧 > 矮化砧 > 自根砧。

二、结果特性

（一）花芽分化

苹果花芽分化分为生理分化、形态分化、性细胞成熟三个阶段，随着生长物候期的不同，其生理分化多数在 5 月中下旬到 6 月上中旬进行，形态分化主要集中在 6—9 月，在这段时期完成花芽分化任务的 70%，到 9 月下旬 1 月中进入花芽缓慢分化期，12 月至翌年 2 月，苹果由于低温被迫进入休眠期年春季葡芽后至开花前，完成性细胞的分化过程，从此完成整个花芽分化过程。

当昼夜平均温度达 8 ℃以上时，苹果花芽即开始萌动；当气温达到 15 ℃以上时，开始开花。苹果多数品种开花期的最适温度为 17～18 ℃。花期长短与温度及湿度有关。一般盛花期为 6～8 d，气温冷凉，空气湿润则花期延长；高温、干燥可提早开花，并缩短花期。

（二）花芽及结果枝类型

苹果的花芽是混合芽，可分为顶花芽和腋花芽。按花芽着生的枝条类型可分为短果枝、中果枝、长果枝和腋花芽果枝。苹果的品种不同、树龄不同，主要结果枝的类型也不同。富士、金冠以中、长果枝结果为主，新红星以短果枝为主；同一品种，幼龄树中长果枝多，成树少。腋花芽在幼树早结果方面有一定的利用价值。苹果的花芽萌发后，先抽生一段短梢，再于梢顶着生 5～6 朵花，中心花先开，并发育成较大实的果。着生果柄的短梢顶部膨大称果台，果台上常于当年抽生 1～2 个果台副梢，此副梢很容易分化花芽，形成连续结果或间歇结果的现象。苹果的果枝在树体中的分布，依树龄而有明显的不同。结果初期，果枝主要集中在树冠中下部的骨干枝及辅养枝上结果；进入盛果期后，果枝主要转移到枝组上，并布满全树上下、内外的各个部位结果。但枝叶量过大、光照不良时，结果部位则上移、外移，造成树冠内部光秃。因此，修剪时要及时调节树体结构和枝梢密度，改善通风透光条件，促进立体结果。

（三）结果习性

苹果幼树开始结果的早晚，取决于砧木、品种、立地条件及栽培管理技术的不同。嫁接在矮化砧上的 2～3 年就能结果，而嫁接在乔化砧上的一般 4～6 年才能结果，同在乔化砧上，短枝型品种 2～3 年就能结果，长枝型品种 5 年左右结果，栽培技术水平高的，乔化树 3～4 年即可结果，管理水平差的果树多年才能结果（图 3-1）。

苹果属典型的异花授粉果树，多数品种自花结实率较低，如红富士自花结实率仅为 5%，常见的品种如乔纳金、新红星、秦冠、嘎啦等自花结实率在 0～15%，因此，建园时一定要合理配置授粉树，使授粉树占全园总量的 20%～30% 为宜。

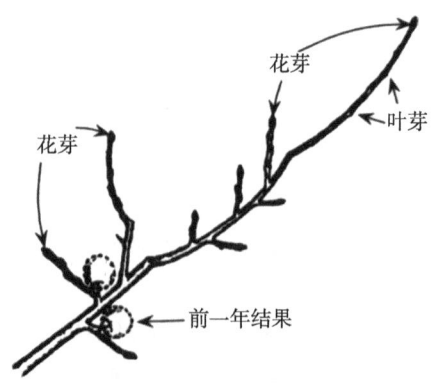

图 3-1　苹果结果习性

（四）果实发育

苹果从子房受精到果实成熟所需天数，各品种不同。早熟品种果实发育一般需 70～110 d，中熟品种 120～150 d，晚熟品种 160～180 d，同一品种成熟期在不同地区随物候期不同而不同。一般南部地区比北部地区早熟 15～20 d。苹果果实发育主要包括三个阶段，即细胞分裂期、细胞体积膨大期和果实成熟期。其中细胞分裂期又称幼果膨大期，受精后花托和子房同时加速细胞分裂，经 3～4 周或 5～6 周结束细胞分裂，这一阶段果实加长生长快于加粗生长，然后转向细胞体积膨大，这一阶段果实以加粗生长为主，果实由长形逐渐变为圆、椭圆或扁圆形，直至成熟期停止发育。

任务三　苹果栽培环境

一、温度

苹果喜欢冷凉气候，适宜年均温度为 7～14 ℃，但以 9～14 ℃生长结果更好。生长季均温 12～18 ℃，6—8 月均温 18～24 ℃。冬季最低均温低于 -12 ℃发生冻害，低于 -14 ℃死亡。根系活动需 3～4 ℃、生长适温 7～12 ℃；芽萌动适温 8～10 ℃，开花适温 15～18 ℃，实发育和花芽分化适温 17～25 ℃；需冷量 <7.2 ℃，低温 1 200 h。在果实成熟季节，日差是决定果实品质的重要条件，生产优质苹果不仅需要大于 10 ℃的日较差，更需要较低夜温，夜温低于 17 ℃时，果皮才能正常发育为红色。

二、水分

各地经验认为，当降水量在 500～800 mm，而且分布比较均匀或大部分在生长季中，即可基本满足苹果生产需要。年周期中，新梢快速生长期（5 月）和果实迅速膨期（6 月下旬至 8 月）需水量多，为需水临界期，应保证水分供应。

三、光照

苹果喜欢光，要求年日照时数 2 200～2 800 h，年日照少于 1 500 h 或果实生长后期月平均日照时数少于 150 h，会降低果实品质，若光照强度低于自然光照强度 30%，则花芽不能形成。

四、土壤

苹果要求土层深厚的土壤，西藏大多数土壤土层不到 80 cm，这些地区栽培苹果前需深翻改土。苹果对土壤的适应范围较广，可利用不同砧木，在 pH 值 5.7～8.2 的土壤环境中正常生长，但以土层深厚（不小于 60 cm）、富含有机质（不低于 1%）的砂壤土和壤土最好。苹果对盐类耐力不高，氯化盐类在 0.13% 以下生长正常，0.28% 以上受害严重。苹果对土壤的透气性要求较高，当根际的氧气含量低于 10% 时，根系生长受阻。

五、海拔

海拔高度对栽培苹果品种分布也有重要影响，海拔 1 500～3 500 m 的农区最为适宜栽培苹果，栽培品种主要是早熟品种，优质、丰产、耐储藏，如'嘎啦''蛇果''红富士'等；而海拔 3 500～3 800 m 的农区栽培品种主要是早、中熟苹果，如'嘎啦''早富士'等；海拔 3 800～4 100 m 的农区栽培品种则以早熟、中早熟品种和耐寒的小苹果类型为主，如'嘎啦'等。海拔过高，超过 3 000 m 地区，果实体积变小，含糖量下降。

任务四 苹果栽培管理

一、品种选择

西藏地区平均海拔高，冬春季节温度低，昼夜温差大，5—10 月为果树生长期，物候期相对较短。海拔 3 200 m 以上适宜种植区域内，宜选择早中熟苹果品种，如丹霞、新红星等，或抗寒性的品种，如寒富等；在海拔 3 200 m 以下区域，宜选择抗性强的品种，如瑞阳、瑞雪、长富 2 号等。林芝地区栽培'华硕''丽嘎''红将军''玉华早富''凉香''望香红'等品种也具有较强的适应性，表现出早果性好、丰产、果大、色艳、品质优等特点，是综合性状优良的早中晚熟品种，适宜作为林芝乃至类似生态区的优良品种发展。选择砧木时，应选择抗性强的，如山定子、西府海棠等，中间砧木选择 M7、M9、M26 等无病虫害、根系发达的苹果苗木，以提高果树越冬能力。

二、栽植要求

品种必须选用优质、丰产、抗病品种，苹果苗木必须符合《苹果苗木》（GB 9847—2003）标准。苹果树栽植时间一般为 3 月下旬至 4 月中上旬，栽植密度为普通乔化园株行距（3～4）m×（4～6）m，短枝乔砧园株行距（2～3）m×（4～5）m，矮化园株行距（1.5～2.0）m×（4.0～4.5）m，矮化自根园株行（1.5～2.0）m×（3.5～4.0）m。授粉树搭配主要以行列式与中心式为主，主栽品种与授粉树比例为（3～4）∶1。

栽植前按所需密度挖定植穴，规格为 0.8 m×0.8 m×0.8 m，或按行定植沟，规格为深 0.6 m、宽 0.8 m。底土和表分开，每 667 m² 施底肥 10 000 kg，与表土混合后回填，填至距地面 20 cm，踩实。栽植前 3～4 d，定植穴内灌足水，使活土沉实。苗木采用一级苗，栽植前在清水中浸泡 24 h，然后蘸泥浆，并用生根粉蘸根处理，然后立即栽植，栽植后及时浇水，覆土盖地膜保墒。

三、土肥水管理

（一）土壤管理

西藏自治区苹果园中相当一部分土层瘠薄，结构不良，有机质含量低，偏酸或偏碱，不利于果树的生长与结果。因此，必须在栽植前后改良土壤的理化性状，改善和协调土壤的水、肥、气、热条件，从而提高土壤肥力，施用生物磷钾肥（主要含有解磷菌和解钾菌等）会对土壤起到积极的改良作用，并能充分利用土壤中的无效磷钾。

秋季苹果果实采收后结合秋施基肥进行深翻改土。扩穴深翻为在定植穴（沟）外挖环状沟或平行沟，沟宽 80 cm；深 60 cm 左右；全园深翻为将植穴外的土壤全部深翻，深度 30～40 cm。清耕制果园生长季降雨或灌水后，及时中耕松土，保持土壤疏松无杂草。春季施肥、灌水后可以覆草，覆盖材料可以用麦秸、麦糠、玉米秸、干草等。把覆盖物覆盖在树冠下，厚度 10～15 cm，上面压少量土，连覆 3～4 年后浅翻 1 次。

（二）肥料管理

秋季果实采收后施入基肥，以有机肥为主，混加入适量氮素化肥。一般盛果期果园每 667 m² 施 3 000～5 000 kg 有机肥。施用方法以沟施或撒施为主，施肥部位在树冠投影范围内。沟施为挖放射状沟或在树冠外围挖环状沟，沟深 60～80 cm；撒施为将肥料均地撒于树冠下，并翻深 20 cm。

土壤追肥，每年 3 次，第一次在萌芽前后，以氮肥为主；第二次在花芽分化及果实膨大期，以磷钾肥为主，氮磷钾混合使用；第三次在果实生长后期，以钾肥为主。施肥量以当地的土壤条件和施肥特点确定。结果树一般每生产 100 kg 苹果需追施纯氮 1.0 kg、纯磷（P_2O_5）0.5 kg、纯钾（K_2O）1.0 kg。施肥方法是树冠下开沟，沟深 15～20 cm 追肥后及时灌水。最后一次追肥在距果实采收期 30 d 以前进行。

叶面喷肥，全年 4～5 次，一般生长前期 2 次，以氮肥为主；后期 2～3 次，以磷、钾肥为主，可补施果树生长发育所需的微量元素。常用肥料浓度：尿素 0.3%～0.5%，磷酸二氢钾 0.2%～0.3%，硼砂 0.1%～0.3%。最后一次叶面喷肥在距果实采收期 20 d 以前进行。

（三）水分管理

保持土壤水分的稳定供应，是生产精品苹果的关键之一。苹果在一年中需水高峰期是春末夏初时期，此时正是新梢迅速生长和幼果生长期，若水分供应不足会显著影响苹果生长和结实。除了满足需水高峰用水外，其他时期也要注意灌水。根据苹果一年中对水分的要求应进行多次灌水。灌溉提倡少量多次，微喷、滴灌最好，沟灌也可。春秋干旱季节，十天半月就要浇水1次，不能等到叶片发生萎蔫才浇水。套袋果园，在套袋前和脱袋前必须浇足水，以预防果实日灼伤的发生。

花前水：在花蕾分离期结合土壤追肥进行。

花后水：在落花后，生理落果前结合土壤追肥进行。

催果水：于果实迅速膨大期进行。

灌秋水：于果实采收后结合秋施基肥进行。

封冻水：大致在10月下旬至11月上旬封冻前进行。

四、整形修剪

（一）主要树形

1. 小冠疏层形

小冠疏层形适宜于株行距（3～4）m×（4～5）m的栽植密度（图3-2）。

（1）树体结构

干高50～60 cm，树高3～4 m，冠幅约2.5 m，具有中央领导干，干可直可曲。全树主枝5～6个，呈3-2-1排列，第一层3个主枝，第二层2个主枝，第三层1个主枝，三层以上开心。层间距较小，第一层和第二层间距80～100 cm，第二层和第三层间距50～60 cm，层内距15～20 cm。或者主枝分两层，即第一层3个主枝，第二层2个主枝，层间距80～100 cm，层内距20～30 cm。第一层3个主枝上可配置1～2个背侧枝，第二层以上主枝不留侧枝。各主枝角度较开张，以60°～80°为宜，下层主枝角度大于上层，各主枝上合理配置中小型枝组（图3-2）。

苗木定植后至春季发芽前，于地上60～80 cm饱满芽处定干，剪口下20 cm为整形带，选择整形带内的饱满芽，用刻芽技术促使芽体萌发、抽枝。当年冬剪时选出第一层主枝和中央领导干，长枝一律轻截或中截，可在翌年扩大树冠，增加枝叶量。对辅养枝缓放，增加短枝量。翌年春拉开主枝及辅养枝角度，主枝基角60°～80°，辅养枝可拉平呈90°。

（2）整形修剪技术要点

从翌年冬剪开始，每年按整形的要求选留主侧枝和二层主枝。4年后，树冠基本成形，在修剪中以轻剪缓放为主，对主侧枝延长头如有空间进行轻短截，否则一律缓放不短截。辅养枝、临时枝、过渡层枝以缓放促发短枝，提早结果为主，疏除过密、过强的徒长枝及背上枝。5年后，开始大量结果，及时有计划地清理辅养枝，分期分批的控制和疏除。

2. 自由纺锤形

自由纺锤形适于株行距（2～3）m×4 m的植密度（图3-3）。

（1）树体结构

主干较高，60～70 cm，中干直立挺拔，树高3 m左右，冠幅2.5～3.0 m，中干上均衡配备主枝 10～15 个,主枝不留侧枝,主枝间距 15～20 cm,平展地向四面八方延伸,互相插空分布,下部主枝长约 1.5 m,往上主枝逐渐短、小,同方向主枝间距应大于 50 cm。下部主枝开张角度 70°～90°,其上留稍大枝组;上部主枝角度稍小,其上留稍小枝组全树呈下大上小的纺锤形,各级主轴间(中干—主枝—枝组轴)从属关系分明,差异明显,各为母枝的 1/3～1/2,当主枝粗度为中心干的 1/2 时,应及时更新回缩(图 3-3)。

(2) 整形修剪技术要点

自由纺锤形只有主枝,不留侧枝,简化整形手续,缩短了成形时间,树体紧凑,树冠开张,树势缓和,适于密植。

定植要求苗木健壮,苗高 1 m 左右。定干要高,一般 80～100 cm。萌芽前,在剪口下 30 cm 的枝段内按所需主梢发生位置进行芽上双重刻伤(深刻两道),促发长梢,以拉开主枝枝距,称为"高定干,低刻芽",当年即可抽生 3～5 个主枝。如果是壮苗,高度在 100～120 cm,建园质量高,缓苗期短,栽后可不定干,完全靠定位双重芽上刻伤,以促发所需主枝,并在夏季进行适当调整。如果苗木质量差或矮弱苗,应进行重短截,待重发后第一年新梢长到 80 cm 以上时摘心,促发二次枝,作为主枝预备枝。为尽早培养树形,促发下部新生枝条,保持中央干优势,结合夏季修剪,及时抹除过密新梢,并对上部将来选为主枝的 2～3 个过强新梢(长到 15～20 cm 摘心,抑制其新梢旺长,控上促下,均衡势力。二年生以后,缓苗期已过,中干一般较强,为了防止中心干上主枝脱空,对中干留 40～50 cm 短截,下部选方向适宜的进行双重刻芽促梢,并控制剪口下的竞争枝。上部梢过强时,用夏季摘心或短截方法控制其生长。中心干势力中庸时,可不短截,有选择性的在发枝处进行秋、春两次刻芽,解决主枝布局问题。

对于主枝,前期基本不短截或轻短截,单轴延伸,拉平缓放。势力不均衡时,可适当调整。生长过旺主枝可于萌芽前刻芽,促发短枝,防止下部光秃。对于主枝枝组的培养,幼树阶段重点是两侧和背下,背上枝组矮小,枝量要少。结合夏季修剪,及时抹除背上过多芽,一般 20～30 cm 选留一个,待保留芽生长到 15～20 cm 时进行将梢或梢,及时培养成小型结果枝组。

3～4 年后,树冠基本形成,及时疏除直立、过旺、过大、过密枝,保持中心干的优势,对主枝应拉枝开角,缓和势力,主枝延伸枝过长、过大时,及时回缩更新或疏除,主枝角度小时要继续拉枝,以缓放、轻短截为主,结合夏季管理(捋梢、扭梢、摘等),及时培养中结果枝组,主枝上枝组不可太密,一般 1 m 范围内留 10 个左右小枝组宜,过多者及时疏除。疏除中心干的竞争枝和主枝延长头的过密枝条,保持单轴延伸,防止上部和外围势力过强。

3. 细长纺锤形

细长纺锤形比自由纺锤形还要细小,因而更适于矮化密植的需要,适宜株距 2 m 左右、行距 3～4 m 的栽植密度(图 3-4)。

(1) 树体结构

一般树高 2～3 m，冠径 1.5～2.0 m，在中心领导干上均分布势力相近的小主枝 15～20 个，下部略长而上部略短，全树瘦长，整个树冠呈细长圆锥形（图 3-4）。

(2) 整形修剪技术要点

一年生时，春季发芽前定干 80～100 cm，若苗木粗壮，根系发达，建园基础好，可在 100～120 cm 处定干，在 60～80 cm 双重刻芽，促发分枝培养侧生主枝，对上部过强过密、方向不适宜的芽及早抹除。上部新梢生长 15～20 cm 时摘心，控上促下，维持势力均衡。

二年生时，选上部生长较壮枝条，作中心领导干的延长枝，若生长过强，可剪留 50 cm，在其下部选留 4～5 个生长中庸的枝条培养侧生小主枝，只长放，不短截，以缓和势力，其余枝条作铺养枝处理，并采取多留长放不截的方法，及时疏除长势过旺过强的枝条，所有选留的主枝一律拉平，并结合春季刻芽和生长季背上抹芽、扭梢等夏季管理。

三年生时，在中央领导干上部选一个较壮的枝条作为延长枝，在延长枝下部每年选 4～5 个与下部侧生枝不重叠的小主枝，若不足可用双重刻芽或秋、春二次刻芽法促发分枝，每年对所有小主枝和辅养枝全部拉平（70°～90°），并采用萌芽前刻芽方法促发短枝，提早结果。

3～4 年后，树冠基本形成，枝量太多时及时疏除辅养枝。基部主枝太粗（主干 1/3 左右时）应及时更新回缩。纺锤形的树体培养过程遵循冬夏结合、以夏为主的原则，充分利用拉枝、抹芽、刻芽、扭梢、环剥等措施，才能成形快、结果早、树势稳定、优质、丰产。

图 3-2　小冠疏层形

图 3-3　自由纺锤形

图 3-4　细长纺锤形

（二）苹果不同时期整形修剪技术

1. 幼树期整形修剪

幼树以整形为主，一般在早春进行。树干 50 cm 以下的裙枝一概不留，全部疏除；50 cm 以上的枝每 20 cm 留一枝，要选好方向。长度在 70 cm 以上的枝一律不剪，全部缓放拉平并刻芽；长度在 50 cm 左右的轻短截；不足 30 cm 的极重短截促发新枝来年再作处理。中央干一般不作短截，但每隔 20 cm 环一道，促进枝条均生长。5—6 月要及时扭梢、摘心控制生长，健壮的树进行主枝环割，促进花芽分化。

2．结果初期修剪

初结果树采取冬夏修剪结合，以夏剪为主，改变过去一次冬剪的做法。冬季修剪以疏为主，缩剪为辅，培养单轴延伸的主枝。对树冠内的直立枝，有空间的要拉平，没有空间的要疏除；徒长枝、细弱枝坚决疏除；影响骨干枝生长的辅养枝以缩剪为主，改造成大型结果枝组对于中庸枝或中庸偏强枝实行长放不剪，以促进成花。夏季修剪主要采取刻芽、拉枝、扭梢环剥等方法。5月中旬当新梢长至15 cm时及时扭梢，超过20 cm的要摘心控长，没有生存空间的要及时疏除，有空间的可以重短截以促发新枝。6月上旬进行环剥，树势旺的采用干环剥，树势弱的可采用环割、绞缢等方法以促进花芽分化和果实膨大。8月进行拉枝或拿枝，将枝条拉至近80°。通过合理修剪整形，可提高萌芽率和成花率。

3．盛果期修剪

进入盛果期的树整形工作已经结束，修剪任务是维持健壮树势，调节生长结果的关系，改善光照条件，摘好枝组培养、调整和更新复壮，争取丰产、稳产、优焦延长盛果期年限。

结果枝应根据不同情况，采取合理的修剪措施，才能维持健壮长势和良好的结果性能。

强旺枝组修剪：营养枝多而旺，长枝多，中、短枝少，花芽不易形成，结果不良。这类枝组应疏除旺长枝和密生枝，其余枝条尽量缓放。夏季加强捋枝，缓和长势，促进成花。

中壮枝组修剪：营养枝长势中庸健壮，长、中、短枝比例适当，容易形成花芽，结果稳定。这类枝组要调整花、叶芽比例，按"三套枝"修剪法修剪。即对一部分形成花芽的果枝不剪，使其当年结果；另一部分轻剪或不剪，使其当年形成花芽，下年结果。其余枝条中短截，促其发枝，下年轻剪缓放，促生花芽，后年结果。这样轮换更新，交替结果，才能保持果枝连续结果能力。

衰弱枝组修剪：一般中、短枝多，长枝少，花芽多，坐果少。这类枝组应疏除大量花芽，减轻负担，采取去远留近、去斜留直、去老留新、去密留稀、去下留上的更新修剪方法，恢复枝组长势。

4．衰老期修剪

更新骨干枝和结果枝组，恢复树势，延长结果年限。在衰老树上要提前培养徒长枝，改造成新结果枝，逐年更新老结果枝，疏除过多的短果枝，短截长果枝，减轻树体负担，增强生长势。若树势极度衰弱，主、侧枝的延长头很短，甚至不能抽生枝条时，要及时回堵换头，抬高枝头角度，恢复长势。后部潜伏芽发生的徒长枝，要充分利用，培养成新的结果枝组。适当降低衰老树的产量，加强病虫害的防治，同时增施有机肥和氮肥，促进树势恢复，延长经济寿命。

冬季整形修剪要注意保护伤口，剪口和锯口直径超过1 cm的枝干要涂保护剂。常用的保护剂有白乳胶漆、防水漆、石灰乳和843康复剂等。

五、花果管理

加强果树的花期和果实管理，对提高果品的商品性状和价值，增加经济收益具有重要意义，也是实现优质、丰产、稳产和壮树的重要技术环节。花果管理的主要任务是提高坐果率，控制结果数量，减少采前落果，提高果实品质，适时采收和采后商品化处理。

（一）保花保果

坐果率是形成产量的重要因素，而落花落果是造成产量低的重要原因之一。因此，通过实行保花保果措施提高坐果率，是获得果树丰产的关键环节，特别对初果期幼树和自然坐果率偏低的树种品种尤为重要。各地果园引起落花落果的原因较为杂，因此，必须具体分析实际情况，抓住主要原因，制定相应措施，才能有效地提高坐果率，其途径主要包括以下三个方面。

①加强综合管理，提高树体营养水平，保证树体正常生长发育，增加果树贮藏养分积累，改善花器发育状况，提高坐果率的基础措施。

②配置授粉品种，苹果有自花不实的特性，栽培单一品种时，往往花而不实，低产或连年无收。因此，建园时必须配置一定比例的授粉品种。

③花期放蜂，苹果属虫媒花，在一般情况下，授粉受精主要靠昆虫，特别是蜜蜂，也可采用壁蜂授粉的。通常每公顷果园放 3～4 箱蜂即可，蜂箱间距以不超过 500 m 为宜。采用壁蜂授粉时 1 亩苹果园放壁峰 80～100 只即可完成传粉受精任务放蜂期间果园切忌喷农药，阴雨天气影响放蜂效果。

（二）疏花疏果

对开花多、坐果量大的树适时进行疏花疏果，是提高果实品质，减少病害侵染，预防大小年，保证树体健壮，提高抗寒性的重要措施。疏花疏果主要包括人工疏除和化学疏除两种方法。化学疏花疏果主要是应用化学药剂疏花疏果。常用的化学药剂主要有西维因、石硫合剂、萘乙酸、二硝基化合物等。

人工疏花宜从现蕾期到盛花末期进行。从花序分离期开始，每隔 20～25 cm 留一个花序，每个花序留一朵中心花，其余的全部疏除。花期不稳定的果园可适当多留中心花。疏果需进行两次，宜从谢花后 10 d 开始，至谢花后 1 个月内完成。第一次疏果要根据果实适宜负载量和果实分布均匀的要求细致进行，第二次主要是调整定果。具体疏果时要根据品种的坐果量，有先有后地进行。一般地说，开花早、坐果多的品种或植株，宜早疏、早定；开花晚、易落果和坐果少的品种或植株，可晚疏、晚定。

（三）果实套袋

套袋从开花后两周开始，到花后 45 d 结束。套袋时间以 8：00—12：00 时，15：00—

17：00时为宜，应避开早晨露水未干、中午高温和傍晚返潮三个阶段，雨天、雾天不易套袋。套袋前全园喷一次杀虫剂和杀菌剂，选择自由下垂的中心果套袋。在采收前20～25 d进行摘袋，双层袋要先撕开外层袋，5 d后再摘除内层袋。结合撕袋摘除果实旁边遮光的叶片，树下铺反光膜。

六、病虫害防治

（一）西藏苹果主要病害及防治

1. 苹果白粉病

（1）症状

白粉病主要危害苹果树嫩梢和叶片，也可危害花、幼果和芽，发病后的主要症状特点是在受害部位表面产生一层白粉状物。新梢受害，由病芽萌发而成，嫩叶和枝梢表面覆盖一层白粉，病梢节间短、细弱；严重时，一个枝条上可有多个病芽萌发形成的病梢；梢上病叶狭长，叶缘上卷，扭曲畸形，质硬而脆；后期新梢停止生长，叶片逐渐变褐枯死，病叶易干枯脱落。花器受害，花萼及花柄扭曲，花瓣细长瘦弱，病部表面产生白粉，病花很少坐果。幼果受害，多在萼洼处产生病斑，病斑表面布满白粉。苹果白粉病在山南、林芝、昌都等地普遍发生，以幼苗和扦插枝上较严重，平均发病率为40%。

（2）预防措施

加强果园管理。采用配方施肥技术，增施有机肥及磷、钾肥，避免偏施氮肥。合理密植，及时修剪，控制灌水，创造不利于病害发生的环境条件。往年发病较重的果园，开花前后及时巡回检查并剪除病梢，集中深埋或销毁，减少果园内发病中心及菌量。

（3）药剂防治

在药剂防治适期，依据园内病害发生程度和环境条件及时施药防治。常用的有效药剂有40%腈菌唑可湿性粉剂6 000～8 000倍液、10%苯醚甲环唑水分散粒剂2 000～3 000倍液、12.5%烯唑醇可湿性粉剂2 000～2 500倍液、25%戊唑醇水乳剂2 000～2 500倍液、25%乙嘧酚悬浮剂800～1 000倍液、4%四氟醚唑水乳剂600～800倍液、30%戊唑·多菌灵悬浮剂800～100倍液、70%甲基硫菌是可湿性粉剂或500 g/L悬浮剂800～100倍液、15%三唑酮可湿性粉剂1 000～1 200倍液。发病特别严重的苹果园，秋梢期再喷施上述药剂1～2次，即可完全控制白粉病的危害。

2. 苹果锈病

苹果锈病又称赤星病、"羊胡子"，主要危害叶片，也危害嫩枝、幼果和果柄，造成果树早期落叶、苹果的外观品质和商业价值下降。

（1）症状

叶片患病初期正面会出现橘红色小斑点，逐渐扩大形成圆形，边缘为红色的橙黄色病斑；后期严重时，病斑表面密生黄色细小点粒，也就是性孢子器。叶柄患病初期发病部位为橙黄色，微微隆起，呈纺锤形，表面产生点状性孢子器；后期病斑周围产生毛状锈孢子器。新梢患病初期症状与叶柄相似；后期发病部位凹陷、龟裂，易折断。嫩枝患病初期产生橙黄色梭形病斑，局部隆起；后期病部龟裂，易折断。幼果染病初期产生橙黄色近似圆形病斑，后期变为黄褐色，病斑表面也会产生细管状锈孢子器，导致苹果生长停滞，病部坚硬，多畸形。

（2）预防措施

清除方圆 5 km 的桧柏类植物，是解决苹果锈病的最有效的方法。果园增施有机肥，改良土壤结构，增强树势，提高树体抗病能力。果树生长季节采取拉枝、疏除直立枝和病枝等技术措施，改善果园中通风透光的条件，改变病菌生活环境，创造有利于树体生长、不利于病菌滋生的环境条件。选择抗病品种，在距离桧柏类植物较近的地区种植抗病性强的品种，降低发病率。

（3）药剂防治

要及时对转主寄主和苹果落花后树体喷药，这是防治苹果锈病的关键。春秋季结合果园清园给寄主喷施氟硅酸乳剂 300 倍液或 3～5 波美度石硫合剂，以铲除越冬菌源，减少锈病发生。

对于周围有柏树、每年发病严重的苹果园，从苹果树发芽后至幼果期开始，每隔 10～15 d 喷布 1 次杀菌剂，连喷 2～3 次，防止病菌侵入。这一时期若降水偏多，温度高、空气湿度大，应增加喷药次数。可选用的药剂有 1：1：（150～180）波尔多液、三唑酮可湿性粉剂 800 倍液、甲基硫菌灵可湿性粉剂 800 倍液、丙环唑乳油 4 000 倍液等，防止叶片、果实、枝条受苹果锈病病菌侵染，引起早期落叶和落果。

3. 苹果树腐烂病

苹果树腐烂病也被称为"烂皮病""臭皮病""串皮病"，是由苹果黑腐皮壳菌所引发的病害，也是对苹果树具有严重威胁的毁灭性病害。

（1）症状

苹果树腐烂病主要分为以下 3 种病害类型，不同的病害类型在症状方面也存在一定差异。

①病果型。在果实受到侵害后，表面会出现圆形或不规则形状、边缘较清晰、有轮纹的暗红色病斑。仔细观察可见病斑中部有明显的小黑点；轻触病斑可见其组织松软、呈软腐状；仔细嗅闻可以发现病斑处散发出轻微的酒糟味。

②枯枝型。多于春季出现在苹果树的干桩、小枝、果台等部位。症状出现的初期，病部组织无明显隆起和水渍状疤痕，但会在短时间内失水干枯，导致病枝枯死。症状出现的后期，病枝表面会出现大量的黑色小点。

③溃疡型。多见于春季和冬季。症状出现的初期，病部组织会转变为红褐色并伴有隆起、水渍状疤痕等。按压病部组织会下陷并伴有红褐色或黄褐色汁液流出，撕开病部组织表皮能够闻到酒糟味。当病部组织皮层烂透后，病害会向木质部深入。症状出现的后期，

病枝会出现明显的下陷、干缩现象，病部组织上会产生大量的小黑点（分生孢子器），当外部环境湿度较大时，分生孢子器中会出现卷曲状的橘黄色丝状物。

（2）预防措施

通过科学的管理、精细化的作业等农业措施，增强和保持健壮的树势，增加有机肥和磷、钾肥的施用量，防止氮肥过量使用。根据树势、树龄，科学疏花疏果，根据树势、树龄合理留果，科学定产。冬季修剪时要避免大砍大伐，防止造伤过多、修剪过重。

（3）药剂防治

每年冬季将果园修剪枝和病残枝粉碎利用，集中覆盖喷药，压低菌源量。发芽前、采果后、落叶期、修剪后，及时对整个树体喷施铲除性药剂，首选药剂为树安康200～300倍液。生长季的6—9月，对主干和主枝基部进行刷干处理，首选药剂为树安康50～100倍液。

4. 苹果早期落叶病

苹果早期落叶病是指苹果树叶片在未到正常落叶期提前脱落的病变，包括斑点落叶病、灰斑病、褐斑病、轮斑病、黑斑病与炭疽叶枯病等。斑点落叶病与褐斑病发病概率高，危害程度严重。苹果斑点落叶病在山南、林芝、昌都等地苹果树上普遍发生，平均病叶率为40%，以郁闭、通透性差的果园发生严重。

（1）症状

褐斑病：褐斑病以害老叶为主，叶片受到褐斑病侵害时，中心为不规则褐色斑点，边缘不整齐，绿色晕圈围绕在外圈。针芒型、轮纹型和混合型病斑为常见病斑，老叶发黄后脱落。针芒型病斑小呈放射状，无固定形状，数量多至遍布整个叶片。轮纹型病斑呈圆形面积较大，最大直径可达12 mm，病斑上黑色小点呈现轮纹状。混合型病斑较大，形状多为近圆形，中间有散生或轮纹状小黑点，边缘小黑点呈放射状。褐斑病也会危害果实，果实坏死组织呈1～2 mm褐色海绵状。

斑点落叶病：斑点落叶病主要危害嫩叶、嫩枝与果实。叶片发病初期呈褐色小圆点，直径为2～3 mm，逐渐扩至直径6～10 mm紫褐色或者褐色形状不规则病斑。在湿度比较大的环境中，病斑正反面出现黑色霉层。发病中后期，白色或灰褐色斑点出现在病斑中心，当雨水充足、温度升高的情况下，病斑迅速扩散，并两两相连，呈不规则大斑，导致叶片焦枯脱落。

（2）预防措施

在苹果树休眠转入生长期的阶段，先清理植株上的枯叶，再清扫地下落叶，有效转移果园中的树叶、杂草与烂果，将其烧毁或深埋至沟内。剪掉腐烂病枝、病虫枝与干枯枝等，上述枝干不能二次支撑与搭建使用，将其在果园外烧毁。对植株及果园地面喷洒3～5波美度石硫合剂，以消灭越冬菌源。春秋两季翻耕土壤、夏季适时中耕，将病菌埋进土壤里消灭。对密集的枝干进行修剪，保留适量母枝，以保证良好的通风透光效果，加强抗病菌能力。

（3）药剂防治

使用保护性杀菌剂与内吸性三唑类药剂混合，轮换喷洒。在春梢和秋梢期，一般在5月上中旬至8月中下旬，每下一场5 mm的雨时即开始用药。常用药剂有：80%戊唑醇4 000～5 000倍液，10%多抗霉素700倍液，40%苯醚甲环唑3 000倍液，50%丙环唑3 000倍液，70%甲基硫菌灵800～1 000倍液等。在雨季来临时，增加喷洒农药次数，交替使用治疗性杀菌剂和保护性杀菌剂，避免产生抗药性。

5. 苹果花叶病毒病

苹果花叶病毒病在山南、林芝、昌都等地均有分布，平均发病率为20%，发生严重果园病叶率最高可达50%。苹果花叶病是由一种球状植物病毒侵染引起的。苹果树感染花叶病毒后，全身都带有病毒，并不断增殖终生为害。病树在早春萌芽后不久，即出现病叶，四五月份病害发展迅速，其后减慢。于7—8月盛夏期，病毒基本停止发展，甚至出现症状隐蔽现象。病树抽发秋梢后，症状又重新发展。发病严重时，自5月下旬以后，就可出现早期落叶现象平均减产30%左右。苹果花叶病主要在叶片上形成各种类型的鲜黄色病斑，因病情轻重不同，症状变化很大，大致有5种类型。

（1）症状

①斑驳型：通常从小叶脉上开始发生，病斑形状不规则，大小不一，呈鲜黄色，边缘清晰。有时数个病斑融合在一起成为大块病斑。是花叶病出现最早最普遍的一种症状类型。

②花叶型：病斑不规则，有较大的深绿和浅绿相间的色变，边缘不清晰，病叶发生较晚，数量也较少。

③条斑型：病叶沿叶脉失绿黄化，并延到附近的叶肉组织。有时仅主脉和支脉黄化，变色部分较宽。有时主脉和小叶脉都呈现较窄的黄化，如肉纹状。病叶发生较晚。

④环斑型：病叶上产生形圆形或近形鲜黄色环斑，或近似环形的斑纹。病叶发生最晚。

⑤镶边型：病叶的边缘发生黄化，在边缘形成一条很窄的黄色镶边，病叶的其他部位完全正常。

在自然条件下，各种类型症状多在同一病树上混合发生。各症状类型还有许多变化和中间型，因而常出现症状的多种组合。

（2）预防措施

加强肥水管理、增施有机肥，适当重修剪，干旱时及时浇水，雨季排水除渍，以增强树势，提高抗病能力、减轻危害。凡丧失结果能力的重病树和未结果能力的病幼树，及时伐除，重新栽植健壮树苗。

（3）药剂防治

苹果花叶病毒病，只能预防难以治愈，虫害会传染病毒，首先要防治蚜虫、白粉虱、蓟马、螨虫，可减少病毒病发生。可选用8%宁南霉素水剂75～104 mL/667 m^2喷雾，或用1.5%吗胍·硫酸铜水剂400～500 mL/667 m^2喷雾、或用50%氯溴异氰尿酸可溶粉剂45～60 g/667 m^2喷雾，或用80%盐酸吗啉胍水分散粒剂40～60 g/667 m^2喷雾。

(二)西藏苹果主要虫害及防治

1. 苹果绵蚜

苹果绵蚜俗称苹果绵虫、血色蚜。苹果绵蚜是一种检疫性害虫,原产于美国,自20世纪20年代传入我国,属于我国重要入侵生物,目前在世界70多个国家和地区发现有分布。在西藏波密县、亚东县、拉萨市区等区域内普遍发生,随着西藏果树产业的发展,苹果绵蚜有扩大蔓延的趋势。苹果绵蚜繁殖能力强、世代重叠明显、发育周期短、危害部位可分泌大量白色毛状蜡质等特点,在实际生产中较难防治。苹果绵蚜在林芝地区苹果树上发生较为严重,部分果园危害株率在60%以上,截至目前,绵蚜仍然是西藏各地区苹果上最为严重的虫害。

(1)发生及危害

苹果绵蚜多集中在背光树干的伤口,锯口,裂痕,新梢的叶腋,短果树枝头的水果柄,萼洼和梗洼等处,形成棉花状的白色絮状绵毛,内有若干血色虫。危害果树嫩梢、叶腋、嫩芽、根、枝条等部位,其中主要被害部位是枝条和根,造成的结果是直接影响根系再生和枝干的营养输导,导致树势衰弱、抗寒、抗旱能力下降,寿命缩短,绵蚜体外排泄的蜜露可造成树体及叶片发黑,污染果面,叶片光合作用的能力下降,产量、品质大幅度下滑,危害果树生长,造成果树产量下降,严重时整株枯死。

(2)预防措施

加强果园肥水管理,合理增施有机肥,适当增施磷肥与钾肥,增强树势,提升树体免疫能力。清理虫源滋生部位,在苹果落叶后、发芽前,彻底刨除根蘖是控制苹果绵蚜发生的重要措施,春秋生长季节,也需随发现随铲除,防止苹果绵蚜在根蘖处繁衍滋生。同时,结合冬春清园处理,刮除树干上的粗、老翘皮,刮治枝梢上的伤疤与隙缝等,防止苹果绵蚜在这些隐蔽部位越冬滋生。人工释放捕食性天敌,如食蚜蝇、瓢虫、草蛉等。在做好苗木品种选择、苗木基地考查的前提下,为防止苗木根部携带苹果绵蚜,可在栽植前采用10%吡虫啉乳油800~1 000倍液迅速浸泡处理苹果苗木1次。

(3)药剂防治

初春果树萌芽前,结合铲根除蘖与刮除伤疤等农业与物理措施,用10%吡虫啉乳油30~50倍液涂抹树干根蘖基部、剪锯口及病虫伤疤等绵蚜群集越冬处,也可选用油漆、石硫合剂、专用涂抹剂或自配涂白剂等对刮除部位进行涂抹。在苹果绵蚜发生高峰前施药3~4次。药剂可用20%吡虫啉可湿性粉剂2 000倍液、2%的阿维菌素乳油3 000倍液、3%啶虫脒乳油2 000倍液等。重点喷施树干、树枝的剪锯口、伤疤、缝隙等处。施药时,需喷洒周到细致,适度提高施药压力,对准虫体,冲落其体覆白色蜡毛,使药液接触虫体,提高防效。也可采用根部施药:用40%氧化乐果1 000倍液或50%抗蚜威3 000倍液灌根(灌根量视果树大小而定,一般以水渗透到根系部位为佳),亦可根施10%吡虫啉可湿性粉剂2 000倍液(5—6月和9—10月棉蚜发生高峰期施)或5%涕灭威颗粒剂

200～250 g/株（4月中旬或10月上中旬施药），可有效杀死寄生在根部的棉蚜，灌前先将根部周围的泥土刨开，灌后覆土，都有较好的防治效果。

2. 苹小食心虫

苹小食心虫属鳞翅目，小卷叶蛾科，简称"苹小"，又名苹果小食心虫或东北小食心虫。苹小食心虫在山南、林芝、昌都等地普遍发生，尤其在以'黄香蕉'品种为主的昌都八宿县冲果果园较为严重，虫果率达40%，而同一果园'红富士'品种未受危害。

（1）发生及危害

苹果树上1年发生2代，梨树上1年1代，少数发生2代，均以老熟幼虫在树皮缝处越冬。幼虫蛀食果实，但不深入果心，一般仅在皮下浅处蛀食，使被害处形成一小片"干疤"。虫疤上有小虫孔数个，并有少许虫粪堆积于疤上。危害小型果实如山楂时，幼虫可蛀入果心。成虫白天潜伏在叶下，对糖蜜、茴香油和黄樟油等有一定的趋化性，但趋光性很弱。成虫喜产卵于果实胴部，梗洼及萼洼处落卵很少，因此，喷杀卵药时，果面上要喷布周到。幼虫卵化后在果实爬行时间不长即蛀入果内。幼虫在果内约经20 d就脱果化蛹。第2代苹小危害中晚熟品种的苹果，故不能放松后期的防治工作。

（2）预防措施

早春刮老树皮，并集中烧毁。开角用的枝干和拉枝的草绳也是幼虫越冬的理想场所，在树干上绑麻袋片或束草，诱集越冬幼虫集中消灭。结合疏果，摘除虫果，在疏果期间，及时摘除被苹小食心虫为害的果实，并杀灭果内幼虫。

（3）药剂防治

化学防治应在成虫产卵期和初孵幼虫蛀果前进行。第一次以消灭成虫为主，应在产卵始期喷药，药剂可选用20%灭扫利（甲氰菊酯）乳油2 000～2 500倍液或2.5%功夫（高效氯氟氰菊酯）乳油2 500～3 000倍液。第二次以消灭成虫和初孵化幼虫为主，应在产卵盛期喷药，药剂可选用20%灭扫利乳油2 000～2 500倍液、2.5%功夫乳油2 500～3 000倍液、35%赛丹（硫丹）乳油1 500～2 000倍液。第三次以消灭初孵化幼虫为主，应在卵孵化盛期喷药，药剂可选用35%赛丹乳油1 500～2 000倍液或30%桃小灵（马拉硫磷＋氰戊菊酯）乳油2 000倍液。每次喷药次数可根据虫害发生情况确定，发生严重的果园，可在第一次喷药后10～15 d再喷1次。

3. 球坚蚧

介壳虫俗称"树虱"，危害苹果的种类很多。但危害最严重的是朝鲜球坚蚧，以若虫和雌成虫附着在一、二年生枝条上吸食叶液。越冬若虫，身披白色蜡粉。翌年开春后始活动，分泌蜡质，形成"球形"介壳。严重时可影响花、芽萌发、枝条生长，削弱树势。苹果球坚蚧、朝鲜球坚蚧等球蚧害虫，在山南地区以苹果球坚蚧为主，林芝地区以朝鲜球坚蚧为主，普遍危害桃、苹果、梨、杏等，其中杏树受害株率最高在80%以上。

（1）发生及危害

球坚蚧每年发生一代，以2龄若虫在1～2年生枝条上或叶痕处越冬。翌年3月中下旬开始活动，分泌黏液，形成介壳，雌成虫在介壳下可产卵 300～1 000 多粒，若虫于 5 月中下旬孵化出壳，爬行至新梢及叶片上固着危害。9 月下旬以后便固着在一年生枝条上越冬。

（2）预防措施

结合冬剪，剪除虫枝，集中烧毁。雌虫膨大期采用人工刷除或捏杀虫体，以减少虫源。

（3）药剂防治

3 月中下旬越冬若虫期，用波美 5 度石硫合剂或 45% 石硫合剂结晶 25～30 倍液，均匀喷布全树，消灭活动若虫。结合施肥，根施 3% 辛硫磷 GR，每株用 200～300 g，隐蔽施药防治。4 月初雌体膨大期，选用 25% 灭幼尿 SC 2 000 倍液或 40% 杀扑磷 EC（速扑杀）2 000 倍液等喷雾防治。根据若虫虫情在 5 月下至 6 月上旬进行补治。药剂可选用 25% 灭幼尿 SC 2 000 倍液或 1.8% 阿维菌素 EC 3 000 倍液、8% 毒死蜱 EC 2 500 倍液等。

4. 叶螨

叶螨又叫红蜘蛛，是苹果树的主要叶部害虫，在拉萨、林芝地区苹果主产区苹果上发生的叶螨主要是山楂叶螨和二斑叶螨两种，同属蜱螨目，叶螨科害虫。

（1）发生及危害

叶螨在北方果树区普遍发生，寄主植物有苹果、梨、桃、樱桃、杏、李、山楂、核桃等。通常以小群体在叶片背面主脉两侧吐丝结网、产卵，受害叶片先从近叶柄的主脉两侧出现灰黄斑，严重时叶片枯焦并早期脱落。

二斑叶螨是世界性重要害螨，俗称白蜘蛛，分布范围广，寄主种类多，现已知寄主有 150 多种。主要有苹果、梨、桃、杏、葡萄以及棉花等。该螨以刺吸寄主芽、叶的汁液造成危害，主要在寄主叶片的背面取食和繁殖，叶片受害后，初期叶片沿叶脉附近出现许多细小失绿斑点，随着害螨的数量增加，危害加重，叶背面逐渐变为暗褐色，叶面失绿，呈现苍灰色并变脆。被害严重时造成大量落叶。该螨有明显的结网性，在虫口密度大时网丝能覆盖叶片背部或在叶柄与枝条之间拉网，并可在网上穿行与产卵。

（2）预防措施

结合果园各项农事操作，秋后清除枯枝落叶并集中烧毁，秋耕冬灌均可消灭大量越雌螨，园中不种豆类等寄主作物，及时铲除杂草可减少其发生。早春苹果萌芽前，彻底刮除树干老皮、粗皮、翘皮，并集中深埋或烧毁，消灭害螨越冬场所。并在萌芽前喷布 1 次 3～5 波美度石硫合剂，可兼杀多种病虫害。生长季节注意清除园内杂草，特别是阔叶杂草；及时剪除树干和内膛萌发的徒长枝，减少害螨滋生场所，压低上树虫口数量。

（3）药剂防治

抓住苹果萌芽后至开花前和落花后 7～10 d 这两个防治关键期。苹果芽萌动后发芽前，全园喷施 1 次 20% 螨死净可湿性粉剂 3 000～3 500 倍液、5% 尼索朗乳油 2 000～3 000 倍液，杀灭树上越冬的各种害螨的越冬卵。加柔水通 3 000～4 000 倍液能增加渗透黏着力，重点喷枝干及树冠下土壤和杂草，喷雾必须均匀周到。

七、果实采收

采收成熟期的确定极其重要,因其对果实的质量及耐贮性影响很大。采收过早,果实个小、色差、味淡;采收过晚则果肉发绵,不耐贮藏。因此,正确判断果实成熟度,适时采收,才能获得产量高、质量好和耐贮运的果实。

可以通过观察苹果果实的外观性状大小、形状、色泽等进行判断其成熟度,也可以通过测定生理指标,如果肉硬度、淀粉含量、含糖量、乙烯含量、呼吸强度等来判断。还可以根据果实的生长期进行判断成熟度,在一定的培条件下,苹果果实从落花到成熟都需要一定的生长天数,可由此来确定不同品种的采收期,例如:红星140～150 d、陆奥150～160 d、金冠140～145 d、王林160～170 d、乔纳金155～165 d、富士170～175 d。不同地区果实生长期间的积温不同,采收期会有所差异。另外,普通型和短枝型品种也有所不同,元帅系短枝型比普通型的采收期要晚5～7 d。

果实采收后,要严格按标准进行分级、包装等商品化处理,以提高商品竞争能力。水果采后的贮藏、保鲜,是缓解市场压力、实现周年均供应的重要手段,而果实运输则是扩大营销范围、占领异地市场的重要环节。

【实训1】果园施肥

一、实训目标

通过实训,使学生掌握果园施肥种类及土壤施基肥、追肥和果树叶面喷肥的方法与步骤。

通过施肥过程训练,使学生进一步了解施肥方法,各种肥料的肥效与果品质量的关系,为生产优质果品提供营养保证。

二、实训材料

材料。幼龄及成龄果园,腐熟农家肥(厩肥、沤肥、堆肥、绿肥、饼肥、人粪尿等)、化肥和营养液肥。

用具。镐、锨、锄头、水桶、喷雾器和运输工具等。

三、实训内容

果树的施肥方法,应根据果树根系的分布、肥料种类、施肥时期和土壤性质等条件而定。

1. 土壤施肥方法

环状施肥法。于树冠下比树冠大小略往外的地方,挖1个宽30～60 cm、深30～60 cm的环状沟。将肥料撒入沟内或肥料与土混合撒入沟内,然后覆土。此法适于根系分布较小的幼树。基肥、追肥均可采用。

放射状施肥法。于树冠下,距树干约1 m处,以树干为中心向外是放射状挖4～5条沟。沟宽30～60 cm、深15～60 cm。距树干越远,沟要逐渐加宽、加深。将肥料施入沟内或与土拌和施入沟内,然后覆土。此法适用于成龄树施肥。

条沟施肥法。以树冠大小为标准,于果树行间或林间开 1～2 条沟。沟宽 50～100 cm、深 30～60 cm。将肥料施入沟内,覆土。如果两行树冠接近时,可采用隔行开沟次年更换的方法。此法可用拖拉机开沟,适用成龄果树施基肥。

全园撒施法。先将肥料均匀撒于果园中,然后将肥料翻入土中,深度约 20 cm。成龄果树根系已布满全园时,用此法较好。

盘状施肥法。先在树盘内撒施肥料,然后结合刨树盘,将肥料翻入土中。幼树施追肥可用此法。

注入施肥法。即将肥料注入土壤深处。可用土钻打眼,深度钻到根系分部最多的部位,然后将化肥稀释后,注入穴内。适用于密植园。

穴施法。于冠下挖若干孔穴,穴深 20～50 cm。在穴内施入肥料。挖穴的多少,可根据树冠大小及需要而定。此法适用于追施磷、钾肥料或干旱地区施肥。

压绿肥。压绿肥的时期,一般在绿肥作物的花期为宜。压绿肥的方法,可在行间或株间开沟,将绿肥压在沟内。一层绿肥,一层土,压后灌水,以利绿肥分解。

以上几种施肥方法的深度,在操作时要注意,基肥可深、追肥要浅。根浅的地方宜浅,根深的地方宜深,要尽量少伤很。施肥后必须及时灌水。

2. 根外追肥

将矿质肥料或易溶于水的肥料,配成一定浓度的溶液,喷布在叶面上利用叶面吸收。一般矿质肥料、草木灰、腐熟的人尿、微量元素、生长素均可采用根外追肥。此法简单易行,用肥量少,发挥作用快,可随时满足果树的需要。还可与防治病虫的药剂混合使用,但要注意混合用后无药害和不减效。

根外追肥的使用浓度。应根据肥料种类、气温、树种等条件而定,在使用前可做小型试验。一般使用浓度为:尿素 0.3%～0.5%、过磷酸钙 1%～3% 浸出液、硫酸钾或氯化钾 0.5%～1.0%、草木灰 3%～10% 浸出液、腐熟人尿 10%～20%、硼砂 0.1%～0.3%。

根外追肥的时间。最好选择无风较湿润的天气进行,在一天内则以傍晚时进行较好。喷施肥料要着重喷叶背,喷布要均匀。

四、实训结果考核

考查学生实训态度,不迟到、不早退,态度端正,认真、仔细,吃苦耐劳,遵守纪律(20 分)。

考查学生对不同果树施肥种类,施肥流程及施肥方法和步骤的掌握情况(20 分)。

考查学生技能掌握情况,能够按照绿色果品生产要求正确完成果树基肥、追肥、叶面喷肥追施任务技术规范,操作熟练(40 分)。

结果考核,施肥种类得当,施肥流程正确,技术规范,符合绿色果品生产要求(20 分)。

【实训2】果树人工授粉

一、实训目标

通过实训明确人工授粉作用,掌握人工授粉方法。

通过人工授粉技能训练,解决不同果树结果质量问题。

二、实训材料

材料。苹果、梨或其他异花结实果树若干株。

工具。塑料袋、小玻璃瓶、毛笔或橡皮头、干燥器、白纸、果梯、喷雾器。

三、实训内容

苹果的人工授粉。

花粉采集选择与主栽品种:亲和力强的品种作为采花授粉品种,采集花粉,使花粉在空气相对湿度为20%~70%、温度为20~25℃环境中,温度低时需加温,经过1~2 d后阴干,花粉全部散出后,除杂包好备用。

授粉方法:人工授粉、机械授粉、昆虫授粉。

实验提示:先由教师讲解,学生模仿实习,再由学生分步骤去做。

四、实训结果考核

考查学生实训态度,不迟到、不早退,态度端正,认真、仔细,吃苦耐劳,遵守纪律(20分)。

对苹果夏季修剪特性的掌握情况,修剪方法及不同修剪方法适用范围(20分)。

考查学生技能掌握情况,能够按照授粉操作步骤完成果树人工授粉工作,技术规范,操作熟练(40分)。

结果考核,能够独立完成3~5个苹果品种的授粉工作,操作迅速、准确,完成实训报告(20分)。

【实训3】疏花疏果

一、实训目标

通过实训,培养学生疏花疏果的意识,使其掌握技术要点和方法。

通过实训,使学生掌握常见果树负载调整方法和技巧,确保优质果品丰产、稳产。

二、实训材料

材料。从当地主栽的果树(如苹果、梨、桃等)中,确定一个树种,盛果期时选择花(果)量大的果树1 hm² 左右。

用具。疏花剪、疏果剪、计算用具等。

三、实训内容

熟悉疏花疏果的时间。先疏蕾，再疏花，后疏果。

确定花（果）留量。根据叶果比法、枝果比法、间距法、以产定果等方法确定花（果）的适宜留量。

掌握人工与化学药剂疏花疏果的方法。

本实训分2次进行。一次为疏花，一次为定果。也可结合其他实训或生产劳动完成。时间1～3 d。

操作前，教师先讲解疏花疏果的方法和留果量确定法，然后分散独立操作。药剂疏花疏果分组进行。

留出少量对照植株，对比疏花疏果的作用。

四、实训结果考核

考查学生实训态度，不迟到、不早退，态度端正，认真、仔细，吃耐劳，遵守纪律（20分）。

考查学生对疏花疏果方法及应用范围、果树疏花疏果特点知识点的掌握情况（20分）。

技能考核。能够正确完成果树疏花疏果工作，技术规范，操作熟练（40分）。

结果考核。能够独立完成苹果树结果量的调整，操作迅速、准确，技术规范熟练。完成实训报告（20分）。

【实训4】果实套袋

一、实训目标

掌握不同果树套袋类型，熟悉套袋对象，掌握果实套袋方法及套袋操作规程。

能够完成常见果树套袋操作程序，生产安全优质果品。

二、实训材料

材料。当地栽培的果树品种（苹果、桃或葡萄）其中之一，果袋。

用具。果梯、修枝剪。

三、实训内容

套袋前准备。选园、选树、选果、选袋种、喷药。

果实套袋。用购置的专用纸袋或自制纸袋。套袋时，先用手将袋撑开，使袋口的向开口基部骑在果梗上，再将袋口左右横向折叠，最后将袋口处的扎丝弯成"V"形夹固袋纸袋应鼓起，幼果在袋内悬空，扎丝夹住纸袋叠层，不要扭在果梗上。

本实训应结合生产安排在套袋的最佳时期（如苹果在花后35～40 d进行）。时间3～5 d。

采果前20～30 d，结合生产劳动安排一次除袋工作。

四、实训结果考核

考查学生实训态度，不迟到、不早退，态度端正，认真、仔细，吃苦耐劳，遵守纪律（20分）。

了解不同果实纸袋选择基本知识、套袋流程方法及步骤（20分）。

考查学生技能掌握情况，能够正确完成不同果实套袋任务，纸袋选择正确，套袋流程规范，套袋质较高，符合绿色果品生产规范（40分）。

结果考核，套袋商品率高，操作技术流程正确，技术熟练，操作迅速，符合绿色果品产要求（20分）。

【实训5】苹果品质品评

一、实训目标

培养学生对优质苹果鉴赏能力及评价能力，了解优质果品特征特性及描述方法。

掌握当地苹果主栽品种的形态特征及分级方法，了解不同层次苹果主要区别。

二、实训材料

材料。当地苹果主栽品种5～6个，每品种30个果实。

工具。卡尺、天平、折光仪、硬度计、水果刀、记载表和记载用具。

三、实训内容

1. 外观品评

品种是否一致→看样品着色→果实大小→看果形指数，分步骤进行，逐项比较优劣。

果个大小。平均果重、纵径、横径。

果形指数。纵径/横径。

果实形状。扁圆、卵圆、圆锥、短圆锥、椭圆、长椭圆、圆柱形等。

果皮颜色。底色（绿、淡绿、绿黄、淡黄、黄、橙黄、褐色等）、面色（暗红、鲜红、淡红、浓红、粉红、紫红等）、色相（片红、条红）、着色指数（%）。

果面。光滑度（光滑、粗糙）、果粉（多、中、少）、锈斑（片状、条状、无锈斑）、蜡质（多、中、少、无）、果点（多、中、少，大、中、小，凸、平、凹）。

果梗。长度（长、中、短）、粗度（粗、中、细）。

梗洼。深浅（深、中、浅、平、凸起）、宽窄（广、平、狭、隆起）、锈斑（有、无、片状、条状）、有无肉瘤。

萼洼。深浅（深、中、浅、平、凸起）、宽窄（广、中、狭，皱状、隆起）。

萼片。脱落或缩存，开张状（闭、半开、开、翻卷）。

果皮。厚度（薄、中、厚）。

2. 内质品评

果实硬度。用硬度计测定（kg/cm^2）。

可溶性固形物含量。用折光仪测定（%）。

果心。大小（大、中、小）、位置（近尊端、中位、近梗端）。

果肉。颜色（白、乳白、绿白、黄白、淡黄、淡红等）、质地（粗、中、细，硬、脆、软，致密、疏松）、汁液（极多、多、中少）、风味（极甜、甜、淡甜、酸甜适中、微酸、极酸，味浓郁、淡、无味，有涩味、无异味）、香气（浓香、微香、无香气）、品质（极上、上、中、下、劣）。

四、实训结果考核

考查学生实训态度，不迟到、不早退，态度端正，认真、仔细，吃苦耐劳，遵守纪律（20分）。

掌握不同苹果品种质量品评的基本知识，熟悉苹果质量评价方法及步骤（20分）。

能够正确完成苹果质量品评任务，品评结论正确，操作流程规范（40分）

苹果品评操作流程正确、技术规范，符合绿色果品质量评价要求（20分）。

【实训6】苹果休眠期整形修剪

一、实训目标

通过实训，使学生掌握苹果整形修剪技术，掌握整形修剪的特点。

通过实训，培养学生果树修剪基本功，为其他果树整形修剪打好基础。

二、实训材料

材料。苹果幼树、结果树及衰老树。

用具。修枝剪、手锯、高梯、保护剂（接蜡、铅油、松油合剂）。

三、实训内容

1. 幼树整形

树形。目前在生产上采用的多为疏层形。小面积试验的尚有圆柱形、树篱形及有干自然形等。以疏层形为主，进行修剪。

定干。新栽苗木，在预定的干高以上留出15 cm左右的整形带，进行截，剪口以下要有5~8个饱满芽。

中心干。剪留60 cm左右。但要考虑第二层和第三层主枝的位置。

主枝。①选择原则。选择基角较大、发育充实、方向适宜的3个分枝作为第一层主枝。层内距离40 cm。若一年选不够，可分两年完成。第二层主枝2个，第三层主枝1个，要上下层插空排列。并根据木种类和品种特性确定层间距，一般为80~100 cm。②修剪方法。主枝一般在一年生枝的饱满芽处短截，选留外芽作剪口芽。具体剪留长度，还要根据培养侧枝或大型枝组的位置灵活掌握，并把剪口下第三芽留在适宜的方向（一般留在背斜侧），以便抽生适宜的侧枝。剪口芽可根据延长枝需要延伸的方向留外芽、侧芽或里芽外蹬。距剪口较近的上位芽，应当除去。剪截之后，同层主枝头最好在一个水平面上。同时注意控制强枝，促使各主枝间的平衡生长。整形带以下的分枝，一律不疏不截。个别角度小、生长旺的，可拿枝使其水平或下斜。

侧枝。在主枝离主干60cm左右的地方，选留第一侧枝。第一层主枝的第一个侧枝应各留在主枝的同一侧，角度大于主枝，剪后的枝头低于主枝的枝头。

枝组。①配置原则。在主枝上两个同侧的侧枝之间和侧枝上培植侧生的、背斜的或背后的大型枝组，大型枝组的间距为60cm左右。大型枝组之间和靠近外层或内部位，可配置中型枝组。小型枝组则见缝插针。根据各地情况，可以大、中型枝组为主，也可以中、小型枝组为主。②枝组培养方法。可先截、后放或先放、后截。骨干枝上的直立枝，应先重截，再去强旺、留中庸，或去直立、留平斜，以控制其高度，培养成中、小型枝组。幼树、旺树可多采。

辅养枝。不用作骨干枝和枝组的枝条，可作辅养枝处理。一般是缓放不截，仅将其用先放、后截的方法。角度扩大到比骨干枝更大一些。如有空间，个别也可短截，使其分枝后缓放。

直立枝和徒长枝。如有空间，可拿枝缓放，促使其缓和生长，形成花芽并结果。如无空间，则应疏除。

2. 结果树的修剪

修剪之前，先观察树体结构，树势强及花多少等，抓住主要问题。确定修剪量和主要的修剪方法。

辅养枝。根据树势当年产量，分期、分批地疏除过密枝条。

当中心干已达到预定高度，可在第五主枝的三杈枝处落头开心。如上强下弱，可用侧枝最大和光秃最重的大枝。换头或疏去部分枝条，其余枝条缓放。如上弱下强，可将上层一部分一年生枝短截，增加枝量，促进其生长势。

主枝和侧枝梢角度过小或过大的骨干枝，应利用背后枝或上斜枝换头，抬高或压低其角度。若与相邻树冠或大枝交叉，则将其适当回缩。空膛严重的树，可将主枝回缩到第四或第三侧枝处，复壮内膛。

外围枝和上层枝。一般应采用疏放结合的修剪方法。疏枝的原则是：疏除强旺枝，保留中庸枝；疏除下垂瘦弱枝，保留健壮枝，疏除直立枝，保留斜生枝。留下的枝条缓放不截，以减少外围和上层的枝量，改善内膛光照条件，缓和外围和上层的生长势，扶持中下部的生长势，尤其是旺树和成枝力较强的品种，更应如此。外围枝先端已经衰弱的树，则应适当短截延长枝，加强其生长势。

枝组。先疏去部分过密的枝组，以利于通风透光，再回缩过长的、生长势开始衰退的枝组。从全树讲，应分批分期进行，3～5年轮流回缩复壮一遍。对弱树，则早些回缩。回缩部位应在有较大的分枝处。对于无大分枝的单轴枝组或瘦弱的小型枝组，一般应先缓放养壮之后，再行回缩。

直立枝和徒长枝可培养为枝组。填补空间，无用的应及时疏去。

3. 衰老树

骨干枝的更新。根据衰老程度，采取回缩复壮更新修剪的方法。适当回缩骨干枝缩小冠幅，降低树高，建立树体地上部与地下部新的平衡。空膛较重的骨干枝回缩部位应在大分枝处。但为了保护新的骨干枝，则可在其上再留一个大、中型枝组。

多年生枝的更新。多年生枝先端的下垂部分，应当疏去，利用直立枝换头，抬高角度。

短果枝群和枝组的更新。应疏去其中过密和衰老的分枝，集中营养加以复壮。

徒长枝和直立枝的利用。应充分利用培养成新的骨干枝和枝组。

4. 修剪的注意事项

先处理大枝，后处理小枝，先疏枝，后短截。

按主枝顺序由外向内修剪。

大伤口应立即将伤口面修平，并涂抹保护剂。

病株应最后修剪，并注意工具消毒。

四、实训结果考核

考查学生实训态度，不迟到、不早退，态度端正，认真、仔细，吃苦耐劳，遵守纪律（15分）。

考查学生对苹果整形修剪知识的掌握程度，正确领会各种方法及使用技巧（20分）。

考核学生能否独立完成苹果整形修剪任务，技术规范、操作熟练（40分）。

结果考核，完成一份实训报告。通过修剪实践总结说明苹果的修剪特点，并完成修剪反应观察任务（25分）。

课程思政

1. 思政元素点

学习苹果的栽培技术，包括品种选择、栽植方式、早果丰产优质管理等。这些知识可以培养学生对中华优秀传统文化的尊重和传承，培养爱岗敬业的精神，使他们能够继承和发扬我国果树栽培的优良传统。

2. 课程思政导入

针对苹果的生长结果习性，采用适宜的栽培技术，满足市场的需求，提高果树的经济效益，通过学习和掌握不同的果树品种和栽培技术，可以培养果树生产的专业知识，包括对各种果树的特点、优势、需求、适应性等的了解和掌握，以及对各种果树的栽培技术的熟练和运用。同时，也可以培养对不同地区、不同条件、不同市场的适应能力，能够选择和推广适合的果树品种和栽培技术，提升学生苹果生产的专业知识、适应能力，能够爱岗敬业，为国家和民族的发展贡献自己的力量。

思政拓展阅读

一颗苹果的产业链能有多长?

甘肃静宁,这座地处西北的小县城,却有个"第一"的头衔——"全国苹果规模栽植第一县"。这里云集了161家苹果产业链上的企业,涵盖了育苗研发、规模种植等6大板块。小小苹果是如何串起产业链上161家企业?又是如何成为静宁县域经济发展"主引擎"?今天带你一起"云"游静宁苹果产业链。

静宁苹果产业链,有多长?

先来看看静宁苹果的生长环境。

静宁县位于甘肃东部,地处35°N的黄土高原暖温带半湿润气候区,土层深厚,光热资源丰富,年均温度、降水量、日照时数等气候条件非常适宜苹果生长,是世界公认的苹果"黄金生产带"。

可以说,静宁苹果拥有了得天独厚的先天条件。那么从果园到餐桌,静宁苹果还要经历哪些"旅程"?

第一,是育苗研发。高质量的种苗是苹果产业的"芯片",静宁县两家育苗研发企业实现年繁育优质苗木400万株,每年培育高品质脱毒苗木200余万株,改变了传统苹果苗木繁育方式。

第二,是规模种植。近年来静宁县加快种植模式革新,采用矮砧密植、高架立体栽培模式,配合水肥一体化、机械化作业。静宁县34家规模化种植企业的果园面积超100万亩。

第三,是储藏营销。如今已有45家储藏营销企业覆盖全县,现代冷链物流产业园实现年果品保鲜冷藏能力达65万t。

第四,是加工升级。部分苹果会被加工成苹果汁、苹果醋、苹果脆片等。静宁县5家企业对果品进行加工升级,实现年加工转化果品12万t。

第五,是包装配套。很多包装企业建在苹果园旁边,减少了运输成本,既让利于果农,包装企业也从中得到发展。静宁县5家包装配套企业年生产纸箱3亿m^2。

第六,是电商物流。这个环节是负责让苹果"走出去"。长期以来,静宁苹果以色艳、形正、质脆、味美、耐贮藏运输等特点,深受市场青睐,不仅畅销全国,还出口海外,"圈粉"无数。静宁县70家电商企业,十多个海外销售网点,果品远销澳大利亚、俄罗斯等多个国家和地区。从育苗研发、规模种植,到贮藏营销、加工升级,再到包装配套、电商物流,如今静宁县已形成产前、产中、产后相互配套的苹果产业体系,培育、带动果品相关企业160多家。静宁苹果的产业链还在不断延长,产能也在持续释放。

"链"出苹果产业致富路。

"果树就是我们的'铁杆庄稼'。"

"我们不仅靠苹果吃饱了肚子,还过上了富足的好日子。"

"去年苹果套袋12万只,收入在20万元左右。"

这是静宁县村民们说的话。

在静宁,靠苹果产业走上致富道路的村子数不胜数。1986年,静宁县发出了栽种果树的倡议。1988年开始,县里以行政力量推动苹果产业发展。至2002年,全县苹果栽植面积达到20万亩,出现了第一批苹果"千亩村""万亩乡",涌现出了一大批果品收入"万元户"。近年来,静宁县立足区位和资源优势,按照提质、增效、创牌、延链的苹果产业发展思路,不断挖掘苹果发展潜力,全力打造苹果优质高效标准化生产。如今,苹果产业已成为静宁老百姓增收致富和推动县域经济发展的主导产业,"静宁苹果"也已获得国家地理标志产品、绿色产品、中国驰名商标等多张国家级名片。最新数据统计,2022年,静宁苹果总产量达98.6万t,实现产值60亿元,果品收入占全县农民人均纯收入的70%以上。静宁苹果,已经成为当地老百姓的"致富果""幸福果",不仅让全县老百姓鼓起了钱袋子,也撑起了县域经济的"脊梁"。静宁苹果还频频出海"圈粉"。2022年11月,67.3 t静宁鲜苹果出口至印度尼西亚。今年3月,静宁县89 t鲜苹果顺利出口越南。静宁当地一家果品经销商称,出口越南的订单已经排到5月底。同月,100箱"静宁苹果"作为补给物资随中国第39次南极考查队,搭乘"雪龙2"号极地科考船到达南极,"静宁苹果"也成了首个到达南极的中国苹果。如今,静宁苹果的"朋友圈",已经从东南亚,逐步拓展到中亚、中东、欧洲以及美洲等地。

把产业链主体留在县域

发展县域经济,产业是关键。国务院印发的《"十四五"推进农业农村现代化规划》明确提出,要构建现代乡村产业体系,加快农村一二三产业融合发展,把产业链主体留在县域,把就业机会和产业链增值收益留给农民。

具体要怎么做?分析静宁苹果经验,有两点可以借鉴:特色、延链。

第一,特色。每个县都有各自相对有优势的领域。"靠山吃山唱山歌、靠海吃海念海经",例如静宁县依托的就是苹果特色资源,找准特色方向,做足"特"字文章,把特色优势资源转化为特色产业。

第二,延链。一方面,产业链纵向延伸,例如静宁苹果产业链贯穿种植、加工、流通等环节;另一方面,产业链横向拓展,推动农业与旅游、教育等产业融合发展。例如静宁县打造"苹果产业+文旅"形式,推出以生态观光、农事体验、苹果采摘、文化创意、休闲旅游为一体的体验式文旅项目。《静宁县重点产业链链长制工作方案》提出,要做强创新链,建设中国苹果科技研发中心和信息发布中心;做优供应链,建成中国优质苹果生产基地;提升价值链,建成中国苹果展示展销中心和中国苹果价格发布中心;完善流通链,建成中国苹果物流电商配送中心和中国苹果国际交易结算中心。一业兴,百业旺。如今,在静宁县,一个以苹果产业为核心,辐射一二三产业的产业融合发展画卷正在徐徐展开,助力县域经济高质量发展。

复习思考题

1. 简述当地苹果主栽品种的特点。
2. 简述西藏苹果园土肥水管理技术要点。
3. 总结西藏本地苹果主要栽培树形及不同树形的修剪特点。
4. 简述西藏本地苹果病虫害防治技术要点。

项目二 西藏梨生产技术

❀ 知识目标

了解梨生物学特性及对生产环境的基本要求；
熟悉梨田间管理技术要点及标准化生产过程；
掌握梨生产技术，能独立指导梨园生产管理。

❀ 能力目标

能够识别梨常见品种、主要病虫害并掌握其防治技术；
能够对梨开展整形修剪，独立指导生产。

❀ 学习任务

完成梨树认知，了解梨树生长发育特点及春季、夏季、秋季和冬季的生产任务与综合管理技术要点，全面掌握梨树土、肥、水管理技能，整形修剪技能，花果管理技能与病虫害防治技能。

结合梨树建园的教学内容，引出谭冠三将军建立苹果园，校园内谭冠三将军纪念园的设立，发扬"老西藏精神"，缺氧不缺精神、艰苦不怕吃苦、海拔高境界更高，在工作中不断增强责任感、使命感，增强能力、锤炼作风，培养学生的民族自豪感和爱国情怀。

中国是梨属植物的起源中心之一，梨是我国主要水果之一，梨在我国至少有3 000多年的栽培历史，栽培面积和产量均居世界首位。梨果实脆甜多汁，且具有保健功能而成为大众喜爱果品，加之其适应性强等特点，在我国栽培非常广泛，北起黑龙江、南至广东，东起黄海，西至新疆都有梨树的栽培。我国梨树的栽培种类主要有白梨、秋子梨、西洋梨、砂梨四个品系，白梨系统中有鸭梨、酥梨、雪花梨、库尔勒梨等大家熟知的梨品种，也是我国梨产业优势区的主栽品种；秋子梨系统中栽培的主要品种有京白梨和南果，分布在北京和辽宁西部冷凉地区；西洋梨系统品种栽培较少；砂梨原产于我国长江中下游地区，是比较适合我国南方高温高湿条件下栽培的梨品种群。

梨的栽培品种依果实成熟后的果肉硬软分为东方梨（脆肉型、后熟软肉型）和西洋梨（后熟软肉型）两大类。我国梨生产上主要栽培的是东方梨，也有少量西洋梨栽培。2023

年中国梨种植面积约 1 400 万亩，年产量达 2 000 万 t，占世界梨栽培总面积的 71.3% 和总产量的 60.7%，是世界第一梨生产大国。梨为我国仅次于苹果出口量的第二大鲜果。西藏自治区受地理位置、气候等因素影响，梨产业经济栽培区面积、产量相对较低，截至 2021 年梨园面积约为 300 hm²，产量为 0.13 万 t，其在全区水果产量中所占的比重约为 4.32%。

任务一　西藏梨资源分布、种类及品种

一、西藏梨主要分布

西藏是我国气候资源最多样与果树资源最为丰富的区域之一。西藏栽培梨主要分布在藏东高山峡谷区和藏南谷地的林芝、昌都、山南等地海拔 1 500～3 700 m、降水量 200～800 mm 的温暖半湿润、温暖半干旱气候区。例如：川梨中的乌梨（变种）在昌都地区属主要栽培类型；木梨、褐梨在左贡、察雅、八宿、贡觉等县海拔 1 900～3 700 m 的河谷农区均有分布；杏叶梨在西藏的一些庄园、寺庙中有少量种植；白梨主要分布于海拔 1 700～3 200 m 的林芝、嘎玛、米林等地，在芒康县盐井区有集中栽培，其品种斯梨（又名芝麻梨）品质较好，梨果除生食外，也可入药，种苗是梨栽培品种的优良砧木；秋子梨则分布于横断山脉中部的芒康、八宿境内；西洋梨分布在林芝米林、嘎玛、易贡、波密等地；而砂梨、杜梨在西藏多地也均有分布种植。

二、西藏梨主要种类

梨（*Pyrus* spp.）属于蔷薇科（Rosaceae）苹果亚科（Maloideae）的梨属（*Pyrus* L.）植物，是世界上广泛栽植的落叶果树。

梨为喜温喜光果树，对外界环境的适应能力强，具有耐寒、耐旱、耐涝、耐盐碱、耐贫瘠等特性，其种类和品种极多，世界梨属植物约有 60 余种，主要分布于亚、欧、北美洲及南半球温带地区，栽培品种主要分属于西洋梨（*Pyrus communis* L.）、秋子梨（*Pyrus ussuriensis* Maxim.）、白梨（*Pyrus bretschneideri* Rehd.）、砂梨（*Pyrus pyrifolia* Nakai.）和新疆梨（*Pyrus sinkiangensis* Yü.）5 种，全世界梨主栽品种约有 200 个，其中我国就有 100 多个，因此我国又被誉为"梨果之乡"。

西藏的梨属植物资源也较丰富，在本区零星分布的梨属植物就有 13 个种或变种，而原产西藏的有 3 种，即川梨、木梨和滇梨，而梨属中的杏叶梨、褐梨、西洋梨、砂梨、白梨、秋子梨、杜梨等则均为引入种。

（一）川梨

川梨，又名棠梨刺。梨果近球形，成熟时红色，果期 8—10 月。主要分布在八宿、察

雅、左贡、芒康、贡觉等县，果大、果皮粗糙，果肉较硬、味酸，初采摘时有涩味，品质差，经贮藏后肉质褐变，即变乌，肉质变软，有特殊风味，也作为泡梨加工。适应性强，抗性强，生产中表现出极耐粗放管理。

川梨野生于西南地区以及喜马拉雅山横断山脉一带中段海拔 1 500～3 680 m 山坡或河谷地段。主要品种有乌梨（又称藏梨）。多用作梨的砧木，少有直接作为食用者。乔木或灌木，刺多。果圆形或扁圆形，褐色或绿褐色，成熟后变成黑褐色，萼脱落，心室 3～5 室，种子饱满。

（二）木梨

木梨又名酸梨、棠梨，蔷薇科梨属的乔木植物，晚熟梨优良品种，其果实近卵圆形，阳面红晕，底色为黄褐色，为大型果，木梨适应性强，喜冷凉气候，较耐寒，抗旱，抗病虫害，生长旺盛，树体高大，寿命长，但结果晚，种子较少，根蘖多，根系深广。大多分布于横断山中部海拔 3 200 m 的怒江河谷地段。主要品种有醉梨等。木梨在中国西北部常用作栽培梨的砧木使用，西藏主要栽培于八宿县。

（三）滇梨

滇梨野生于西藏自治区、云南、贵州等省。小乔木或灌木，果实近球形，直径约 1.5～2.5 cm，褐色，基部近圆形，梗洼稍微下陷，先端具有宿存直立或内曲萼片。外面有斑点，3 或 4 室；果梗长 3.0～4.5 cm；种子倒卵形，微扁，长 5～6 mm，深褐色。花期 4 月，果期 8—9 月。果实小，品质差。产区也作为梨砧木运用，表现长势不如川梨和砂梨。

（四）杏叶梨

杏叶梨，乔木，高达 8～12 m，枝条直立性强，小枝稍带棱条，当年生枝紫褐色，逐渐变成暗灰色，果实扁球形，直径 2.5～3.0 cm，黄绿色，顶端萼片宿存，外面具少数斑点，5 室，果心大，果肉白色，石细胞多，熟时果肉变软，味酸，微有香气，果实小，品质差。作砧木用。

（五）褐梨

褐梨，小乔木，果实椭圆形或球形，直径 2～2.5 cm，褐色，有斑点，萼片脱落，心室 3～4 室。果梗长 2～4 cm。花期 4 月，果期 8—9 月。野生于华北、西北、东北等地，在华北用作梨的砧木，在西北有作栽培的。褐梨适生性强，喜光，耐寒耐旱，耐涝耐瘤薄。一般繁殖方式为播种、压条、嫁接繁殖。主要分布于在左贡、八宿、察雅、贡觉等县海拔 1 900～3 700 m 的河谷农区。

（六）麻梨

麻梨，乔木，植株高达 10 m，树形较大，枝较开张，一年生枝黄褐或深褐色，小枝幼时具褐色茸毛，老枝紫褐色无毛；果近球形或倒卵球形，深褐色，有浅色斑点；花期 4

月；果期6—8月。果实横径较大，根系发达，生长较旺，适应性强。

三、主要品种

（一）乌梨

本品种系川梨的变种，为西藏当地栽培较早品种，栽培历史100年以上，分布于昌都地区左贡、芒康等县。树体高大。果实呈扁圆形，平均单果重220 g，最大500 g。果面光滑有光泽，阳面具浅紫红色晕，果点圆、小而密。果肉白色，果心中大，肉质较细，近心处有石细胞，汁中多，味淡甜，微有涩味，石细胞中等多，含糖量15%，品质中下。果实后熟后，果皮果肉均变色为乌褐黑色。但本品种抗旱、抗病性好，丰产，易栽培，易管理。

（二）斯梨

又名芝麻梨。产于昌都地区芒康县，为当地栽培历史较长的品种之一，迄今有60～100年的栽培历史。果实品质中上，汁多味甜、肉细脆，石细胞少，品质中上，外果皮下有一层石细胞，耐贮藏，丰产，株产可达500 kg，有的可达1 500 kg以上。

（三）苹果梨

原产于朝鲜。20世纪60年代引入西藏，现为西藏主栽品种之一。本品种树体高大，树姿开张，树势中庸。主干枝条棕色，幼树密生黄白色茸毛。叶大，长卵圆形，深绿色。果实大，平均单果重250 g，最大500 g，扁圆形。果皮黄绿色，阳面有鲜红晕，果皮较薄。果梗粗，萼洼浅、广，宿萼。果肉白色，细脆、汁多，酸甜适口，石细胞小，品质上等。10月中下旬成熟。本品种主要特性为早果，丰产，抗寒，抗旱。

（四）巴梨

又名香蕉梨，为英国品种。20世纪60年代引入西藏，有较多栽培。本品种树体高大，树姿半开张，树势中庸。主干多年生，枝灰褐色，新梢浅褐色。叶中等大，卵圆形或长椭圆形。果实大，平均单果重250～300 g，瓢形。果皮黄色，阳面有红晕。果梗粗长，萼洼窄、浅，宿萼。果肉乳白色，肉质细软，汁多，味浓甜，有芳香味，品质中上。10月上中旬成熟。本品种主要特点为早果，丰产，抗病，不耐贮藏。

（五）黄金梨

果实近圆形，果形端正，果个整齐。平均单果重430 g左右，最大可达500 g以上。果皮乳黄色，细薄而光洁，具半透明感。果肉白色，肉质细嫩，石细胞极少，甜而清爽，果汁多，果核小，可溶性固形物含量13.5%～15%。果实9月中旬成熟，常温下贮藏期为30～40 d，在气调库内贮藏期可达6个月以上。

生长势强，树姿较开张，树体小而紧凑。适应性强，抗黑斑病和黑星病。结果早，丰产性好。因雄蕊退化，花粉量极少，所以需配置两种授粉树。

（六）翠冠

果实圆形稍扁，平均单果质量 250 g，大果可达 350 g，果皮黄褐色，果顶绿色，果面平滑，果点中等大、中等密度，果面分布不规则锈斑蜡质少。果心小，果肉乳白色，肉质细脆，石细胞较少，汁液特多，风味甜，无香气。品质上。果实可溶性固形物含量 12%～13%。7月底至8月初成熟，该品种适合林芝地区栽培。

（七）红香酥

库尔勒香梨与鹅梨的杂交后代，中晚熟，耐贮红皮梨品种。果实纺锤形，平均单果重 220 g，最大 500 g。果实纺锤形或长卵圆形，果面光滑洁净，果皮绿黄色，向阳面红色。果肉白色，石细胞较少，汁多，味甜，有香味。可溶性固形物含量 12%～14%。树冠中等大，圆头形，长势中庸，枝势较开张。萌芽率高，成枝力较强。以短果枝结果为主。叶片卵圆形，叶缘细锯齿。花冠粉红色。常温下，货架期可达 2 个月。

（八）黄冠

果实圆形，平均单果质量 290 g，大果可达 480 g，果皮黄绿色，套袋后乳黄色，果面光滑细腻，果点小而较密，无果锈，蜡质多。果心小，果肉乳白色，肉质细脆，石细胞少，汁液多，风味较甜，稍有清香。品质上。果实可溶性固形物含量 12%～14%。8月中旬成熟，果实在常温下的货架期 20 d 左右。抗黑星病，叶片和果实的其他病害也较轻。果实不耐储藏，在室温 25℃下保存，最长可以维持 3～5d，冷藏条件下可延长贮期。

植株生长健壮，幼树生长旺盛且直立，萌芽力强，成枝力中等。2～3年即可结果，以短果枝结果为主，果台副梢连续结果能力强，幼树腋花芽较多，丰产稳产。适应性强，抗黑星病能力很强。适宜在林芝地区栽培。

任务二　梨生物学特性

一、生长特性

（一）根系生长

梨根系发达，梨树根系的垂直分布深可达 2～3 m，以 20～60 cm 最密，80 cm 以下根很少，到 150 cm 根更少。水平分布一般为冠幅的 2 倍左右，少数可达 4～5 倍。水平分布则越近主干，根系越密，越远则越稀，树冠外根一般渐少，并多细长少分叉的根。梨树根系生长一般每年有 2 次高峰。春季萌芽以前根系即开始活动，随温度上升而日见转旺。到新梢转入缓慢生长以后，根系生长明显增强，新梢停止生长后，根系生长最快，形成第一次生长高峰。以后转慢，到采果前根系生长又转强，出现第二次高峰。以后随温度的下降而进入缓慢生长期,落叶以后到寒冬时,生长微弱或被迫停止生长。根系生长最适温度为 21～23 ℃。

(二)芽的类型与特性

梨树的叶芽根据着生的位置,分为顶芽和侧芽;一般情况下,顶芽较大、较圆,侧芽较小、较尖。梨树的侧芽和顶芽在形成的第二年,大多都能萌发成枝条,第二年不能萌发的芽称为隐芽;另一种隐芽是枝条基部的副芽,着生在枝条基部多年潜伏而不萌发,成为隐芽。

叶芽是枝的雏形。一个发育完全的叶芽,具有芽鳞片、芽轴即雏梢两个部分。叶芽的发育可分为 7 个时期,即芽原基出现期、鳞片分化期、质变期、夏梢休眠期、冬季休眠前雏梢分化期冬季休眠期和冬季休眠后雏梢分化期。这是梨树大部叶芽的发育周期,叶芽按照这种发育过程,在第一年形成的芽,第二年萌发为新梢,并在新梢上形成新一代芽,使芽每年更新 1 次。通过芽的这种一年一度的更新,既能适应冬季不良气候环境,又可以通过芽在发育过程中向花芽分化而完成生殖过程。

梨树的花芽为混合芽,多数由顶芽发育而成,有时也能由侧芽发育成腋花芽,大多数品种都能形成不同数量的腋花芽,花芽萌发后,先抽生一段短枝称果台,有时这一短枝极短而无叶片,在其顶部着生花序,开花结果。混合芽内既有叶原基也有花原基,发育成花器、花序、枝和叶的雏形。萌发后既能生枝出叶,又能开花结果,并可在果台上长出副梢。梨的个别花芽有只开花结果、而不能抽生果台副梢的现象,称为不完全混合芽。

(三)枝条生长

梨树体高大,寿命长。秋子梨最高可达到 30 m,白梨次之,沙梨比白梨稍矮。梨干性强,层性明显,萌芽力强,成枝力弱,先端优势强。在一枝上一般可抽生 4 个长梢,其余均为中短梢。一些成枝力弱的品种,在自然情况下即形成疏层形树冠。同一枝上同年发生的新梢,单枝生长势差异较大,所以竞争枝很少。同时因顶生枝特强,故常形成枝的单轴延伸。因此梨树树冠中常见无侧枝的大枝较多,而树冠稀疏。梨树幼树枝条常直立,枝条多集中在顶部,因而形成一年一层向上生长特性,层性明显,树冠抱合。进入盛果期后,枝条生长势减弱,结果后主枝逐渐开张,树冠呈圆头形。

中国梨新梢只有春季一次加长生长,一般无秋梢。梨的新梢生长期短,长梢多在 7 月下 8 月上旬前停止生长,中短梢在 6 月中下旬前停止生长。梨树隐芽多而寿命长,在枝条衰老或受损以及受到某种刺激后,可萌发抽枝,以利于树冠更新和复壮。

梨树叶片具有生长快,形成早的特点,5 月下旬以前形成的叶面积占全树的 85% 以上。梨树在展叶后的 25～30 d 有一个亮叶期,亮叶期叶功能已经达到最强的时期,中梢、短梢顶芽形成,开始向花芽转化。

二、结果特性

梨树结果早晚依种类、品种而异。砂梨系统的梨品种结果较早,嫁接后 3～4 年就可结果;秋子梨系统的品种结果较晚,一般需 5～7 年才能结果。梨树进入盛果期一般在 10 年以后,密植栽培的梨树有的 4～5 年后也可进入盛果期。梨树适当控制顶端优势,开张角度,轻剪多留,加强肥水,可提早结果。

(一)结果枝类型

梨树一般以短果枝结果为主,中果枝、长果枝结果较少。结果枝类型因树种、品种间差异较大,秋子梨多数品种有较多的长果枝和腋花芽结果,而沙梨中的新世纪、幸水等及西洋梨则少见。树龄时期不同结果枝类型也有变化,一般初结果期易见中、长果枝结果,老年树少见。结果枝类型也与栽培管理有关,生长健壮的树,及时夏剪,使副梢结果,可形成长中果枝及腋花芽。结果枝的结果能力与枝龄有关,梨树以 2～6 年生枝的结果能力较强,7～8 年以后随年龄增大而结果能力衰退。

梨树的新梢、副梢和果台副梢如图 3-5 所示。

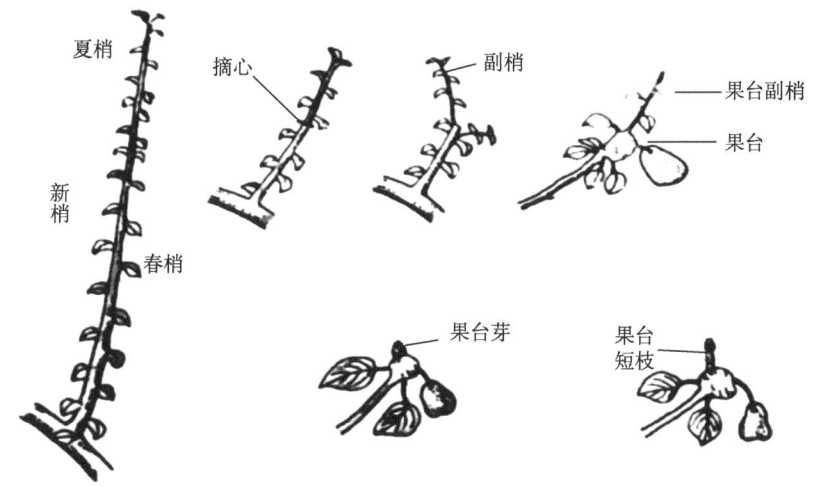

图 3-5 梨树的新梢、副梢和果台副梢

(二)开花与结果

梨自花结果率多数很低,多数梨品种均要配置授粉品种。梨树开花量大、落花重、落果轻、坐果率较高。梨正常落花落果一般为两次,第一次落果在开花后 30～40 d,较少发生第二次落果,有些品种有采前落果现象。梨以开花当天授粉效果最好,3 d 后授粉基本不能受精。梨花授粉受精后,花托和子房下位发育为果肉,子房发育成果心,胚珠发育成种子。

梨果实生长期一般分三个时期:果实快速增大期、果实缓慢增大期和果实迅速膨大期。果实快速增大期,从子房受精后开始膨大,到幼嫩种子开始出现,该期主要是花托和果心部分细胞迅速分裂,细胞数量迅速增加,使果实体积快速增大,这一期果实纵径比横径增加明显，幼果呈椭圆形。果实缓慢增大期，自胚出现到胚发育基本完成为止。该期主要是胚迅速发育，胚吸收胚乳逐渐占据种皮内部空间，而果肉和果心部分体积增大缓慢，果实的体积变化形成一个停滞期，果实增长相对缓慢。果实迅速膨大期，从胚占据种皮内全部空间到果实成熟为止。该期主要是果肉细胞体积增大和细胞间隙的容积迅速膨大，从外观上看果实体积增加明显，是果重增加最快的时期。这一时期果实横径增加大于果实纵径增加，最终形成品种固有的果形。

梨树果实发育期在栽培管理上是一个重要时期，在果实发育期适当施肥有利于果实增大和提高果实品质。

任务三　梨栽培环境

一、温度

梨树经济栽培区的北界与1月平均温度密切相关，白梨、沙梨不低于−10 ℃，西洋梨不低于−8 ℃，秋子梨以冬季最低温−38 ℃作为北界指标。梨树开花较苹果为早，梨是先开花后展叶，所以易发生花期晚霜冻害。梨树开花要求10 ℃以上的气温，14 ℃以上时开花较快。梨花粉发芽要求10 ℃以上气温，24 ℃左右时花粉管伸长最快，4～5 ℃时花粉管即受冻。梨的花芽分化以20 ℃左右气温为最好。梨的根系在0.5～2 ℃以上即开始活动，5～6 ℃即发新根。山梨、杜对土源要求略低，活动早，豆梨、砂梨砧要求略高，活动较晚。所以，北方宜用山梨、杜梨作砧木，不宜用豆梨、砂梨作砧木。

西藏自治区山南、日喀则、昌都的部分地区积温不足，常出现花芽形成困难和果实偏小、色味欠佳现象。果实在成熟过程中，昼夜温差大，夜温较低，有利于同化物质积累，从而有利于着色和糖分积累。我区林芝、山南、昌都等地区夏季日较差多为10～13 ℃，所以，自东部引进的品种品质均比原产地好，耐贮运力亦增强。

二、水分

梨需水量大，合成1 g干物质需消耗水量284～401 g（蒸腾系数）。亩产2 500 kg的成年梨树，一亩一年耗水量约为400 t。但不同种类的梨品种间有差别，砂梨需水量最多，白梨、西洋梨次之，秋子梨对水分不敏感。梨比较耐涝，在年生长周期中，新梢旺长期、幼果膨大期、果实快速生长期需水量大，应保证充足的水分供应，以防影响产量。

三、光照

梨树喜光，年需日照在1 600～1 700 h，一般以一天内有3 h以上的直射光为好。光照不足，影响果实大小、果形、色泽、风味、果皮厚度、石细胞数量和花芽分化。西藏梨栽培产区，总日照时数充足，一般不存在日照不足的现象，生长季要防止强光日灼。

四、土壤

梨对土壤要求不太严格。无论是壤土、黏土、砂土，或是一定程度的盐碱、砂性土壤，都有较强的耐适性。为了获取较好的产量、品质，梨树栽培必须选择中性的肥沃砂壤土，pH值最适范围为5.6～7.2。梨的耐盐力因砧木不同而有别，土壤含盐量0.14%～0.2%可正常生长，0.3%以上易受害。

五、园地选择

梨树对土壤要求不严格，平原沙地、山区丘陵和盐碱地等都能建立梨园。园地选择要考虑梨树对气候条件、土壤条件、社会条件等的要求。园址应选择在生态条件良好，远离污染源，并具有可持续生产能力的生产区域。西藏各地市建园必须考虑生长季有效积温、年平均气温、降水量、土壤等条件，选择适宜西藏地区的早熟、中熟、中晚熟品种栽培。

任务四　梨栽培管理

一、品种选择

选择适合西藏高原气候特点的抗逆性较强、适应性较广、寿命长、适宜密植、丰产性好的梨树品种，如早酥梨、黄金梨、红香酥、苹果梨、华山梨、黄冠、翠冠、秋月梨等。保护和发展西藏栽培历史悠久的地方品种，如广泛栽培于昌都地区的昌都醉梨、乌梨、斯梨等。

二、栽植要求

梨树栽植时期分为秋栽和春栽两个时期。秋栽从落叶起至封冻前都可进行春栽，在春季土壤解冻后至梨树萌芽前进行。温带、旱温带落叶果树带以秋栽为宜，干寒落果树带以春栽为宜。目前梨园多采用株行距（2.0～2.5）m×（4～5）m，每公顷栽植750～1 200株，主栽品种和授粉品种的比例一般为4∶1或5∶1。

梨树在栽植之前要制定长期发展战略规划、认真搞好区划布局，做到适时适地适栽，早中晚品种合理搭配。此外，应制定果树标准生产技术规程，在各代表地区建立标准品种资源圃和示范园，并加强对梨主产区的生产、采收、贮藏、加工、运输和销售等环节服务，切实帮助果农增加收益，提高果农种植的积极性，促进本区梨产业持续健康快速发展。

三、土肥水管理

梨树的根系生长得深广、稀疏，生长反应较慢。枝叶大多集中在一次形成，花芽分化开始得早。这些特点都决定了梨树需要良好的土、肥、水的条件，满足梨树生长发育所需要的矿质营养、水分。

（一）土壤管理

西藏果树栽培区普遍土壤条件差，土层浅，土地瘠薄，缺乏有机质，建园之前先进行土壤改良。

1. 土壤深翻

可以通过深翻熟化改善来栽培土壤条件，深翻时间应根据当地条件决定。有灌溉条件的梨园，深翻后能及时浇水，可常年进行，但以秋季采收后至上冻前深翻为好，此时地上营养物质向下运输，根系伤口容易愈合，易生新根，干旱无灌溉条件的坡地，应根据降雨及土壤墒情安排时间，幼树可在夏季多雨时在雨前进行。而冬季严寒地区，则宜在早春深翻。

深翻深度一般要求达 60～80 cm。深翻时，应把表土和底土分放两边，尽量少伤根系。天旱和冬季寒冷时深翻，要随翻随覆土，防止裸露根系受到风吹日晒和夜间受冻。覆土时，要增施有机肥或秸秆、杂草、树叶等有机物质，和表土混合均匀填入底层和根系附近，心土撒在上层，以促进风化。

深翻方法，幼树可结合秋冬施肥扩穴，以栽植穴为中心，每年向外深翻，直至株间的土壤全部翻完为止，也可将栽植穴以外的土壤一次全部深翻。结果期梨，为了减少根系损伤，可以采取隔行或隔株深翻的方法，即一个行间深翻，相邻的行间不动，下次再翻，全园两次翻完。在土层薄、石头多的山地梨园，要结合深翻掏石换土，以加深根系分布。平地果园，如活土层浅，心土硬，肥力差，或土壤偏碱，影响根系下伸生长，导致幼树生长结果不良者，也应进行深翻和增施有机肥料。沙地梨园，可采取掺土加肥的办法改良土壤。即在栽植前按 1 份黏土和 2～3 倍沙，并和有机肥充分混合，填满栽植穴。以后每年扩穴时掺土、施基肥。通过掺土加有机肥，改善了土壤物理性状，增加了有机质，使死土变活土，瘠地变肥地，效果优于以往采用的压土和换土方法。

2. 土壤耕作

为了保持梨园土壤疏松，应加强土壤耕作。春季灌水后，常降低土壤温度和通气性，影响根系吸收活动。为解决土壤湿度、温度和通气之间的矛盾，应深锄、勤锄树盘，以提高土温，增加通气性，保持土壤水分，有利于根系吸收和土壤微生物活动。在缺少水源的山地果园，春天锄地保墒，效果尤为明显。雨季土壤板结，杂草丛生，土壤通气恶化，及时中耕可消灭杂草，还能改善土壤的通气性。山地梨园多在落叶后至土壤封冻前进行刨地，以拦蓄雨雪，促进土壤风化，还有利于消灭越冬害虫。

3. 果园生草法

梨树生长季，为了改善果园土壤环境，提高土壤有机质，降低土壤温度的变化幅度，以及增加果园天敌数量，也可以采用生草法或覆盖法。如幼龄梨园全园生草，成龄梨园行间生草、行内清耕覆草。适宜的草种有白三叶草、苜蓿、苕子、鸭茅草、高羊茅等。待草根深扎、草体丰茂时，留茬 10～15 cm 刈割，割下的草覆于树盘和行内。

（二）施肥管理

1. 梨树需肥规律

我区多数梨园建立在丘陵、河滩地，土壤贫瘠，质地和结构不良，不利于梨树正常的生长发育。因此，丰产梨园必须制订深翻改土计划，增施有机肥，改良土壤结构，逐步完成梨园土壤的改良，实施配方施肥、平衡施肥、按需施肥的科学施肥技术。

梨树是多年生植物，要从固定的土壤中吸收所必需的矿物质养分。这些养分来源：一是土壤的天然供给，二是每年施肥的补给。天然含量越用越少，只有补充施肥，才能确保梨树正常生长结果。施肥要依据梨树不同年龄阶段、不同生长发育阶段的需肥特性和需肥规律实施做到按需供肥、平衡施肥，减少盲目施肥，避免浪费和对环境的污染。

梨树生长前期，萌芽、发枝、展叶、坐果、成花，此阶段需氮素最多；生长中期和果实膨大期，钾的需要量增高，80% 以上的钾是在此期吸收的；磷的吸收在全年没有明显的高峰。幼树阶段以营养生长为主，主要是树冠和根系发育，氮肥需求多，要适当补充钾肥和磷肥，以促进枝条成熟和安全越冬。结果期树从营养生长为主转入以生殖生长为主，氮肥不仅是不可缺少的营养元素，且随着结果量的增加而增加；钾肥对果实发育具有明显作用，使用量也随结果量的增加而增加；磷与果实品质关系密切，为提高果实品质，应注意增加磷肥的使用。

2. 施肥时期

①基肥。秋季施用有机肥，有利于肥料分解，树体吸收，树体积累养分，梨树断根早、发根多，对越冬和树体健壮效果好于其他季节施肥。土壤封冻前和早春土壤解冻后及早施基肥亦可。早施基肥能保证春季树体有足够的营养供生长结果之需。基肥可用条沟深施、放射沟状或全园撒施，磷肥最好结合基肥施入，施肥后应及时灌水。

②追肥。一般梨树每年追肥 3 次。第一次在萌芽至开花前，以氮肥为主，占全年用量的 30% 左右；第二次在幼果膨大期（疏果结束至套袋完成），氮、磷、钾配合，氮用全年用量的 40% 左右，钾 50%～60%，磷用全年用量 50% 左右（如果基肥未施用磷肥）；第三次于 7 月末施用，氮、钾配合。每次追肥后一定结合灌水，以利根系吸收。追肥的次数和数量要结合基肥用量、树势、花量、果实负载情况综合考虑，如基肥充足、树势强壮，追肥次数和用量均可相应减少。

③叶面喷肥。在叶片生长25 d以后至采收前，结合防治病虫，可掺入尿素、硼砂、磷酸二氢钾、硫酸亚铁等叶面肥进行喷施，能提高叶片的光合作用。

3．施肥量

确定施肥量要考虑土壤、品种、树龄、树势和管理技术等条件，因素错综复杂，很难形成统一的施肥标准。测土配方施肥，可针对土壤养分丰缺和梨树偏好，实行丰减欠补的肥料配方，增强了施肥的目的性；平衡施肥，则根据梨对营养元素的需求，实行按元素比例施肥。以施有机肥为主，目标亩产2 000～3 000 kg的优质丰产梨园的施肥量（基肥加追肥）：白梨和秋子梨系统的品种，每100 kg梨果施纯氮0.4～0.5 kg，氮、磷、钾的比例为1∶0.5∶1；砂梨和西洋梨系统的品种，每100 kg梨果施纯氮0.6～0.8 kg，氮、磷、钾比例为1∶0.5∶1。

（三）水分管理

水对梨树的生命活动起着决定性作用。梨树的抗旱能力比苹果强，但梨树的需水量也比苹果大。充足的供水是梨树良好生长发育的基本保证，适时适量的供水是梨树丰产优质的关键，特别是对果实品质起着决定性作用。只要在果实膨大期土壤干旱，果实大小就会受到严重的影响；在采前连续阴雨或充足灌水，果实含糖量就会明显下降，严重影响果实的风味品质。

我区藏东南地区，年降水量多者达600 mm以上，但多集中在夏季，其他季节则比较干旱，降水分布常和梨树对水分的需要不一致。因此，要提高梨的产量和品质，必须按照树体需水状况综合考虑补水，根据几个重要物候期灌水，并与施肥相互配合进行。

萌动水：春季萌芽开花期，由于冬春季节温度低，土壤和树体蒸发量小，春季土壤含水量并不低。如果秋季施肥灌了水，萌芽前的灌水可以免除。

花后水：随着落花坐果，梨开始进入新梢旺长期，是全年的需水临界期。传统栽培要灌足灌透，促进春梢加速生长，早长早停，以增加早期功能叶片数量，并可减轻生理落果。

膨大水：梨果实迅速膨大期，需水较多，对水分十分敏感。水分供应保持充足而稳定，促使果实细胞充分膨大和果个发育整齐。

采后水：果实采收后，结合秋施基肥，清理果园，深埋杂草，进行充足灌水，以使土壤沉实和肥料充分溶解，促进秋根的生长和秋叶的光合作用，提高花芽分化的质量，增加树体贮存养分和越冬能力。

灌水的方式有漫灌、沟灌、畦灌、滴灌、喷灌、管灌等方式，结合各地市梨果园栽培条件，选择合理的灌水方式。

四、整形修剪

(一) 梨树修剪特点

梨树修剪具有三方面的特点。一是根据梨树冠大、极性明显、干性较强的特点，以及枝条硬脆、开张角度小的特性，必须重视控制顶端优势，限制树高，并重视生长期开张角度，平衡骨干枝生长势；二是根据梨萌芽率高而成枝力低的特点和枝条基部有盲节的现象，为保证早期结果面积，并防止中后期衰弱，应在修剪中适当增加短截量，减少疏枝量，少用重短截，尽量利用各类枝；三是根据多数梨以中果枝、短果枝及短果枝群结果为主的习性，必须注意培养中型枝组、大型枝组，精细修剪短果枝群。

1. 芽异质性的利用

剪口下需要萌发壮枝时，可在饱满芽处短截；需要削弱枝势时，可在春、秋梢交接处或基部瘪芽处短截。

2. 芽早熟性的利用

具有芽早熟性的树种，利用其一年能发生二次副梢的特点，可通过夏季修剪加速整形，增加枝量和早果丰产。

3. 芽的潜伏力与更新

芽的潜伏力强，有利于修剪发挥更新复壮作用，如梨树利用潜伏芽进行大枝更新，剪锯口可以萌发 4~6 个新枝。

4. 萌芽率和成枝力与修剪

萌芽率和成枝力强的树种和品种，长枝多，整形选枝容易，但树冠易郁闭，修剪多采用疏剪、缓放。萌芽率高和成枝力弱的，容易形成大量中、短枝和早结果。修剪中应注意适度短截，有利于增加长枝数量。萌芽率低的，应通过拉枝、刻芽等措施，增加萌芽数量。修剪对萌芽率和成枝力有一定的调节作用。

(二) 常见树形

1. 疏散分层形

疏散分层形又称主干疏散分层开心形，适宜于密度为每 667 m^2 栽植 33~42 株的梨园。干高 60~70 cm，主枝分 2~3 层排列于中心干上，第一层主枝 3~4 个，第二层主枝 2 个，第三层主枝 1~2 个。第一、第二层的层间距为 80~100 cm，第二、第三层的层间距 60~80 cm，第一层主枝上配备 3~4 个侧枝，第二层主枝上配备 2~3 个侧枝，第三层上配备 1~2 个侧枝或不留侧枝。下层主枝的角度大于上层主枝的角度。一般幼树期主枝角为 30°~45°，结果期的主枝角度为 60°~70°。

2. 纺锤形

树高不超过 3 m，主干高 60 cm 左右，中心干上着生 10~15 个小主枝，小主枝围绕中心干螺旋式上升间隔 20 cm，小主枝与主干分生角度为 80° 左右，小主枝上直接着生小枝组。全树共 10～12 个长放枝组，全树枝组共为一层，外形呈纺锤形冠体。特点是只有一级骨干枝，树冠紧凑，通风透光好，成形快，结果早。

3．单层高位开心形

树高 3.5 m，冠径 4.0～4.5 m，干高 60～80 cm。全树分两层，有主枝 5～6 个，其中第一层 3～4 个，第二层 2 个。层间距 1～1.5 m。小主枝围绕中心干螺旋式上升，间隔 0.2 m，小主枝与主干分生角度为 80°左右，小主枝上直接着生小枝组，每主枝配侧枝 3～4 个。该树形透光性好，最适宜喜光性强的品种。

（三）梨树四季修剪特点

1．春季修剪

主要目的是缓和树势、促进发枝、使树体负载合理，提供优质稳产的基础，进一步补充完善冬剪。主要修剪手段有刻芽、延迟修剪、按枝果比疏、缩结果枝、花前复剪、回缩、疏剪、拉枝等。

2．夏季修剪

通过修剪以缓和树势、改善光照、促进成花、提高坐果率、培养枝组。主要修剪方法有开张角度、疏梢、拿枝、扭梢、环剥、开角、摘心等。

3．秋季修剪

对生长过强的树，疏除少量新梢和徒长枝，对长度在 80 cm 以上的枝条拉枝、剪梢、开角、疏密生枝、剪嫩梢等，以缓和树势、改善光照、促进成花、提高树体越冬性。

4．冬季修剪

从冬季正常落叶后至春季萌芽前均可进行，以冬季严寒期至春季树液流动之前整形修剪最好，树体营养损失最少。结合整形，调整树冠、培养结果枝组，改善树体光照条件，达到合理负载。主要运用短截、疏剪、缓放、弯枝、回缩等修剪方法。

（四）不同年龄段梨树修剪特点

1．幼树期

主要任务是培养强壮的骨架和骨干枝，配置主、侧枝，调节各类枝的开张角度和方位角，迅速扩大树冠，后期注意培养结果枝组。对有生长空间的辅养枝应继续保留，如妨碍骨干枝生长或生长势已缓和，并形成大量短果枝时，可适当回缩，用以结果，或从基部疏除。对竞争枝的修剪，主要根据主枝与竞争枝的生长情况而定，如竞争枝的生长势、着生方向、角度都比较合适，可用竞争枝代替原主枝。无法利用的竞争枝及早疏除。

2．初果期

主要修剪任务是继续整形，培养骨干枝，保持树势平衡，管理好辅养枝培养结果枝组，继续处理好竞争枝。

3．盛果期

修剪任务是维持树势，调节结果和生长的平衡，及时更新复壮。一般轻剪 1～2 年或2～3年后，当植株生长有转弱趋势时，就应及时加重修剪，促使树势复壮。树势复壮后，再适度轻剪。树势再转弱时，再行重剪复壮。这就是轻重结合，适度修剪。对开张角度较大的骨干枝，尤其是先端已下垂的大枝，可行较重的回缩。对于交叉枝及重叠大枝，适当疏剪或回缩。在盛果期，树冠内枝条数量多，徒长枝一般应疏除。盛果后期内腔枝逐渐衰亡，使骨干枝下部光秃，此时骨干枝上萌发的徒长枝应适当保留，利用其养成结果枝组充实内膛。对于结果枝组，要注意修剪和更新复壮，以保持其较强的结果能力。

4. 衰老期

此期修剪的主要任务是更新复壮，增强树势，促发新枝，少留花果，充分利用徒长枝和背上直立枝，更新大枝和枝组，以充实树冠，维持结果能力，延长经济寿命。

五、花果管理

梨树的花果管理重点是保证授粉受精、疏花疏果、提高果实品质和适期采收

（一）配置授粉树

大多数梨品种不能自花结果，需异化授粉才能结实，生产上必须配置适宜的授粉树。而且一个果园内最好配置两个授粉品种，以防止授粉品种出现小年花量不足。授粉树的数量一般占主栽品种的1/8～1/4，并栽植在行内，即每隔4～8株主品种定植一株授粉树。

（二）辅助授粉

梨多数品种自花不孕，生产中由于梨的花期较早，西藏各地在这个时期气温低，昆虫较少，大风天数较多，即使配置了授粉树，昆虫传粉也会受到影响。梨园除配置好授粉树外，应采用蜜蜂或壁蜂传粉和人工辅助授粉确保产量，提高单果重和果实的整齐度。辅助授粉是梨树获得高产、稳产、优质的一项不可忽视的措施。

1. 人工授粉

花处于气球状或初开的花朵时进行采粉。将采下的花朵带回室内取出花药，将花药放于光滑的纸上，摊成薄薄的一层，在18～25℃条件下自然干燥，1～2 d后花药即开裂散出花粉，过细筛去除花药壁、花丝等杂质（人工点授可不过筛），收集花粉装在洁净、干燥的小瓶内，放于低温干燥处贮藏。在全园的花开放约25%时，即可开始授粉。授粉分为人工点授、机械喷粉和液体授粉，一般机械喷粉效率高，但花粉用量大。喷粉时一般1份花粉加入200～300倍液填充剂，混合后宜在4 h内喷完。液体授粉是将花粉混入糖液中于50%花朵开放时在中午用喷雾器喷洒到花朵上，但不宜喷至花朵滴水。花粉液的配制方法是：干花粉25 g、白糖0.5 kg、水10 kg、硼酸10 g和尿素30 g，花粉液要随配随用。一般情况下，授粉应进行2次。花期如遇连续阴雨，应在雨停数小时的间歇点授，且应增加花朵授粉数量。

2. 人工放蜂

梨花为虫媒花，花期放蜂有利于梨树授粉并提高坐果率。一般每 0.5～1.0 hm² 放 1 箱蜂即可。花期放蜂的果园，应禁止在花期喷药。每个蜂箱的距离一般为 100～150 m。放蜂前 2 d，要用掺有梨花粉的糖水饲喂，以利于蜜蜂习惯梨花粉的味道。也可利用角额壁蜂授粉。

（三）疏花疏果

梨树疏花应从冬季修剪开始，花芽量过多时，应疏弱留壮，少留腋花芽；花芽萌动至盛花期均可继续疏花，主要疏除发育不良、开花晚及过密的花序。凡是留用的花序，应留基部 1～2 朵花，疏去其余的花，以节省养分。留花要力求分布均匀，内膛、外围可少留，树冠中部应多留；叶多而大的壮枝多留，弱枝少留；光照良好的区域多留，阴暗部位少留。如果采取按距离留果法，每花序留 2～3 朵边花。一般于花序分离期开始，至开花前结束，宜早不宜迟。按照确定的负载量选留健壮短果枝上的花序，每 15～25 cm 留一花序，开花时再按每一花序留 2～3 朵发育良好边花，其余花序全部疏除。

在花期过后 7～10 d，未授粉的花脱落，即可开始疏果。一般在 5 月上旬开始，最好在 25 d 内疏完，要一次疏果到位。疏果的标准应因树因地而异，疏果的原则是：树势壮土壤肥力水平较高者可多留，反之要少留。留果量多采用平均果间距法，一般大果型品种（如雪花梨、酥梨等）果间距应拉开 30 cm 以上；中、小果型品种，果间距可缩至 20 cm 左右。

（四）果实套袋

果实套袋可明显改善果实外观品质和果实肉质，防止病虫侵害和机械伤，增强果实耐贮性，降低了果实有害污染，易生产无公害果品，提高果品市场竞争能力。

套袋开始时间以盛花后 25 d 左右为宜，在疏果后至果点锈斑出现前进行，持续 25～30 d 套完。套袋前喷 1 遍杀虫和杀菌剂。套袋时用手把袋撑开，将果实套入袋内，将袋口叠起用卡子或铁丝封口。注意不要扭伤果柄，以防脱落。着色品种应于果实采收前 30 d 左右除袋，以保证果实着色。其他品种可在果实采摘时连同袋一同摘下。

六、病虫害防治

（一）梨病害及防治

1. 梨黑斑病

（1）症状

主要危害沙梨系果实、叶片和新梢。叶片开始发病时为圆形、黑色斑点，后扩大为圆形或不规则形病斑，有时微现轮纹。潮湿时病斑遍生黑霉。果实受害初期产生黑色小斑点，后扩大成近圆形或椭圆形。病斑略凹陷，表面遍生黑霉，该病整个生长季均可发病。该病主要出现于林芝市波密县、加查县、巴宜区、察雅县等梨栽培区域。

(2)预防措施

加强栽培管理,增施有机肥,同时注意避免偏施氮肥。可结合冬季修剪,清除枯枝、落叶和病果并深埋。梨树发芽前喷 1 次 5 波美度石硫合剂。生长季在花前、花后各喷一次杀菌剂,连续喷 3～5 次。

(3)药剂防治

在发芽前可以向生病的梨树树体喷施 0.3% 五氯酚钠同 5 波美度石硫合剂的混合液,待梨树落花以后,可以喷施 1 次 50% 代森铵 1 000 倍液,或是退菌特可湿性粉剂 600～800 倍液,或者用 200 倍石灰倍量式波尔多液,注意一年不能超过 3 次。也可在生长季选用 50% 扑海因可湿性粉剂、10% 多氧霉素可湿性粉剂、70% 代森锰锌等喷施。

2. 梨锈病

梨锈病在林芝地区果园发生普遍,以巴宜区最为严重。主要是附近区域为林区,锈病孢子的中间寄主桧柏为病害的发生提供了更好的条件,尤以巴宜区发生较重,病叶率最高可达 60%。

(1)症状

主要危害叶片、新梢和幼果。叶片受害,初期叶片正面产生黄色圆斑,表面密生橙黄色小点,潮湿时分泌黄色黏液。后来叶背产生数条灰黄色毛状物。幼果、新梢受害后,幼果易畸形、早落,新梢病都易龟裂,二者病斑周围也产生毛状物(锈孢子器),成熟后释放出大量锈孢子。

(2)预防措施

梨锈病的预防首先要加强对梨园的管理,提高树木的抗病能力,秋冬季节及时清除杂草、消灭害虫,还需要对树木进行涂白,预防病害、防止害虫产卵。消灭菌源,砍除园周围 2.5～5 km 以内的桧柏和龙柏。不能砍的于 3 月上旬喷施 3～5 波美度石硫合剂。在发病严重的梨产区,花前、花后各喷 1 次药以进行预防保护,可以选用 25% 三唑酮可湿性粉剂、40% 福美砷溶液等。

(3)药剂防治

在梨树萌芽至展叶的 25 d 中,每 10 d 喷 1 次药,连续 2～3 次。可以喷洒 25% 三唑酮可湿性粉剂 100 倍液或者 65% 代森锌可湿性粉剂 500 倍液等。

3. 梨白粉病

(1)症状

梨白粉病主要危害叶片和新梢,发病症状比较明显,一开始在叶背上出现大小不一的白色粉状斑,有一层稀薄的白粉,随着病情发展,病斑连接成一大片,并逐渐扩散到整个叶片,叶背面全是白色粉状物,同时白粉层也比之间厚一些。到了发病后期,病斑上出现许多黄褐色颗粒,最后颗粒变成黑色。发病严重时,病叶萎缩,枯死或脱落,对梨树势、产量影响较大。该病在林芝市巴宜区危害较为严重。

（2）预防措施

秋季及时清扫园内残枝、落叶、杂草等病株残体，集中销毁，减少菌源。选栽抗病品种，结合冬季修剪，剪除病枝、病芽。多施有机肥，防止偏施氮肥。使树冠通风透光良好。梨花萌动前及时喷施5波美度石硫合剂或20～30倍晶体石硫合剂。

（3）药剂防治

防治白粉病有效的药剂有50%甲基硫菌灵可湿性粉剂800倍液，50%多菌灵可湿性粉剂1 000倍液，50%苯来特可湿性粉剂1 000倍液，40%福美砷可湿性粉剂500～700倍液，50%退菌特可湿性粉剂600倍液，0.3～0.5波美度石硫合剂，或用25%苯甲·四氯醚唑微乳剂1 500倍液+80%全络合代森锰锌可湿性粉剂900倍液，42.8%氟菌·肟菌酯悬浮剂1 500倍液等进行防治。

4．梨树腐烂病

梨树腐烂病，又名梨臭皮病。有溃疡型与枝枯型这两种症状，严重情况下会产生大量枯枝，甚至死亡。该病在波密县和巴宜区危害较为严重。

（1）症状

该病主要危害梨树的主枝及侧枝的树皮，病部树皮腐烂，以向阳面和枝杈处发生较多。初期病部稍隆起、水渍状，组织糟烂、松软、湿润，褐至红褐色，稍有酒糟气味。病斑长椭圆形，后期扩展缓慢，干缩下陷，表皮长出小黑点，边缘龟裂，病皮常翘起。病部多数未烂到木质部，潮湿时形成黄色卷丝状孢子角。

（2）预防措施

①选用抗病品种。鸭梨、白梨较抗病，砀山酥梨、黄梨、苹果梨、日本二十世纪梨等发病较重。新建果园应因地制宜发展新品种。

②加强栽培管理。增施有机肥，适期追肥，防止冻害，适量疏花疏果，合理间作，增强树势。

③剪除病枝。结合冬剪，将枯梢、病果台、干桩、病剪口等死组织剪除，减少侵染源。

④涂白防寒。日照强的地区，秋后在树干上涂白防寒。配比为生石灰6份、食盐1～2份、水20份，配制后涂刷。

（3）药剂防治

发病重的梨树需全面刮治，先找到梨树腐烂病病斑边缘，用快刀在病斑上间隔0.5 cm纵向划道，范围大出病斑边缘2 cm，深达木质部，涂抹杀菌剂。刮除翘皮及坏死组织，刮后可喷洒5%菌毒清水剂50～100倍液、95%邻烯丙基苯酚（银果原药）50倍液、50%苯菌灵可湿性粉剂800倍液、30%戊唑·多菌灵悬浮剂（发芽前喷600～800倍液、生长期喷1 000～1 200倍液）等药剂。

5．梨煤污病

梨树上出现黑色霉层污染叶片和果面是梨煤污病，是由于产地雨水较大或梨木虱、蚜虫为害严重而形成的梨树病害，黑色的霉层附着在叶片上，影响叶片光合作用，污染果面，影响果实商品性，现已成为中国梨树的重要病害之一。该病在林芝市波密县、巴宜区危害较为严重。

（1）症状

煤污菌主要寄生在梨的果实、枝条和叶片。病症先从叶背开始，前期出现聚集性叶片霉层，后逐渐扩大，霉层厚度增加，叶片密集的地方，也偶从叶片正面发生，随着病症的加重，霉层由背面朝叶片正面转移，从而危害整个叶片。危害后的叶片，整体黯淡无光，而后逐渐畸形黄化，严重影响光合作用，发生严重的树体，会出现早衰现象。除叶片以外，这种病害还危害梨树枝干和果面，果实染病，最初只有数个小黑斑，逐渐扩展为大斑，菌丝着生于果实表面，个别菌丝侵入果皮下层，果面上产生黑灰色不规则病斑，在果皮表面附着一层半椭圆形黑灰色霉状物，其上着生的小黑点是病菌分生孢子器，病斑初颜色较淡，与健部分界不明显，后色泽逐渐加深，与健部界线逐渐明显，影响果实商品性。病斑一般用手擦不掉。

（2）预防措施

落叶后结合修剪，剪除病枝、清扫病叶，集中烧毁，梨树秋季落叶后、春季萌芽前用 5 波美度石硫合剂全树喷淋呈水洗状清园，减少越冬菌源、虫源。梨树修剪时使树膛开张，改善通风透光条件，增强树势，提高抗病力。

（3）药剂防治

在发病初期，喷 50% 甲基硫菌灵可湿性粉剂 600～800 倍液或 50% 多菌灵可湿性粉剂 600～800 倍液、40% 多·硫悬浮剂 500～600 倍液、50% 苯菌灵可湿性粉剂 1 500 倍液、77% 可杀得微粒可湿性粉剂 500 倍液。间隔 10 d 左右 1 次，共防治 2～3 次，可取得良好防治效果。

（二）西藏梨主要虫害及防治

1. 梨木虱

（1）发生及危害

梨木虱在昌都市察雅县、林芝市巴宜区较为常见。梨木虱成虫、若虫多集中于新梢、叶柄为害，夏秋多在叶背取食，严重的时候会直接导致全叶最终变成褐色，进而引起早期的落叶症状，新梢被害后发育不良。果实受害后果面呈片状黑点，影响外观品质。危害严重时，会使树势削弱，花芽分化受阻，给来年产量造成极大的损失。若虫在叶片上分泌大量黏液，这些黏液可将相邻两张叶片黏合在一起，若虫则隐藏在中间为害，并可诱发煤污病等。

（2）预防措施

早春及秋末清洁果园，刮树皮结合施基肥，并将刮下的树皮与落叶、杂草集中带出园外烧毁或掩埋，秋末灌冻水，消灭越冬成虫。压低虫口密度。在 5 月底 6 月初，集中 3～4 d 的时间，对树头、背上和外围等部位未停止生长的新梢摘去顶部 5～6 片叶以上未展开的部分，并立即深埋。

（3）药剂防治

越冬成虫出蛰盛期。用药时应选择晴朗天气的上午，对树体地上部分的茎、干、枝、芽重喷，如5%高效氯氰菊酯2 000倍液，或用2.5%溴氰菊酯2 500倍液。对于上年梨木虱危害严重、基数大的梨树，可选择5%来福灵2 500倍液。在第一代卵发生盛期（3月底4月初）喷施5波美度石硫合剂。

第一代若虫发生期。选用的药剂有1.8%阿维菌素3 000倍液（质量较好的有虫螨杀星、爱福丁、爱诺虫清3号等）、10%扑虱蚜2 000倍液等。

摘梢后补药剂。可选用的药剂1.8%阿维菌素3 000倍液、10%扑虱蚜2 000倍液，加5%来福灵2 500倍液。

黏液形成后用药。用洗涤剂加杀虫剂，可在用药前喷500倍的碱性洗衣粉来冲洗和溶解叶片的黏液，经3～4 h之后再喷药，还可把中性洗衣粉或高金增效剂直接加入药剂中一起喷施，效果也很显著。

果实采收后。可在果实采收后再施一次杀梨木虱成虫的药剂，选择20%双甲脒或蚜螨快杀1 000倍液喷布梨树，可有效消灭越冬代成虫，降低越冬虫口基数。

2. 二斑叶螨

（1）发生及危害

二斑叶螨俗称"白蜘蛛"，在拉萨市、林芝市巴宜区危害较为严重。该虫以若螨、成螨聚集在梨树叶片的背面刺吸汁液，受害叶片先从近叶柄的主脉两侧出现苍白色斑点，随着危害的加重，可使叶片变成灰白色及至暗褐色，抑制光合作用的正常进行，严重者叶片焦枯以至提早脱落。梨树二斑叶螨通常先在树下阔叶杂草和果树根蘖取食、滋生，此后再上树危害。早期多集中在内膛，逐步向外围扩散，6月中旬到7月中旬为猖狂危害期，下雨，虫口密度迅速下降，到9月气温下降延续向杂草上转移，10月延续越冬，高温干旱有利于其发生和危害。

（2）预防措施

早春越冬螨出蛰前，刮除老翘皮，清除果园枯枝落叶、杂草，集中深埋或烧毁，消灭越冬雌成螨；春季及时中耕除草，特别要清除阔叶杂草（藜、灰绿藜、田旋花等），及时剪除树根上的萌蘖，消灭其上的二斑叶螨。春季在主干基部10～20 cm缠胶带，胶带表面光滑，可以阻碍二斑叶螨上树危害。8月、9月在主干下部缠诱虫带，给它提供人为的越冬场所，到冬季（春节前后）取下诱虫带并带出园外烧毁。

（3）药剂防治

二斑叶螨一般于5月开始上树为害，应密切注意发生情况，适时喷药防治，可选用爱福丁、虱螨净、敌虱螨、螨死嗪等。如24%螺螨酯悬浮剂4 000～5 000倍液，50%四螨嗪悬浮剂4 000倍液，5%噻螨酮乳油2 000～2 500倍液，20%三唑锡悬浮剂1 500倍液。用药时间从4月底开始防治，间隔20 d防治2～3次，宜早不宜迟。以内膛和下部叶片、树干防治为主。

3. 梨网蝽

（1）发生及危害

梨网蝽零星出现于林芝市工布江达县、巴宜区、波密县等地。以成虫、若虫在寄生于叶片背面刺吸为害，被害叶正面出现苍白斑点，叶片背面因虫所排出的粪便成黑灰色斑点似雀斑，极易识别。受害重的叶片，极易早期脱落。梨网蝽成虫在枯枝落叶、枝干翘皮及裂缝、杂草及土、石缝中越冬。翌年4月上旬开始活动，飞到梨树叶片上取食为害。产卵于叶片背面靠主脉两侧的组织内，5月中旬以后各虫态同时出现，世代重叠。以7—8月为害最重。10月中下旬以后，成虫寻找越冬场所越冬。初孵若虫不甚活动，有群集性。

（2）预防措施

秋季成虫下树越冬前，在树干上绑草把，诱集消灭越冬成虫。冬季清除枯枝、落叶、杂草，深翻树盘、刮树皮，消灭越冬成虫。

（3）药剂防治

发生初期，特别是在第一代成虫发生期喷洒80%敌敌畏乳油1 000倍液，40%乐果乳油1 000倍液，或用50%杀螟松乳油1 000倍液，50%辛硫磷乳油1 000倍液，20%氰戊菊酯或10%氯氰菊酯乳油3 000倍液，分别进行树干根际喷洒和树冠中部喷洒防治出蛰成虫。

4. 吹绵蚧

（1）发生及危害

吹绵蚧吸食树体汁液，危害常群集在叶芽、嫩芽、新梢上危害，发生严重时，叶色发黄，引起落叶、枯梢、树势衰弱。叶片出现黑斑，畸形生长，遇风脱落；果实受害引起落果；枝干受害，长势明显下降，重则干枯，还引起煤污病发生。吹绵蚧虫体小，繁殖快，且体表覆盖有蜡粉，如果不认真加以防治，有可能大范围发生，对梨树造成严重影响。

（2）预防措施

对梨园树体进行科学、合理的水肥管理，结合修剪，剪去过密枝叶、病虫害严重的枝叶，使树冠通风透光，增强树体生长势，降低吹棉蚧密度，可明显减少吹棉蚧的危害。吹棉蚧的远距离传播主要靠苗木携带，因此树苗调运时要加强苗木检疫，发现带虫苗木及时处理，杜绝吹棉蚧的传播和扩散。

（3）药剂防治

用40%速扑杀乳油喷防，由于其具有很强的内渗透作用，对蚧壳虫有特效。在低龄盛发期施用1 000～1 200倍液；如果错过防治时期，则用700～800倍液，对高龄幼蚧和雌成蚧有很好的防治作用；冬季清园用40%速扑杀乳油1 500倍液加95%机油乳剂300倍液，喷防效果很好。

5. 梨二叉蚜

（1）发生及危害

梨二叉蚜别名为梨蚜，属于同翅目，蚜科类害虫。以成虫、幼虫群居叶片正面为害，受害叶片向正面纵向卷曲呈筒状，轻者向正面略卷，被蚜虫危害卷缩的叶片大部不能再伸展开，易脱落，受害严重的叶片产生枯斑而早期脱落，梨蚜卷叶内易招致梨木虱的潜入。该害虫常年在梨树生长早期进行危害，其主要发病区域在国内各梨主产区都有出现，特别是辽宁、河北、山东和山西等的梨产区时有发生，西藏该虫主要多发于米林市和察雅县。

（2）预防措施

秋冬时节，对梨园内的枯枝败叶及时彻底清理，并集中用火烧掉，有效切断越冬虫卵过冬的可能，同时，对于梨树上翘起的树皮要进行刮除，对梨树上的一些附残物也要清除，这些都有可能存在着准备越冬的虫卵；在早期发生量不大的时候，人工摘除被害卷叶。蚜虫的天敌很多，主要有瓢虫、食蚜蝇、蚜茧蜂、草蛉等，梨园内注意保护天敌就可以来防治少量的梨二叉蚜；在果实期，可以选择在 6 月上旬前对梨树果实套袋作业，这样不仅可以阻止梨树黄粉蚜爬到果实上对其造成危害，而且还可以防治其他害虫。

（3）药剂防治

在梨树开花前，越冬卵全部孵化而又未造成卷叶时，喷施药剂进行防治，药剂可用 10% 蚜虱净可湿性粉剂 4 000～6 000 倍液、或用 2.5% 扑虱蚜可湿性粉剂 1 000～2 000 倍液、或用 10% 吡虫啉 3 000 倍液或 1.8% 阿维菌素乳油 2 000～4 000 倍液或 10% 氟啶虫酰胺水分散粒剂 2 500～5 000 倍液或 10% 吡虫啉可湿性粉剂 4 000～5 000 倍液等。注意轮换、交替使用及在农药安全间隔期施用。

6. 顶梢卷叶蛾

（1）发生及危害

顶梢卷叶蛾又名顶芽卷叶蛾、芽白小卷蛾，属鳞翅目，卷叶蛾科。寄主植物有苹果、梨、桃、山楂等多种果树。幼虫危害苹果、梨、桃、海棠、花红、李、杏等果树的顶梢嫩叶，将数张叶片缠缀在一起，并使用叶背绒毛作成严密的虫袋，藏于其间危害。顶梢卷叶蛾主要危害枝梢嫩叶及生长点，影响新梢发育及花芽形成，幼树及苗木受害特重，有时也危害花蕾、花和幼果。该虫在西藏果树栽培区都有零星发生，应加强预防。

（2）预防措施

结合冬春修剪，彻底剪除越冬幼虫枝梢卷叶团，并集中烧毁。顶梢卷叶蛾防治应以人工防治为主，药剂防治为辅。原因一是顶梢卷叶蛾主要危害幼树，对盛果期梨树产量和质量均无较大影响；二是在顶梢卷叶蛾危害时，形成拳头状团，且干枯不落，极易发现；三是卷叶紧密，药剂防治难以奏效。具体方法为芽萌动前彻底剪除虫枝梢，集中烧毁；生长季节随时剪除虫梢或捏死卷叶蛾的幼虫。

（3）药剂防治

在 4 月上旬，梨芽萌动期间过冬幼虫开始出茧取食，这时可用 90% 敌百虫 0.5 kg 和 40% 乐果乳剂 0.5 kg，加水 750 kg 的混合液防治，或用 50% 杀螟松 1 000 倍液喷杀。6 月上中旬在第一代卵盛期和孵化盛期，喷洒 50% 对硫磷乳剂 2 000 倍液，50% 敌百虫 1 000 倍液，50% 杀螟松乳剂 1 000 倍液，杀卵和初孵幼虫的效果很好。也可在越冬幼虫出蛰转移期和第一代幼虫孵化盛期选择 80% 敌敌畏乳油 1 000 倍液，37% 虫杀宝乳油 1 200 倍液，4.5% 高效氯氰菊酯乳油 1 200 倍液进行树上喷雾防治。

7．苹毛丽金龟

（1）发生及危害

苹毛丽金龟又称苹毛金龟子，俗称"金龟子"，在苹果、梨、葡萄、桃、李、杏、樱桃等果树上均有发生，幼虫是地下害虫，危害幼根，成虫危害花器、嫩芽及嫩叶，靠近山地果园受害较重，轻者造成减产，重者造成全园绝收。在梨盛花期，成虫食害花蕾，将花瓣咬成缺刻，并食去花丝和柱头，影响开花坐果。嫩芽、嫩叶受害，被食成孔洞或缺刻，严重时将嫩芽吃光。该害虫广泛分布于林芝市各县区苹果园、梨园。

（2）预防措施

对于苹毛丽金龟的防治，农业防治和药剂防治都是非常有效的。在农业防治方面，可以在成虫发生期，利用其假死习性，组织人力于清晨或傍晚敲树振虫，树下用塑料布单或芦苇接虫，集中消灭。

（3）药剂防治

用 5% 辛硫磷颗粒剂 30 kg/hm² 处理土壤，另外，在果树花含苞未放，即开花前 2 d，喷施 10% 安绿宝乳油 2 000 倍液，或用 40% 速扑杀乳油 1 000 ~ 1 500 倍液等杀虫剂，都可以有效地杀灭苹毛丽金龟。

七、果实采收

采收时期早晚对梨果的外观和内在品质、产量及耐贮性都有很大影响。采收过早，果个尚未充分膨大，物质积累过程尚未完成，不仅产量低，而且果实品质差，同时由于果皮发育不完善，易失水皱皮。采收过晚，果实过度成熟，易造成大量落果，贮藏中品质衰退也较快。过早过晚采收都可能使某些生理病害加重发生。适期采收就是在果实进入成熟阶段后，根据果实采后的用途，在适当的成熟度采收，易达到最好的效果。长途运输和长期贮藏的梨果应适当早采，鲜食果和就地销售的果可适当晚采。采收时宜在晨露已干、天气晴朗的午前和 16：00 以后，不宜在有雾、露水未干和降水时采收。

注意事项：果实采前喷药，在采收前要喷一次高效低毒的杀菌剂，如多菌灵甲基硫菌灵等，以铲除果表面或皮孔内的病原菌，减轻贮存期间的危害。采收过程中减少损伤。在采收过程中要求避免一切的机械损伤，如指甲划伤、跌撞伤、碰伤、擦伤、积压伤等，并且要轻拿轻放，保证果柄完整。盛梨果的容器要求用硬质材料，如塑料周转箱或竹筐、柳条筐等，箱或筐的里面要用软的发泡塑料膜或麻布片作内衬，以免在采收过程中碰伤果实。

【实训1】梨树冬季整形修剪

一、实训目标

了解梨树生长特性,掌握梨树冬季修剪方法及技巧。

能够完成梨树冬季修剪。

二、实训材料

材料。当地主栽梨树,几种树形不同的梨幼树、结果树。

用具。修枝剪、手锯、梯子、磨刀石等。

三、实训内容

树形观察分析观察和分析生产上常见的树形。

修剪反应观察观察上年修剪的反应,观察内容包括被剪枝条的生长势、角度的调节、枝条着生方位、采用的修剪方法及其程度,成花结果情况,提出改进措施。

修剪技能训练对不同树龄、不同树形、不同品种进行修剪。

四、实训方法及注意事项

修剪前必须全面观察了解品种的生长结果习性和植株的状况,根据具体植株进行整形修剪工作。

修剪顺序应本着先去大枝,再去中枝,最后全面修剪小枝的原则进行。

整形阶段的植株必须先外后内,先上后下地修剪延长枝,使主从关系分明。

注意剪口、锯口,留剪口芽的操作技术,全树剪完后,对1.5 cm直径以上的伤口应立即涂油漆。

将剪下的枝条立即集中运出园外,并尽快处理。

为使学生从梨树动态生长的角度掌握修剪技能,可先让学生观看相应的影视教学片,并采用室内板图演示、现场模拟教学、示范修剪等形式,使学生形成系统的修剪概念和综合技能。

实训时,先由指导教师讲解和示范,然后再由学生进行分组操作训练。学生训练初可按组6人分组进行,以便共同讨论,尽快入门。随操作技能的提高,小组人数逐渐减少最后独立操作,老师点评总结。

五、实训结果考核

考查学生实训态度,不迟到、不早退,态度端正,认真、仔细,吃苦耐劳,遵守纪律(20分)。

观察树体细致、对梨树修剪的原则明确(20分)。

考查学生技能掌握情况,能够正确培养梨树枝组,修剪程序正确,操作规范,技术熟练(40分)。

结果考核,按时完成梨树冬剪实训报告,报告内容完整规范,总结合理(20分)。

复习思考题

1. 简述西藏栽培梨的品种及其特性。
2. 简述梨树开花结果特性。
3. 梨树肥水管理要点有哪些?
4. 简述梨树保花保果的技术要点。
5. 西藏梨树栽培过程中常见的病虫害有哪些?如何综合防治?

项目三　西藏桃生产技术

❀ 知识目标

了解西藏桃栽培的意义、现状、发展趋势等概况；
熟悉桃生物学特性、种类及优良品种；
掌握桃土肥水管理、整形修剪、花果管理等关键生产技术及原理。

❀ 能力目标

能够正确识别西藏常见的桃主栽品种；
能结合西藏当地气候及土壤条件，选种适宜品种，并能掌握优质、丰产、高效的生产技术。
掌握桃树施肥、疏花疏果、整形修剪等技术。

❀ 学习任务

桃生物学特性，桃安全生产的基本要求，桃的主要种类和品种，生物学特性，土肥水管理，主要树形和整形修剪技术，花果管理等技术。

结合讲解西藏桃树栽培历史，点明西藏是桃起源地之一，把西藏光核桃在高原顽强生长的经历和中华民族传承千年、生生不息顽强的生命力进行类比，再展示盛开的林芝桃花图片、视频，展示高原之美、桃树之美，千山暮雪粉色青黛，高原最美春色，认识果树之美，升华爱国主义情怀。

"康布"是桃的藏语音译，一个古老的词汇，光核桃指的是主要分布在青藏高原、桃核核纹光滑的桃类，俗称"西藏桃"。西藏的光核桃资源非常丰富，不仅体现在数量和分布上，更体现在至今仍然完好保存着野生桃的一些古老特质。西藏光核桃不仅果实保留着涩与苦的原味，它的花也粉中透白，犹如令人艳羡的樱花。许多古树的存在，更加重了西藏桃的厚重感，桃在西藏有 100 年的栽培历史。西藏年产桃 20 万 kg 左右，多数品种集中分布于拉萨、林芝及昌都地区三江中游的察雅等县，栽培早熟、中熟桃品种生长结果良好，色泽艳丽，品质优良。西藏具有光照充足、气候干燥、昼夜温差大等气候特点，是发展优质桃产业的理想产地。

任务一　西藏桃资源分布、种类及品种

一、西藏桃资源分布

光核桃（*Prunus mira*）是西藏分布最广的野生果树之一，为西藏特有种类，变异类型多。其面积为15万～20万亩，共30万～40万株。多生于海拔1 700～4 200 m的山坡谷地，其中以海拔2 400～3 500 m地带分布较为集中。以成片分布为其特点，常见有数十亩乃至上百亩的纯桃林。有高达21 m、干周10余米、树龄逾千年的古老植株，生长旺盛，结果正常。树龄在300～400年的大树随处可见，比普通栽培的桃龄要大5～20倍。光核桃有长寿、抗性极强的特性，有可能成为解决世界范围内桃树栽培寿命短这一难题的珍贵种质资源及杂交育种的亲本材料。

二、西藏桃主要种类

桃为蔷薇科（Rosaceae）李属（*Prunus* L.）桃亚属（*Amygdalus*）植物。桃亚属共有6个种，即桃、山桃、光核桃、新疆桃、甘肃桃、陕甘山桃。其中有的是重要栽培种，有的可用做砧木，有的则为观赏植物。

西藏原产的桃种质资源有2个种。

（一）桃（*Prunus persica*）

桃又名毛桃，普通桃，原产我国，本种栽培品种最多，分布最广，各省区市广泛栽培。果实圆形，果面有毛。冬芽密被毛，叶片椭圆披针形，叶片侧脉未达叶缘即结合成网状，叶缘锯齿较密。核大，长扁圆形，核表面有沟纹。世界各地均有种植。有以下7个变种。

①离核光桃（*Amygdalus persica* var. *aganonucipersica*）。

②离核毛桃（*Amygdalus persica* var. *aganopersica*）。

③蟠桃（*Amygdalus* persica var. *compressa*）。

④寿星桃（*Amygdalus persica* var. *densa*）。

⑤桃（原变种）（*Amygdalus persica* var. *persica*）。

⑥黏核光桃（*Amygdalus persica* var. *scleronucipersica*）。

⑦黏核毛桃（*Amygdalus persica* var. *scleropersica*）。

（二）光核桃（*Prunus mira*）

乔木，高达10 m；野生分布于西藏高原及四川等地。枝条细长，开展，无毛，嫩枝绿色，老时灰褐色，具紫褐色小皮孔。叶片披针形或卵状披针形，先端渐尖，基部宽楔形至近圆形，上面无毛，下面沿中脉具柔毛，叶边有圆钝浅锯齿，近顶端处全缘；花单生，先于叶开放，花粉红色；雄蕊多数，子房密被柔毛，花柱长于或几与雄蕊等长；果实近球形，肉质，不开裂；核扁卵圆形，两侧稍压扁，顶端急尖，稍偏斜，核表面光滑。

三、西藏桃主要栽培品种

（一）毛桃

1. 锦香

锦香是上海市农科院林木果树研究所育成的鲜食与加工兼用型优质早熟黄桃新品种。花芽主要分布在中下部，无花粉，需配置授粉树或人工授粉；果实圆形，两半匀称；平均单果重193 g，最大单果重290 g；果肉金黄色，套袋果很少着色，不套袋时阳面色彩深红，茸毛少；果肉金黄色，属硬溶质。拉萨、林芝、山南、日喀则、昌都部分地区均可种植，7月中下旬果实成熟。

2. 春雪

春雪是美国加利福尼亚州Zaiger Genetics机构育成，亲本为Zaiger47EB280×Zaiger1G131。山东省果树研究所于1998年和2000年自美国加州引入。果实大型，平均单果重150 g，最大单果重235 g，大小均匀，果实圆形，果顶平，尖圆，缝合线浅，两半部不对称。果皮中厚，不易剥离，果面茸毛短，果皮底色白色，果面浓红色，全红，色彩鲜艳。果肉白色，不溶质，肉质硬脆。风味甜，爽口，香气浓郁。黏核，核小，扁平，棕色，核纹浅。可溶性固形物13.6%，总糖8.65%，可滴定酸0.33%。品质上乘，耐贮运，货架期长。拉萨、林芝、山南、日喀则等地均可种植，7月中旬果实成熟。

3. 春蜜

春蜜是中国农业科学院育成品种。单果重150～205 g，果面鲜红色，艳丽美观，白肉，硬溶质，风味浓甜。含糖11%～12%，自花结实率高，极丰产，成熟后不易变软，耐贮运。拉萨、林芝、山南、日喀则、昌都及阿里部分地区均可种植，7月上中旬成熟。

4. 香山水蜜

香山水蜜又称早久保，该品种是大久保的芽变品种。果实个大，平均单果重204 g，最大单果重290 g，果肉乳白色，皮下近核处红色，肉质柔软，汁液多，味甜，有香气，黏核，可溶性固形物含量12%，果实近圆形，丰产性好。拉萨、林芝、山南、日喀则、昌都等地均可种植，8月上中旬果实成熟。

（二）油桃

1. 秦光2号

秦光2号是由陕西省果树研究所采用"京玉油桃"作母本，"兴津油桃"作父本杂交培育而成的油桃品种。果实圆形，大果型，平均单果重196 g，最大果重300 g，果面无毛，底色白，着玫瑰色晕和断续条纹，果面3/4部位着色，外观漂亮。果肉白色，延核处玫瑰色，阳面红色素渗入果肉，肉质脆硬，纤维较少，肉细，汁中多，甜浓芳香，可溶性固形物 14.8%～16.9%。适合林芝地区栽培，果实成熟期为 9 月中下旬。

2．瑞光 5 号

瑞光 5 号是北京市农林科学院林业果树研究所育成品种。果实近圆形，果顶圆；平均单果重 145 g，最大果重 158 g；果皮底色黄白，果面 1/2 以上着紫红色点或晕，皮不易剥离；果肉白色，硬溶质，完全成熟后多汁，味甜；可溶性固形物 10% 左右。黏核。拉萨、林芝、山南、日喀则部分地区适宜种植，果实成熟期为 8 月下旬。

3．中油金铭

中油金铭是中国农业科学院郑州果树研究所培育而成。果实圆整，果顶平，果面全红，果肉黄色质硬，果实较大，平均单果重 220 g，大果可达 300 g，果肉呈黄肉，味道较甜。可溶性固形物含量 15%，黏核。拉萨、林芝地区均可种植，果实成熟期为 7 月上中旬。

4．中油 4 号

中油 4 号是中国农业科学院郑州果树研究所选育品种。果实近圆形，果顶圆，两半部对称，缝合线较浅，平均单果重 160 g，最大单果重 200 g。果皮底色淡黄，成熟后全面着浓红色，树冠内外果实着色基本一致，适应性强，丰产性好。拉萨、林芝均可种植，果实成熟期为 7 月中旬。

（三）蟠桃

1．早露蟠桃

早露蟠桃是北京农林科学院林业果树研究所于 1989 年用撒花红蟠桃与早香玉杂交育成的极早熟蟠桃品种。果实扁圆形，平均单果重 120 g，最大单果重 190 g。果皮底色黄白色，果实阳面 1/2 以上着玫瑰红色晕。果肉乳白色，近核处红色，硬溶质，肉质细，风味甜，可溶性固形物含量 9%～11%，黏核。该品种适应性广，在拉萨、林芝、山南、日喀则、昌都部分地区均可种植，成熟期为 8 月中旬。

2．瑞蟠 3 号

瑞蟠 3 号是北京市农林科学院林业果树研究所于 1985 年通过大久保与陈圃蟠桃杂交选育出的蟠桃新品种，1999 年通过北京市农作物品种审定委员会审定。平均单果质量 220 g，最大单果质量 276 g，纵径 5.32 cm，横径 9.11 cm，侧径 9.60 cm，果实扁平、缝合线一面微上翘，果顶凹入，缝合线浅；果皮底色黄白，易剥离，茸毛中多，果面 1/2 着玫瑰红色晕，果肉黄白色，硬溶质，果汁多，风味甜，含可溶性固形物 10%～12%，黏核。早果丰产，耐贮运。在拉萨、林芝、山南、日喀则、昌都部分地区均可种植，成熟期为 8 月下旬至 9 月上旬。

3．瑞蟠 4 号

瑞蟠 4 号是北京市农林科学院培育。果实扁平，果实个大，平均单果重 220 g，最大单果重 500 g，果面鲜红，果肉绿白色，质细味甜，核小，耐运输。在拉萨、林芝、山南、日喀则、昌都部分地区均可种植，成熟期为 9 月中下旬。

4．美国紫蟠

美国紫蟠是美国品种。平均单果重195 g，果形扁圆，果皮底色黄白，着紫红色。可溶性固形物含量为14.5%，脆甜。适合保护地栽培，西藏有设施条件的地区均可种植，成熟期可进行人为调控。

5．早油蟠桃

早油蟠桃是美国品种。平均单果重96 g，果形扁圆，果皮全面着鲜红色。果肉黄色，可溶性固形物含量为12%。西藏有设施条件的地区均可种植，成熟期可进行人为调控，极早熟品种。

6．晚油蟠桃

晚油蟠桃是日本品种，果实个大，平均单果重200 g，最大单果重300 g，果实扁平，果实底色乳黄果面全红，肉白味甜，自花结实丰产性好，西藏有设施条件的地区均可种植，成熟期可进行人为调控，晚熟品种。

任务二　桃生物学特性

一、生长特性

（一）根系生长

1．根系的结构与功能

桃根系是由主根、各级侧根、众多的须根和无数的毛细根组成的总体。根系吸收水分和营养主要是靠须根先端的白色的毛细根。根系的主要功能有固定树体、吸收、合成、运输、分泌、贮藏营养等。

2．根系的分布

桃树为浅根性果树，垂直根不发达，垂直分布主要在10～50 cm土层中，水平根较发达，分布范围为冠径的2～3倍。桃树根系分布的深广度，因砧木种类、品种特性、土壤条件和地下水位高低等而不同。土壤含氧量在10%以上时，根系正常生长，土壤含氧量下降到5%时，根系生长明显减弱，低于2%时，毛细根就会死亡。积水会排除土壤空隙中的氧气，使土壤中含氧量降低，这就是桃树不耐涝、易被淹死的主要原因。

3．根系的生长规律

在年周期中，桃树根在早春生长较早，地温在0 ℃以上，根就能顺利地吸收并同化氮素，5 ℃左右即有新根开始生长，在7.2 ℃时营养物质可向上运输，15 ℃以上开始旺盛生长；22 ℃时生长最快。当盛夏土温高达26 ℃时，根系停止生长，进入夏季相对休眠期。秋季土温降至19 ℃左右时，根系开始第二次生长，但生长势较弱。秋末冬初，土温降至11℃时，桃树根系停止生长，进入冬季休眠期。一年中根有两次生长高峰。桃耐涝性差，根系呼吸旺盛，需氧量比其他果树多，土壤含氧量保持在10%左右，根才能正常生长，土壤田间持水量超过饱和度且持续时间较长则可造成缺氧。

（二）枝条生长

1. 枝条的种类与特性

桃树干性弱枝条生长量大。幼树生长旺盛，盛果期树势缓桃树除多年生骨干枝构成树体骨架外，按性质和功能，可将一年生枝分为生长枝和结果枝。

①生长枝。按其生长强弱又分为徒长枝、发育枝和叶丛枝，粗度2 cm左右，长度80 cm以上，生长过旺而节间长，组织不充实的生长枝为徒长枝；发育枝生长强旺，长度60 cm左右，粗度1.5~2.5 cm，其上多为叶芽少量花芽，有大量副梢；叶丛枝是只有一个顶芽的极短枝，长约1 cm，生长势弱，寿命短，但在营养、光照好的条件下，能诱发壮枝。

②结果枝。按长度分为徒长性果枝、长果枝、中果枝、短果枝和花束状果枝。徒长性果枝生长较旺，长60 cm以上，粗度1.0~1.5 cm，有副梢，有复芽，花芽质量较差，坐果率低；长果枝生长适度，长30~60 cm，一般无副梢，复芽多，花芽比例高、充实，坐果能力强，是多数品种的主要结果枝，现在提倡应用长梢修剪，利用长果枝进行结果的较多；中果枝长15~30 cm，单芽、复芽混生，是结果的重要果枝类型；短果枝长5~15 cm，顶芽为叶芽，其余多为单花芽，有些品种复花芽较多；花束状果枝，长度小于5 cm，顶芽为叶芽，其余均为单花芽，结果后发枝能力差，易于衰亡，多在老弱树上发生，生产中应用短果枝结果能力差，现在一般不采用短枝结果（表3-1）。

表3-1 主要结果枝种类及特性

结果枝种类	长度、粗度/cm	生长及花芽特性	功能
徒长性结果枝	长60~80 粗1.0~1.5	上部有少量副梢，花芽质量较差，坐果率低。但有的品种结实较好	培养大型结果枝组、中型结果枝组
长果枝	长30~59 粗0.5~1.0	一般无副梢，复花芽多，花芽比例高、充实，坐果能力强，是多数品种的主要结果枝	结果同时发出的新梢能形成新的长果枝
中果枝	长15~29 粗0.3~0.5	单、复花芽混生。坐果率高，是多数品种的主要结果枝	结果同时发出长势中庸的结果枝
短果枝	长5~14 粗0.3~0.5	顶芽为叶芽，其余多为单花芽，为北方品种群的主要结果枝	结果后能形成新的结果枝
花束状结果枝	长<5	顶芽为叶芽，其余均为单花芽，结果后发枝能力差，易衰亡	结果后发枝差，易枯死

2. 枝条的生长动态

叶芽在春季萌发后，新梢即开始生长，在整个生长过程中，有2~3个生长高峰。第一个生长高峰在4月下旬至5月上旬，5月中旬逐渐减弱；第二个生长高峰在5月下旬至6月上旬，同时在该段时间新梢开始木质化，6月下旬新梢的伸长生长明显减弱；但幼树及旺树上的部分强旺新梢还出现第三次生长高峰。除此之外的新梢这时主要是逐渐进入老熟充实、增粗生长阶段，10月下旬进入落叶休眠阶段。

3. 枝组类型

结果枝组指直接着生在各级骨干枝上的结果枝群（结果单位）。结果枝组的好坏可直接影响坐果数量，结果枝组的配置应大小交错排列。大型结果枝组由发育枝或徒长性结果枝经过多年短截培养而成，生长势强，占有空间大。大型结果枝组一般长 80 cm 左右，由 10 个以上的分枝组成，结果多，果实品质高，寿命长；小型结果枝组由中、长结果枝结果后培养而成，生长势较弱，枝组长约 40 cm 左右，由 5 个以下的分枝组成，结果少，寿命短，一般 3～5 年内衰亡；中型结果枝组介于大型结果枝组和小型结果枝组之间，长约 60 cm，由徒长性结果枝或长果枝等培养而成（图 3-6）。

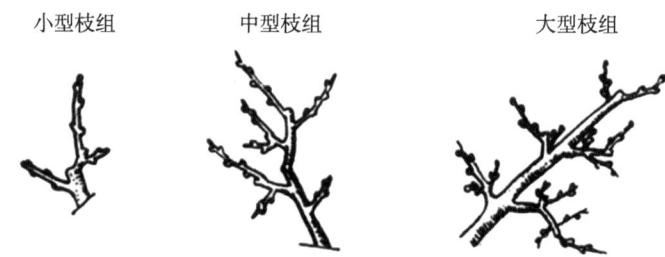

图 3-6　桃枝组类型

（三）芽生长

1. 芽的种类

桃树的芽按性质可分为花芽、叶芽和潜伏芽三种类型。

桃树花芽为纯花芽，肥大呈长卵圆形，只能开花结果，通常着生在枝条的叶腋，春季萌发后开花结果。桃树花芽主要分为单花芽和复花芽，单花芽指的是只能形成一朵花的芽，而复花芽则能形成 2～5 朵花；单花芽比较粗壮，而复花芽则相对比较细小；单花芽常出现在偏上部和顶部的枝条上，而复花芽则通常出现在偏下部的枝条上。

桃树叶芽瘦小而尖，呈圆锥形或三角形，着生在枝条的叶腋或顶端。叶芽具有早熟性，一般一年可抽生 1～3 次梢，幼年旺树一年可抽生 4 次梢。桃树的萌芽力和成枝力均较强，抽生枝多，故幼树成形快，结果期早；且分枝角常较大，故干性弱，层性不明显。

桃的多年生枝上有潜伏芽，但数量较少，寿命较短，因此，树体更新能力弱。此外，在枝的基部和生长不充实的 2 次枝或弱枝上，只有节上的叶痕，而无芽，称为盲节。

2. 芽的特性

单花芽往往比较粗壮，花芽鳞片较厚，外观和枝条基本相同。它们通过冬季休眠来积累养分，到了春季会迅速生长，形成一朵花；复花芽相对比较细小，花芽鳞片相对较细，外观也与枝条有所区别，复花芽在冬季休眠期间同样会积累养分，到了春季会迅速生长，能够形成多朵花。

桃树叶芽着生在枝条顶端和叶腋部位。桃树旺梢上的侧生叶芽具有早熟性，随着主梢的迅速生长，侧生叶芽便随之萌发，抽生副梢。生长旺盛的副梢上的侧生叶芽可抽生二次副梢，秋季新梢生长速度明显放慢后，侧生叶芽的鳞片迅速分化并发育，新梢停长后顶生叶芽也迅速形成鳞片。冬季来临前，叶芽鳞片发育成熟，形成休眠芽越冬，第二年春季休眠芽萌发，开始新的生长周期。

桃树的潜伏芽潜伏在枝条内部，枝条外观肉眼见不到芽称为潜伏芽（也叫隐芽），一般潜伏芽在枝条重剪更新复壮时可以萌发，潜伏芽的寿命与桃树品种特性有关。

二、结果特性

（一）桃树花芽分化

桃树的花芽分化是一个复杂的过程，涉及多个阶段，包括生理分化期、形态分化期、休眠期和性细胞形成期。花芽分化的开始时间与新梢的生长状态有关，通常在新梢停止生长时开始。花芽分化的质量受到多种因素的影响，包括遗传因素、枝条生长状态及芽的位置、营养状况、环境气候因素以及栽培措施和管理。

1. 生理分化期

花芽分化的第一个阶段，生长点受到内外条件的影响，改变代谢方向，形成花芽或叶芽，花芽中蛋白态氮占总氮的比率明显增加，新梢生长缓慢。这一阶段主要在6月中下旬至7月中下旬进行。生理分化开始早晚及持续时间长短与品种、树龄、树势、新梢长度、芽在枝条上的着生部位、气候等因素有关。生长季长的地区开始早，结束晚，持续时间长；生长季短的地区则开始晚，结束早，持续时间短。

2. 形态分化期

生理分化开始后不久即转入形态分化，花芽分化的第二个阶段，从7月中下旬开始，直到开花前。这一阶段包括花的发端到雄雌蕊的形成，以及花瓣和雄蕊的发育。形态分化期形态分化可分为5个时期，即花芽分化始期、萼片分化期、花瓣分化期、雄蕊分化期及雌蕊分化期（图3-7）。

3. 休眠期

花芽分化期前的一个重要过程，桃树进入休眠状态，内部代谢缓慢，有利于后续花芽分化期的顺利进行。

4. 性细胞形成期

花芽成熟期：花芽分化期后，桃树进入花芽成熟期，花芽逐渐成熟，为开花做准备。

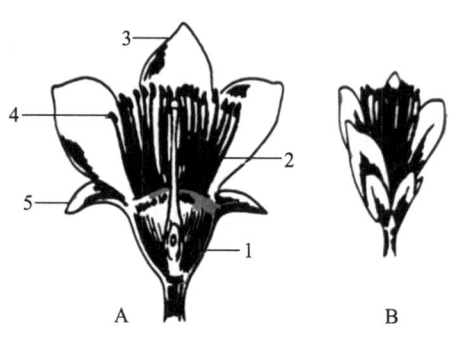

图 3-7 桃花类型与结构
A. 蔷薇形花；B. 铃形花
1. 子房；2. 雌蕊；3. 花瓣；4. 雄蕊；5. 萼片

图 3-8 桃正常果与"桃奴"
大果为正常果（右），小果为
"桃奴"（左）

（二）休眠

果实成熟后，桃树会进入休眠阶段。这是为了给予桃树充分的休息和恢复的时期。在寒冷的冬季，桃树的营养物质会集中储存在树干和树根中，为下一年的新生长提供养分。休眠期间，桃树的生长速度减慢，需要减少浇水量和施肥量。同时，注意保护桃树免受严寒和有害物质的影响。叶芽即陆续进入自然休眠状态，至落叶前 40 d 左右花芽也很快进入自然休眠状态。进入自然休眠状态的芽，必须在适宜的低温条件下经过一定的时期才能解除休眠。桃正常的果实分为正常果和桃奴，其中桃正常果与"桃奴"大果为正常果，小果为"桃奴"（图 3-8）。只有解除自然休眠的芽，才能在适宜的温度条件下正常发育、萌发、抽枝长叶，开花结果。我国南部的广东、广西、云南及福建的大部分地区因冬季低温不足，多数桃品种不能正常解除自然休眠，春季萌芽开花不整齐，树体不能正常生长和开花结果。冬季低温不足是限制这些地区进行桃树生产的最根本的因素。在北方地区进行桃树设施促早栽培时，也必须在桃芽解除自然休眠后才能揭苫升温。若升温过早，则适得其反，甚至造成绝产。西藏地区桃树栽培过程中应注意冬季树干涂白，西藏冬季白天因日照充足使得气温较高，树干吸收光照热量较充足，使得桃树树体易萌动，而夜晚气温骤降，昼夜温差大，桃树越冬过程中易发生冻害，桃树解除自然休眠所需的冷温量称为需冷量，需冷量是由遗传因素决定的，每个品种都有一定的需冷量，不同品种之间需冷量差异很大，树干涂白也可促进桃树需冷量积累。

（三）花器官发育

早春随着气温的回升，花芽逐渐萌动，芽内进入雌雄配子体的分化与发育时期。此时的芽对环境温度反应十分敏感，气温过低则发育缓慢，过高则性器官发育受阻，导致花粉败育，以至花芽脱落。沈元月等（1999）以早露蟠桃为试材，研究了温度对桃树花器官发育的影响。结果表明，在夜间温度为 15 ℃的条件下，白天 20 ℃时花器官发育正常，25 ℃时花粉量减少 50%，30 ℃时花药内的花粉几乎全部败育，开花后花药不能开裂，35 ℃时花芽萌动后不久便很快枯萎脱落。解剖研究表明，高温伤害导致小孢子减数分裂异常而严重败育。

比较分析了两年桃树不同育性品种花器官中水解蛋白氨基酸和游离氨基酸含量的差异。结果发现：可育品种、部分败育品种的水解蛋白氨基酸主要累积在雄蕊中，而高度败育品种则主要累积在雄蕊之外的花器官中，并且前者比后者存在较好的酸、碱氨基酸平衡。花器官发育过程中，精氨酸早期积累达到峰值，游离脯氨酸累积出现两次高峰，可能分别部分来自谷氨酸和精氨酸的转化。脯氨酸、蛋氨酸、精氨酸、赖氨酸、天冬氨酸、丝氨酸等与花粉育性存在着密切相关关系。另外，在花器官发育过程中，还有游离非蛋白氨类化合物参与氨代谢。

（四）开花坐果

桃树为两性花，自花结实能力较强，但也有不少品种花粉败育，这些无花粉品种在合理配置授粉树后仍可丰产。没有或少花粉品种的丰产性受气候的影响很大，气候环境变化大、灾害性天气发生频率较高的地区，应尽量选栽完全花品种。

春季日平均温度达 10 ℃ 左右时开始开花，最适温度为 12～14 ℃。同一品种的开花期为 7 d 左右，花期长短因气候条件而异。气温低、湿度大则花期长；气温高、空气干燥则花期缩短。桃树开花早晚因品种、气候、土壤、树龄树势、枝条类型而异。砂土或砂壤土春季地温回升快，相较黏重土壤种植的桃树开花更早；成年树较初果树开花早；树势弱的较树势强的开花早；花束状果枝、短果枝较中长果枝开花早，徒长性果枝开花最晚。

临近开花前，桃花的雌雄配子即已发育成熟，开花当天花药开裂散粉。桃单花的有效授粉期一般为 2～5 d。花期温度低、湿度大时，有效授粉期长；温度高、空气干燥时则短。

从授粉到完成受精过程所需的时间长短有不同报道。多茜（1939）提出配子融合在盛花后 2 周内完成。日本报道桃受精在花后 10～14 d 完成。拉格蓝德（Ragland，1934）报道菲利浦黏核桃和米欧桃（Muir）受精是在盛花后 10～16 d 发生。井上重雄（1970）报道大久保桃在花后 2～3 d 已受精，并提及一般在花后 60 h 内完成受精。可见完成受精所需的时间与地区气候条件及品种等多种因素有关。桃子房中有两个胚珠，一般在受精后 2～4 d，小的胚珠退化，大的则继续发育形成种子。有时两个胚珠同时发育，在一个果核内形成两粒种子。子房壁的内层发育成果核，中层发育形成果肉，外层发育成果皮。

（五）果实生长特性

桃果实生长发育为双 "S" 形。授粉受精后，子房壁细胞迅速分裂，子房开始膨大形成幼果。2～3 周后，细胞分裂速度逐渐放慢，果实生长也随之放缓。花后 30 d 左右，细胞分裂停止，此后的果实生长主要靠细胞体积和细胞间隙的增大。桃果实的生长发育要经历三个时期，即幼果膨大期、硬核期和果实迅速生长与成熟期。

1. 幼果膨大期

此期始于花后子房开始膨大，止于果核硬化开始之前。花后子房迅速膨大，幼果体积和重量迅速增加，果核也迅速增大，至嫩脆的白色果核核尖呈现浅黄色，即果核开始硬化为止，幼果膨大期结束。此期果实体积、重量均迅速增长，持续时间一般为 20～40 d，增长的原因是果实细胞数量的增加,由果肉细胞的分裂来实现的。果肉细胞分裂可持续到花后3~4周才渐作缓慢,其持续时间的长短大约为果实生长总日数的20%。极早熟品种最短,极晚熟品种最长。

2. 硬核期

此期果实体积增长缓慢,果核逐渐硬化,种胚逐渐发育,而胚乳则逐渐消失。果核长到品种故有大小,并达到一定的硬度,当果实再次开始迅速生长时,此期结束。硬核期持续时间长短因品种而异,极早熟品种1周左右,早熟品种2~3周,中熟品种4~5周,晚熟品种可持续6~7周,极晚熟品种8~12周。此期内胚迅速发育,到本期末肥大的子叶已基本填满整个胚珠。

3. 果实迅速生长与成熟期

硬核期结束后,果实再次开始迅速生长,直至果实成熟为止。为果实第二次迅速生长期。此期果实增长的原因是果肉细胞体积的增大,是由于果肉细胞内大量碳水化合物的积累与细胞内液泡增大而引起。此期持续时间长短,不同品种间变化很大。果实重量的增加占总果重的50%~70%,增长最快时期在采前2~3周。栽培管理正常的情况下,此期结束前果实完全表现出其品种特征,果面丰满,果个达到应有的大小和重量,果皮及果肉中的叶绿素迅速减少,果皮中的花色素迅速积累,果皮果肉均呈现出其品种固有的颜色,果实硬度下降,并富有一定弹性,果肉中的淀粉和有机酸迅速分解,可溶性固形物和芳香类物质含量迅速增加,基本呈现出其品种固有的大小、颜色和风味。此期果核体积不再增加,只是种皮逐渐变褐,种子干重迅速增长。此期持续时间长短及品种间的变化趋势与幼果膨大期相似。

油桃的果实生长与普通桃完全不同。Harold(1976)在美国东部观察了11个油桃品种的生长动态,发现油桃果实没有明显的缓慢生长期和迅速生长期,在整个果实发育过程中,一直处于不断生长状态。

(六)果实发育过程中的生理生化变化

1. 呼吸骤变

果实成熟之前发生的呼吸突然升高,出现呼吸高峰,最后又下降的现象,称为果实的呼吸跃变或呼吸峰。在果实呼吸骤变正在进行或正要开始前,果实内乙烯含量明显升高,被认为是导致果实发生呼吸骤变的重要原因之一。呼吸骤变是果实进入完熟期并达到可食状态的标志,也意味着果实即将进入衰老期。完熟期的果实不耐贮藏。

乙烯影响呼吸作用的可能机理:乙烯与细胞膜结合,增强膜透性,加速气体交换,提高果实内氧浓度,氧化作用加强,促进淀粉,脂肪等转化成可溶性糖,提高了呼吸底物浓度,促进呼吸峰出现,加速果实的物质转化,促进果实成熟。

乙烯诱导呼吸酶合成,提高呼吸酶含量和呼吸酶活性,诱导抗氰呼吸,加速果实成熟和衰老。

生产实践中，果实呼吸骤变的调控：果实贮藏运输过程中，利用低温、低氧和高 CO_2 浓度的方法，可推迟呼吸骤变出现的时间，降低呼吸骤变的强度，达到延长果实贮藏期的目的。用乙烯生物合成抑制剂、乙烯受体抑制剂和乙烯吸收剂也有类似效果。反之，提高温度和氧浓度，或应用乙烯和乙烯释放剂，可刺激呼吸骤变出现，促进果实的成熟。果实对乙烯的敏感性随果实发育程度的提高而提高。

2. 有机物质的转化

①甜味增加。果实成熟末期，淀粉酶、转化酶、蔗糖合成酶活性提高，不溶性淀粉转化为可溶性葡萄糖、果糖、蔗糖等并累积在细胞液中，使果实变甜。

②酸味降低。未成熟的果实中积累很多有机酸。随着果实的成熟，有机酸含量逐渐降低，使果实酸味降低。果实含酸量为 0.1%～0.5% 时，口感较好。

成熟果实中有机酸含量降低的原因：一些有机酸转变成糖；一些有机酸作为呼吸底物被用于呼吸消耗；一些有机酸与 K^+、Ca^{2+} 等阳离子结合生成盐。

③涩味消失。单宁（多元酚类）等涩味物质被过氧化物酶氧化或凝结成不溶于水的胶状物质，使涩味消失。

④香味产生。果实成熟时产生一些具香味的酯类或醛类挥发性物质，使果实具有特殊的香味。如苹果中的乙酸丁酯、乙酸乙酯；香蕉中的乙酸戊酯、甲酸甲酯；柑橘中的柠檬醛。

⑤果实变软。是果实成熟的一个重要标志。主要原因是细胞壁物质的降解。原果胶水解，果肉细胞彼此分开，果肉细胞中的淀粉转化成糖，果实变软。

⑥色泽变艳。果皮中叶绿素分解，原有类胡萝卜素依然存在且含量较多，使果皮呈现黄、红或橙色。此外，果实成熟时会形成一些花青素，因而使果实色泽变艳。阳光照射和较大的昼夜温差促进花色素的合成。因而果实的向阳面色泽鲜艳。

⑦维生素含量增高。果实含有丰富的维生素，主要是维生素 C（抗坏血酸）。不同果实维生素含量差异很大。

3. 蛋白质和内源激素的转化

果实成熟时，蛋白质含量上升。

激素：在幼果生长期，生长素、赤霉素和细胞分裂素的含量增高；果实成熟期，都下降至最低点，而乙烯、脱落酸含量则明显升高。

果实发育过程中，其内含物的成分与含量逐渐变化，并具有一定的规律性。果肉中全糖量不断增加，幼果期还原糖多于蔗糖，硬核期以后蔗糖含量迅速增加，大大超过了还原糖。成熟果实中的糖类以蔗糖为主，完熟时蔗糖含量有所减少，果实风味稍稍变淡。不同品种间果实含糖量差异很大，一般成熟越晚的品种，果实含糖量越高。桃果淀粉含量很少，以幼果期最高，果实成熟前迅速减少。游离酸含量品种间差异很大，一般以果实发育中期最高，成熟后稍有下降。从幼果期到果实成熟开始之前，果实及果皮中含有的色素主要是叶绿素。成熟过程启动后，叶绿素含量迅速降低，果肉及果皮呈现乳白色。黄色品种在叶绿素减少的同时类胡萝卜素迅速增加，果皮和果肉呈现黄色。果实成熟过程中，果皮中花青素迅速形成并积累，果面呈现不同程度的红晕或红色条纹。细胞间原果胶水解成可溶性果胶，果实硬度下降。此外，芳香物质形成并迅速积累，散发出浓郁的香味。

Addoms 等对桃果肉发育过程中组织化学变化进行了研究，认为不溶质桃与溶质桃在果实发育的大部分时间里没有显著差异，只是在成熟时溶质桃果肉细胞间的原果胶含量显著减少，使果肉细胞的组织结构遭到破坏，同时细胞膜厚度明显减小、透性增加，内含物渗入细胞间隙，并有部分细胞破裂，以致果肉呈现柔软多汁的性状。硬肉桃完全成熟时，果肉细胞之间的中胶层水解，肉质呈现粉状而变面。不溶质桃的细胞膜变薄但不破裂，细胞间隙带充满空气，因而使果实呈现有弹性的橡皮质。

任务三　桃栽培环境

一、温度

桃树喜温耐寒，我国大部分地区均有分布和种植，适栽地区的年平均温度为 12～15 ℃，生长期平均温度为 19～22 ℃时，桃树就可正常生长发育，生长最适温度为 18～23 ℃，果实成熟期的适温为 25 ℃左右。桃树在冬季也需要一定的低温来完成休眠过程，即需要一定的"需冷量"。桃树接触休眠所需的需冷量，一般是在 0～7.2 ℃的累积时数来表示。一般栽培品种的需冷量为 400～1 200 h，如不能满足需冷量而表现为延迟落叶，则翌年桃树发芽迟，开花不整齐，产量下降。在桃树解除休眠后，桃树器官的耐寒力逐渐下降。萌动期的花芽可耐 -5 ℃低温，花蕾可耐 -3.9 ℃，花朵可耐 -2.8 ℃，幼果可耐 -1 ℃。

二、水分

桃树喜湿怕涝，桃树作为浅根性作物，土壤湿度以 70% 最佳。其根系主要集中在土壤表层，很容易被积水淹没，导致根部受损。而桃树的根系对水分的需求较高，但也不能长时间处于水浸状态，否则会导致水分过多，影响果实的品质与产量。

三、光照

桃原产地海拔高、光照强，形成了桃喜光的特性，表现为树冠小，干性弱，树冠稀疏，叶片狭长。据测定，桃树的补偿点约 2600 lx，光饱和点 40000 lx 左右（北方夏季晴天中午时的光照强度约为 100000 lx）。桃树喜温暖的环境，在生长时需要充足的光照，生长期需要为桃树提供每天 5 h 的光照，促进发芽分化，在后期结果时，充足的光照，可以提高糖分使果实膨大。光照不足会导致桃根系发育不良，花芽分化少，落花落果多，果实品质变差。

四、土壤

桃树对土壤的酸碱度要求为微酸至微碱性，土壤含盐量小于0.2%，pH值4.9～7.2最适合桃树生长。桃树的根系入土相对较浅，好气性强，因此，将桃树种植在地下水位低，排水良好，透气性好，土层深厚，有机质含量丰富的砂质壤土的地方较好。桃树根系中含有扁桃氰葡萄糖等有毒物质，在正常情况下，这类化合物作为代谢活动的中间产物，不会对自身的生命活动产生不良影响。但在缺氧或根系受到伤害时，根系组织细胞的代谢活动出现异常，苦杏仁苷等有毒物质从代谢活动中释放出来，并逐渐在细胞中积累。当这些物质积累达到一定程度时，根系组织细胞中毒死亡。因此，桃树最怕土壤水淹和长时间湿度过大。淹水2～3 d的桃园就会出现大量死树。而地下水位高、土壤湿度长期偏大则会导致根系早衰、叶片变薄、叶色变淡、光合能力降低，进而导致落叶、落果、流胶等现象的发生，甚至造成植株死亡。

五、园地选择

桃在各种质地结构的土壤上均能生长，关键是土壤的通透性要好。土质轻松、排水通畅的砂质壤土最为理想，对黏重土壤要进行改良，通过增施有机肥或压绿肥等措施改良土壤结构，提高土壤的通气性。在南方地下水位高、降水量大的地区，要设计开挖渗水渠道，降低地下水位，及时排除土壤中多余的水分，防止涝害和土壤长期过湿，同时采用高垅栽培，尽量使根际土壤保持较好的通透性。桃在微酸性和微碱性土壤上都可栽培，但盐碱性过大的土壤应先改良。桃喜光，建园应选择阳光充足的地块。桃抗风力弱，应选择少有大风侵袭的地段。此外，应避免在雹灾发生频率较高地区建园。桃树在重茬地上生长发育不良，应尽量避免连作。

任务四　桃露地栽培管理

一、品种选择

由于西藏高原奇特多样的地形地貌和高空空气环境以及天气系统的影响，形成了复杂多样的独特气候。除呈现西北严寒干燥、东南温暖湿润的总趋向外，还有多种多样的区域气候以及明显的垂直气候带。西藏无霜期短且不稳定，气温年较差小，日较差大，降水量较小，蒸发量较大，另外空气稀薄，透明度好，日照充足，在桃树品种选择上应首选抗裂果性强的品种。西藏总体热量不足，而且纬度越高，气候条件越差，品种选择应以抗寒性强能安全越冬为准则；其次是果实发育期短，能正常成熟；再次是需热量高，萌芽开花晚的品种，能尽量避开晚霜危害；最后才是品质和丰产性问题。

二、栽植要求

栽植分为春栽和秋栽，春栽在土壤解冻后至萌芽前及早进行，秋栽在桃树落叶后至土壤封冻前及早进行。芽苗最好秋栽，成苗春栽与秋栽均可。栽植行距 2.5～3.0 m、株距 1.5～2.0 m，栽植密度 1 665～2 670 株/hm²。将苗子放在定植沟（穴）内，扶直、埋土，大根埋好后向上提一提苗子，使其根系舒展。继续埋土直至深度高于根颈约 3 cm。栽好后做畦灌水，及时对栽植深度不合适的进行调整；水下渗后及时浇第二次水，一般土壤隔 5 d 左右，砂质土壤隔 3 d 左右，黏土地隔 10 d 左右。春季栽植的在芽苗 0.5 m 以上剪砧，成苗不需定干。

三、肥水管理

幼苗管护原则是"前促后控"，前期氮肥为主，后期偏施磷钾肥。新梢长至 15 cm 左右时，结合浇水进行施肥，以后每隔 15 d 追肥 1 次，第一次施尿素 50～100 g/株，第二次施尿素 50 g/株+磷酸二铵 50 g/株，第三、第四次施尿素 100 g/株+磷酸复合肥 100 g/株，7 月下旬后原则上不追肥和不浇水，8 月如果干旱需浇水，同时施钾肥 100 g/株，10 月上旬施农家肥 25 kg/株+复合肥 100 g/株，及时浇水，视树势进行叶面喷肥或适当辅以多效唑控制。

成龄树应控制树体的营养生长，解决好营养生长与生殖生长的矛盾。新梢停止生长后至落叶前施基肥，以腐熟有机肥为主，配合速效复合肥，有机肥用量 45～75 m³/hm²，复合肥用量根据有效成分的含量而定。除基肥外，树下施肥肥料可按照 45% 复合肥 1 500 kg/hm² 左右的标准，新梢长到 10 cm 时，开始追第一遍肥，以后每隔 15 d 追 1 次肥，追肥后及时灌水，然后每隔 7～10 d 叶面追肥 1 次。生长期（7 月 31 日前）可根据枝条生长状况喷施多效唑 100～300 倍液，促使形成饱满花芽，为下年丰产打下基础。

四、花果管理

（一）疏花与疏果

桃树一般结实率都很高，即使无花粉或少花粉的品种，在合理配置授粉树的条件下，坐果数都会远远超出生产的需要，要生产优质商品果就必须进行疏花疏果。疏花疏果的方法有人工疏花疏果、化学疏花疏果和机械疏花疏果三种，目前我区桃树生产上仍以人工疏花疏果为主。

人工疏花疏果的最大优点是可以根据生产的要求，较好地控制留果数量和果实在树冠中的分布，疏除效果安全可靠。桃树生产上一般只疏果不疏花，这主要是因为绝大多数桃园都采用短截修剪的方法,通过冬季修剪已去掉了多余的花芽,调整了花量。若冬季对果枝采用长放修剪,则应疏花疏果并重,但在春季气候不稳定的地区或年份仍应以疏果为主。

疏花在蕾期至盛花期进行,疏果则应在生理落果开始后至硬核期进行。不同品种按成熟早晚,先疏早熟品种,再疏中熟品种,最后疏晚熟和极晚熟品种。早熟品种先疏有利于果实生长发育,极晚熟品种最后疏可以有效地防止新梢旺长。疏果工作量大、劳动力紧张时,疏花疏果可分三次进行,即疏花、疏果、定果。

疏果时要先疏除萎黄果、小果、病虫果、畸形果、并生果、枝杈处无生长空间的果,其次是朝天果、附近无叶片的果和形状短圆的果。疏果顺序应从树体上部向下,由膛内而外逐枝进行,以免漏疏。

(二)套袋

桃果实套袋的主要作用如下。

①防止梨小食心虫、桃小食心虫、桃蛀螟、炭疽病、褐腐病等对中、晚熟品种果实的为害;

②有效地降低农药残留,生产出合格的绿色果品;

③使果面更干净,着色更均匀,色泽更鲜艳,果实的商品性更好,销售价格更高。此外,套袋可以防止果肉中形成红色素,是生产优质罐桃原料的重要措施。

套袋在定果之后开始,到主要蛀果害虫发生之前完成。套袋前应周到细致地喷洒一遍杀虫剂和杀菌剂。纸袋可到市场上采购桃树专用袋或直接到厂家定做。

鲜食果应在采收前 3～5 d 将袋摘掉以促进上色,日照差的地方或不易上色的品种要适当提早摘袋时间。罐藏桃采前不必撕袋。

(三)采收

桃果实不耐贮运,必须根据运输与销售的需要适时采收。目前生产上将桃的成熟度分为以下 4 种:

1. 七成熟

底色绿,果实充分发育。果面基本平展无坑洼,中、晚熟品种在缝合线附近有少量坑洼痕迹,果面茸毛较厚。

2. 八成熟

绿色开始减退,呈淡绿色,俗称发白。果面丰满,毛茸减少,果肉稍硬。有色品种阳面有少量着色。

3. 九成熟

绿色大部褪尽,呈现品种本身应有的底色,如白、乳白、橙黄等。茸毛少,果肉稍有弹性,芳香,表现品种风味特性。有色品种大面积着色。

4. 十成熟

果实毛茸易脱落，无残留绿色。软溶质桃果肉柔软多汁，硬肉桃果肉开始变面，不溶质桃果肉呈现较大弹性。

一般就近销售在八至九成熟时采收，远距离销售于七至八成熟时采收。硬肉桃、不溶质桃可适当晚采，而溶质桃，尤其是软溶质桃必须适当早采。加工用桃应根据具体加工要求适时采收。

采收桃果必须极其仔细。用手掌握全果轻轻掰下，切不可用手指压捏果实。全树果实成熟度不一致时，要分期分批采摘。盛果篮和篓要用有弹性的麻布或蒲包衬垫，防止刺伤果实。

桃果的包装容器一般用纸箱，纸箱的强度要足够大，在码放和运输过程中不能变形。纸箱容积不宜过大，以每箱装 10～15 kg 为宜。装箱时要按销售要求严格分级，果实码放要紧凑，不留空间。

五、整形修剪

（一）主要树形

1. 自然开心形

主干高 30～50 cm，树冠呈开心状，主干上着生 3 个主枝（图 3-9），各主枝保持 120° 左右，主枝与垂直方向的夹角 45°～60°。每个主枝两侧配置 2～3 个侧枝，侧枝的分生角度 60°～80°，第一个侧枝距主干 60 cm，各侧枝之间距离 40～50 cm。

2. "Y" 形

主干高 40～50 cm，二主枝基本对生（图 3-10）；夹角 80°～90°，即主枝开张角度 45° 左右。株距小于 2 m，不需配备侧枝，主枝上直接着生结果枝组；株距大于 2 m 时，每个主枝上培养 2～3 个侧枝，侧枝间距 50～60 cm。这种树形成形快，光照条件好，开花结果早，产量高，品质好。

3. 主干形

干高 30～40 cm，中心干强而直立，中心干上直接分生大型结果枝组。苗木 60 cm 处定干，选留生长健壮、东西向延伸、长势相近的两个新梢作为永久骨架枝培养，角度 50°～60°。定干后最上面的第一个枝条作为中央领导干，让其向上生长，长到 60 cm 摘心。总高度 1.8～2.5 m 的范围内（保护地内总高度 1.2～1.5 m）每 20～30 cm 选择长势好、不重叠、以螺旋状上升的永久性结果枝组 6～8 个。这一树形适于密植果园，一般每公顷 1 500～2 000 株。此形一般都架设立架，将中心干和部分大型枝组逐个绑缚在架上。

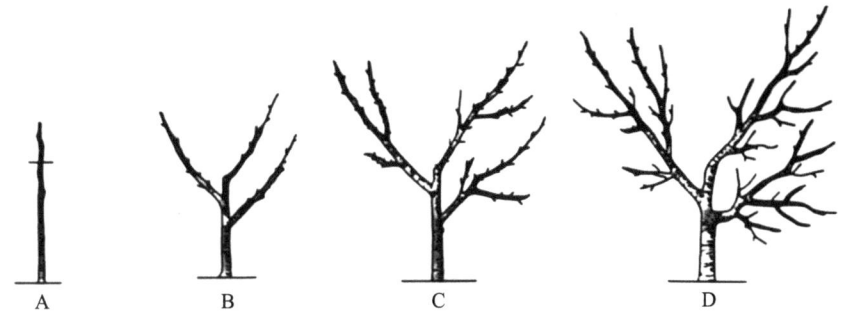

图 3-9 自然开心形整形过程

A.定干；B.第一年选出三个主枝；C.第二年培养第一侧枝；D.第三年培养第二侧枝

图 3-10 桃树二主枝开心形

（二）幼树及初果期树的修剪

这一时期树体生长发育的特点是营养生长迅速，树冠不断扩大，生长结果并举。在幼树生长过程中，需要选留发育良好的枝条做主枝，主枝剪留长度 70 cm 左右然后进行去顶操作，剪口留外芽，弱枝长留，强枝短留，保持树势均衡。主枝剪口下通常留 3~4 个枝条，去除背上枝、背下枝，保留平斜枝 40 cm，去除的枝条留基部芽，以免空枝。这一阶段修剪的主要任务是：按所设定的树形和树体结构的要求进行并完成整形工作；基本完成结果枝组的培养，调整枝梢密度和枝类构成。生长期修剪的主要任务是培养树形和结果枝组，提高质量，改变新梢构成，提高优质结果枝比例，为迅速投产和早期丰产创造条件；而冬季修剪的主要任务是调整树形、枝组、枝条密度和枝类构成，为下一年的树形培养和生长结果奠定基础。

树形培养。主要是按树形和树体结构设计的要求，选出生长势强、着生方位适宜的新梢作为主枝培养。具体做法是通过抹芽、新梢短截和疏梢的方法来控制其他强梢的长势，并在秋季来临之际通过拉枝的方法调整作为主枝培养的强梢的角度与方位。

枝组培养、改变新梢构成与提高质量。在正常管理条件下，除作为主枝培养的新梢以外，其他保留下来的新梢以及作为主枝培养的强梢中下部的副梢也往往生长势较强，如任其自然生长，到秋季停长时，其长度可达 60~80 cm 或者更长。在夏季这类新梢或副梢长度达 30～40 cm 时进行剪梢，每个被剪新梢或副梢抽生 3～5 个长度适宜的副梢或二次副梢。通过适当的促进花芽分化的措施，这些副梢及二次副梢均可分化出足量的花芽，第二年开花结果。在生长季长、光热充足的地区，还可以进行第二次剪梢，以进一步增加枝量。这样既可以有效地防止这类新梢的旺长，又可以改变新梢构成，既迅速增加了枝量，又培养了枝组。株距不超过 2 m 的不需配备侧枝，也不必刻意培养枝组，修剪时只需疏除过强枝和过密枝，留下来的枝条一律按结果枝处理。株距超过 2 m 时，则要注意在适当的位置选留健壮枝条作为侧枝培养，方法是剪去先端 1/4～1/3。

（三）盛果期树的修剪

1. 平衡树势的修剪技术

在整形修剪时往往遇到骨干枝间长势不平衡，不能充分利用空间，单株产量低。此时运用多种手段，抑强扶弱，达到均衡生长的目的。在修剪时一般要强枝重剪、弱枝轻剪、强枝留弱芽、弱枝留强芽、强枝多留果、弱枝少留果，强枝开张角度、弱枝抬高角度，利用撑、拉、垂等手段，结合施肥，逐渐平衡树势。

2. 旺树促进结果的修剪技术

对于这类树除结合肥水控制，运用化学药剂控制外，要进行合理的修剪。首先打开光路，疏除部分骨干枝和遮光大枝，尤其背上徒长枝要疏除，要拉开主枝角度，有光就有花。再要注意夏季对旺枝进行拿、摘的方法。也可把冬季修剪改在早春后进行，削弱其长势。持续 1～2 年即可缓和树势，形成饱满的花芽，稳定产量（图 3-11）。

3. 结果枝的修剪

结果枝的数量与品种、树势、树龄等有关，一般冬季修剪后结果枝的枝头距离保持在 10～20 cm。北方品种群的品种以短果枝结果为主，可适当密些；南方品种群的品种以中长果枝结果为主，可适当稀些。

结果枝剪留长度要根据枝条的长度、着生部位、品种的坐果率高低等确定。一般长果枝剪留 5～8 节花芽，过密时疏除直立枝留平斜枝，注意枝条分布不要"齐头"，长短错开；还要注意留预备枝，中果枝一般留 3～5 节花芽，剪口芽留叶芽；短果枝和花束状结果枝一般只疏不截，徒长性结果枝坐果率低，生长旺，短截后可抽生几个良好的结果枝，常结合夏季修剪，培养成结果枝组（图 3-12）。

4. 结果枝组的培养

结果枝组是直接着生在骨干枝上的由数个结果枝组成的结果单位，也是树体果实产量的主要部分。枝组有大、中、小 3 种。大型枝组生长势较强，寿命长。果实质量好。培养方法是，一般对较旺枝剪留 5～10 节，第二年留下部 2～3 个健壮枝再短截，其余枝条疏除，第三年再留 3～5 芽短截，即可培养成大型结果枝组。大型结果枝组一般分布在骨干枝斜侧，中、小型枝组分布在背上和大型枝组的空间。中小型枝组培养方法和大型枝组相似，只是控制的小些（图 3-13）。

5. 结果枝组的修剪和更新

修剪结果枝组要注意果枝的长势和密度,既要考虑当年结果,又要预备下一年的果枝,强枝可适当多留果,弱枝重剪更新,保证枝组稳定,若枝组表现衰弱,要及时回缩,进行组内更新,重剪发育枝多留下部预备枝,少结果,逐渐恢复。有些枝组已衰老,可以疏掉,利用近旁的新枝培养代替,或将其他枝组延伸到此空间中。如果枝组生长强旺,要及时疏除旺枝、直立枝,留中庸健壮的结果枝(图 3-14、图 3-15)。

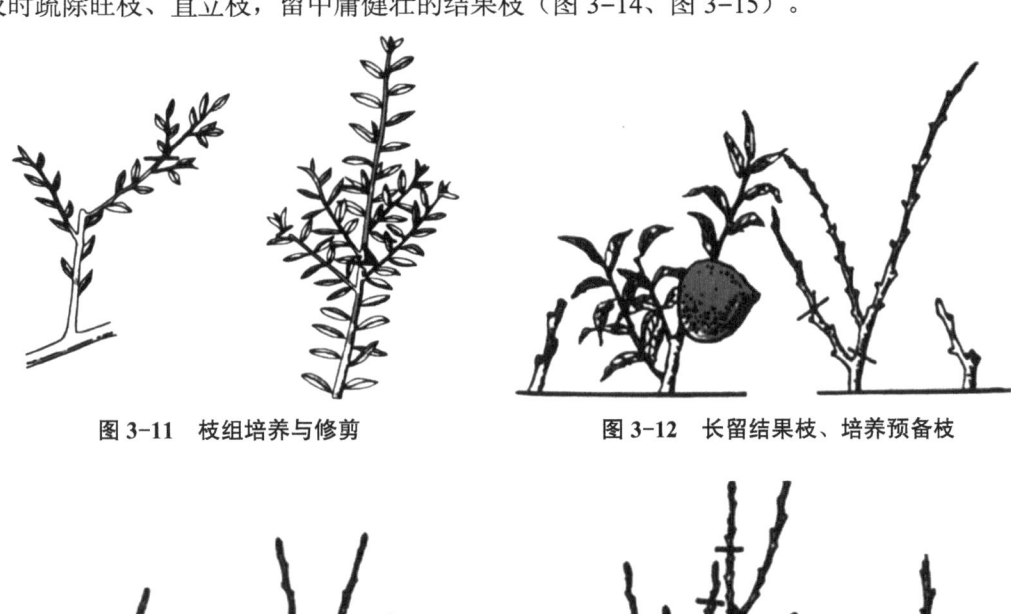

图 3-11 枝组培养与修剪　　　　图 3-12 长留结果枝、培养预备枝

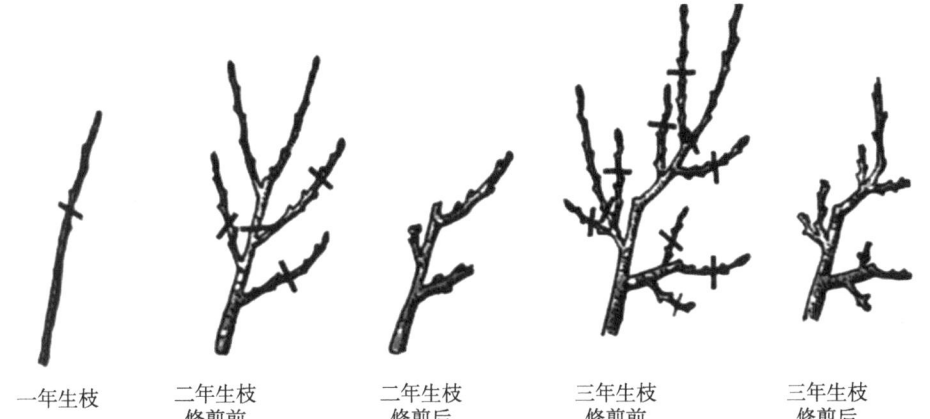

一年生枝　　二年生枝修剪前　　二年生枝修剪后　　三年生枝修剪前　　三年生枝修剪后

图 3-13 桃结果枝组培养过程

图 3-14 单枝更新　　　　图 3-15 双枝更新

六、病虫害防治

桃树病害主要有桃疮痂病、流胶病、缩叶病、细菌性穿孔病,虫害主要有金龟子、桃蚜、象鼻虫、各种螨类及梨小食心虫等。桃树病虫害防治采取预防为主、综合防治的原则。生长期深入果园,在栽培管理的同时,注意查病查虫,普治与挑治相结合,保持树势的稳定生长,并增施有机肥料,加强树体的通风透光,提高对各种逆境及病虫害的抗性。冬季及时清除落叶、残枝和杂草并深翻,对树干进行涂白,萌芽前喷洒 3~5 波美度石硫合剂,开花后至落叶前,及时对症喷药防治病虫害。

1. 伤口保护

对修剪造成的伤口直径在 1 cm 以上的要涂抹保护剂,防止剪锯口抽干。

2. 刮树皮

对盛果期大树应在萌芽前对主干和主枝的老翘皮进行一次刮除,可消灭在粗树皮上的越冬害虫。一般天敌开始活动的时间早于害虫,为了保护老树皮中越冬的天敌应适当晚些刮树皮。

3. 主要虫害药剂防治

①蚜虫。在萌芽后、开花前后喷吡虫啉防治蚜虫。

②叶螨。喷 1.8% 阿维菌素 8 000 倍液或 20% 哒螨灵 1 500~2 000 倍液。

③梨小食心虫。喷 5% 氯氰菊酯 1 500 倍液或 25% 功夫 2 500 倍液。

④潜叶蛾。用蛾螨灵、25% 杀蛉脲 1 500 倍液、25% 灭幼脲 3 号 1 000 倍液防治。

4. 主要病害药剂防治

①缩叶病。3 月下旬至 4 月中旬,花芽露红而未展开前是药剂防治的关键时期,可全园喷施一次 2~3 波美度石硫合剂,或波尔多液,或用 30% 碱式硫酸铜胶悬剂 200~300 倍液,杀灭越冬病菌。5 月上旬至 6 月中旬,桃树生长季节,即展叶后至高温干旱天气到来之前,喷施 2 波美度石硫合剂,或用 30% 苯甲·丙环唑乳油 2 000 倍液,或用 12.5% 腈菌唑乳油 2 000 倍液,或用 5% 井冈霉素水剂 500 倍液。

②细菌性穿孔病。发芽前,喷 3~5 波美度石硫合剂;落花后,喷 70% 农用链霉素可湿性粉剂,或用 80% 代森锰锌可湿性粉剂,15 d 喷 1 次,连喷 2~3 次。在防治桃园细菌性穿孔病的同时,兼治叶螨、蚜虫、介壳虫等。

任务五　桃设施生产技术

桃树设施栽培作为露地栽培的特殊形式,主要利用温室、塑料大棚或其他设施对桃树的原生态环境施加某种人工保护,从而改变或控制桃树生长发育的环境条件(包括光照、温度、湿度、CO_2、O_2、土壤等),以创造适宜桃树生长发育条件,达到在不适季节或不利条件下桃树生产目标的人工调节。可分为促成或延迟栽培两种方式。它可实现果实提前或延后成熟或一年多次结果来延长市场供应期，其特点是成园快、结果早、见效快、收益高。这一栽培方式不仅可以为人们提供新鲜、优质、无公害的果品，而且可以将水果的季节性生产扩展到周年生产，同时以其产量高、品质优、淡季供果售价高的优点给经营者带来了高额的收入。桃树保护地栽培缓解了桃淡、旺季供求的矛盾，弥补了贮藏保鲜技术的某些不足，满足了人们对新鲜果品周年适时供应的需求，这是桃树生产方式的一项重大改革和突破。近二三十年来随着人们生活水平的提高和集约型果树业的发展，桃树设施栽培集中体现了园艺技术的复杂性、综合性和经济性，桃树保护地栽培将成为今后桃树产业发展的一大趋势。

一、设施选择

目前西藏设施桃树栽培主要采用日光温室，多为高效节能型日光温室，一般很少有专用的果树日光温室，多为蔬菜温室改种果树，其结构多为"保温墙＋钢架结构＋塑料棚膜＋保温被"，该结构具有造价适中、保温效果好、运行成本低等特点。

二、品种选择

设施栽培的桃品种基本上是从现有的露地栽培品种中选择出来的，没有专用设施栽培品种，生产中应用于设施条件栽培的桃品种应选择大果型的优质矮化早熟品种，目前我区多为'华光''曙光''艳光''千年红'等品种，采用保护地栽培有利于提早上市，与区外桃及本地露地桃错峰上市。此外，通过人为调控环境因素，栽培极晚熟品种的开发和应用，开展延迟栽培也是保护地桃栽培的一个方向。

三、苗木定植

1．栽植密度

温室内均应南北行栽植。可采用 1.5 m×2.5 m，也可用 1 m×2 m 或 2 m×3 m 的株行距，树高控制在 1.5 m 左右。一般认为行距应为树高的 2 倍，光照才能满足。

2．授粉树配置

桃大多数品种虽是完全花，但有的品种自花结实率低，有必要配置授粉树。配置方式可用 1∶1 的等量式或 2∶1 的倍量，授粉树数量少时可用（5～8）∶1 的配比。但应注意使授粉树临近主栽品种插花配置，不可相距太远，以免减轻或失去授粉树的意义。

3．栽培方法

按预定的株行距挖 60 cm 宽的定植沟，将生熟土分开。沟内下部按每株 30 kg 有机肥和 200 g 过磷酸钙与熟土搅拌施入，生土覆上 20 cm 后浇水沉实。栽前用生根粉水浸根，用 901 生物肥或微肥蘸根可提高成活率，也可用 1% 硫酸铜浸根 5 min 消毒，或用 K84 药剂预防根癌病。栽苗深度以根颈痕迹处与地面齐平为准，太深则苗木长势不旺。栽后浇水，合墒后整行铺膜，以提高地温，保持水分。

四、设施环境管理

(一)盖棚和撤棚

1. 扣棚降温

油桃及早熟毛桃的需冷量为 450～700 h。当外界气温达到 7.2 ℃以下,开始扣棚降温。一般在每年 10 月 20 日以后。白天扣草苫,夜间揭开,使棚内温度保持在 -2～7.2 ℃,相对湿度 70%～80%。早熟油桃可于 11 月下旬开始升温,一般降温时间 25～50 d。

2. 升温

果树通过自然休眠后开始升温,开始升温的时间受多个因素的影响。一是品种的需冷量必须得到满足。二是设施类型,其保温能力达到桃生长发育的要求。三是果实生长发育天数。四是采收期。一般每天 8:30—9:00 揭开草苫,15:40—16:30 放草苫。第一周揭草苫 1/3,夜间覆上草苫;第二周揭 2/3,第三周后全部揭开草苫,夜间覆上草苫保温。此期间,白天温度控制在 13～18 ℃,夜间 5～8 ℃,相对湿度保持 70%～80%。

(二)温、湿度管理

在温度管理中,除防止低温侵袭外,还需预防高温的危害。天气转暖后,有时会因阳光强烈照射在塑料膜上,使棚、室内的温度骤然升高,须及时打开气窗通风散热,免遭高温伤害。

设施内的温度高时,湿度不可过高以防新梢疯长和招致病害的发生;湿度过小容易引起落花落果或灼期应控制灌水,以免引起相互配合,并注意土壤和空气湿度的调节。

设施内进行人工灌溉时,务必适时、适量。空气湿度需根据不同生育期和温度而定,不可过高或过低。成熟期应控制灌水,以免引起裂果和糖分下降。冬前应灌封冻水使植株安全越冬。

(三)补充气肥

加强通风换气和施用固体二氧化碳气肥,每栋施 40 kg;有效期 90 d,一般开花前 5～6 d 施用。

五、幼树期桃园的管理

(一)整形

1. 树形

温室内种植桃树为自然开心形,主干高 0.5 m。采用长枝修剪法全树留中小型结果枝组 10～15 个总结果枝数一般留 20～30 条。在保证通风透光的情况下也可适当多留。

2. 定干

幼树长到 60～65 cm 时留 45～50 cm 进行定干。距地面 15 cm 处开始留枝一般可留

10 个分枝错落着生。

(二) 修剪

当新梢长到 5～10 cm 时及时抹芽定枝全部留单芽。抹除近地面 15 cm 以下的枝条。当新梢长到 30 cm 以上时选 3～5 条最长的伸向行间的二次枝从功能叶片处进行摘心以促进三次枝的萌发。对没有摘心的直立枝、旺长枝及时进行拿枝软化或扭梢处理以缓和生长势促进成花。温室桃树冬剪可在落叶后扣棚前或升温后萌芽前进行。冬剪时全部实行长枝修剪即只疏除不短截。疏除背上的直立枝、重叠枝、过密枝和多余的细弱枝。疏除花芽少的、成熟度差的、病虫枝等疏除量不宜过大。

(三) 促控技术

前期大肥大水促进生长，缓苗期后每隔 25～30 d 浇水追肥 1 次共追 3 次，每次每株追氮磷钾复合肥 100 g、尿素 50 g，共计 150 g（可根据树势强弱增减）。后期减少肥水用量促进花芽分化。7 月中旬开始每隔 15 d 喷施 1 次多效唑 200～300 倍液，全株喷雾。

(四) 花期管理

1. 授粉

一是蜜蜂传粉，花期每个棚放养 1～2 箱蜜蜂进行传粉；二是人工授粉，授粉时间以 9：00—11：00 棚内湿度在 40% 左右为好。

2. 疏花疏果

疏果分 2 次进行，第一次是在花后 5 周按株产量定果。每株产量 3～5 kg，每个结果枝留 500 g 左右的产量，大型果品种留 3～4 个果，果实间隔 3～5 cm，全部留单果留大去小，疏除病虫果、畸形果。

(五) 肥水管理

基肥在 9 月下旬施入，可撒施或沟施。追肥一般施用化肥，可在升温前施入全年量的 1/2，幼果期、成熟期各用全年用量的 1/4，同时在生长期最少要喷施 3 次叶面肥。严格控制浇水次数，一般在扣棚前浇 1 次透水的情况下整个生育期只需在幼果期、硬核期、成熟期各浇一次水，平时视土壤墒情补充水分，果实膨大期及成熟期应保持土壤水分，避免忽干忽湿造成裂果。

六、丰产期桃园管理

(一) 温度管理

在桃树落叶后，每天记录低于 7.2 ℃ 的持续时间，视栽培品种需冷量要求，当低温累计达到品种需冷量小时数后才能扣棚升温。桃树正常萌芽开花需要足够的需冷量，升温时不能操之过急。

(二)肥水管理

早秋施基肥,以发酵优质有机肥为主,可同时使用微生物菌剂。桃在生长过程中要追肥 3～4 次,追肥主要以水溶肥和叶面肥为主。8 月开始用多效唑压低树体内赤霉素含量,促进花芽分化。9 月补充有机营养,补充磷酸二氢钾叶面喷施 2 次。根施含充足有机质的肥料 400～500 kg/亩。

根据桃树各时期对水的需求,结合棚内土壤条件和施肥进行灌水。升温前应灌 1 次透水,稍干后覆盖地膜,使得棚内湿度得到降低,地温得到提高,随后花后再进行灌水。在采收前 7～10 d,为保证果实品质,不能进行灌水。灌水应少量多次进行,并在雨季及时排水。

(三)花果管理

及时疏花疏果是提高桃坐果率和果实品质的重要措施之一,特别是设施栽培条件下的桃树,花期常受温度、湿度、光照、授粉等因素的影响,坐果不稳定。因此,大棚桃的疏花疏果要本着"轻疏花、重疏果"的原则进行。

疏花时间最好在花蕾期。在花芽量多时,可以疏除细弱枝上的大部分花芽和长中果枝因剪留较长而多余的双花芽,以及发育不良的晚开花蕾。

疏果一般分 2 次进行。第一次在落花后 21～28 d,桃如杏核般大小时进行。第二次疏果即定果,在桃硬核期后进行,将超载果去除。留果量要根据桃品种的坐果率、果实的大小、树势、树体大小确定。一般长果枝留 4～6 个果,中果枝留 3～4 个果,短果枝留 1～2 个果,花束状果枝留 1 个果或不留果,延长枝宜少留果。疏果要根据"留优去劣"的原则进行。同一枝上果间距 10～15 cm。疏除畸形果、小果、病虫果,留侧生、下位果,疏朝上果;留壮枝果,疏弱枝果。疏果次序应由内到外,从上到下,按枝条顺序进行,但要注意防止漏疏或损伤果实(图 3-16、图 3-17)。

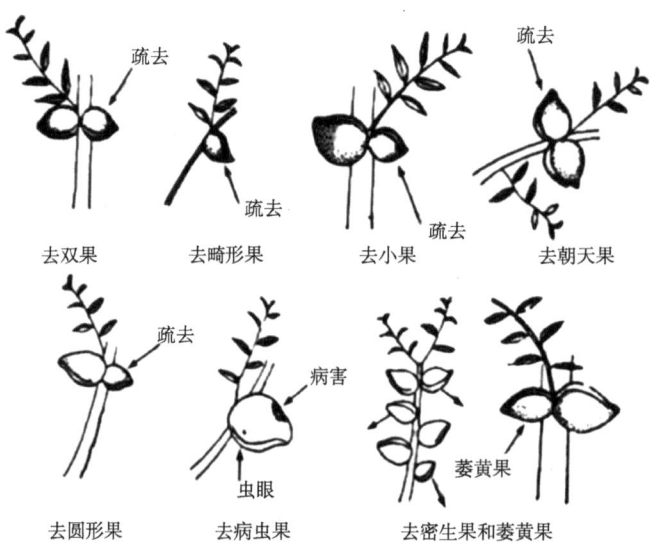

图 3-16 疏果类型

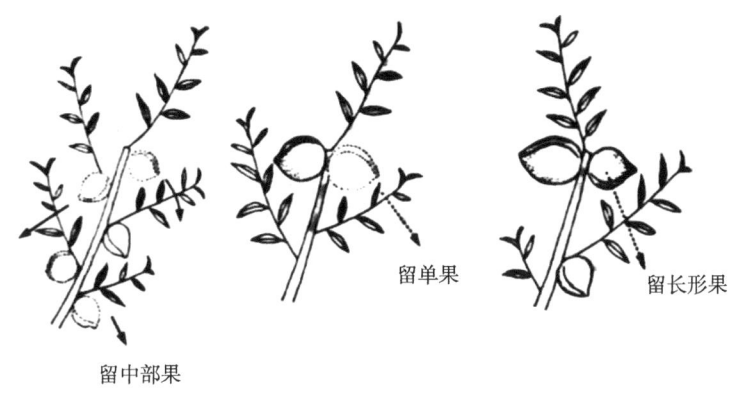

图 3-17 留果类型

（四）整形修剪

由于温室桃树一般在土壤封冻前后扣棚，升温后 10 d 左右树体萌芽，所以温室桃树冬剪可在落叶后扣棚前或升温后萌芽前进行。

生长期修剪的主要技术措施有：

1. 抹芽、疏枝

双梢"去一留一"留下位置、角度合适的嫩梢。疏除过密的当年生枝尤其是剪锯口周围萌生的强旺枝要尽早疏除以节约营养改善光照。

2. 摘心

俗称掐尖。摘心可使枝条暂时停止加长生长把节省下来的营养转向充实枝条，有利于花芽的形成和发育充实，桃树摘心是生长季修剪不可少的技术措施（图 3-18）。对于壮树旺枝摘心时间要早，每年可进行 2~3 次，每次留 20~30 cm 摘心，可控制生长势，促进花芽的形成和充实饱满。弱枝一般不摘心。

3. 扭梢

不仅能控制生长，并可调整方向调节枝条密度，改善光照，增加结果枝组，减少修剪量，缓和树势。扭梢时期以新梢生长到 30 cm 左右还没木质化时为宜，将直立的超长枝和其他旺长枝条扭平或向下，并将其扭倒的部分别住，防止其重新翘起生长再变旺。除了被选定为延长枝的副梢外，原主枝延长枝及其上发生的其他副梢可全部扭梢，对生长枝的竞争枝，骨干枝的背上枝，短截后的旺长枝等都应及时扭梢，控制旺长，培养成为健壮的结果枝。

4. 摘心与扭梢结合

有些旺枝只靠一次扭梢常常不能形成较好的结果枝，需先摘心后扭梢，两者结合使用效果更好。当新梢长到 20~30 cm 时摘掉顶部嫩梢，待抽出 1~3 条副梢，长度达到 30 cm 左右时再扭梢。

5. 拉枝

是缓和树势，提早结果，防止枝干下部光秃的关键措施。在萌芽以后拉枝，此时树液已开始流动，枝干变软，容易拉开定形。但是对一、二年生幼树的主枝不可拉开过早，以免削弱生长。拉枝方法可采取"拉、撑、吊、别"方法，可因地制宜地利用。

6. 环剥

可增加环剥口上方的营养，有利于该部位以上枝梢的花芽形成和结实力的提高。该项技术用在辅养枝上或直立性的大型枝组上。环剥时期在花后进行，以便提高坐果率，促进花芽分化。环剥宽度为枝粗的1/10左右。

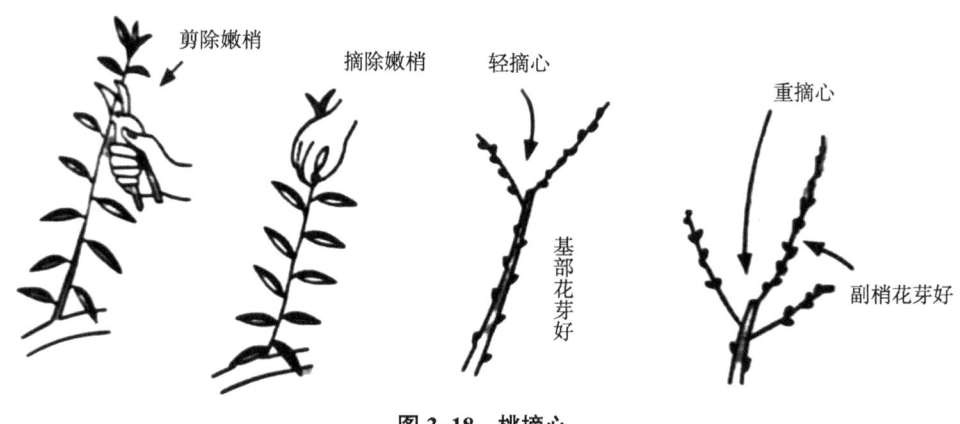

图 3-18 桃摘心

七、病虫害防治

扣棚后立即喷 1 遍 3～5 波美度石硫合剂或 700 倍百菌清液，预防多种病虫害。花前喷布 75% 螨死净乳油 500 倍液加 75% 蚜虱净乳油 1 000 倍液防治叶螨和蚜虫；花后 15 d 喷 1 次 25% 吡虫啉 2 500 倍液加 65% 代森锌 500 倍液。露天阶段喷 15% 灭幼脲 3 号悬浮剂 1 500 倍液防治潜叶蛾等，喷 15% 代森锌 500 倍或 80% 大生 –M45 可湿性粉剂 800 倍液或多菌灵等杀菌剂防治穿孔病褐腐病、流胶病等。

八、采后管理

（一）采收后修剪

1. 调整树形

有空间的情况下，主枝延长枝中短截，以扩大树冠。根据棚室高度将树高控制在 1.5～1.8 m。无空间时，回缩过长、过高的枝头和中部大型枝组，使同一行树保持前低后高。自然开心形保持两侧高中间低，树冠间距控制在 50 cm 左右。形成合理的树体结构和群体结构，保持良好的光照条件和较大的结果体积。同时剪除病弱枝、下垂枝、过密枝和劈裂折断枝，以集中养分，促进新枝。

2. 更新枝组

注意采用双枝更新技术,防止结果枝组延伸过长,避免出现光秃带。对枝轴过长的结果枝组,及时回缩,使枝组圆满紧凑。对弱枝和过长枝,也可在二年生枝段上,有叶丛枝处缩剪,使之复壮。对所有结过果的新梢留2~3个重短截,促发新枝,重新培养结果枝。修剪时要留侧芽侧枝,以免发出的新梢偏旺。

3. 培养结果枝

回缩的新梢萌芽后,进行一次复剪。即及时疏除过多、过旺的新梢,留中庸枝、平斜枝培养结果枝。个别较壮新梢,在有空间的前提下,可在15~20 cm时摘心,利用二次枝培养结果枝。摘心只能进行一次,分枝级次越多花芽分化越不好。通过复剪达到两个目的:一是调整新梢密度,使每667 m²保留1.2万~1.5万个新梢。二是调整新梢的整齐度,使留下的新梢均匀一致,便于利用多效唑抑制新梢生长,促进花芽分化。

(二)肥水管理

修剪后进行一次追肥和灌水,每株沟施复合肥150~250 g,施肥后全园灌透水。9月上中旬进行秋施基肥,基肥以腐熟的鸡粪、猪粪、豆饼等有机肥为主,并适量混入复合肥和氨肥提高肥效。每666.7 m²施用有机肥3 000 kg,掺入25~40 kg复合肥,基肥可地面撒施,撒施后将肥料翻入20 cm土层以下。雨季要严格控制水分,注意排除树盘中的积水,保证桃树正常生长。

(三)控制新梢生长,促进花芽分化

露地管理过程中,为防止新梢生长偏旺,除过分干旱外,一般不灌水。当新梢长到10~20 cm时,喷施150~250倍液的多效唑1~2次,将大部分新梢长度控制在30~40 cm,以形成较多的复花芽,适时进入休眠,为下一个生产过程打下良好基础。

【实训1】桃冬季修剪

一、实训目标

通过实训,使学生掌握桃整形修剪技术,掌握整形修剪的特点。

通过实训,培养学生桃树修剪基本功,为其他果树整形修剪打好基础。

二、实训材料

材料。桃树。

用具。修枝剪、手锯、高梯、保护剂(接蜡、铅油、松油合剂)。

三、实训内容

1. 冬季修剪目的

入冬桃树叶片落光后,树体营养回流,养分都贮藏到树体及根部蓄势待发,桃树则开始休眠。这时,就要对桃树进行冬季修剪。冬剪的目的是调整骨架,平衡树势,调节结果枝数量，解决好生殖生长与营养生长的矛盾，保证树体通风透光，为来年丰产丰收搭好架子。

2. 修剪方法

短截。将一年生枝条剪去一部分称为短截。短截枝条的剪口下必须留有叶芽。短截的作用是减少被短截枝条上的叶芽数量和花芽数量、加强被短截枝条抽生新梢的生长能力，降低发枝部位，增强分枝能力。轻短截：剪去一年生枝全长的 1/5 以下，下年萌发的新梢生长势弱，但抽生的新梢数量多，多用于培养中、短、花束状果枝用。或对强壮结果枝轻短截后，增加结果数量，控制新梢的生长用。中短截：剪去一年生枝条全长的 1/2，剪口下均为饱满芽，下年萌发的新梢生长势强，抽生强壮新梢数量多，多用于主侧枝延长枝的修剪。重短截：剪去一年生枝全长的 2/3～3/4，剪口下芽的饱满程度较差，但修剪量大，因此下年萌发的新梢生长势较强，但抽生新梢数量较少，多用于对强壮枝控制修剪。极重短截：剪去一年生枝全长的 5/6 以上，下年萌发枝条较弱。这种剪法多用在以发育枝、徒长性结果枝来培养结果枝组上。

疏枝。把枝条从基部疏掉称为疏枝，也称为剪疏。疏枝可降低树冠内的枝条密度，改善树冠的通风条件，使树体内的贮藏营养相对集中、促进新梢生长；疏枝后会对伤口以上部分起到抑制作用，伤口以下起到促进作用。疏除细弱、病虫、徒长、重叠和密挤遮光的无用枝，可对留下的枝条起到促势作用。

长放。对一年生枝不剪，任其自然生长。长放可使枝条上保留最多的芽量，缓和下一年新梢的生长势。对生长势过强的徒长性结果枝或长果枝进行长放，可以削弱顶端优势，促进中短果枝的形成。

回缩。指对多年生枝的短截，又称缩减。回缩能减少枝干总长度，使养分和水分集中供应保留下来的枝条，促进下部枝条的生长，对复壮树势较为有利。其作用在于改善树冠内光照条件，降低结果部位，改变延长枝的延伸方向和角度，控制树冠，延长结果年限。

3. 修剪中要注意的问题

修剪枝条的剪口要平滑，与剪口芽成 45°角斜面，从芽的对侧下剪，斜面上方与剪口芽尖相平，斜面最低部分和芽基相平，这样剪口伤面小，容易愈合，芽萌发后生长快。疏枝的剪口，于分枝点处剪去，与干平不留残桩。

在对较大的树枝和树干修剪时，可采用分步作业法。先在离要求锯口上方 20 cm 处，从枝条下方向上锯一切口，深度为枝干粗度的一半，从上方将枝干锯断，留下一条残桩，然后从锯口处锯除残桩，可避免枝干劈裂。

在锯除树木枝干时为防止雨淋或病菌侵入而腐烂，锯口一定要平整，用 20% 的硫酸铜溶液来消毒，最后涂抹上保护剂（如保护蜡、调和漆等），起防腐防干和促进愈合的作用。

四、实训结果考核

考查学生实训态度，不迟到、不早退，态度端正，认真、仔细，吃苦耐劳，遵守纪律（15 分）。

考查学生对桃树整形修剪知识的掌握程度，正确领会各种方法及使用技巧（20分）。

考核学生能否独立完成桃树整形修剪任务，技术规范、操作熟练（40分）。

结果考核，完成一份实训报告。通过修剪实践总结说明桃树的修剪特点，并完成修剪反应观察任务（25分）。

【实训2】桃夏季修剪

一、实训目标

通过实训，使学生掌握桃夏季整形修剪技术，掌握整形修剪的特点。

通过实训，培养学生桃树夏季修剪基本功，了解掌握夏剪与花芽分化的关系。

二、实训材料

材料。桃树。

用具。修枝剪、绳子、高梯。

三、实训内容

1. 夏季修剪目的

"七分夏剪三分冬剪"，桃树夏剪可以辅助整形，抑制新梢徒长，减少养分消耗，改善冠内通风透光，促进花芽分化，增进果实品质和提高产量。全年一般 3～5 次，主要集中在 5—8 月。

2. 夏季修剪方法

抹芽。在萌芽至生长到 5 cm 前进行。主要是抹掉徒长芽和剪口下的竞争芽。目的是节约养分、改善光照，同时可减少剪口伤。

摘心。即把正在生长的枝条顶端的幼嫩部分去除。目的是改变营养分配，促发副梢，利于提高花芽的饱满度，减少与相邻枝条的营养竞争，故可控制竞争枝和徒长枝的生长。通常 5 月中旬至 6 月进行利于结果枝形成。过晚形成的花芽质量差。

扭梢。扭梢就是把新梢扭曲，让梢头下垂。在夏天及时、正确地扭梢，可以把徒长枝改造为结果枝，同时改善光照条件，凡是主枝延长枝上的过旺新梢和树冠上部抽出的旺梢，还有冬季短截后剪口旁抽生的强梢等，都应该进行扭梢。扭梢一般在新梢长到 30 cm 左右、尚未木质化时进行，扭梢的部位一般在留长 15 cm 处扭下为宜。

拉枝。即用绳索把枝条拉向所需要的方向和角度，主要目的是缓和长势。改善光照，利于成花结果。通常在 6—9 月进行。

疏枝。即疏除内膛过密的旺枝，达到改善光照，促进果实着色、果枝充实和花芽分化，以及减少养分消耗的目的。

3. 夏剪的要点

一般来说桃树夏季修剪的总修剪量不要超过全年修剪的 20% 以上，如果修剪过重，枝条去的太多，没有充足的叶片制造营养，也会影响桃子的品质，以及下一年的结果。修剪过重，整个树体伤口过多，树体营养输送系统紊乱，导致树势衰弱，引发病虫害的发生和果子的品质，所以一定要注意修剪量的控制。之所以进行夏季修剪，也是为了避免冬季修剪一次性修剪的工作量，做好了夏季修剪，冬季修剪的工作量就少了，而且对于控制树体上强，提高果园产量，增加果树寿命具有重大的意义。

四、实训结果考核

考查学生实训态度，不迟到、不早退，态度端正，认真、仔细，吃苦耐劳，遵守纪律（20分）。

考查学生对桃树夏季整形修剪知识的掌握程度，正确领会各种方法及使用技巧（20分）。

考核学生能否独立完成桃树夏季整形修剪任务，技术规范、操作熟练（40分）。

结果考核，完成一份实训报告。通过修剪实践总结说明桃树夏季修剪特点，并完成修剪反应观察任务（20分）。

知识拓展

桃设施栽培"十忌"

一忌施用氯肥；二忌喷施乐果；

三忌花期浇水；四忌升温过早；

五忌棚温过高；六忌不盖地膜；

七忌品种单一；八忌不搞授粉；

九忌留果过多；十忌采前浇水。

复习思考题

1. 根据西藏气候条件简述西藏桃引种时需要注意的问题。
2. 简述西藏桃生产过程中主要病虫害及防治方法。
3. 简述桃的枝芽特性。
4. 简述桃果实发育特点及规律。

项目四　西藏葡萄生产技术

❀ 知识目标
了解葡萄种类及品种，生物学特性，葡萄生产的基本要求，葡萄生产的关键技术。

❀ 能力目标
掌握葡萄生产的基本技术，能够进行整形修剪和周年管理。

❀ 学习任务
本项目介绍了葡萄主要种类和品种，生物学特性，葡萄栽培环境，露地葡萄和设施葡萄栽培管理技术。

通过介绍葡萄品种的选择和改良的过程和目的，培养学生的社会责任感和奉献精神，教育学生以人民为中心，满足人民对优质果品的需求，促进果树产业的可持续发展。过科学技术在葡萄栽培中的运用，科技强国，乡村振兴，脱贫致富。

任务一　西藏葡萄资源分布、种类及品种

葡萄属于葡萄科（Vitaceae）葡萄属（*Vitis* L.）的落叶木质藤本果树，也是世界上最古老和种植面积最广泛的果树之一。葡萄在全世界约有 8 000 个以上品种，其中我国就约有 800 个栽培品种。据国家统计局的统计（2022 年），我国葡萄产业迅猛发展，截至 2022 年年底，我国葡萄栽培总面积已达到 70.511 万 hm^2，全年总产量达 1 537.79 万 t，是世界葡萄生产第二大国，葡萄酒产量也遥遥领先。随着中国葡萄产业的迅速发展，西藏葡萄等水果栽培面积逐年扩大，产量也随之增长，截至 2022 年，西藏全区推广种植面积已超过 950 hm^2，产量达 0.41 万 t。

一、西藏葡萄主要分布

西藏葡萄栽培已遍布 6 个市区，即拉萨、山南、日喀则、林芝、昌都及那曲等地均有种植，种植类别为鲜食葡萄和酿酒葡萄。酿酒葡萄种植主要分布在西藏东南部的芒康县、左贡县，雅鲁藏布江中游河谷地带的拉萨市曲水县和藏南谷地的山南桑日县，由于高原地区紫外

线强烈，光照充足，冬夏、昼夜温差大，加之地形复杂，山高险峻，海拔垂直分布造成了很多小气候，特别适合酿酒葡萄的生产。鲜食葡萄主要以温室种植为主，栽培模式有两种，即冷棚种植和暖棚种植，冷棚种植为多主蔓扇形，暖棚种植的为有干双臂形（即"Y"形）。目前鲜食葡萄已在海拔 4 500 m 的那曲地区成功种植，在海拔 4 300 m 的阿里地区引种成功。

二、主要种类

葡萄在植物学分类上属于葡萄科葡萄属。葡萄属约有 70 多个种，分布在我国的约有 35 个种，其中有 20 多个种用于生产果实或用作砧木，其他均处于野生状态，没有栽培及食用价值。葡萄属一般划分为四大种群，分别为欧亚种群、北美种群、东亚种群和欧美杂交种群。目前在我国欧亚种和欧美杂交种是当地的主栽品种。按照有效积温和生长日数，可以将葡萄分为极早熟葡萄、早熟葡萄、中熟葡萄、晚熟葡萄和极晚熟葡萄；按照用途将葡萄分为鲜食、酿酒、制干、加工等其他品种，以及砧木品种。

三、主要品种

（一）优良鲜食葡萄品种

1. 红巴拉多

欧亚种，原产于日本。果粒大，长椭圆形，果皮薄、紫红色，果肉脆甜，品质上等；早果性强、早熟、丰产、稳产、抗病。

2. 红双味

欧美种。果穗圆锥性，果粒椭圆形、着生紧密，完熟果皮紫红色，汁液多，兼具香蕉味和玫瑰香味，品质佳；早熟、丰产、易栽培。

3. 巨峰

欧美种。果穗圆锥形，果粒近圆形，完熟果皮紫黑色；果粉厚，有肉囊，果皮与果肉易分离；是目前国内栽培面积最大的中熟品种。

4. 阳光玫瑰

欧美种，原产于日本。果粒大，椭圆形，果皮薄，黄绿色，果肉脆且多汁，具有浓玫瑰香味；该品种外形美观，较耐贮运，果实品质及商品性能好，现已大面积推广种植的中熟品种。

5. 红地球

欧亚种，原产于美国。别名晚红、大红球、红提，果肉硬脆，果皮紫红色，果实风味酸甜适口，果穗外观整齐，颜色鲜艳；抗病性中等，抗旱性较强，极耐贮运；是目前全国栽培面积最大的晚熟品种。

6. 美人指

欧亚种。果粒细长略带弯曲，先端紫红光亮，外观极美；果肉脆，酸甜爽口，较耐贮运的晚熟品种；但抗病性较差。

7. 夏黑

欧美种，原产于日本。果穗圆锥或圆柱形，果粒近圆形，完熟果皮紫黑色，果肉硬脆，味浓甜，有淡草莓清香味，品质上等；经赤霉素或膨大剂处理后，平均粒重可达 7 g 以上，是目前优良的大粒、早熟、优质、抗病的无核品种。

8. 无核白鸡心

欧亚种。果穗大，圆锥形，果粒呈鸡心形，自然粒重 5 g 左右，经赤霉素或膨大剂处理后，果粒可达 10 g 以上；完熟后果皮黄色，果肉硬脆，浓甜，品质佳，极耐贮运。

9. 蓝宝石葡萄

欧亚种，原产于美国。别名月光之泪，果粒长圆柱形，状如小手指，长 5 cm 左右；果色蓝黑，脆甜无渣；生长周期短、口感好、外观上佳、耐储存的无核品种；但抗寒性较差、容易出现日灼现象等。

（二）优良酿酒葡萄品种

酿酒葡萄是指用来酿造葡萄酒为主的一类葡萄品种，其大致可以分为红色品种、白色品种和黑色品种。

1. 赤霞珠

原产于法国，世界上生产葡萄酒的国家均有较大面积的栽培，是我国目前栽培面积最大的红葡萄品种，占酿酒葡萄栽培总面积的 60% 左右。该品种适应性强，酒质优，与品丽珠、蛇龙珠在我国并称"三珠"。果穗较小，圆锥形；果粒着生中等密度，圆形，紫黑色，有青草味；可溶性固形物含量 16.3%～17.4%，含酸量 0.56%。果味丰富、高单宁、高酸度、陈年长有烟薰、香草、咖啡的香气。

2. 北冰红

原产于中国，主要用于酿造冰红葡萄酒。果穗圆锥形，果粒着生密度、圆形，果皮蓝黑色、较厚，果肉绿色，果实可溶性固形物含量 32.2%～37%，含酸量 1.431%～1.592%，出汁率 22.0%。对低温有很强的抗性，酿造的冰红葡萄酒深宝石红色，具有浓郁的蜂蜜和杏仁复合香气。

3. 梅鹿辄

原产于法国，别名美乐、梅洛、梅露汁。果穗中等大小，呈圆锥形，平均穗重 240 g；果粒圆形，中等大小，着生紧密；果皮紫黑色，果粉厚，果皮中厚，果肉多汁，味酸甜，有浓郁青草味，可溶性固形物含量 16%～19%，含酸量 0.6%～0.7%，出汁率 70%～75%。成熟早，酒质柔顺，酒色较重，酒精含量微高，口感微酸，适宜酿制高端红葡萄酒。

4. 霞多丽

原产于法国。果穗中小，圆柱形，带副穗和歧肩，果穗极紧密；果粒小，近圆形，绿黄色。果皮薄，果肉多汁，味清香，可溶性固形物含量 18%～20%，含酸量 0.75%，出汁率 72% 左右。成熟早，适应性强，产量高并且非常稳定，很容易种植，因此在世界各大产区都有霞多丽种植。

(三) 葡萄主要砧木及特性

1. 山葡萄

原产于中国，抗寒性极强，枝条可耐 -40 ℃低温，根系可耐 -15 ℃低温。在我国黑龙江省及吉林北部应用最广。但山葡萄扦插生根困难，故多采用实生繁殖。然而实生苗发育缓慢，根系不发达，须根少，移栽成活率较低。另外山葡萄与大部分葡萄主栽品种嫁接亲和力有一定问题，"小脚"现象明显，因此并不是十分理想的抗寒砧木。

2. 贝达

原产于美国，是美洲葡萄与河岸葡萄杂交育成。抗寒性、抗盐碱和抗湿性均强，枝蔓易生根，嫁接容易，亲和力强，成苗率高，小脚现象较轻，适宜范围广。

3. 3309C

原产于法国，是河岸葡萄与沙地葡萄杂交育成。根系极抗根瘤蚜，不抗根结线虫，树势中庸，有利于接穗品种早熟，与栽培品种嫁接后，小脚现象少，抗旱、抗寒能力强，抗湿性中等，生根能力中等。

4. 1103P

原产于意大利，是冬葡萄和沙地葡萄杂交育成。1103P 属多抗性砧木。抗根瘤蚜，较抗旱、耐湿、耐石灰质土壤、抗盐碱；1103P 生长势中等，生根和嫁接状况良好，产枝量中等。

5. 520A

是冬葡萄和河岸葡萄杂交育成。520A 属多抗性砧木，较抗根瘤蚜和线虫病，抗旱性强，耐湿，耐盐。生长势较旺，易发副梢。扦插易生根，但与一般栽培品种相比发根慢，嫁接亲和性好。

6. 101-14MG

是河岸葡萄与沙地葡萄杂交育成，根系发达，极抗根瘤蚜，较抗根结线虫，抗湿性较强，生长期短，促进嫁接品种早熟，适应于嫁接早熟品种。抗寒力强，早熟，着色好，品质优，扦插易生根。

7. SO_4

原产于德国，由冬葡萄和河岸葡萄杂交育成。抗旱能力特强，抗寒能力中等，喜欢肥沃土壤。耐湿、耐盐、耐酸、耐石灰质土壤，抗线虫和抗根癌病能力强，早熟，品质好。与多数品种嫁接亲和性好，与所有欧洲葡萄品种嫁接亲和力强。

8. 5BB

原产于奥地利，最大特点是抗旱和早熟。植株生长旺盛，生长势中等，根梢浅且细，稍有"小脚"。抗石灰质土壤能力极强，着色和品质非常好，成熟期较早，坐果和产量中等，扦插生根能力中等。耐湿性较弱，抗根瘤蚜的能力极强，对线虫也有较强的抗性，与欧亚种葡萄嫁接亲和力良好。

任务二　葡萄生物学特性

一、生长特性

（一）根系生长

葡萄根系依据繁殖方式不同分为两种类型，一是实生根，由种子播种长成的葡萄根系，其主根发达，根系较深，有明显的根颈（根与茎的交界处）；二是茎源根，采用扦插或压条繁殖形成的葡萄植株的根系。它没有主根，侧根发达，根系分枝角度大，由侧根和幼根组成。

葡萄的根为肉质根，髓射线发达，是重要的营养贮藏器官。其主要根群分布深度为 40～100 cm，少数根深达 1～2 m，水平分布随架型不同则葡萄的根系分布也随之发生变化。

当土壤温度升至 5～7 ℃时，葡萄根系开始活动；地温升至 12～14 ℃时，根系开始生长，最适宜葡萄根系生长的地温为 21～28 ℃。葡萄根系的生长有两个高峰，一个是开花至幼果期，另一个是硬核至果实成熟期。

（二）枝蔓生长

葡萄枝条通常叫作枝蔓，包括主干、主蔓、侧蔓、结果母枝（即一年生枝）、新梢、副梢、延长枝等。

从地面发出至第一分枝处的树干称为主干。主蔓着生在主干上（龙干形整枝的树形主干即主蔓），埋土防寒区不留主干，主蔓从地表附近长出。主蔓上的分枝成为侧蔓，侧蔓有无因整形方式而异（如"T"形树形没有侧蔓，"H"形树形侧蔓为结果母蔓）。各级骨干枝、结果母枝、预备枝上的芽萌发抽生的新生蔓，在落叶前均称为新梢。带有花序的新梢为结果枝，不带花序的新梢为营养枝或预备枝（图 3-19）。

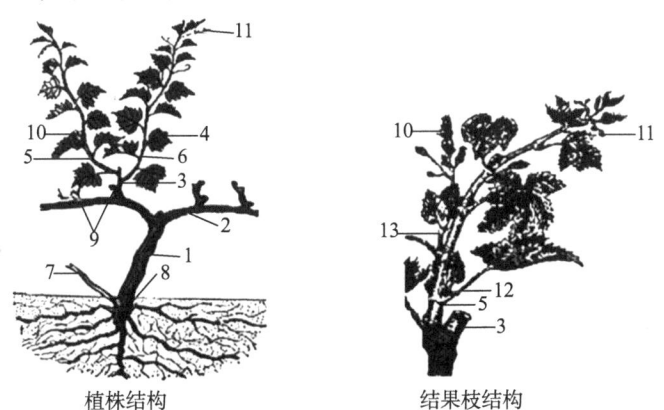

图 3-19　葡萄的植株结构及结果枝结构
1. 主干；2. 主蔓；3. 结果母枝；4. 叶片；5. 结果枝；6. 发育枝；7. 萌蘖；8. 根干；9. 结果枝组；10. 果穗；11. 卷须；12. 冬芽；13. 副梢

（三）叶

葡萄的叶为单叶，呈肾形、圆形、心脏形及卵形。葡萄的叶有 5 条主脉，大部分葡萄叶片呈 5 裂，但也有 3 裂、4 裂、7 裂或全缘；叶片边缘有锯齿，锯齿有深有浅、有盾有锐。葡萄叶片正面和背面常着生不同状态的茸毛，呈直立状的为刺毛，平铺呈棉毛状的为茸毛。葡萄叶片颜色有绿色、深绿色，至秋天变为黄色、红色或褐红色。葡萄成龄叶片的大小、颜色、形状、薄厚、裂刻深浅和形状、锯齿形状和色泽、叶柄洼的形状、叶上茸毛的有无和多少等特征；同时葡萄幼叶的颜色、表面光泽、茸毛的有无和多少等，因葡萄的种类和品种而有很大差异，是区分和识别品种的重要标志。

（四）芽的类型与特性

葡萄的芽分为三种，即冬芽、夏芽和隐芽。

1. 冬芽

一般当年不萌发，越冬后第二年春季萌发抽梢，所以称为冬芽。第二年春季萌发时带有花序的，称为花芽；不带有花序的，称为叶芽。冬芽是复杂的混合芽，外被鳞片，由一个主芽和 3～8 个副芽组成，具有晚熟性。主芽居中，四周着生副芽，主芽比副芽发育好，当年秋天能分化出 6～8 节，如营养、激素条件适宜，可分化为花芽；副芽当年分化程度浅，一般有 2～3 个发育良好，其他发育较差，当年秋天可形成 3～5 节，一般不分化成花芽，且下年一般不萌发。

大多数葡萄品种，春天主芽先萌发，副芽很少萌发，当主芽受到损害时，副芽才萌发；有的品种主、副芽同时萌发，在同一节上可抽生 2～3 个芽，这时需要选留一个健壮的留下，其余抹除，即抹芽。

2. 夏芽

夏芽是裸芽，着生在冬芽的旁边，具有早熟性，在形成的当年便可萌发成新梢。夏芽抽生的新梢称为副梢，副梢叶腋间同样形成当年不萌发的冬芽和当年萌发的夏芽。副梢的夏芽继续萌发形成的新梢，称为二次副梢，依次类推，所以葡萄在夏季的生长量很大，修剪的任务很重，同时在幼树阶段，可以利用夏芽副梢快速整形，提早结果。

3. 隐芽

也叫潜伏芽，是位于皮层下未完全发育的芽，通常情况下不萌发，当植株受到严重逆境胁迫等刺激后，潜伏芽才会萌发为新梢，多数不带花序。

二、结果特性

（一）花芽分化

葡萄的花芽分化可大致分为两个过程，即生理分化阶段和形态分化阶段，又可称为花序分化阶段和花器官分化阶段；花序分化阶段需要经历的时间较长，在新梢萌发成枝并老熟当年完成，主要是叶原基、花原基及卷须原基的形成，其中花原基与卷须原基均可由始原始体发育而来；而花器官分化阶段是在芽萌发前后至开花时完成，依次分化出是花萼、花冠、雄蕊、雌蕊。在生产上，为促进葡萄的花芽分化，对主梢摘心并控制副梢生长。

（二）花

葡萄的花有三种类型，即两性花（完全花）、雌能花和雄花，葡萄雌雄性别差异主要表现在花器官上，栽培品种绝大多数为两性花，野生品种多为雌雄异株。在生产栽培中，主要应用两性花葡萄品种，两性花品种不需要栽植授粉树，其产量受花期气候条件影响较少，和单性花相比具有无可比拟的优势。雌能花品种，不能自花授粉受精，自然状态下仅靠风力或昆虫接受花粉，果穗稀疏，果粒大小不一，甚至颗粒无收，必须配置授粉树；但雌能花具有单性结实的特点，并且可省去人工去雄的过程，简化育种程序，是一种珍贵的无核育种材料。而雄花品种不能坐果结实，只能作为授粉树（图3-20）。

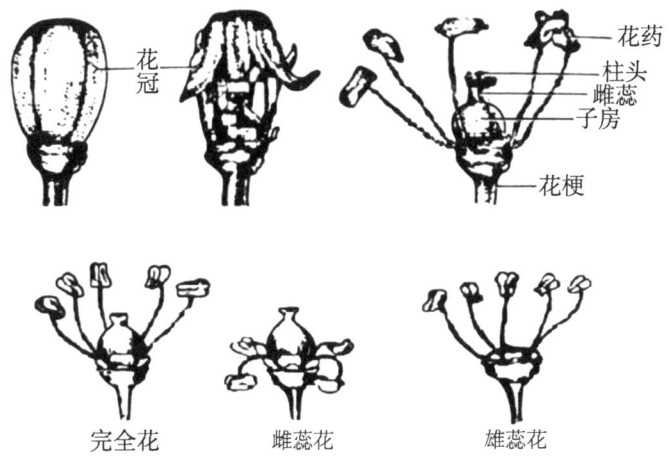

图3-20 葡萄花的结构和类型

（三）果实发育

葡萄的果实由子房发育而成，属浆果，包括果柄、果蒂、果刷、外果皮、果肉、维管束和种子等部分。果粒的大小和形状因品种而异，常见的有圆形、长圆形、椭圆形、卵形和鸡心形等。果穗由穗梗、副穗和穗轴所组成，果穗第一分枝以上的部分称为穗梗，穗梗的膨大部分称为穗梗节（图3-21）。果穗的形态和大小因品种而异，常见的形状有圆锥形、圆柱形和分支形等。

葡萄果实的生长发育分为三个时期：第一次是在坐果后5～7周，果实迅速生长；随后进入第二次生长期，这一时期生长缓慢，需2～3周；第三次是在果实膨大期，含糖量迅速提高，含酸量下降，果肉变软，持续5～8周，直到果实成熟。

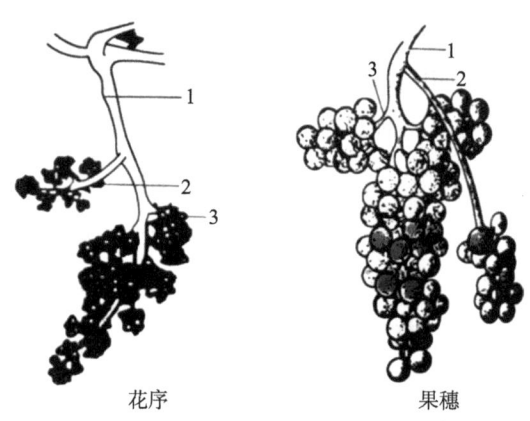

图 3-21 葡萄果穗
1. 穗梗；2. 副穗；3. 穗轴

任务三 葡萄栽培环境

一、温度

葡萄是喜温植物，对热量的要求高。植株一般生长期最低温度 12～15 ℃，最适宜生长温度为 20～30 ℃，植株很怕冻，当温度低于 10 ℃的时候植株就会生长变缓。开花期适合的温度为 25～30 ℃，浆果成熟的适宜温度 18～32 ℃。

二、水分

葡萄在生长期间，对水分的需求量大，在各个阶段对水的要求不同。萌芽生长初期、新梢旺盛生长期需水较多，田间最大持水量在 60%～80% 为宜；开花坐果期需水较少，水分过多影响正常开花、授粉受精，引起严重的落花落果，土壤持水量要保持在 60%～70%；浆果成熟期需水更少，水太多会引起裂果、影响着色，加重病害发生，降低品质，田间持水量为 50%～60% 为宜。

三、光照

葡萄是喜光植物，对光照十分敏感，如果阳光充足，叶片则厚实而且颜色浓绿，并且植株生长健壮，花芽分化良好，果实糖含量高，风味浓。光照条件不足时，会出现落花落果情况，花芽分化不良，果实着色不好，产量低，品质差。因此，栽培时应考虑选择适宜的架式、行向和株行距。

四、土壤

葡萄的根系发达，吸水性强，对土壤的要求不高，但在肥沃疏松、排水性好的基质中能生长旺盛，如果遇上雨季，要及时将积水排出，以免出现植株腐烂，甚至死亡的情况。

任务四　葡萄露地栽培管理

一、园地选择

最好选择有防护林、排水良好、灌溉便利的熟土地建园。土壤以土层深厚、肥沃、疏松，pH 值 7～8 的砂壤土或轻壤土为宜。立地条件要求光照充足、空气干燥、降水量少、昼夜温差大，晚熟品种要求无霜期在 165 d 以上。

二、栽植技术

（一）架式、行向及栽植密度

鲜食葡萄栽培采用篱架、棚架均能取得丰产，可以根据不同区域选择合适的架型。南北行向，篱架较多，株行距（0.8～1.0）m×（2.5～3.0）m，每 667 m^2 定植 222～267 株。

（二）开沟施肥、回填

栽植前按行距开挖栽植沟，沟深、宽为 100 cm×（80～100）cm。挖定植沟时将表土与底土分开放置。沟内先填入 20 cm 厚的秸秆，接着填放 20 cm 表土，再把农家肥（每亩 5 m^3 左右）和耕作层表土混匀后填入至离地面 10 cm 处，每 667 m^2 撒施过磷酸钙 100 kg，然后用表土将定植沟填平、剩余底土打埂，随后浇水沉实。

（三）栽植前苗木处理

挑选枝条成熟、粗度 0.5 cm 以上、有 3～5 个饱满芽、根系发达的一年生壮苗，剪留 2～4 个饱满芽，进行适当的根系修剪后，用清水浸泡 12～24 h，再用 100 mg/L 的 ABT 生根粉水溶液浸根 6 h 即可栽植。

（四）栽植时间

一般根据气候条件，当早春日均气温稳定在 10 ℃以上时，即可定植。

（五）栽植技术

以定植点为中心，开挖穴径、穴深为 30 cm×20 cm 的定植穴。穴底呈"馒头"状，根系均匀舒展的摆放在"馒头"状""土堆上，四周填入表土踩实，使苗木根颈与定植带底相平，栽后及时灌水。为了提高苗木成活率、促进早萌芽，待水入渗后，在苗木四周培20 cm高的土堆即可。

三、肥水管理

（一）一年生苗木

定植后浇一次水，以后根据土壤墒情掌握浇水间隔时间。全年一般浇5～6次水，前2～3次浇水以追施氮肥为主，后3次以磷钾肥为主。

（二）多年生葡萄

多年生葡萄的浇水施肥一般是根据葡萄的物候期进行，萌芽水结合萌芽肥在葡萄萌芽前灌水；花前水在花前7～10 d，结合花前肥一起灌溉，以满足新梢和花序生长的需要，并为开花坐果创造良好的肥水条件；催果水在果实膨大期灌水，以促进果实膨大，浆果着色期至果实成熟期根据土壤墒情，见干即灌，轻浇勤灌，为果实生长发育创造一个较为恒定的土壤温度；果实采收后及时浇灌一次水，使树体贮存充足水分，为第二年萌芽打好基础；最后一次浇水为封冻水，在土壤表皮结冻后，灌封冻水，保证葡萄根系安全越冬。

四、树体管理

（一）抹芽、定梢

定植当年，苗木长到20 cm左右时开始抹芽，到30 cm左右时进行定梢，每株选留一个壮梢做主蔓（主干），其余芽抹除。多年生葡萄植株依据树势的强弱，展叶后进行抹芽留梢，确定每株产量；二年生结果单株留8～10个新梢，其中3～5个为结果蔓，其他为营养蔓；盛果期单株留10～12个新梢，其中6～7个为结果蔓，其余为营养蔓或预备蔓，产量控制在1 500～2 000 kg/667 m²。

（二）摘心

一年生苗主梢摘心以粗度和时间而定，原则上直径0.8～1 cm以上的主梢第一次摘心长度在130 cm时，其上长出的一次副梢留3～4片叶摘心。对于已经结果的植株，结果枝留9～10片叶摘心，延长枝长到1 m左右摘心。

（三）绑蔓、除卷须

当新梢长到60～80 cm时进行绑蔓；结合摘心、除副梢及早除去卷须，以免消耗养分，缠绕果穗、新梢及架面上的铁丝。

（四）副梢管理

结果枝上的副梢，花序以下全部抹除，花序以上的副梢留1～2片叶摘心，顶端的1～2个副梢留2～3片叶反复摘心；对于没有花序的新梢，顶端1～2个副梢留3～4

片叶反复摘心,其余副梢留 1 片叶摘心。

(五)花果管理

依据植株大小和树势强弱,确定每株的负载量,按负载量和平均单穗重确定每株留果穗数。结果初期每株留 3~6 穗果;盛果期每株留 7~10 穗果,原则上中庸结果枝留一个花序,弱枝不留花序。落花后 15~20 d 第一次疏果,疏去小果、过密果,当果粒直径 1 cm 时进行第二次疏果,包括去副穗、掐穗尖、疏小粒及顺穗等。

(六)果实套袋

果实套袋时间在不同立地条件下差异很大,一般在果粒直径达到 1 cm 左右时进行。套袋前一天全园喷一次杀菌剂,重点喷布果穗,预防灰霉病;套袋时注意要将袋子撑开,袋内南面果粒不要紧贴专用袋,防止日灼。

(七)冬剪

葡萄冬剪主要采用短梢(1~3 芽)或中梢(4~7 芽)修剪,根据结果部位、枝条成熟度,灵活运用单枝更新法、双枝更新法对树体进行更新,回缩。当植株叶片全部呈黄色或脱落时进行修剪,对于不下架埋土防寒的地区,从落叶到第二年萌芽前均可以进行修剪;对于下架埋土防寒地区,在埋土前要修剪结束。

五、病虫害防治

西藏葡萄栽培管理中,常见的病害有白粉病、灰霉病、穗轴褐枯病、霜霉病等;常见的虫害有蚜虫、短须螨(红蜘蛛)等。葡萄产区不同,病虫害发生程度也不一样,本着"预防为主,综合防治"的原则,葡萄病虫害防治可以采用农业防治、生物防治及化学防治等方法做好提前预防,当病害发生时,根据病害发生症状、准确识别,在防病初期进行针对性防治。

(一)葡萄病害及防治

1. 葡萄白粉病

(1)症状

白粉病主要危害葡萄的果粒、叶片、新梢及卷须等幼嫩组织,以果实受害最为严重。叶片受害时,最初在叶片上产生淡白色细小的霉斑,随后逐渐扩大成为灰色粉末状,致使病叶卷缩枯萎。幼果受害时,果实萎缩脱落,果实稍大时受害,在果实表面产生粉状霉层,果面有褐色斑纹,此时表皮细胞已死亡,果实停止生长、硬化、畸形,有时开裂,果实味道极酸;后期病果干枯腐烂。新梢及果梗、穗轴受害,初期有白色病斑,随后转变为褐色,最终变为黑色,表面着生稀疏的白霉层,使果梗及穗轴变脆,枝梢生长受到阻碍。

(2)发生规律

病菌以菌丝体在枝蔓的被害组织或芽鳞中越冬,第二年环境条件适宜时形成分生孢子,借助风力传播,直接侵入寄主体。栽植过密、氮肥过多、通风透光不良和高湿等情况下利于白粉病的发病。西藏拉萨及周边地区,当"拉萨夜雨"过后,露地及设施容易发生白粉病,林芝地区夏天雨季潮湿闷热便于白粉病的发生。

（3）防治方法

加强栽培管理。增施有机肥,提高植株的抗病能力；定期清洁整理果园；冬季结合修剪剪除病枝,并清除落叶落果,及时烧毁掩埋,减少越冬菌原体。

化学防治。葡萄发芽前喷洒1次3～5波美度石硫合剂,也可铲除病原原体；葡萄发芽后,喷洒50%甲基硫菌灵500～800倍液,每7～10 d喷1次,共喷2～3次,15%三唑酮2 000倍液对该病有特效。还可以选栽抗病品种。

2. 葡萄霜霉病

（1）症状

葡萄霜霉病常由高温高湿引起。主要危害葡萄的叶片,也能危害新梢、卷须、叶柄、花序、穗轴和果实等幼嫩组织。叶片发病初期时产生水浸状黄色斑点,后来扩展为黄色至褐色的多角形病斑；叶斑的背面长出白色霉层,后期霉层变成褐色。花穗和幼果受害后表面生长白色霉层,花穗会腐烂干枯,幼果变硬后变为褐色、软化、干缩、易脱落,果实着色后就不再受到侵染。

（2）发病规律

霜霉病的病菌是靠卵孢子在病组织和土壤中越冬,在土壤中可存活2年之久。第二年春季至6月中旬,卵孢子萌发产生孢子囊和游动孢子,靠风和雨传播到叶片上,然后通过气孔侵入叶片内部,可多次侵染,在园中蔓延速度极快。一般3～4周时间就可使全园大部分叶片发病,秋后再产生卵孢子越冬。霜霉病的流行与天气条件关系密切,多雨、潮湿、冷凉天气和地势低洼、棚架低矮、郁闭遮阴都有利于病害的发生和扩散流行；偏施氮肥和树势衰弱病害也容易发生。

（3）防治方法

加强栽培管理。结合冬季修剪,剪除病枝、病蔓,清除老皮,集中外运；增施有机肥,提高树体抗病能力；夏季管理期间,及时摘心、除副梢,同时提高结果部位。

化学防治。葡萄发芽前喷洒1次3～5波美度石硫合剂,可铲除病原原体；葡萄发芽后,结合果园常见病害来防治,喷洒50%甲基硫菌灵500～800倍液,每7～10 d喷1次。发现病叶后,可选50%保倍福美双可湿性粉剂1 500倍液,或用37%苯醚甲环唑可湿性粉剂3 000倍液,或用25%甲霜灵可湿性粉剂1 000倍液；套袋后,半量式波尔多液,或用25%苯醚甲环唑1 500倍液喷雾。这些药剂交替使用以减少抗药性。

3. 葡萄灰霉病

（1）症状

主要危害葡萄的花序、幼果和成熟的果实,也可为害新梢、叶片、穗轴和果梗等。在新梢及幼叶感病,产生淡褐色、不规则的病斑,病斑多在靠近叶脉处发生,叶片上有时出现不太明显的轮纹，后期空气潮湿时病斑上也可出现灰色霉层。花序、幼果感病，先在花梗和小果梗或穗轴上产生淡褐色、水浸状病斑，后病斑变褐色并软腐，空气潮湿时，病斑上可产生鼠灰色霉状物，空气干燥时，感病的花序、幼果逐渐失水、萎缩，后干枯脱落，造成大量的落花落果，严重时，整穗果落光。成熟期果实感病，果面上出现褐色凹陷病斑，扩展后，整个果实软腐，果梗变黑色，不久在病部最后长出灰色霉层，有时在病部可产生黑色菌核或灰色的菌丝块。

（2）发病规律

病菌以菌核、分生孢子及菌丝体随病残组织在土壤中越冬。有些地方，病菌秋天在枝蔓或僵果上形成菌核越冬，也可以菌丝体在树皮和冬眠芽上越冬。葡萄灰霉病由低温高湿引起，病菌生长温度为 2～31 ℃，菌丝体发育的最适温度是 20～24 ℃。当相对湿度达到 85% 时就会大面积发病。发病的速度随湿度增加而加快。低温、多湿、伤口常常是病害流行的主导因素。葡萄开花和坐果时期如果遇到气温偏低，多雨、环境潮湿，或者昆虫伤害、农事活动后等造成伤口过多，也容易引起灰霉病病害流行；葡萄棚里如果排水不良，氮肥施用过多、枝叶徒长、茂密、通风透光条件不好、架面郁闭等都容易发病；土壤黏重、偏碱时也容易引起发病。葡萄灰霉病一年大致有两次发病高峰，第一次在花穗期，一般持续 7～10 d，主要危害花穗；第二次是在果实着色期至成熟期，主要为害果实。

（3）防治方法

加强栽培管理。结合秋季修剪清除病残体，减少菌核量，可以结合其他病害防治，做好越冬期的预防工作。多施有机肥，增施磷钾肥，控制速效肥使用量，防止徒长，对生长过旺的枝蔓适当进行修剪，使葡萄园通风降湿，抑制发病。

化学防治。发病前，以保护性杀菌剂为主，及时喷药保护。可选药剂有 50% 腐霉利可湿性粉剂 600 倍液，或用 50% 异菌脲可湿性粉剂 1 000～1 500 倍液，或用 25% 异菌脲悬浮剂 500～600 倍液等，具有良好的预防效果。发病期间，以内吸性杀菌剂为主，及时喷药防治。可选药剂有 40% 嘧霉胺悬浮剂 800～1 000 倍液，或用 50% 啶酰菌胺水分散粒剂 1 500 倍液，具有良好的治理效果。

4．葡萄穗轴褐枯病

（1）症状

葡萄穗轴褐枯病主要危害葡萄幼嫩的穗轴和果梗，也危害幼果。一般在葡萄抽生出幼穗至花序分离前即可发病。首先在幼穗的果梗或穗轴上出现淡褐色水浸状斑点，湿度大时斑点迅速扩展，使果梗或穗轴的一段变褐坏死，不久便失水而干枯变为黑褐色。主穗轴和穗尖、花梗均可发病，发病后期病斑上有时可见褐色霉层，即病菌的分生孢子梗和分生孢子。当病斑环绕穗轴或小果梗一周时，其上的花蕾或幼果也将萎缩、干枯和脱落。幼果染病，病斑呈圆形黑褐色斑点，直径 2～3 cm，病斑仅存在于果实的表皮，不深入果肉组织中，随着果粒的生长和膨大，病斑稍扩展后表面结痂脱落。

（2）发病规律

葡萄穗轴褐枯病是由葡萄生链格孢霉侵染所引起的病害。病原以分生孢子和菌丝体在结果母枝和散落在土壤中的病残体上越冬。当花序伸出至开花前后，病原借风雨传播，侵染幼嫩穗轴及幼果。梅雨天气有利于发病和蔓延。地势低洼、偏施氮肥、通风透光不良、管理不善的果园以及老弱树发病重。5月上旬至6月上中旬的低温多雨有利于病原的侵染蔓延。葡萄不同品种对葡萄穗轴褐枯病抗性有一定差异。

（3）防治方法

加强栽培管理。结合冬季修剪，清除园内枯枝、落叶、杂草、老树皮等，集中烧毁或深埋。合理施肥，重施基肥，不偏施氮肥，以增强树势；果园灌水遵循见干见湿，不积水，降低园内湿度。选留适量枝条，避免架面郁闭，距地面40 cm高度，架面不留任何枝条，作为通风带，促进园内空气流通，降低湿度。

化学防治。该病是葡萄生长前期发生的病害，只危害幼嫩的穗轴和果梗，因此喷药防治的关键时期是从葡萄抽生出果穗至果实迅速膨大之前。抓住2个预防的关键时期，一是葡萄芽萌动后，喷洒3波美度石硫合剂，重点喷结果母枝，消灭越冬菌源。二是在花序分离期和花后7 d，喷50%多菌灵可湿性粉剂800～1 000倍液，或用70%甲基硫菌灵可湿性粉剂1 000倍液，连喷2～3次，均有良好的防治效果，为提高药效，要交替用药，以免产生抗药性。

（二）葡萄虫害及防治

1. 红蜘蛛

（1）危害与分布

葡萄红蜘蛛又称葡萄短须螨，属蛛形纲，螨目，细须螨科。以成、若螨刺吸叶、嫩梢和果穗汁液，叶上出现红褐色斑块，严重时全叶焦枯；嫩茎、卷须、穗轴和果柄等处呈现红褐色凹凸不平的坏死斑，俗称"铁丝蔓"，质脆易折断；果粒被害后表面呈铁锈色，果皮粗糙易龟裂，后期危害影响着色，糖分降低。

（2）发生规律

越冬雌成虫在葡萄展叶期开始危害，虫体多分布在叶背基部和主、侧脉两侧，行动不太方便，常拉少量的丝网。生长发育的最适温度为29 ℃，相对湿度为80%～90%，因此高温和多雨的季节发生较多。10月中下旬开始向枝蔓处转移，11月中下旬进入越冬。

（3）防治方法

①农业防治。冬季清园，扫除落叶，剥除枝蔓老皮收集烧毁，消灭越冬雌成虫。

②化学防治。萌芽初期喷洒3波美度的石硫合剂，加入0.3%洗衣粉，有很好的防治效果；生长季节虫量多时可喷洒阿维菌素300倍液1次；当红蜘蛛大量出现时，用20%三氯杀螨醇600～800倍液、20%灭扫利3 000～4 000倍液、2.5%功夫乳油6 000倍液、20%双甲脒乳油1 000倍液，避免螨类产生抗药性，各类药物交替轮换使用。

2. 蚜虫

（1）为害与分布

蚜虫俗称腻虫或蜜虫等，属半翅目，球蚜科和蚜科。以成、若虫群集于葡萄叶背面、嫩茎、嫩梢和花上，用针状刺吸式口器吸食植株的汁液，使细胞受到破坏，生长失去平衡，叶片向背面卷曲皱缩，嫩叶生长受阻，严重时植株停止生长，甚至全株萎蔫枯死。蚜虫为害时排出大量水分和蜜露，滴落在下部叶片上，引起霉菌病发生，阻碍叶片的生理机能，减少干物质的积累。

（2）发生规律

在高寒冷凉区栽培条件下，葡萄 6 月花期结束后是蚜虫的高发期，随着枝条和叶片的老化，温度的降低，发生和危害程度降低。生长发育的最适温度为 16～22 ℃，相对湿度 60%～80%。

（3）防治方法

①农业防治。冬季清除枯枝落叶，刮除粗老树皮，剪除被害枝梢，集中烧毁。蚜虫的天敌很多，如瓢虫、食蚜蝇、草蜻蛉、寄生蜂等，对蚜虫都具有很强的抑制作用。因此要尽量少喷洒广谱性杀虫剂和避免在天敌多的时期喷洒，以保护天敌，利用天敌消灭蚜虫。

②化学防治。萌芽初期喷洒 3 波美度的石硫合剂，杀除越冬虫卵；生长季节有少量虫危害时，用菊酯类农药、3% 啶虫脒 2 500～3 000 倍液喷洒；危害期，可用 10% 吡虫啉 3 000～4 000 倍液，或用 10% 氧化乐果乳剂 1 000 倍液，或用阿维菌素 300 倍液，或用马拉硫磺乳剂 1 000～1 500 倍液交替轮换用药。

任务五　葡萄设施生产技术

一、设施选择

选择气候冷凉、光照充足、空气干燥、有灌水或雨水积蓄条件、排水良好的山台地或平地建设日光温室。日光温室坐北向南，平日光温室长度以 60 m 为宜；土壤土质疏松、pH 值为 7～8 的砂壤土为宜；高寒冷凉区棚内栽培较棚外地面低 40～50 cm。

二、苗木定植

（一）苗木定植前土壤处理

1. 开沟、施肥

栽植前按行距开挖栽植沟，沟深、宽为 80 cm×80 cm。挖定植沟时将表土与底土分开放置。沟内先填入 1/3 表土、1/3 的沙、1/3 的有机肥混匀回填，回填到离地面 10 cm

时，顺沟撒施过磷酸钙 200 kg/ 亩，然后用 1/2 表土、1/2 沙回填起垄，垄高 10～15 cm，垄宽 80 cm。

2．架式、行向、栽植密度

设施内葡萄架式选择依据管理方便、修剪简单及气候条件来决定，栽植密度随葡萄架式发生变化，栽植方向为南北行向。

（二）苗木定植技术

选择根系发达亲和性良好的一级嫁接苗，定植前 3 d 升温，定植时控温。

以定植点为中心，开挖浅穴，穴底呈"馒头"形，根系均匀舒展的摆放在"馒头"形土堆上，四周填入表土踩实，栽后立即浇水，待水下渗后垄上覆地膜，棚内遮阴控温，直到发芽。

三、水肥管理

（一）一年生苗木

定植后浇一次水，以后根据棚内土壤性质，掌握浇水间隔时间。全年一般浇 5～6 次水；前 2～3 次浇水以追施氮肥为主，后 3 次以磷钾肥为主。

（二）多年生葡萄灌水

一般为催芽水，日光温室开始升温时结合追肥灌水；催花水，在花前 7～10 d，灌水以满足新梢和花序生长的需求，并为开花坐果创造良好的肥水条件；催果水在果实膨大期灌水，以促果实快速膨大；浆果着色前期灌水促进果实二次膨大。采前 30 d 不浇水。越冬水在采果后，施完基肥时灌一次较大的越冬水。原则上，中、前期灌水结合追肥进行，特别要注意的是后期覆盖棚膜后要适度控水，以小水为好。灌水次数也要根据当地气候、设施内土壤类型而调整。

（三）灌水量

依据土壤类型决定灌水量。砂壤土稍多，黏性土壤要少，有条件的地区，最好使用滴渗灌，不但节约用水还可降低空气湿度，减少病害发生。另外，保持土壤均匀的含水量，能防止裂果，提高品质。

四、树体管理技术

（一）抹芽、定梢

定植当年，苗木长到 10 cm 左右时开始抹芽，到 20 cm 左右时定梢。每株选留一个壮梢做主蔓（主干），其余芽抹除。多年生植株依据树势强弱，展叶后进行抹芽留梢，确定每株产量。依据管理水平、植株数量，2 年生产量一般可达 400～600 kg/ 亩，3～4 年进入结果盛期。2 年生结果株留 8～10 个新梢。其中 3～5 个为结果蔓，其他为营养蔓；盛果期单株留 10～12 个新梢，其中 7～8 个为结果蔓，其他为营养蔓或预备蔓。

（二）摘心

一年生苗主梢摘心以粗度和时间而定，原则上直径 0.8～1 cm 以上的主梢第一次摘心长度在 130 cm 时，摘心后在第一道铅丝上向南水平绑蔓（第一道铅丝离地面 80 cm），其上发出的一次副梢直径 0.8 cm 以上者留 5 叶摘心，0.6 cm 以下者留 2～3 片叶摘心。

（三）疏花

2 年生每株留 2～4 穗果，3 年生每株留 5～6 穗果，盛果期每株留 7～8 穗果；原则上中庸结果蔓留一个花序，弱蔓不留花序。

（四）疏果

落花后 15～20 d 第一次疏果，疏去小果、过密果、每穗选留 80 粒左右，当果粒直径为 1 cm 时第二次疏果，每穗选留 60～70 粒，每穗重约 750 g。

（五）果实套袋与除袋

一般在果粒直径达到 1 cm 左右时进行，套袋前一天喷 1 次杀菌剂，主要预防灰霉病；套袋时注意袋内南面果粒不要紧贴纸袋，防止日灼。除袋时间，一般采前 15～20 d 根据着色确定，在冬季光照充足，果穗能在袋内良好着色的地区，果穗不去袋，保持果面良好的果粉，带袋采收。着色不完整的果穗，果袋先解开下口呈灯罩状，3～5 d 后全部取除。

五、冬剪与休眠期温度调控

植株叶片全部呈黄色或脱落时，一般在落叶后至萌芽前 1 个月进行修剪，施基肥、灌越冬水；全园喷 5～6 波美度石硫合剂。

棚内冬剪在解除自然休眠前均可进行修剪，结果蔓根据品种特性，留 1～2 芽极短梢修剪，或 3～5 芽中梢修剪；预备蔓 1～2 芽修剪。

休眠期全部放下草帘越冬休眠，温度调控在 -1～2 ℃。

六、病虫害防治

设施葡萄栽培中，覆膜后日光温室内湿度大、通风差，容易发生病害。除通过控制灌水、及时通风、降低棚内空气湿度和加强夏剪，减少枝叶密度等降低发病的环境条件外，特别要注意利用保护剂预防病害。发病时，根据发病症状、准确识别，在发病初期进行针对性防治。

据调查，西藏设施葡萄栽培中，常见的病害和虫害与露地栽培相同，其病虫害症状和防治方法可参考露地栽培。

【实训1】葡萄生长结果习性观察

一、实训目的要求

通过实训，初步培养学生从植株和果实两方面识别葡萄栽培种群和主要品种的能力，学会对品种特征、特性的描述方法。

二、实训材料用具

材料。鲜食和酿酒用的主要葡萄品种及能代表不同栽培种群的葡萄品种（或种）的结果植株和成熟果实。

用具。卡尺，钢卷尺，水果刀，折光仪，托盘天平，记载表，记载用具。

三、实训内容与技术操作规程

1. 植株的观察

枝条、嫩梢。颜色，茸毛有无、多少。成熟梢节和节之间的颜色。休眠期枝条的颜色、粗细、节间长短。

卷须。着生间歇性、连续性，不分叉、双分叉、三分叉，枝条基部第一卷须着生的节位。

叶片。以新梢上第6～7片叶为准。大小：纵径17 cm以上为大型，10～17 cm为中型，10 cm以下为小型。形状：肾形、心脏形、近圆形。裂刻：全缘、三裂、五裂，缺刻：深、浅。叶缘：锯齿三角形、圆顶形。叶柄洼形状：闭合裂缝形、闭合椭圆形、开张满圆形、宽拱形。叶面：颜色，光滑、粗糙。叶背：茸毛多少，颜色。

花。花序着生的节位。花的类型：两性花、雌能花。子房形状：圆锥形、圆柱形、球形。

2. 果穗和果粒的观察

果穗。形状：圆柱形、圆锥形、单歧肩圆锥形、双歧肩圆锥形、圆锥形副穗。大小：长度，重量。

果粒。大小：纵径、横径。形状：扁圆形、圆形、椭图形、长圆形、瓶形、倒卵形、肾形、鸡心形。颜色：绿白色、淡黄绿色、黄色、玫瑰色、红色、紫红色、黑紫色、黑色。果粉有无，多少。果肉颜色：黄、黄白、淡绿等。果汁颜色：白、红、紫等。风味：甜、甜酸，汁液多少，香气有无。可溶性固形物：%。种子：有无，数量。

四、实训结果考核

考查学生实训态度，不迟到、不早退，态度端正，认真、仔细，吃苦耐劳，遵守纪律（20分）。

考查学生对葡萄品种基本知识的掌握情况，说明不同葡萄品种的特点（20分）。

考查学生技能掌握情况，能够正确说明葡萄各主要品种植株和果实的区别（40分）。

结果考核，按时完成葡萄结果习性观察实训报告，将葡萄品种特征观察结果填入表内（20分）。

葡萄品种特征调查表

品种调查项目		品种调查结果
卷须		
叶片	裂刻	
	叶缘锯齿	
	叶基	
	小大	
	叶背茸毛	
果实	果穗	
	果粒	
	果肉	
	种子	
	风味	
主要特征描述		

【实训2】葡萄架式观察和冬季修剪

一、实训目的要求

通过实训，初步培养学生认识葡萄不同架势以及它们的基本特征，学会对不同品种进行冬季修剪。

二、实训材料用具

材料。鲜食葡萄品种及能代表不同栽培种群的葡萄品种的植株和不同架势的葡萄园。

用具。剪枝剪，手锯，记载用具。

三、实训内容与技术操作规程

（一）整形

篱架多用多主蔓扇形、双臂（主蔓）水平形等；棚架多用多主蔓扇形、龙干形等。

1. 多主蔓扇形

第一年，葡萄定植后，在地面以上留4～5个芽短截。萌芽后，培养4个新梢作为主蔓。如新梢数不足，可在新梢长到20～30 cm时留2～3节摘心，促进分枝。各培养作主蔓的新梢，叶腋间发出的副梢均留2～3叶摘心，8月下旬对各培养的主蔓进行摘心。秋季落叶后，对各主蔓根据粗度进行短截，粗度在0.7 cm以上的，留8～15节短截；粗度较细的，留2～3节短截，使翌年能发出较粗壮的新梢，以便培养作为主蔓。

第二年，去年长留的主蔓，当年可发生数个新梢。秋季落叶后，选顶端粗壮的作为主蔓延长蔓，留8～15接短截，其余的留2～3芽短截，以培养枝组。去年短留的主蔓，当年可发 1～2 个新梢。冬剪时留一壮枝作为主蔓，其余的留 2～3 芽作为枝组。

第三年，仍按上述方法继续培养主蔓和枝组。篱架，当主蔓高度到达第三道铁丝，并且各主蔓上每隔 20～30 cm 有一枝组时，树形基本完成。棚架如架面宽度较宽，各主蔓可逐年培养延长。

2. 双臂水平形

第一年，葡萄定植后，在地面以上留 3～4 芽短截。萌芽后，选留两个健旺的新梢培养，其余的早期抹除或摘心。秋季落叶后，按无主干双臂水平形整形的，选留的两个枝蔓，根据其粗壮程度留 8～15 节短截，作为两个主蔓（臂），第二年春天，分开水平绑缚于篱架第一道铁丝处短截，其余的剪除。

第二年，上一年已选留两个主蔓的，各在先端选一个延长蔓，留 8～15 接短截，其余枝蔓每 20～30 cm 留一个，作为结果母枝或培养为枝组。上一年留一个枝蔓培养主干的，在此主干上所发的枝蔓中，选顶端 2 个健旺的枝蔓，按 8～15 接短截，培养为主蔓，其余的枝蔓剪除或留作结果母枝。

第三年及以后，主蔓继续留延长蔓，若相邻两株的主蔓已交接，则短截控制其延长。在主蔓上每隔 20～30 cm 选留 1 个壮枝，作为结果母枝或培养枝组。

（二）修剪

1. 结果母枝的修留长度

分长、中、短梢修剪三种。剪留 1～3 节的为短梢修剪，剪留 4～6 节的为中梢修剪，剪留 7 节以上的为长梢修剪。三种剪留长度的具体应用，要根据品种特性、枝蔓生长情况和整形方式而定。花芽分化节位低、生长势较弱的植株或枝蔓，多用短梢修剪；花芽分化节位高、生长势强的植株或枝蔓，多用长梢或中梢修剪。生产实践中，有时主要用一种剪法，也有时三者结合应用。

2. 母枝或芽的剪留数

每株剪留的结果母枝数或芽数，要根据计划产量和架面空间而定。如果知道某品种往年结果母枝平均留果数、果枝平均果穗数以及果穗平均重量，可根据对单株的产量要求。

3. 枝组的修剪和更新

枝组上结果母枝的选留，掌握的原则是：去高留低，去密留稀，去弱留强，去徒长留健壮，去老留新。结果母枝的更新又分为单枝更新和双枝更新。短梢修剪的品种，本身既是结果母枝，又是预备枝，下一年冬剪时，选一健壮的、部位靠近几部的枝留作结果母枝，其余剪除，叫单枝更新。长梢修剪的品种，多用双枝更新，一枝按长梢修剪，作为结果母枝，在下部再留一枝剪留 2～3 芽，作为预备枝；冬季修剪时将结过果的结果母枝剪除，从预备枝发的枝蔓中，选留一健壮的枝作结果母枝，按长梢修剪，从下部再选一枝蔓留 2～3 芽短截，作为预备枝。不论单枝更新或双枝更新，结果部位都会逐年外移。在枝组基部如发生健壮枝蔓，可留作结果母枝或预备枝，保证结果枝不外移。

4. 主蔓更新

主蔓结果部位严重外移或衰老，结果能力下降时，需要进行更新。为了减少更新后对产量的影响，应在前 1～3 年，有计划地选留和培养由基部发出的萌蘖，培养预备主蔓。当培养的预备主蔓能承担一定产量时，再将要更换的主蔓剪除。

5. 其他枝蔓修剪

几乎不作结果母枝或预备枝用的枝蔓，不论是一年生枝、多年生枝或徒长枝、瘦弱枝等，都应疏除。

四、实训结果考核

考查学生实训态度，不迟到、不早退，态度端正，认真、仔细，吃苦耐劳，遵守纪律（20 分）。

考查学生对葡萄休眠期修剪基本知识的掌握情况，说明葡萄的修剪特点、并能陈述不同枝修剪方法与区别，通过修剪，观察下垂枝、徒长枝等的修剪反应（20 分）。

考查学生技能掌握情况，能够正确进行核桃冬剪，程序准确，技术规范，操作熟练（40 分）。

结果考核，按时完成葡萄冬季修剪报告，内容完整，结论正确（20 分）。

复习思考题

1. 葡萄生产中，常见的病害有哪些？如何进行防治？
2. 葡萄的芽有哪几种？如何区分它们，并应用到葡萄修剪中？
3. 葡萄的繁殖方法有哪些？常用的方法是什么？请将该方法的过程写出来。

模块四

特色果树生产技术

项目一　西藏核桃生产技术

❀ 知识目标

了解西藏核桃栽培的意义、现状、发展趋势及核桃生产概况；
熟悉核桃生物学特性、种类及优良品种；
掌握核桃土肥水管理、整形修剪、花果管理等关键生产技术及原理。

❀ 能力目标

能够正确识别西藏核桃主要病虫害并掌握其防治技术；
能结合西藏当地气候及土壤条件，选种适宜品种，并能掌握优质、丰产、高效的生产技术。

❀ 学习任务

完成对核桃认知，了解核桃的主要种类和品种，生物学特性，全面掌握西藏核桃土、肥、水管理技能、整形修剪技能、花果管理技能与病虫害防治技能。

通过介绍西藏核桃生态系统的构成和功能，培养学生的生态意识和环保意识，教育学生保护西藏生态环境，实现果树生产与自然环境的和谐发展，通过介绍西藏千年核桃树的历史，培养学生热爱国、热爱西藏的情怀。

西藏拥有丰富的核桃资源和广泛的分布。在藏文化中，核桃长期以来一直是重要的干果和食用油料来源。核桃的利用方式主要包括：首先，核桃可以直接食用，或者被捣碎后作为酥油的部分替代品用于制作酥油茶；其次，核桃常作为礼物赠送给亲朋好友；最后，核桃还被用来交换盐和其他日常工业产品。

目前，西藏的核桃主要分为三种类型：天然林核桃、本地实生农家核桃和品种栽培核桃。本地实生农家核桃占据了西藏核桃的主导地位，每年超过 90% 的核桃产量来自这一类型。由于西藏的农业生产水平不高，核桃主要通过实生繁殖，这种繁殖方式导致了大量的性状分离，使得后代核桃具有丰富的表型多样性。因此，对西藏本地实生核桃资源的挖掘和利用，对于拓宽核桃的遗传基础和改良核桃品种具有重要意义。

核桃在西藏的分布极其广泛，遍布从西部的吉隆到东部的江达，从最南端的察隅到北部的丁青。它们在海拔 1 700～4 100 m 的广大农业区域都有生长。特别是在雅鲁藏布江流域，核桃的垂直分布范围从 2 000 m 延伸至 3 836 m，覆盖了 1 836 m 的海拔变化；而在横断山区，这一垂直分布范围则是从 1 500～3 870 m，涵盖了 2 370 m 的海拔差异。尽管核桃的分布范围广泛，但其主要生长区域集中在海拔 2 000～3 900 m，尤其在西藏东南部的加查、朗县、米林和林芝等市县区，这些地区的经度范围是 92°14′ E～95°17′ E，纬度范围是 28°38′ N～30°24′ N。在这些区域中，海拔 3 500 m 以下的地区核桃分布更为密集，且生长状况和结果情况更为理想。

任务一　核桃主要品种与砧木识别

一、山南市主要核桃种质资源

加查县位于山南市，是该市核桃种植的重要基地，也是该市核桃资源最为丰富的县。山南市的优质核桃种质资源主要聚集在加查县。

1. 加查 1 号

加查 1 号，树高 26 m，胸围 3.7 m，树冠直径东西方向为 18.6 m，南北方向为 22 m。树势旺盛，树形挺直，树冠呈圆头形，平均每年能产出 350 kg 的坚果，并且具有较强的连续结果能力。一年生的枝条呈褐色，皮目大而稀疏，枝条上覆盖着较多的茸毛。混合芽呈长圆形。复叶平均长度为 33 cm，每个复叶有 5～7 片小叶，小叶平均长度为 14 cm，宽度为 6.5 cm，呈长卵圆形，叶色为绿色，叶尖逐渐尖锐，叶缘完整无缺。雄花芽较少。青果为圆形，果皮绿色，果点密集，果面无茸毛。青皮较厚，达到 6 mm，但容易脱皮。每个枝条上通常结有 3 个果实。坚果呈圆形，纵径 3.4 cm、横径 3.2 cm、侧径 3.0 cm，果形指数为 0.839。平均单个坚果重 5.7 g，壳面略显粗糙，壳皮颜色偏黄。缝合线窄而凸起，紧密闭合，不易取出核仁。坚果的出仁率为 51.3%，壳皮厚度为 1.5 mm，内褶壁已退化，横隔膜为革质，核仁充实且饱满，仁色淡黄，风味较淡。脂肪含量为 67.31%，蛋白质含量为 9.39%。果实于 9 月上旬成熟。

2. 加查 2 号

加查 2 号，树高 18 m，胸围达到 4.67 m，树冠直径分别为东西向 21.5 m 和南北向 22.7 m。树木生长旺盛，树姿呈现半展开状态，树冠形状为圆头形。该树平均每年能够生产 100 kg 的核桃，且具有持续结果的良好能力。一年生的枝条颜色为绿色，皮目大而间距较远，枝条上的茸毛较少。混合芽呈三角形。复叶的平均长度为 37 cm，每个复叶包含 5～7 片小叶，小叶的平均长度为 13.5 cm，宽度为 5.8 cm，形状为长卵圆形，叶色为绿色，叶尖尖锐，叶缘完整无缺。雄花芽数量较多。核桃果实为卵圆形，坚果的纵径为 3.85 cm、横径为 3.5 cm、侧径为 3.5 cm，果形指数为 0.919。单个坚果的平均重量为 10.9 g，壳面略显粗糙，壳皮颜色为浅黄色。缝合线窄而平且较为松弛，便于取出完整的核仁。坚果的出仁率为55.2%，壳皮厚度为1.1 mm，内褶壁已退化，横隔膜为革质，核仁充实且饱满，仁色较黄，风味浓郁，口感优良。脂肪含量为60.29%，蛋白质含量为13.60%。核桃果实一般在9月上旬成熟。

3. 加查3号

加查3号，树高为13 m，胸围达到12.5 m，树冠直径在东西方向为19 m，南北方向为15 m。树木的长势较弱，树形挺直，树冠呈自然的半圆形，树干东侧的一半木质部已经死亡。由于树龄较大，核桃的产量很低，每年产出不足30 kg，且连续结果的能力较弱。一年生的枝条呈褐色，皮目大而稀疏，枝条上的茸毛较少。复叶的平均长度为44.5 cm，每个复叶有5～7片小叶，小叶的平均长度为16 cm，宽度为6.5 cm，形状为阔披针形，叶色为绿色，叶尖逐渐尖锐，叶缘完整无缺。雄花芽数量较多。青果为圆形，果皮绿色，果点密集，果面无茸毛。青皮厚度达到7.5 mm，但容易脱皮。青果的纵径为5.0 cm、横径为4.7 cm、侧径为4.5 cm。每个枝条上通常只有一个果实。坚果呈卵圆形，纵径为3.6 cm、横径为3.54 cm、侧径为3.35 cm，果形指数为0.889。单个坚果的平均重量为11.9 g，壳面略显粗糙，壳皮颜色为深黄色。缝合线宽而凸起，但较为紧密，不易取出核仁。坚果的出仁率为41.7%，壳皮厚度为1.7 mm，内褶壁和横隔膜均为革质，核仁充实且饱满，仁色浅黄，风味浓郁，口感良好。脂肪含量为56.74%，蛋白质含量为16.9%。核桃果实一般在9月中旬成熟。

4. 加查4号

加查4号，树高达到30 m，胸围为4.5 m，树冠直径在东西方向为21 m，南北方向为22 m。树木生长旺盛，树形挺直，树冠呈圆头形。该树平均每年能产出120 kg的核桃，且具有较强的连续结果能力。一年生的枝条呈褐色，皮目大而间距较远，枝条上的茸毛较多。混合芽呈长圆形。每个复叶有小叶3～5片，小叶形状为卵圆形，叶色为绿色，叶尖逐渐尖锐，叶缘完整无缺。坚果呈圆形，纵径为3.5 cm、横径为3.6 cm、侧径为3.4 cm，果形指数为0.971。单个坚果的平均重量为13.0克，壳面粗糙，壳皮颜色为黄色。缝合线宽而浅且紧密，不易取出核仁。坚果的出仁率为44%，壳皮厚度为1.9 mm，内褶壁已退化，横隔膜为膜质，核仁充实且饱满，仁色为黄色，风味较淡，口感较差。脂肪含量为67.01%，蛋白质含量为13.2%。核桃果实一般在9月上旬成熟。

5. 冷达1号

冷达1号，树高24 m，胸围5.55 m，树冠直径在东西方向为27 m，南北方向为26.5 m。树木生长状况良好，树形张开，树冠形状为圆头形。该树平均每年能产出700 kg的核桃，且具有较强的连续结果能力。一年生的枝条呈褐色，皮目大而稀疏，枝条上的茸毛较少。复叶的平均长度为30 cm，每个复叶有5～7片小叶，小叶的平均长度为11 cm，宽度为5 cm，厚度为0.4 mm，形状为阔披针形，叶色为浓绿色，叶尖逐渐尖锐，叶缘完整无缺。雄花芽数量较多。青果呈卵圆形，果皮绿色，果点密集，果面上的茸毛较少。青皮较厚，达到7 mm，但容易脱皮。青果的纵径为5.3 cm、横径为4.6 cm、侧径为 4.3 cm。每个枝条上通常结有 3 个果实。坚果呈卵圆形，纵径为 3.74 cm、横径为 3.13 cm、侧径为 3.15 cm，果形指数为 0.816。单个坚果的平均重量为 9.5 g，壳面略显粗糙，壳皮颜色偏黄。缝合线宽而凸起且紧密，不易取出核仁。坚果的出仁率为 45.3%，壳皮厚度为 2.0 mm，内褶壁和横隔膜均为革质，核仁虽然充实但不够饱满，仁色为黄色，风味较淡。脂肪含量为 59.40%，蛋白质含量为 17.2%。核桃果实一般在 9 月中旬成熟。

6. 拉绥 1 号

接绥 1 号，树高 14 m，胸围 2.65 m，树冠直径在东西方向为 16 m，南北方向为 18 m。树木生长旺盛，树形张开，树冠呈圆头形。该树平均每年能产出 350 kg 的核桃，且具有较强的连续结果能力。一年生的枝条呈灰褐色，皮目大而间距较远，枝条上的茸毛较少。每个复叶有小叶 3～5 片，叶尖逐渐尖锐，叶缘完整无缺。雄花芽数量较少。青果为圆形，果皮呈浓绿色，果点非常密集，果面上的茸毛较少。青皮厚度为 4 mm，容易脱皮。青果的纵径为 4.3 cm、横径为 4.4 cm、侧径为 4.25 cm。每个枝条上通常结有 4 个果实。坚果呈卵圆形，纵径为 3.6 cm、横径为 3.58 cm、侧径为 3.36 cm，果形指数为 1.000。单个坚果的平均重量为 11.9 g，壳面略显粗糙，壳皮颜色偏黄。缝合线窄而凸起且较为松弛，容易取出完整的核仁。坚果的出仁率为 52.7%，壳皮厚度为 1.1 mm，内褶壁已退化，横隔膜为革质，核仁虽然较充实但不够饱满，仁色浅黄，风味浓郁，口感极佳。脂肪含量为 60.34%，蛋白质含量为 14%。核桃果实一般在 9 月中旬成熟。

7. 拉绥 2 号

拉绥 2 号，树高 20 m，地径 3.15 m，树冠直径在东西方向为 16.6 m，南北方向为 14.9 m。树木生长旺盛，树形张开，树冠形状为圆头形。该树平均每年能产出 100 kg 的核桃，且具有较强的连续结果能力。每个枝条上通常结有 3 个果实。坚果呈卵圆形，纵径为 3.6 cm、横径为 3.0 cm、侧径为 3.3 cm，果形指数为 0.917。单个坚果的平均重量为 10.3 g，壳面略显粗糙，壳皮颜色偏黄。缝合线窄而凸起且较松，容易取出完整的核仁。坚果的出仁率为 48.1%，壳皮厚度为 1.1 mm，内褶壁已退化，横隔膜为革质，核仁虽然较充实但不够饱满，仁色为黄色，风味浓郁，口感极佳。脂肪含量为 63.56%，蛋白质含量为 12.20%。核桃果实一般在 9 月上旬成熟。

8. 安绕 1 号

安绕 1 号，树高 17 m，胸围 2.0 m，树冠直径在东西方向为 8 m，南北方向为 9 m。树木生长旺盛，树形挺直，树冠呈自然的半圆形。该树平均每年能产出 80 kg 的核桃，连续结果能力较强。青果呈卵圆形，果皮为浓绿色，果点较为密集，果面上无茸毛。青皮较厚，达到 8.7 mm，但容易脱皮。青果的纵径为 5.61 cm、横径为 5.33 cm、侧径为 4.82 cm。坚果也呈卵圆形，纵径为 4.5 cm、横径为 3.44 cm、侧径为 3.73 cm，果形指数为 0.786。单个坚果的平均重量为 10.6 g，壳面略显粗糙，壳皮颜色偏黄。缝合线宽而平且较为松弛，容易取出完整的核仁。坚果的出仁率为 44.3%，壳皮厚度为 1.5 mm，内褶壁已退化，横隔膜为革质，核仁较充实且饱满，仁色为黄色，风味极浓，口感极佳。脂肪含量为

58.05%，蛋白质含量为 16.0%。核桃果实一般在 9 月中旬成熟。

9. 安绕 2 号

安绕 2 号，树高 25 m，胸围 7.0 m，树冠直径在东西方向为 28.1 m，南北方向为 30.2 m。树木生长状况良好，树形张开，树冠形状为圆头形。该树平均每年能产出 400 kg 的坚果，连续结果能力强。一年生的枝条呈灰褐色。每个枝条上通常有 5 片小叶。青果呈长圆形，果皮为绿色，果点密集，果面无茸毛。青皮厚度为 5.2 mm，较难脱皮。青果的纵径为 4.6 cm、横径为 4.2 cm、侧径为 3.9 cm。每个枝条上通常有 2~4 个果实。坚果呈卵圆形，纵径为 3.8 cm、横径为 2.95 cm、侧径为 3.1 cm，果形指数为 0.795。单个坚果的平均重量为 7.9 g。壳面略显粗糙，壳皮颜色偏黄。缝合线宽而平且紧密，不易取出完整的核仁。坚果的出仁率为 43.0%，壳皮厚度为 1.9 mm，内褶壁已退化，横隔膜为革质，核仁较充实但不够饱满，仁色浅黄，风味浓郁，口感较好。脂肪含量为 62.68%，蛋白质含量为 15.3%。果实一般在 9 月中旬成熟。

10. 安绕 3 号

安绕 3 号，树高 14 m，胸围 4.2 m，树冠直径在东西方向为 17.5 m，南北方向为 16 m。树木生长状况良好，树形张开，树冠形状为圆头形。该树平均每年能产出 80 kg 的坚果，连续结果能力较强。每个枝条上通常结有 2 个果实。坚果呈椭圆形，纵径为 3.2 cm、横径为 2.5 cm、侧径为 2.5 cm，果形指数为 0.781。单个坚果的平均重量为 4.2 g。壳面略显粗糙，壳皮颜色偏黄。缝合线宽而平且非常松弛，容易取出完整的核仁。坚果的出仁率为 45.2%，壳皮厚度为 0.8 mm，内褶壁已退化，横隔膜为膜质，核仁不够充实，呈瘪仁状，仁色为黄色，风味浓郁，口感极佳。脂肪含量为 62.28%，蛋白质含量为 15.7%。果实一般在 9 月中旬成熟。

11. 安绕 4 号

安绕 4 号，树高 15 m，胸围 1.25 m，树冠直径在东西方向为 10 m，南北方向为 12 m。树木生长状况良好，树形挺直，树冠形状为圆头形。该树平均每年能产出 50 kg 的坚果，连续结果能力强。一年生的枝条呈灰褐色，皮目大而稀疏，枝条上的茸毛较少。每个枝条上通常有 7~9 片小叶，叶尖逐渐尖锐，叶缘完整无缺。青果呈椭圆形，果皮为绿色，果点密集，果面无茸毛。青果皮厚 5 mm，容易脱皮。青果的纵径为 5.1 cm、横径为 4.4 cm、侧径为 4.1 cm。每个枝条上通常结有 2 个果实。坚果呈椭圆形，纵径为 4.2 cm、横径为 3.2 cm、侧径为 3.1 cm，果形指数为 0.738。单个坚果的平均重量为 13.2 g。壳面略显粗糙，壳皮颜色偏黄。缝合线宽而平且较为松弛，容易取出完整的核仁。坚果的出仁率为 47.0%，壳皮厚度为 1.3 mm，内褶壁已退化，横隔膜为革质，核仁虽然较充实但不够饱满，仁色浅黄，风味较淡，口感较差。脂肪含量为 64.04%，蛋白质含量为 15.7%。果实一般在 9 月中旬成熟。

12. 安绕 5 号

安绕 5 号，树高 13 m，胸围 1.1 m，树冠直径在东西方向为 8.3 m，南北方向为

9.1 m。树木生长状况良好,树形挺直,树冠形状为圆锥形。该树平均每年能产出 20 kg 的坚果,连续结果能力较强。一年生的枝条呈灰褐色,皮目大而稀疏,枝条上的茸毛较少。每个枝条上通常有 5～7 片小叶,叶尖逐渐尖锐,叶缘完整无缺。青果呈椭圆形,果皮为绿色,果点密集,果面无茸毛。青果皮厚 6 mm,容易脱皮。青果的纵径为 5.3 cm、横径为 4.2 cm、侧径为 4.0 cm。每个枝条上通常结有 2 个果实。坚果呈椭圆形,纵径为 4.2 cm、横径为 3.0 cm、侧径为 2.9 cm,果形指数为 0.69。单个坚果的平均重量为 10.9 g。壳面光滑,壳皮颜色浅黄。缝合线窄而凸起且紧密,不易取出完整的核仁。坚果的出仁率为 44.8%,壳皮厚度为 1.6 mm,内褶壁已退化,横隔膜为革质,核仁充实且饱满,仁色为黄色,风味浓郁,口感极佳。脂肪含量为 57.76%,蛋白质含量为 14.60%。果实一般在 9 月中旬成熟。

13. 加园 2 号

加园 2 号,是通过实生繁殖方式种植的。树木的生长状况属于中等水平,树形较为张开。该树的果实一般在每年的 9 月中下旬成熟。经过 18 年的生长,单株产量达到 19 kg,每平方米冠影下的产仁量达到 283 g。坚果呈卵圆形,三径尺寸为 3.4 cm×3.4 cm×4.2 cm。壳面相对光滑,刻点遍布但数量较少且较浅,缝合线中上部略微隆起,不够紧密。单个坚果的重量在 8.4～10.5 g,仁的重量在 3.6～5.8 g。壳皮厚度为 0.9 mm。内隔和内褶薄如纸,容易取出完整的核仁,出仁率在 49.00%～55.24%。核仁饱满,呈黄白色,味道香浓。脂肪含量为 54.84%,蛋白质含量为 14.20%。

14. 加园 3 号

加园 3 号,是通过实生繁殖方式种植的。树木生长状况良好,树形张开,树高达到 17 m,冠影面积为 56.7 m²,单株产量达到 30 kg,每平方米冠影下的产仁量达到 247 g。果实一般在每年的 9 月中下旬成熟。坚果呈椭圆球形,两端逐渐变尖,三径尺寸为 3.1 cm×3.1 cm×4.3 cm。壳面相对光滑,刻点和刻纹较少且较浅,缝合线较为平坦,不够紧密。单个坚果的重量在 11.3～11.9 g,仁的重量在 5.4～5.5 g。壳皮厚度为 1.2 mm。内隔和内褶薄如纸,容易取出完整的核仁,出仁率达到 48.67%。核仁较饱满,呈黄白色,味道香浓。脂肪含量为 61.88%,蛋白质含量为 13.39%。

15. 加拉 1 号

加拉 1 号,是通过实生繁殖方式种植的。树木生长状况良好,树形张开,树高 14 m,冠影面积达到 383.4 m²,单株产量达到 210 kg,每平方米冠影下的产仁量达到 297 g。果实一般在每年的 9 月中旬成熟。坚果底部较平,可以站立,顶部尖突或较平,三径尺寸为 3.3 cm×3.4 cm×3.5 cm。壳面相对光滑,刻纹少、细、浅。缝合线在中上部略微隆起,不够紧密。单个坚果的重量在 7～10.5 g,仁的重量在 3.6～5.2 g。壳皮厚度为 0.8 mm。内隔和内褶薄如纸,容易取出完整的核仁,出仁率达到 54.17%。核仁较饱满,呈黄白色,味道香浓。脂肪含量为 57.06%,蛋白质含量为 11.13%。

16. 加六 1 号

加六 1 号，是通过实生繁殖方式种植的。树木生长状况良好，树形挺直，树高达到 26 m，冠影面积为 339.6 m²，单株产量达到 210 kg，每平方米冠影下的产仁量达到 323 g。果实一般在每年的 9 月中旬成熟。坚果呈卵圆形，基部较尖，顶部较圆，尖端略微突出，大约只有 2 mm 的凸起，三径尺寸为 3.8 cm×2.9 cm×3.2 cm。壳面光滑，刻纹细且浅。缝合线略微隆起，较厚，紧密。单个坚果的重量在 5.9～7.5 g，仁的重量在 3.0～4.2 g。壳皮厚度为 0.8 mm。内隔和内褶薄如纸，容易取出完整的核仁，出仁率在 50.00%～56.00%。核仁较饱满，呈黄白色，味道香浓。脂肪含量为 63.24%，蛋白质含量为 7.05%。

二、林芝市主要优良核桃种质资源

林芝市核桃资源主要集中在朗县、米林市、巴宜区和波密县。

1. 朗仲 1 号

朗仲 1 号，是通过自然繁殖的方式生长。它的果实呈现为圆球形状，尺寸为 3.5 cm×3.2 cm×3.5 cm。果壳表面相对平滑，仅在接缝线附近有一些小刻点。接缝线部分比较宽且紧密。每个果实的重量在 11.9～12.8 g，种子的重量则在 6.2～7.0 g。种子的内部隔膜和内褶非常薄，且为纸质材质，使得取出完整种子变得简单，其出仁率可以达到 51.67%～54.69%。种子内部饱满，呈现黄白色，带有香味。其脂肪含量高达 64.54%，而蛋白质的含量为 12.96%。该果实通常在每年的 9 月中下旬到达成熟期。

2. 朗白 1 号

朗白 1 号，是通过自然繁殖的方式生长。它的果实形状像卵圆，底部和顶部相对接近，可以直立放置，顶端略微内缩，与肩部几乎平行，仅略微突出约 2 mm，尺寸大约为 3.4 cm×3.4 cm×3.5 cm。果壳表面平滑，刻痕少而浅，接缝线略微隆起且较为紧密。每个果实的重量在 11.7～12.4 g，种子的重量则在 6.0～6.2 g。果壳厚度为 1.0 mm。种子的内部隔膜和内褶非常薄，且为纸质材质，使得取出完整种子变得相对容易，其出仁率可以达到 48.00%～52.10%。种子内部饱满，呈现黄白色，带有香味。其脂肪含量为 61.04%，而蛋白质的含量为 9.52%。该果实通常在每年的 9 月中旬达到成熟期。

3. 朗巴 1 号

朗巴 1 号，是通过自然繁殖的方式生长。它的坚果形状为卵圆，底部弧面均匀，果实可以直立放置，顶端有一个较短的尖锐突起。坚果的尺寸大约为 3.6 cm×3.6 cm×4.1 cm。果壳表面平滑，但在接缝线的两侧有一些不规则且较深的刻点。接缝线部分隆起、较厚且紧密。每个果实的重量在 14.0～16.2 g，种子的重量则在 7.1～9.0 g。果壳厚度为 1.0 mm。种子的内部隔膜较薄且平坦，基部稍厚，为纸质材质，使得取出完整种子变得容易，其出仁率可以达到 50.00%～55.56%。种子内部较饱满，呈现黄白色，带有香味。其脂肪含量为 57.70%，而蛋白质的含量为 11.38%。该果实通常在每年的9月中旬达到成熟期。

4．朗扎1号

朗扎1号，是通过自然繁殖的方式生长。它的坚果形状为圆球形，底部和顶部形状相似，可以直立放置，顶端略微内缩，与接缝线平行，尺寸大约为3.5 cm×3.6 cm×3.7 cm。果壳表面相对平滑，有一些较浅的刻点，刻纹细腻且浅，接缝线部分隆起、较厚且紧密。每个果实的重量在14.0～17.3 g，种子的重量则在7.2～8.4 g。果壳厚度为1.0 mm。种子的内部隔膜薄，基部稍厚，为纸质材质，使得取出完整种子变得相对容易，其出仁率可以达到51.43%～56.74%。种子内部较饱满，呈现黄白色，带有香味。其脂肪含量为61.71%，而蛋白质的含量为9.95%。该果实通常在每年的9月中下旬达到成熟期。

5．米龙6号

米龙6号，是通过自然繁殖的方式生长。它的坚果形状为卵圆，底部和顶部的弧面相似，尖端较短，大约只有5 mm，尺寸大约为2.9 cm×2.8 cm×3.4 cm。果壳表面平滑，刻痕稀少且浅，只有少许小刻点，这些刻点在接缝线附近稍微深一些。接缝线部分略微隆起且紧密。每个果实的重量在7.4～11.3 g，种子的重量则在3.5～5.9 g。果壳厚度为1.0 mm。种子的内部隔膜和内褶非常薄，且为纸质材质，使得取出完整种子变得容易，其出仁率可以达到52.21%。种子内部较饱满，呈现黄白色，带有香味。其脂肪含量高达64.67%，而蛋白质的含量为9.25%。该果实通常在每年的9月中下旬达到成熟期。

6．朗冲1号

朗冲1号，是从印度引进的品种，并通过实生繁殖生长。它的坚果形状为圆球形，底部较为平坦，而顶部略微凹陷，尖端内缩，与肩部几乎平行，尺寸大约为3.6 cm×3.6 cm×3.9 cm。果壳表面相对平滑，但在接合线中部的两侧分布有较多的刻点。接合线部分略微隆起且紧密。每个果实的重量在12.7～15.8 g，种子的重量则在6.0～7.6 g。果壳厚度为1.1 mm。种子的内部隔膜和内褶为纸质材质，使得取出完整种子变得可能，其出仁率可以达到50.00%。种子内部颜色为黄白色或浅琥珀色，味道香甜。其脂肪含量高达64.75%，而蛋白质的含量为10.61%。

7．朗仲3号

朗仲3号，是通过自然繁殖的方式生长。它的坚果形状为卵圆球形，底部较为尖锐，顶部略微凹陷，尖端内缩，尺寸大约为3.5 cm×3.6 cm×3.7 cm。果壳表面相对平滑，只有细微且浅的纹路，接合线在中间部分微隆起，但不够紧密。每个果实的重量在10.5～13.3 g，种子的重量则在5.1～6.2 g。种子的内部隔膜和内褶非常薄，且为纸质材质，使得取出完整种子变得容易，其出仁率可以达到43.97%～48.57%。种子内部较饱满，带有香味。其脂肪含量高达68.57%，而蛋白质的含量为13.40%。

三、昌都市主要优良核桃种质资源

昌都市是核桃西藏分布区藏东亚区的最主要的集中分布区域,核桃资源富集,本次调查中,重点开展了本书中所涉及昌都市核桃种质资源主要集中在怒江流域中下游的八宿县、芒康县。

1. 八宿 1 号

八宿 1 号,高度为 12 m,胸径为 3.5 m,冠幅为东西 13.6 m、南北 22.5 m;生长势强劲,树形直立,树冠呈现圆头形状;平均每年产出坚果 350 kg,具有很强的连续结果能力;一年生枝条呈褐色,枝条上的皮目大而稀疏,且枝条上覆盖着较多的茸毛;混合芽呈长圆形;复叶平均长度为 14 cm,小叶数量为 5~7 片,小叶平均长度为 6.2 cm,平均宽度为 2.8 cm,小叶呈长卵圆形,叶色绿色,叶尖尖锐,叶缘完整;雄花芽较少,而雌雄花芽较大且饱满。一年生枝条的长度为 15 cm,直径为 0.84 cm,总共有 10 个芽子,其中 3 个为雄花芽;青果呈圆形,果皮为绿色,果点密集,果面无茸毛;青皮较厚,达到 7.9 mm,但容易脱落;每个枝条上通常结 3 个果实;坚果呈圆形;坚果的纵径为 3.61 cm、横径为 2.96 cm、侧径为 3.21 cm,果形指数为 1.2;平均单个坚果的重量为 5.9 g;壳面光滑,壳皮颜色较浅;缝合线窄而突出且紧密,不易取出种子;坚果的出仁率为 60%,壳皮厚度为 3.7 mm,内褶壁退化,横隔膜为革质,核仁充实且饱满,仁色淡黄,风味较淡;脂肪含量为 47.88%,蛋白质含量为 19.11%;果实通常在 9 月中旬成熟。

2. 八宿 2 号

八宿 2 号,高度约为 15 m,胸径为 1.23 m,冠幅约为东西 8.7 m、南北 11 m;生长势旺盛,树姿半开张,树冠呈圆头形状;平均每年产出坚果 100 kg,连续结果能力较弱;一年生枝条呈绿色,枝条上的皮目大而密集,且无茸毛;混合芽呈长圆形;复叶平均长度为 10.5 cm,小叶数量为 5~7 片,小叶平均长度为 4.8 cm,平均宽度为 3.7 cm,小叶呈长卵圆形,叶色绿色,叶尖渐变尖锐,叶缘完整;雄花芽较多;雄花芽较小,雌花芽较大;一年生枝条的长度为 6.5 cm,直径为 0.75 cm,总共有 12 个花芽,其中 9 个为雄花芽;两年生枝条呈褐色,皮孔小而稀疏,不明显。叶子呈卵形,叶色较绿,叶脉清晰,叶花芽圆而饱满,两个雄花芽紧贴于叶腋间;坚果呈椭圆形;坚果的纵径为 4.41 cm、横径为 3.46 cm、侧径为 3.56 cm,果形指数为 1.275;平均单个坚果的重量为 6.8 g;壳面略显粗糙,壳皮颜色浅黄;缝合线窄而平且松散,不易取出完整种子;坚果的出仁率为 70%,壳皮厚度为 2.9 mm,内褶壁退化,横隔膜为革质,核仁充实且饱满,仁色较黄,风味淡,口感佳;脂肪含量为 47.92%,蛋白质含量为 16.93%;果实通常在 9 月中旬成熟。

3. 芒康 1 号

芒康 1 号,高度大约为 22 m,胸径约为 2.85 m,冠幅大约为东西 24.4 m、南北

20.8 m；生长势相对较弱，树形直立，树冠呈自然开张形状，平均每年产出坚果 150 kg；一年生枝条呈灰褐色，枝条上的皮目大而稀疏，且枝条上覆盖着较少的茸毛；复叶平均长度为 12 cm，小叶数量为 5～7 片，小叶平均长度为 9 cm，平均宽度为 5.3 cm，小叶呈阔披针形，叶色绿色，叶尖微露，叶缘完整；雄花芽较多；一年生枝条的长度为 13.9 cm，直径为 0.71 cm，总共有 11 个芽子，其中 4 个为雄花芽；两年生枝条呈红褐色，皮孔稀疏，呈灰白色，长圆形，叶片基缘狭长形，叶脉黄绿色且明显；青果呈圆形，果皮绿色，果面上分布着密集的果点，且无茸毛；青皮较厚，达到 9.9 mm，难以脱落；青果的纵径为 6.06 cm、横径为 5.49 cm、侧径为 5.79 cm；每个枝条上通常结 1 个果实；坚果呈卵圆形；坚果的纵径为 3.92 cm、横径为 3.56 cm、侧径为 3.72 cm，果形指数为 1.1 017；平均单个坚果的重量为 8.9 g；壳面略显粗糙，壳皮颜色深黄；缝合线宽而突出但较为紧密，不易取出种子；坚果的出仁率为 60%，壳皮厚度为 2.1 mm，内褶壁为革质，横隔膜也为革质，核仁充实且饱满，仁色浅黄，风味浓郁，口感佳；脂肪含量为 47.53%，蛋白质含量为 17.67%；果实通常在 9 月初达到成熟期。

4. 芒康 2 号

芒康 2 号，高度约为 15 m，胸径约为 3.25 m，冠幅约为东西 16.1 m、南北 14.5 m；生长势强劲，树形直立，树冠呈圆头形状；平均每年产出坚果 90 kg，连续结果能力较弱；一年生枝条呈褐色，枝条上的皮目大而稀疏，且枝条上覆盖着较多的茸毛；两年生枝条也呈褐色，皮孔明显且稀疏，呈灰白色；混合芽呈长圆形；小叶有 7 片，呈卵圆形，叶色绿色，叶尖逐渐尖锐，叶缘完整，叶片浓绿，叶脉清晰，单个雄花芽紧贴于叶腋间；雄花较多，形状短圆；雌花芽圆形，饱满；一年生枝条的长度为 5.4 cm，直径为 0.62 cm，总共有 10 个芽子，其中 7 个为雄花芽；坚果的纵径为 3.62 cm、横径为 3.72 cm、侧径为 3.45 cm，果形指数为 0.973；平均单个坚果的重量为 6.9 g；壳面略显粗糙，壳皮颜色深黄；缝合线宽而突出但较为紧密，不易取出种子；坚果的出仁率为 60%，壳皮厚度为 1.9 mm，内褶壁为革质，横隔膜也为革质，核仁充实且饱满，仁色浅黄，风味浓郁，口感较好；脂肪含量为 52.50%，蛋白质含量为 15.05%；果实通常在 9 月初成熟。

5. 芒康 3 号

芒康 3 号，立陶宛生长势非常强盛，树形呈开张状，树冠呈圆头形状；平均每年产出坚果 150 kg，连续结果能力相对较弱；一年生枝条呈褐色，枝条上的皮目大而稀疏，且枝条上覆盖着较少的茸毛；小叶有 7 片，呈卵圆形，叶色绿色，叶尖逐渐尖锐，叶缘完整；一年生枝条上的雄花较多，芽子饱满；两年生枝条也呈褐色，皮孔明显且稀疏，呈灰白色，雄花芽短圆，雌花芽圆形，饱满，叶片浓绿，叶脉清晰，单个雄花芽紧贴于叶腋间；一年生枝条的长度为 5.4 cm，直径为 0.62 cm，总共有 10 个芽子，其中 7 个为雄花芽；坚果的纵径为 3.72 cm、横径为 3.85 cm、侧径为 3.45 cm，果形指数为 0.966；平均单个坚果的重量为 7.2 g；壳面略显粗糙，壳皮颜色深黄；缝合线宽而突出但较为紧密，不易取出种子;坚果的出仁率为60%,壳皮厚度为1.9 mm,内褶壁为革质,横隔膜也为革质,核仁充实且饱满,仁色浅黄,风味浓郁,口感好;脂肪含量为54.24%,蛋白质含量为15.65%;果实通常在8月中旬成熟。

一些从内地引进的优良核桃品种,早实品种中林1号、中林3号、薄壳香、香玲、晋龙1号、云南大姚核桃、漾濞核桃和美国黑核桃等,已在主要分布区域进行种植,总数30多万株。然而,目前大多数品种尚未完全适应高原环境,树势较弱,产量较低,尚未形成规模化产业。

任务二 培育核桃砧木苗

一、种子的采集及处理

(一)种子的采集

为确保培育出优质的核桃砧木幼苗,首要步骤是精心挑选健康的母树。在挑选过程中,应注重选择那些生长旺盛、健康无病、结出的核桃种仁丰盈的树木作为采种对象。一旦确定母树,通常在9月,当核桃的外果皮由青绿色转变为黄褐色,这表明种子已经成熟。如果是为了种子繁殖,采收时间应比用于商业目的的核桃晚10~15 d,这样可以有效提升种子的发芽率。采收后的种子应迅速进行堆肥处理以去除外皮,而作为种子的核桃则无需清洗,可直接进行晾晒。在晾晒过程中,应将种子平铺在通风良好的干燥场所,避免直接放置在水泥、木板或铁板上曝晒,以免损害种子的活力。

(二)种子的贮藏

核桃种子不存在后熟期,因此,如果是秋季播种,可以直接使用带有青皮的种子。而如果是春季播种,种子需要较长时期的储存,通常在5℃左右的低温、通风干燥环境中保存,空气相对湿度维持在50%~60%,同时要确保适当通风。

核桃种子的储存通常采用室内干燥存放方法,该方法分为两种:普通干燥法和密封干燥法。

1. 普通干燥法

这种方法涉及将秋季收获并干燥的种子放入袋或缸等容器中,然后存放在低温、干燥且通风的室内或地窖中。在存放过程中,需要防止鼠害的发生。

2. 密封干燥法

密封干燥法是将种子装入双层塑料袋中,加入干燥剂后密封,再放置在可以控制温度、湿度和通风的种子库或储藏室中。

除了室内干燥存放,核桃砧木种子也可以采用室外湿沙存放法。选择一个排水良好、背风向阳且无鼠害的地方挖掘存放坑。坑的深度一般为 0.7～1 m，宽度在 1.0～1.5 m，长度根据种子数量而定。在种子存放前，应进行挑选，将浮于水面、种仁不饱满的种子排除。种子浸泡 2～3 d 后，取出进行沙藏。沙藏时，先在坑底铺一层湿沙，湿度以手握成团不滴水为宜，厚度约 10 cm，然后放一层核桃，用湿沙填满空隙，再放一层核桃，再填沙，如此分层直到距坑口 20 cm 处，用湿沙覆盖至坑口平齐，上面再覆土成脊形。同时，在储藏坑四周挖排水沟，防止积水侵入导致种子发霉。为了保持坑内空气流通，在坑的中间（若坑较长则每隔 2 m）竖立一个草把，直到底部。坑顶的覆土厚度应根据当地气温的高低来决定。在早春时期，应定期检查坑内种子的状况，以防霉烂。

（三）种子的预处理

由于播种时间的多样性，种子在播种前所需的处理方法也存在一定的差异。

1. 春播前种子的预处理

在播种前，需将砧木种子浸泡在 0.1%～0.5% 的高锰酸钾溶液中 2 h，之后换用清水浸泡 7～10 d，并每天更换一次水。一旦种子充分吸水，淘汰上浮的空粒，然后将种子放在水泥地面上进行曝晒，直到 85% 以上的种子自然裂开，此时即可进行播种。

2. 秋播种前种子的预处理

在 9 月的后期，将收获的铁核桃未成熟果实堆放在阴凉的地方，上面撒上一层青蒿，然后铺上一层塑料薄膜，经过 3～5 d 后就可以去掉青皮。去青皮后的种子需要用 20 mg/L 的赤霉素溶液浸泡 7 d，直到种子完全吸水。之后，将种子捞出来，放在水泥地面上进行暴晒，等到 85% 的种子自然裂开后，就可以进行播种了。

二、苗圃地的准备

为了开展苗圃种植，需要先进行一系列的准备工作，包括选择合适的地点、进行区域规划以及处理土壤等。如果计划利用保护设施进行育苗，如大棚或温室，还需要先构建相应的设施。

（一）苗圃地的选择

地理位置和交通条件：选择苗圃地时，应优先考虑位于城市周边的地区，这些地区交通便利。理想的位置应该是朝向太阳、背风，并且拥有良好的供水、排水渠道以及电力线路等基础设施，这样便于苗木的照料、运输和销售。

土壤条件：土壤的质量直接关系到培育出优质壮苗的能力，因此苗圃地的土壤应当具备一定的条件，包括有足够的耕作层深度、良好的透气性和松软度，优良的团粒结构，较高的腐殖质含量，以及适中的 pH 值，偏好微酸性或微碱性。

水源：在选择苗圃地时，优先考虑靠近可靠水源的区域，以便于利用河流、湖泊或水库的水资源，从而降低生产成本。如果这些自然水源不可用，应当考虑开发地下水作为灌溉来源。总之，那些缺乏水源或无法保证灌溉条件的地方，不适合建立苗圃。

(二)苗圃地的规划

在设置苗圃地时,应当进行全局的规划和合理的空间布局。基于地块的大小、地形等因素,可以以道路和渠道为界限,将苗圃划分为若干个区域。接着,根据不同的用途,如实生苗、嫁接苗和大苗等,对各个区域进行具体的划分。道路、沟壑和渠道的设置应当和谐,尽量缩短线路长度,减少占地面积,扩大控制面积,以便最大限度地满足机械化作业和灌溉的需要。

(三)苗圃地的整理

1. 保护地圃地的整理

为了使砧木苗的生长周期延长并减少育苗的时间,西藏在核桃砧木苗的繁育上采用保护地栽培方法,这是一项具有显著成效的创新技术。这种保护地主要是指塑料大棚,大棚的设计规格为宽度约 15 m、高度在 2.8~3.0 m、长度在 40~50 m。搭建好大棚之后,在其内部设置苗床,通常采用平坦的床面。为了在冬季提升苗床的地温,大棚内还会用钢架或竹竿等材料搭建一个塑料内层,这个内层的薄膜厚度与外层相同。在播种后,还会覆盖一层白色的地膜,这样做是为了增加地温,确保苗木能够整齐地出苗。

为了增加砧木苗的生长周期并缩短育苗的时间,西藏在核桃砧木苗的繁育上采用了在保护地内进行培育的方法,这一方法成为了核桃砧木苗繁育领域的一项创新成果,并且效果显著。这种保护地主要是一种塑料大棚,其规格通常为宽度约为 15 m、高度在 2.8~3.0 m、长度在 40~50 m。在搭建好的大棚内部,设置苗床,通常采用水平的苗床设计。为了在冬季提升苗床的地温,大棚内会利用钢架或竹竿搭建一个塑料内层,这个内层的薄膜厚度与外层相同。在播种后,还会覆盖一层白色地膜,这样做是为了增加地温,确保苗木能够整齐地出苗。在播种之前,需要对土地进行整理,这包括翻埋杂草、混拌肥料以及消灭病虫害等。土地整理需要认真细致地进行,确保耕地的深度和肥力均匀。在整理土地的过程中,每 667 m² 需要施入 4 000 kg 的有机肥。

为了减少土壤中的病虫害,需要对土壤进行消毒处理。这可以采用两种方法:一是高温闷棚,即深翻土壤后,关闭棚内的所有通风系统,闷热 3~5 d;二是使用化学药剂甲醛(福尔马林)进行土壤处理,每平方米使用 50 mL 甲醛加水 6~12 kg,在播种前 10~12 d 洒在土壤表面,然后进行高温闷棚 7 d。

对于地下害虫较多的地区,可以针对小地老虎幼虫的习性,使用 20% 氯辛乳油 1 000 倍液,或用 90% 敌百虫 800 倍液,或用 48% 乐斯本 1 000 倍液,加入少量糖和醋,将切碎的菜叶或鲜嫩青草放入药液中,拌匀 30 min 后撒施于土壤行间,或者使用 50% 阿维菌素 100 倍液喷洒 1~2 次,这两种方法都有良好的毒杀效果。

在播种前,需要设置苗床。具体操作是:筑埂形成苗床,埂高 60 cm、宽 50 cm,苗床内部宽度为 1.5 m,长度根据保护地的长度和种子的数量来确定,将床内土壤刮平后,喷洒 0.5% 高锰酸钾溶液进行准备。

2. 露地圃地的整理

受到多种因素的限制，露天育苗是西藏自治区海拔 3 200 m 以下地区种植核桃苗木的主要方法。在准备苗圃地时，应在前一年的秋季和冬季进行深度翻耕和旋耕，并结合这两种耕作方式，施加充分的有机肥料。施肥量应根据苗圃地的土壤肥力来决定，一般每 667 m² 需要施入 2 000～5 000 kg 的厩肥和 50 kg 的过磷酸钙。如果条件允许，每 667 m² 还可以增施 10 kg 的黑矾，以达到土壤消毒的效果。在地下害虫问题比较严重的苗圃地，可以在土壤深翻和旋耕的同时，撒入用辛硫磷拌制的毒土，以杀灭地下害虫。春季时，也可以借鉴保护地苗圃的地下害虫诱杀方法来进行防治。

在播种前，需要在地表上开辟畦床。畦床的宽度通常在 1～2 m，长度则根据实际情况定在 8～15 m。

三、播种

（一）播种时期

西藏地区核桃砧木种子的播种主要有春播和秋播两种播种时期。

春播：在户外培育砧木苗通常选择在春季进行播种。具体的春季播种时间一般是在 3—4 月。在气温较为温暖的地区，可以在 3 月开始播种，而在气温较冷的地区，则可以选择在 4 月播种。对于大多数地区来说，3 月中旬到下旬是一个适宜的播种时间段。

秋播：在保护性环境中培育砧木苗通常选择在秋季进行播种。秋季播种的特点是，种子在成熟后可以直接播种，无须进行复杂的种子处理，从而简化了播种流程。此外，这种方法有助于春季尽早出苗，且苗木生长整齐。通常，秋季播种的时间定在 10 月底到 11 月初，如果播种时间过晚，砧木苗的生长期将会受到影响，进而延迟嫁接工作和芽砧苗的移植进程。

（二）播种密度

春季播种的密度：在春季，播种的主要目的是培育芽接用的砧木苗。建议的种植密度为每株之间保持 10～15 cm 的距离，行与行之间保持 25～35 cm 的距离。每 667 m² 地需要使用 200～300 kg 的种子，据此可以产出 6 000～12 000 株砧木苗。

秋季播种的密度：在秋季进行播种主要是为了培育适合仔芽接（短枝接）的砧木苗，其种植密度相对较高。通常采用的方法是将种子摆放在土壤中，每 667 m² 地大约需要 2 000 kg 的种子。基于这样的种植密度，每 667 m² 地能够生产出 90 000～95 000 株砧木苗。

（三）播种方法

1. 露地砧木苗的播种方法

在播种前，需要先将苗床充分灌溉，直到土壤不再黏结，随后在苗床上开挖播种沟，沟的深度大约为 10 cm。在沟底部撒上约 100 kg 的复合肥作为底肥。接着，将处理过的种子平铺在沟底，确保种子的缝合线垂直于地面，并且种尖朝向一侧。种子摆放完毕后，覆盖一层厚度约为 6 cm 的细土。采用这种播种方法，核桃的幼苗在前期生长迅速，组织结实，春梢较长，主根生长良好，整体苗木较为健壮。

此外，露地育苗的播种还可以采用以下方法：在整理好的苗圃地上，先不挖播种沟，而是用绳子标记出预定的熵宽，然后在标记的区域内撒上 100 kg 的复合肥作为底肥，接着按照预设的株距和行距摆放种子（摆放方式同上），摆好一熵后挖沟并覆土，覆土厚度为 6 cm，之后再覆盖一层白色地膜。这种方法能够使得出苗更加整齐，也便于管理。

2. 温室砧木苗的播种方法

在种植之前，需要先确保苗床充分湿润。等到土质变得松散不粘连时，对苗床土壤进行翻松并平整。接着，将处理好的种子按照缝合线与地面垂直的方式，尖端朝前，依次整齐地排列在苗床上，一行接着一行，直到所有种子都摆好。之后，在种子上方铺设大约 10 cm 厚的园土，将其表面刮平并浇上足够的水分，最后覆盖一层地膜。50 d 后，砧木苗会露出土面，此时可以移除地膜，并适量灌溉水分。10 d 后，出苗率可望达到 95% 以上。

四、播种后的管理

（一）地膜的覆盖与解除

保护地育苗地膜的覆盖与解除：保护地育苗涉及使用双层棚膜并覆盖一层白色地膜的育苗方法。这种方法能有效提升地表温度，维持土壤的肥沃度，增加土壤的湿度，改善土壤结构，保持土壤的透气性，增强土壤的肥力；同时，它还能抑制杂草的生长，有助于预防并减轻病虫害的问题，从而促进核桃种子早发芽，加速幼苗的生长。在育苗棚内，种子的层日均温度应控制在 16～20 ℃。如果棚内温度过高，可以通过揭开内外层薄膜的方式进行通风，以降低温度；反之，如果温度过低，应迅速闭合内外层薄膜以保持温暖。当幼苗的生长点接近地膜时，应立即移除地膜，防止地膜对苗木的伤害，确保幼苗的健康成长。

露地育苗地膜覆盖与解除：鉴于西藏自治区早春气温回升迅速但上升速度后的特点，在露天育苗过程中，种子播下后，应铺设白色地膜。这样做一方面可以保持土壤湿度，提升地面温度，促进种子发芽，另一方面也有助于减轻晚霜对幼苗的威胁。当幼苗的生长点接近地膜时，应适时撕开地膜，让苗木露出，防止苗梢受到伤害，影响其正常生长。晚霜过后，应立即移除并清理地膜，以免它对育苗基地的管理造成不便。

（二）灌水施肥

在种子发芽之前，需要确保土壤保持适宜的湿度，避免土壤过于干燥或过于湿润，因为这两种情况都可能对种子的出苗率产生不利影响。

保护地圃地的施肥和灌水：在保护地育苗中，由于其相对封闭的特性，可以方便地调整湿度。大约播种 50 d 后，当幼苗开始露出土壤时，应进行初次灌溉。一旦苗木齐全出土，保持保护地内的湿度在 70%～80% 是核桃苗木生长的最佳湿度区间，此时无需额外灌溉。若棚内湿度超出此范围，可以通过通风或提高温度来减少湿度；反之，如果湿度不足，则可以通过灌溉来增加湿度。

在保护地育苗中，由于底肥充足且播种密度较高，出苗前通常不需要施肥。然而，出苗后，如果底肥供应不足或出现缺肥情况，可以施用磷肥、钾肥或复合肥，或者进行 2～3 次的磷肥、钾肥或尿素喷施。这些施肥的浓度应与露天苗圃中施肥的浓度保持一致。

露地圃地的灌水施肥：一旦苗木全部出土，为了促进其快速生长，仍需保持土壤的适宜湿度。若土壤变得干燥，应立即进行灌溉，特别是在 5—6 月这个时期，应结合灌溉进行 1～2 次的氮肥追施（使用清粪水或尿素，每 667 m^2 施用尿素 10～20 kg）。进入雨季后，应根据土壤湿度的情况灵活调整灌溉频率，并结合灌溉施用一次速效的磷肥和钾肥（如草木灰、过磷酸钙等），也可以采用根外追肥的方法。

根外追肥主要使用磷肥、钾肥和尿素。喷施磷肥和钾肥时，浓度应控制在 1%～2%，每次每 667 m^2 施用 2.5～5.0 kg；喷施尿素时，浓度应为 0.2%～0.5%，每次每 667 m^2 施用 0.5～1.0 kg。如果同时使用多种肥料，应确保肥料之间的比例适宜，例如磷肥和钾肥混合的比例以 3∶1 为佳。在进行根外追肥时，喷雾应细致均匀，以喷洒后不滴水为标准；最佳的喷洒时间为晴天的傍晚，如果喷后 2 d 内降雨，应考虑补充喷洒。根外追肥的次数应根据苗木的生长状况来决定，通常需要进行 3～4 次才能看到明显的效果。

（三）剪截砧木

对于在保护地中培育的幼芽嫁接砧木苗，关键的操作是剪截砧木的顶部。在砧木种子播种约 60 d 后，当出苗率超过 95% 时，应将地面以上的砧木部分剪除，以此刺激地下部分的加粗生长。之后，每隔约 20 d 剪截 1 次，重复此过程 2～3 次，直到砧木的粗度满足幼芽嫁接的要求。

（四）中耕除草

在户外培育砧木幼苗时，为了促进幼苗的健康成长，通常需要进行 2～3 次的中耕除草作业，这样做可以疏松表层土壤，优化幼苗的生长环境。在幼苗的早期生长阶段，中耕的深度应较浅，通常在 2～4 cm；而在幼苗的生长后期，中耕的深度可以适当加深，达到 4～8 cm。在中耕的过程中，还应清除杂草，确保土壤表面保持疏松，且不滋生杂草。

（五）病虫害的防治

在核桃砧木幼苗的生长发育过程中，它们可能会遭受多种病虫害的侵袭。特别是像菌核性根腐病和根腐病等病害，对幼苗的生长发育影响尤为严重。因此，应遵循"预防重于治疗""早期治疗、小面积治疗、彻底治疗"的原则，及时采取措施控制病虫害的发展。具体的防治方法请参阅后续相关内容。

（六）断根

核桃通过直播方式培育的砧木苗，其主根生长迅速，而侧根生长较少，导致整体根系不够发达。在起苗过程中，主根很容易断裂，且栽植后的成活率较低，缓苗期较长，生长势也相对较弱。因此，通常在夏末秋初对砧木苗进行断根处理，以抑制主根的生长，同时促进侧根的发育。断根操作时，使用"断根铲"在苗木基部距离行间 15～20 cm 的位置，以 45° 斜向插入地面，用力将主根切断。断根完成后，应立即进行浇水并耕松土壤。断根后半个月，可以进行 1～2 次叶面喷施肥料，以补充营养，促进苗木生长。

五、实生苗出圃

核桃实生苗主要用途是作为泡核桃嫁接苗的砧木，同时也有部分用于森林植被的种植。这些实生苗在野外生长存活后，通常会通过嫁接技术进行改良，以提升其品质成为泡核桃。实生苗出圃时的技术要求和嫁接苗出圃的方式是相似的。

任务三　核桃苗嫁接技术

一、接穗的采集与处理

（一）采集时间

1. 枝接接穗采集时间

用幼芽嫁接或两年生砧木苗进行枝接的方法，通常在春季进行操作。两年生砧木苗的枝接，主要是针对那些当年芽接未能成功或者砧木粗度未达到嫁接要求的情况，采用第二年春季的枝接技术进行补救。

枝接时接穗的采集时间会受到海拔高度的影响。在海拔 2 900 m 及以下的地区，接穗的最佳采集时间是在 2 月的上中旬；而对于海拔 3 000 m 及以上的地区，则是在 2 月底至 3 月初。如果采集时间过早或过晚，都可能会导致母树出现严重的伤流现象。

2. 芽接接穗采集时间

类似于枝接接穗的采集时间，芽接接穗的采集时间同样会受到海拔高度的影响。在海拔 2 900 m 及以下的区域，最适合的采集时间是在 5 月底至 6 月初；而在海拔 3 000 m 及以上的区域，则建议在 6 月初至 6 月中下旬进行采集。

（二）接穗的选择与采集

1. 枝接接穗的选择与采集

在进行枝接嫁接时，应选择健康、充实、粗细适中、髓心小、芽眼充满活力且没有病虫害的一年生枝条或徒长枝作为接穗。通常会去除顶芽，更多地使用中下部的芽作为接穗。在接穗资源有限的情况下，偶尔也可以使用结实能力强的结果母枝或基部的两年生枝条。

由于核桃接穗采集的的特殊要求，最好能在冬季整形修剪时一并采集接穗。在修剪过程中，可以采取截断部分侧枝的方法，对于被锯下的枝条，应尽量利用，避免浪费。剪下的枝条需要去除多余的部分，如果接穗上带有雄花芽，也应去除。如果剪截后的接穗出现伤流，应立即将其晾干。

在锯断侧枝之前，应充分考虑树形的塑造和来年新枝的生长情况，避免盲目操作。

2. 芽接接穗的选择与采集

在选择芽接穗条时，通常挑选那些圆润、笔直、叶片痕迹较小的当年生枝条，且枝条上的芽必须充满活力，理想的情况是每个枝条上有两个或三个芽（即主芽旁伴有 1～2 个侧芽）。在采集接穗时，应使用枝剪进行剪切，避免用刀劈砍。剪切面应保持平整，避免出现斜面。采集下来的接穗需要迅速进行修剪和整理，去除顶部过长、弯曲或未成熟的部分；同时，为了适应蜡封处理的需求，接穗的长度不宜过长，最好不超过用于蜡封处理的锅或盆的直径。在修剪时，接穗基部的剪口最好位于芽下 6 cm 左右，而顶部的剪口最好位于芽上 1.5 cm 以上，这样能够提高接穗的使用率。经过修剪和整理的接穗，应根据长度和粗细进行分类捆绑，并标注品种信息。

（三）接穗的处理

1. 枝接接穗的处理

当枝接接穗采集后，如果不能立即进行嫁接或者在短时间内完成嫁接，那么就需要对接穗进行储存。在储存之前，应对接穗进行蜡封处理，但对于立即使用或短期内的嫁接，可以不进行蜡封。蜡封处理能够减少接穗水分的流失，减少其他保湿材料的使用，操作简单且能有效提升嫁接的成功率。

进行接穗蜡封的方法是：将蜂蜡和石蜡按 10%～20% 和 90%～80% 的比例混合后放入容器中，加热至大约 110 ℃，使用温度计进行监控，并保持这个温度直到封蜡完成。在封蜡过程中，用筷子夹住接穗，将其浸入蜡液中，停留 1～2 s 后取出，以滤除多余的蜡液。对于较长的接穗，应该分两次浸蜡，先浸一端，再浸另一端。也可以在容器底部加水，与蜡一起加热，使水沸腾帮助蜡更好地熔化，然后进行接穗的蘸蜡。使用沸水加热的方法，由于温度较低，接穗上的蜡层会较厚，会比较消耗蜡材料。

在实际操作中，如果接穗较粗，通常可以一只手直接拿取接穗进行蘸蜡，一次可以同时操作几条接穗。无论采用哪种方法，都需要注意三个关键点：首先是蘸蜡时间不宜过长，以防烫伤芽；其次是确保接穗表面均匀覆盖着一层薄薄的蜡膜；最后是确保蜂蜡被加入石蜡中，因为加入蜂蜡后，其粘附性更好，不易脱落，能够有效保护接穗。

2. 芽接接穗的处理

芽接接穗采下后，立即剪去叶片（仅留 1/5 叶柄）和枝条上部不充实的梢端，以减少水分蒸发，然后按粗度捆绑，一般每 20 根或 30 根为一捆，标明品种，用湿麻袋包好置于潮湿阴凉处。如果接穗较近，现采现用最佳。如需远距离运输，要保持穗条湿润，运输途中用竹筐、有孔的木箱、含水量为 60%～65% 且已消毒的锯末包装。到达目的地后，即摊开降温，忌高温和枝条压挤、摩擦，运程不宜超过 3 d。接穗需贮藏的，贮藏温度不宜高，湿度不宜大，否则芽容易霉烂，但湿度过小，芽又容易萎缩，贮藏温度应在 0～5 ℃。

二、苗木的嫁接

（一）砧穗愈合的过程和成活的原理

当接穗嫁接到砧木上时，两者伤口表面受伤细胞受削伤的刺激，分泌愈伤激素，刺激细胞内原生质活泼生长，使形成层和薄壁组织细胞旺盛分裂，生出柔软细胞，形成愈伤组织。愈伤组织不断增长，填满接穗和砧木间的缝隙后，表面薄膜逐渐消失。由于砧木和接穗间新生细胞紧密相接，因此，使两者的营养物质由胞间连丝相互传导。

输导组织邻近的细胞也能分化形成同型组织，产生出新的输导组织。这样，砧木和接穗就相互联接，愈合成一个整体。砧木的根在土壤中吸收养分，从木质部导管上升，通过结合部输送到接穗，为接穗提供矿物质营养；而接穗则将砧木输送的矿物质原料转化为含氮的有机化合物，一方面满足自身生长需要，另一方面通过韧皮部筛管向下输送，通过结合部到达砧木，供给根部的生长发育，于是就形成了一株独立的新植株。

（二）影响核桃苗木嫁接成活的主要因素

核桃嫁接的成活率受到多种因素的影响，其中关键因素包括砧木与接穗之间的亲和力、砧木和接穗的质量、嫁接前后的环境条件，以及砧木和接穗的内部成分等。在多种果树嫁接繁殖技术中，尽管核桃的嫁接方法与其他果树相似，但其成活率却是所有果树中最低的，这反映了其独特的嫁接特性。多年的研究指出，核桃嫁接成活率低主要受以下三个因素影响：首先，核桃树枝条的髓心较大；其次，核桃树在受伤时会有较多的伤流现象；最后，核桃树枝条中的单宁含量较高。

（三）核桃苗木嫁接的时期

在广义上，嫁接活动并不受季节的限制。在保护性环境内，如温室或塑料大棚内，由于温度和湿度可以人工控制，因此嫁接活动可以全年进行。然而，在户外环境中，由于季节变化导致的气候差异，需要采用不同的嫁接技术。为了提高嫁接效率并节省时间，通常会选择在气候条件适宜的时间段进行嫁接。

西藏地区的地形和气候都非常复杂，不同地区的气候条件各异，并且即使是同一地区，每年的气候变化也有一定的不同。鉴于此，不可能设定一个适用于所有地区的统一嫁接时间。相反，应该根据当地的气候条件和核桃树的生长周期来灵活决定嫁接的最佳时间。

1. 枝接时期

露地育苗枝接时期：在海拔大约 3 200 m 的地方，露天地进行枝接的最佳时间通常是 2 月下旬到 3 月中旬，尤其是 2 月中旬至 3 月上旬最为理想。然而，对于海拔较低的地区，比如察隅县下察隅镇和芒康县盐井镇等，由于气温较高且植物生长周期提前，嫁接的时间可以相对提前。相对地，海拔较高的地区（如拉萨和昌都等）由于气温较低，植物生长周期较晚，嫁接的时间则可以相应延后。实际生产经验表明，在适宜的嫁接时段内，越早嫁接的新梢生长更为健壮、充实，木质化程度更高，这有助于苗木更好地度过冬季。

2. 仔芽接育苗嫁接的时期

仔芽接育苗是在受保护的环境中培育砧木幼苗，并在室内进行嫁接操作。通常，这一过程会在早春的 2 月开始，而具体的嫁接时间则会依据砧木的直径来决定。一旦砧木的直径达到了嫁接所需的规格，就应该尽可能早地进行嫁接。

3. 芽接的时期

目前，核桃的芽接工作普遍采用方块状芽接法，这项工作主要集中在夏季，也就是砧木生长的旺季进行。选择合适的时间点进行芽接，需要观察砧木幼苗的韧皮部是否能够轻易地从木质部剥离。当韧皮部能够轻易剥离时，便表示条件适宜进行芽接。以西藏雅鲁藏布江中下游地区为例，通常在 6 月和 7 月进行芽接，其中 6 月中旬至 7 月上旬被认为是进行芽接的最佳时段。

（四）嫁接前的准备

1. 接穗的检验

嫁接成功的关键之一在于接穗的质量。当接穗数量较多，尤其是经过长时间运输或储存后，嫁接前必须对它们进行检查，以防因接穗质量不佳而造成的不良后果。接穗质量的检查方法主要包括两种：首先，对于当年生且用于芽接的枝条，在脱离冷藏状态 3 d 以上时，可以通过手剥树皮的方式来检查芽的韧皮部是否容易脱落。如果韧皮部不易剥离，则表明接穗已经失水，不适宜用于嫁接；其次，对于一年生且处于休眠状态的枝条，可以使用愈伤组织检验法来评估其质量。具体操作是在嫁接前 10 ~ 15 d，取一些接穗剪成小段并削成斜面，然后将它们放置在装有松散湿润土壤或湿锯末的容器中，接着放入大约25 ℃的恒温箱或温室中培养。经过 10 d 后，取出接穗进行检查。如果伤口处的形成层能够产生愈伤组织，那么这些接穗就可以用于嫁接；反之，如果不能形成愈伤组织，则说明形成层细胞已经死亡，不宜用于嫁接。

2. 嫁接工具

在开始嫁接工作之前，必须对所有使用的工具进行细致的检查。确保刀具和锯子都处于锋利状态，同时准备好所需的塑料薄膜以供绑扎之用。理想情况下，应使用超薄型塑料薄膜（厚度为 0.008 mm），因为这种薄膜更加柔韧，能够在绑扎时提供更好的密封效果，而且成本相对较低。

（五）嫁接的主要方法

目前，核桃的嫁接技术主要根据所使用的接穗材料，分为芽接和枝接两种主要方式。此外，根据嫁接的具体位置，还可以进一步分为低位嫁接和高位嫁接；根据嫁接发生的地点，又可以分为现场嫁接和移砧嫁接（即将砧木移入室内进行嫁接，之后再将其移至室外进行定植）。在生产实践中，以下几种嫁接方法被广泛采用。

1. 芽接法

（1）方块芽接

方块芽接也称作方块型芽接，是目前在核桃生产中广泛采用的一种嫁接技术。这种方法操作便捷，易于学习，且具有较高的效率和成活率。一个熟练的技术人员大约需要 1 min 就能完成一株植物的嫁接。"方块型"芽接是所有芽接方法中，砧木和接芽形成层接触面积最大的一种，因此它的成活率较高，新植株的生长势也较强。根据砧木树皮两侧的搭合方式不同，方块芽接又可以分为单合门嫁接和双合门嫁接两种形式。

在采集接穗芽时，推荐使用双刃刀进行切割。芽的大小应根据接穗和砧木的粗细来确定，接穗和砧木较粗时，可以取较大的芽片；接穗和砧木较细时，则应取较小的芽片。通常情况下，芽片的长度在 3～5 cm，宽度在 2～4 cm。切割芽片时，首先在芽的上下方向进行横切，上下切口的距离应大于两侧的距离。然后垂直切割 3 刀，其中与芽心相对的两刀之间的区域定义了芽片的宽度，其他一刀则在宽度之外，与方芽的一侧相隔大约 5 mm。接下来，剥离芽片侧面的窄条韧皮，露出足够的空间以便搓芽片。使用指甲或嫁接刀的辅助工具将芽片的四周挑起，然后用拇指或虎口按住芽片下方的叶痕，向预留的空位方向搓动，芽片即可取下。取下芽片后，应立即将其含入口中或放回原处备用。

在砧木上选择一段干直的部位，用双刃刀切去与芽片大小相等的一块韧皮，然后将芽片镶嵌进去，确保贴紧。接着用塑料薄膜进行包扎，如果使用的是较厚的塑料薄膜并且绑扎得当，有时候也可以不额外进行捆扎。整个嫁接过程需要迅速进行，以防止伤口处的单宁氧化形成氧化膜，从而影响成活率。

(2) 嵌芽接

这种嫁接技术具有节省接穗的优点,适合在苗圃中使用,也适用于嫁接较大的砧木,并且可以在春季进行。在嫁接过程中,采用1年生的枝条作为接穗,并从上往下切割芽片。具体操作是,首先在芽下方1～2 cm的位置向下斜切一刀,深入木质部大约3 mm,然后在芽上方2～3 cm的位置由上往下(带有少量木质部)平削一刀,直至与第一刀的切口相连;这样两刀交汇处即可取出芽片,芽片的长度控制在3～5 cm,宽度则根据实际情况而定。取下芽片后,应立即将其含入口中或放回原处备用。

在选定砧木的合适部位后,按照上述步骤在砧木上削切出与接穗芽相同大小和形状的缺口,然后将芽片嵌入其中,确保上下左右的形成层对齐。如果接穗芽较小,则向一侧对齐;如果接穗芽较大,则需要削去一侧的多余部分,使另一侧对齐。最后,使用塑料带进行绑扎,同时注意要留出接芽的部分。

(3) 舌状芽接

在挑选好芽片之后,握住接穗,确保芽片上方对内向内侧,下方对外,然后使用锐利的芽接刀从芽点上方大约1.5 cm的位置开始,由内向外削切,制作出一个长度为3～3.5 cm、宽度为1～2 cm的切面。这一步骤要求一次性完成,使得芽片内侧带有一定的木质部,长度为2～3 cm。接着,将芽片含入口中或夹在原始接穗的削口处备用。

在砧木上选择一个平直的部位,用芽接刀从上往下削一刀,削面的长度应略长于接穗芽的长度,宽度与芽的宽度相等或稍大。接着,在开口的下部2/3的位置横向切一刀,移除上段,并用刀尖挑起剩余的砧木皮。将芽片插入,确保芽片上端和周围的形成层对齐。如果芽片过窄,应紧贴一侧;如果芽片过宽,则在一侧削去多余部分,使另一侧紧贴。将下端用砧木皮片压住,最后用塑料薄膜进行绑扎,注意要留出接芽。

舌状芽接法不仅节省接穗,还能延长嫁接的时间,因此在早春砧木尚未开始萌动时即可进行嫁接。

在"方块型"芽接、嵌芽接和舌状芽接这三种方法中,有一个关键的共同步骤,即在选择好嫁接部位后,在其上方保留10～20 cm长的枝头,其余部分则需要剪除或砍掉。

2. 枝接法

枝接是一种使用核桃的枝条作为接穗的嫁接技术。根据不同的嫁接方式,它可以分为切接、劈接、插皮舌接、插皮接、腹接、合接、锯口接等多种形式。在实际生产中,切接法是枝接中最常采用的方法。

切接法主要适用于较小的砧木,并且在苗圃中春季使用较多,也是目前本地区广泛应用的嫁接技术。这种方法操作简便,效率高,且易于推广应用。

嫁接过程中,首先将砧木切割,如果是苗圃嫁接,通常在距离地面6～8 cm的位置将砧木切割。然后选砧木垂直且平滑的一侧,用刀垂直切一个口,切口的宽度应与接穗的直径相等或接近,长度通常在3～5 cm。接下来,剪取接穗,在芽下约1 cm的位置正面削一刀,长度也是3～5 cm,避免过靠近髓心,粗壮的接穗可以稍长一些,背面削一个长约 2 cm 的马蹄形小切面，保留 1～2 个芽（如果芽之间的距离超过 5 cm，可以使用一个芽；如果距离较近，则使用 2 个芽），嫁接口上方留接穗的长度根据实际情况而定，通常在最高一个芽上方留约 1.5 cm 的长度。削面应保持平滑，最好一次性完成。然后将接穗的大削面朝内侧插入砧木的切口，注意不要完全插入，留出约 5 mm 的"留白"。如果接穗的削面宽度与砧木的切口宽度相等，那么两侧的形成层应相互对齐；如果接穗的削面宽度小于砧木的切口宽度，则必须确保接穗一侧的形成层与砧木一侧的形成层对齐。最后，使用塑料袋将接合口紧密扎牢，如果接穗有顶芽或顶端已经封蜡，只需扎住接口处。如果接穗顶端有切伤口，需要用塑料袋或涂抹封剂来封口。

（六）嫁接苗的管理

1. 砧穗苗的定植

目前，在进行核桃苗木的嫁接工作时，特别是针对较大的苗砧和芽苗砧，通常选择在早春时期进行。由于西藏早春的气温较低，这会对工作效率产生影响，因此通常采用室内嫁接的方式，即先将砧木挖出并在室内进行嫁接，完成后再到苗圃地进行定植。与留床嫁接相比，室内嫁接具有成本较低、工作效率较高、单位面积苗木产量较高等优势。此外，室内嫁接还有利于对砧木进行筛选和分级，便于后续的管理工作。

嫁接后的砧穗应及时移植到苗床上进行定植。通常，定植沟的深度约为 20 cm。在挖好定植沟后，首先填充一层农家肥（或撒上一把复合肥），然后覆盖一层土壤，接着放入砧穗苗，再覆盖土壤并踩实；或者先在砧穗苗的根部覆盖一层土壤，然后放置一层农家肥（或撒上一把复合肥），再次覆盖土壤并踩实，确保覆土与地面平齐。砧穗苗的株距一般设置在 15～20 cm，行距则一般为 25～30 cm，每 667 m² 定植数量为 8 000～12 000 株。在定植时，应确保砧穗苗的芽朝向同一方向，并尽量使其保持垂直于地面的姿态，以促进正常的生长和发育。同时，应确保嫁接口位于地面以上。

2. 适时灌水

在砧穗苗定植后以及夏季通过芽接方式嫁接的苗木都需要及时浇水以保持土壤湿润，这有助于促进伤口的愈合，是确保砧穗苗和芽接苗成活的关键技术措施。通常，土壤的含水率应维持在 24% 的水平。如果土壤含水率下降至 22% 以下，就应该及时浇水以提升土壤的湿度；而当土壤含水率过高时，则需要注意及时排涝，以保持土壤的通气性，为根系的健康生长创造适宜的环境。

3. 适时追肥

在砧穗苗定植后和芽接苗剪砧后，如果发现苗圃地的底肥不足或土壤贫瘠，应当及时施加追肥，以促进苗木的生长发育。通常，砧穗苗的新梢生长到大约 10 cm 和 30 cm 时，应各自追肥一次，可以使用清粪水或化肥。如果使用化肥，建议按照每平方米苗地施用 50 g 氮肥、10 g 磷肥、10 g 钾肥的比例进行施肥。追肥的最佳时机是在生长季节内进行，如果错过了这个时期，追肥的效果可能会不明显，甚至造成资源的浪费。

4. 中耕除草

为确保苗木的健康成长，苗圃地需要保持肥沃和湿润，但同时也会滋生各种杂草，这些杂草的生长速度快，如果不及时拔除，会对苗木的生长造成负面影响，尤其在苗木郁闭之前，这种影响尤为显著。

在核桃苗圃地，除草工作主要依靠人工进行，通常与松土和施肥工作同时进行。苗木生长期间，一般需要进行 2~3 次中耕除草，以保持土壤的疏松度并改善苗木的生长环境。

在幼苗前期或砧穗苗定植前期，中耕的深度应较浅，通常在 2~4 cm；而在幼苗后期或砧穗苗定植后期，中耕的深度可以适当加深，达到 4~8 cm。在中耕的过程中，应当清除杂草，保持土壤的表层疏松，并确保地面无杂草生长。

5. 及时抹除砧芽

在芽砧苗嫁接后或芽接苗剪砧后，由于地上部分的生长受到了抑制，养分供应过剩，通常会导致砧木上萌发出大量的砧芽，这会对嫁接的成活率和新梢的生长产生负面影响。为了确保嫁接苗的成活并促进新梢的快速生长，应在砧穗新梢生长到 40 cm 时，及时清除这些砧芽，特别是那些从地面以下萌发的砧芽，一旦发现就应立即去除。然而，在清除大树高接后萌发的砧芽时，可以适当地保留一些"拉水枝"，这样做可以保护接穗的正常生长。

6. 合理修剪，适时解除绑缚物

砧穗苗在萌发后可能会长出两个或更多的新梢，此时应选择一个方向正确、生长势强的梢作为保留梢，并将其他的新梢剪除，以利于培养出良好的主干。到 8 月中旬，应对新梢进行摘心处理，以此控制新梢的生长，并提高其木质化程度。

嫁接口愈合后，应及时移除用于绑定的材料。解除绑定的时间需要恰到好处，既不宜过早也不宜过晚。过早可能会干扰伤口的正常愈合，影响嫁接成活率；过晚则可能会对砧穗的常规生长产生不良影响。解除绑定的最佳时机应在伤口完全愈合，且嫁接口开始增粗之后。解除绑定的过程最好分两个步骤进行：首先，用刀片沿着接口纵向切开一道口子，部分或全部切断绑膜；其次，等待大约半个月后，用手将接口附近剩余的绑膜彻底移除。解除绑定时必须确保彻底，以防止残留的绑膜影响苗木的生长发育，特别是对后期树体结构的稳定性造成不利影响。

7. 苗木出圃

（1）起苗

在西藏，核桃幼苗通常在露天苗圃中过冬，但经常会遭遇"抽条"问题，因此建议在秋季树叶凋落后将幼苗挖出并进行假植。通常，苗木生长停滞后，会对当年的苗木生长情况进行一次详细的评估，结合土壤冻结时间等因素，来决定出圃地点和具体起苗时间。核桃树根系发达，主根强健，起苗时容易损伤根系，且根系愈合能力较差。为了减少根系损伤，起苗前一周应浇一次透水，以便松动土壤。在起苗过程中，要确保质量，特别注意保持根系的完整性，避免损伤根部或劈裂根系，并且要保护好苗干的完整性和枝芽。

（2）苗木分级

苗木起出后将苗木进行分级（表4-1）。

表4-1 嫁接苗的质量等级

项目	1级	2级
苗高/cm	>60	30～60
基径/cm	>1.6	1.0～1.2
主根保留长度/cm	>20	15～20
侧根条数	>15	

在分级过程中，需要将一级和二级苗木分开，并将受到病虫害侵袭、机械损伤以及不再具有培养潜力的残次苗木去除。此外，可以对苗木进行必要的修剪，主要是去除过长或受损的根系。

（3）苗木的包装、运输

在完成苗木的检疫和消毒处理后，对其进行包装。包装前，先将苗木打成捆，每捆包含25～50株，并在每捆苗木上悬挂标签，清晰地标明来源地、品种、质量等级、数量和起苗日期等信息。对于需远距离运输的苗木，应在根部包裹废弃的麻袋或蛇皮袋，并放入苔藓、锯末、稻草等保湿材料，然后密封袋口；或者使用湿稻草席包裹，内置保湿材料。同时，携带苗木检疫证明。

在进行长途运输时，应在运输工具外部覆盖帆布或塑料布以保护苗木。运输过程中要定期检查，以防苗木因干燥而发热。若发现干燥发热现象，应立即向苗木喷洒清水，以维持湿度并降低温度。苗木抵达目的地后，应迅速拆包并假植，并尽快进行定植。

（4）苗木的假植

如果起苗后不能立即进行长途运输或栽种，苗木就需要进行临时或越冬假植。临时假植的时间通常不超过10 d，只需用湿润的土壤覆盖住苗木的根部即可，并且在土壤干燥时要及时补充水分。如果有条件的话，可以使用草帘或其他覆盖物将苗木完全覆盖，以减缓水分的蒸发。越冬假植则需要更长时间的准备，必须严格按照操作规程进行。选择一个高燥、排水优良、交通便利且不易受到人和动物损害的地方挖设假植沟。沟的方向应与主风向垂直，沟的深度为1.0 m，宽度为1.5 m，具体长度取决于苗木的数量。在假植时，先在沟的一端放置一些湿润的土壤，然后将苗木解捆并斜放成排，角度为35°～45°，埋住根部而露出枝梢，然后依次排列。在土壤结冻前将苗木的顶部全部埋入土中。随着春天气候转暖，要及时检查苗木，以防发生霉烂。

任务四 核桃生物学特性

一、生长结果习性观察

(一)根系

核桃是一种根系非常强大的树种,其根系主要生长在土壤的较深层次。成龄树根系深度可达 3~6 m,水平根延伸达 10 m 以上,主要根系分布在树冠下 30~60 cm 的土层中,这部分根系占据了总根量的 80% 以上。侧根则向水平方向延伸,最远可以超过 14 m,主要集中在以树干为中心、半径 4 m 的区域内。核桃的根冠比大约是 2。

对于实生核桃而言,在 1~2 年生阶段,主根的生长发育速度较快,而地上部分的增长则相对缓慢。一年生核桃的主根长度可以达到树高的 5 倍以上,而到了二年生阶段,这个比例会下降约 1 倍。三年生以后,侧根的数量和扩展速度都会增加,此时地上部分的生长也开始加速,并最终在年龄增长时超过主根的生长速度。尤其是早实核桃,其根系比晚实核桃更为发达,这一点在幼树上尤为显著。研究发现,一年生的早实核桃根系总数和总长度分别是晚实核桃的 1.9 倍和 1.8 倍,在细根方面的差异更为显著。这种强大的根系有助于核桃树更多地吸收土壤中的营养和水分,促进树体营养的积累以及花芽的形成,这也是早实核桃能够提前结果的一个重要原因。

此外,核桃树还形成了菌根,这些菌根比普通的吸收根短 8 倍、粗 1.3 倍,主要集中在 5~30 cm 深的土层中,在土壤含水量为 40%~50% 时,菌根的发育最为理想。

(二)芽的种类和特性

核桃的芽属于重叠生长的复芽类型,根据其特性可以划分为三种类型:混合花芽(雌花芽)、雄花芽和叶芽。这三种芽在植株的每个节位上呈现出多样化的排列模式(图 4-1)。

1. 混合花芽(雌花芽)

核桃的芽呈现圆形,体积较大且充实,由 5~7 片鳞片覆盖。晚实核桃的芽通常生长在结果母枝的顶端或其下方的 1~2 个节位上,它们可以单独存在,或者与叶芽和雄花芽一起在叶腋处叠生;而早实核桃除了顶芽外,腋芽也倾向于形成混合芽,通常有 2~5 个,有时甚至可达 20 个以上。这些混合芽在萌发后会生长出结果枝,从而结出果实。

2. 雄花芽

雄花芽是裸露的芽,呈圆锥形,外观类似桑葚,实际上它是雄花序的初步形态。这些芽在发芽后会长出柔软的花序,开花后会凋落。它们通常位于顶芽以下的第二至第十个节位上,可以单独生长,或者与叶芽一起叠生。

3. 叶芽

叶芽出现在营养枝条的顶端或者叶腋处，以及结果母枝上的花芽下方节位的叶腋间，它们可以单独生长，或者与雄花芽共同出现在同一位置。在早实核桃中，叶芽的数量相对较少，尤其是在春季新梢的中上部分，那里的叶芽通常更为充实。这些叶芽在萌发后通常会生长出生长状况良好、健壮的发育枝。

4. 潜伏芽

是叶芽，它们通常生长在枝条的底部或接近基部的位置，大多数叶芽不会萌发，而是保持休眠状态，拥有长达数十年甚至上百年的寿命。随着树干的不断粗大，这些叶芽最终会被埋藏在增厚的树皮之下。

核桃的雄花芽分化过程开始于每年的开花前后（即4月底至5月初），并持续到次年的开花前才结束，整个过程大约需要一年零几个月的时间；而混合芽的分化则从果实开始硬核的时期（6月底至7月初）开始，到12月初基本停止。早实核桃的第二次花分化始于4月中旬，并在5月下旬完成。

不同品种类型的核桃在萌芽率和成枝力方面存在显著差异。早实核桃表现出较强的萌芽力和分枝能力，通常有超过40%的侧芽能够发育成新枝；相比之下，晚实核桃只有大约20%的侧芽能够萌发，这一比例仅为早实核桃的1/2。分枝多、生长量大、叶面积广，这些都有助于营养物质的积累和花芽的分化，这也是早实核桃能够早期结果的重要原因之一。

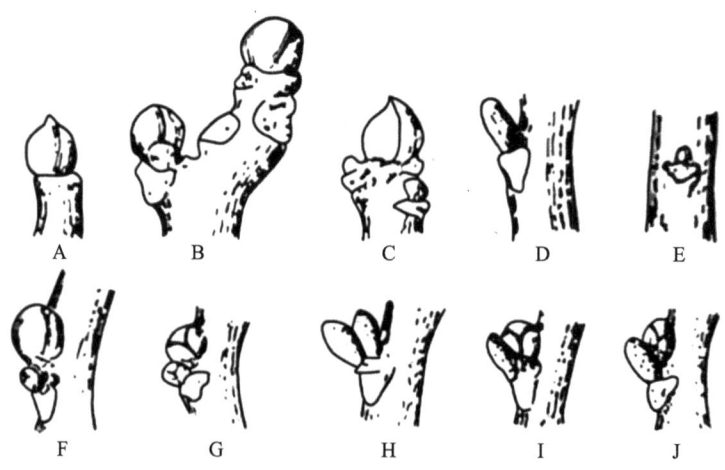

图4-1 核桃芽的类型及着生状态

A.真顶芽；B.假顶芽；C.雌花芽；D.雄花芽；E.潜伏芽；F.雄、叶叠芽；G.叶、叶叠芽；H.雄、雄叠；I.雌芽、雌叠芽；J.叶、雄叠芽

（三）枝条的类型和种类

1. 结果枝

由混合芽形成，混合芽发育成了花序（雌花），它们顶生于枝条上，在良好的营养状

况下，顶端依然能够产生混合芽，实现连续结果；对于早实核桃而言，当年形成的混合芽还有机会进行第二次开花并产生果实（图 4-2）。

  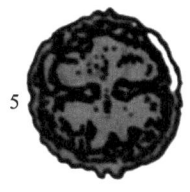

图 4-2　核桃的结果枝
1. 雄花序；2. 果实；3. 复叶；4. 雌花；5. 坚果剖面

2. 雄花枝

所述的枝条特点是，顶芽为叶芽，而侧芽则是雄花芽，这样的枝条通常生长较为细弱，多出现在树干的内部或者是在衰弱的树上。在开花之后，这些枝条会变得光秃无叶。

3. 营养枝（发育枝）

这些枝条可能源自叶芽或潜伏芽，那些生长状况良好（高度在 50 cm 以下）的枝条在当年就有可能形成花芽，并在第二年结出果实。而那些从内膛由潜伏芽萌发的枝条，往往会长成徒长枝，对于这些徒长枝，应该在夏季进行修剪以控制其生长并合理利用。

4. 结果枝（冬态）

这里提到的是一年生枝条上着生的混合芽。这些混合芽主要是由当年生长旺盛的营养枝和结果枝演变而来的。在这些枝条的顶端以及紧接其下的 2～3 个芽通常是混合芽（在早实核桃中混合芽较多），它们通常长度在 20～25 cm，而最理想的是直径约为 1 cm、长度大约 15 cm 的枝条，因为这样的枝条抽生的结果枝效果最佳。

核桃的萌发始于当日均温度稳定在约 9 ℃ 时。在此温度下，核桃依次出现雄花序、果实、复叶、雌花和硬芽。萌发后的半个月内，枝条的生长量可以占到全年的 57% 左右。春季新梢的生长通常持续 20 d，到 6 月初大多数枝条的生长会停止。对于幼树和壮枝而言，二次生长通常在 6 月上中旬开始，7 月达到高峰，有时可持续到 8 月中旬。核桃的下部枝条因为吸水能力强而容易生长过旺，这可能与外围光照充足、顶端结实、叶片较大和生长素分布不均有关。

（四）叶

核桃的叶子呈现为奇数羽状复叶形态，不同种类的核桃其复叶上小叶的数量各不相同，而且这些小叶的大小从顶端向基部逐渐减小。当平均气温稳定在 13～15 ℃ 时，核桃开始展开叶子，大约 20 d 后，叶子总面积可以达到 94%。结果枝上如果着生有两个或更多核桃，那么这个枝条就需要有 5～6 片完整的小叶，这样它才能健康生长并且连续结果。

(五) 花

核桃通常是同一株树上的异花植物。其雄花序是柔荑花序，含有100～170朵小花，底部的小花比顶部的大，且较早散粉，散粉期大约持续2 d。雌花则顶生于枝条上，可以是单生或以2～3朵聚集在一起，偶尔也有4～6朵聚集的情况，还有的呈现葡萄状或串状排列（早实核桃的雌花数量通常在10～15朵，最多可达30朵以上）。雌花没有花被，只有总苞围绕在子房外面。当子房增长到5～8 mm时，柱头开始反曲，表面出现明显的羽状突起，分泌物增多，当花朵表面的光泽明显时，即为盛开期，这也是授粉的最佳时期，持续时间大约为5 d。核桃花存在雌雄异熟的现象，因此在栽培上，品种被分为雌先型和雄先型两大类，在建园时需要合理搭配这些品种，以确保雌雄花的成熟期一致。核桃是通过风媒进行授粉的，授粉的距离受地形和风向的影响，最大的有效授粉距离大约是500 m，但超过300 m后授粉效果会下降，最佳的授粉距离是在100 m以内。

1. 花芽分化

核桃树上的雌花芽和雄花芽在花芽分化的起始时间和持续时间上有所差异。雄花芽在春季树枝萌发并展开叶子大约10 d后（4月中下旬）开始分化，这个过程会持续到下一年的春季，在4—5月芽萌发时结束，整个分化过程需要12～13个月。而雌花芽通常在6月下旬至7月上旬开始分化，直到下一年的树枝萌芽前结束，整个分化过程大约需要10个月。

2. 开花结实

核桃是一种雌雄同株但花部结构异性的树种，其授粉方式依赖于风力。雌花可能单独生长或以2～4朵花的形态聚集在一起，某些品种甚至可以形成含有10朵以上花的穗状花序。而雄花则以葇荑花序的形式出现，花序的长度在10～20 cm。核桃的花期有时会出现不匹配的情况，即雌花和雄花不是同时开放，导致一些品种的雌花先开放，被称为雌先型，而有些品种的雄花先开放，被称为雄先型，这种差异有时会导致授粉和受精过程无法正常进行。核桃通常每年只开花一次，但是早实核桃品种具有二次开花的特性，这种二次开花的花序形式多样，有的雌雄花序相同，有的则是单性花序，还有的是雌雄同花序。

(六) 果实

核桃的果实源自一朵雌花的发育，其外层由多毛的苞片形成青皮，内部子房则发育成为坚果。核桃果实的成熟过程可以划分为四个主要阶段：

果实的快速增长期：从坐果到硬核出现之前，这一阶段大约持续35 d，是果实生长速度最快的时期，其生长量大约占整个果实最终重量的85%。

硬核期：在这个阶段，果实停止增长，核壳从底部开始向顶部硬化，同时核仁也从半透明的糊状变为乳白色的核仁。这个阶段同样大约需要35 d。

油化期：果实在此阶段有轻微的增长（占总量的15%），但种仁内部的油脂含量迅速增加，这一过程持续大约55 d。

成熟期：果实逐渐变黄，标志着其成熟。在自然条件下，核桃会经历生理落果，落果率在30%～50%，这一过程主要发生在柱头枯萎后的20 d内，而在6月下旬之后，落果基本停止。

核桃的物候期，包括其生长和开花等关键时期，会因种植区域、品种或类型以及当年气候条件的变化而有显著的差异。其中，积温是影响核桃物候期变化的关键因素。

二、对环境条件的要求

（一）温度

核桃是一种对温度有一定要求的树种。它最适宜的生长气温范围是每年平均9～16 ℃，能够承受的最低气温为 −25～−2 ℃，而最高气温不宜超过35～38 ℃。核桃树需要至少210 d以上的无霜期。对于幼树而言，−20 ℃的低温可能会导致冻害，而成年树虽然能够耐受 −30 ℃的低温，但若温度低于 −28～−26 ℃，枝条、雄花芽和叶芽仍然可能会遭受冻害。在花期和幼果期，如果气温降至 −2～−1 ℃，可能会导致冻害并减少产量。另一方面，气温若超过38～40 ℃，果实容易受到日灼的影响，导致核仁发育不良或变黑。在昼夜温差较大的地区，核桃果实的品质通常较好。

（二）水分

核桃偏好晴朗和干燥的气候条件，在年降水量超过600 mm的潮湿地区，病害问题会比较严重。它对土壤的水分状况非常敏感。如果土壤过于干旱，幼树的成长将会受到阻碍，而结果大树的生长也会变得虚弱，导致早衰现象，落果和落叶的问题也会加剧。相反，如果土壤过于湿润或者地下水位过高，核桃树就容易遭受水涝的灾害。

（三）光照

核桃是一种喜光的树种，对每年的日照时数有较高的要求，不少于2 000 h。足够的光照对其开花和结果以及果实品质的提升都是非常有利的。在核桃栽培的各个阶段，都需要充分考虑树木的采光条件。

（四）土壤

核桃树对土壤的适应能力较强，但在土壤肥力不足、排水性差的环境中，其生长会受到影响，可能会出现生长缓慢，形成"小老树"的现象，或者出现连续多年的枯梢情况，导致无法达到高产。核桃树最适合在pH值6.2～8.2的土壤中生长，其中6.5～7.5的pH值最为理想，土壤中的盐分含量应控制在0.25%以内，而且它特别适合在石灰质的中性偏碱土壤中生长。核桃树对肥料的需求较高，为了实现高产，必须提供充足的肥料。不同品种的核桃树对环境的适应性也有所不同，晚实核桃相比早实核桃具有更强的适应性，更适合在丘陵和山区等水肥条件较差的地方种植。

任务五　核桃周年栽培管理

核桃生产周年管理是一项全面的土壤、肥料和水分管理相结合的管理体系，涵盖了一系列关键环节，如园区建立、土壤肥力维护、树木修整以及病虫害的防治工作。其中，选取适宜的园地尤为关键，它会直接影响核桃的产量和收益，甚至决定着整个园区是否能够成功建立。园地管理中土、肥、水的合理配比直接关联到幼苗的发育、挂果以及坚果的品质，是实现核桃园丰产的基础。而对树木进行适时的修剪，则关乎树体的结构是否优化、树架是否稳固，这同样关乎核桃园能否持续稳定地获得高产。

一、建园

(一)园地的选择与整理

丰产园的基本条件：核桃作为一种多年生、深根且喜爱阳光的树木，其生长过程深受土壤和气候因素的影响。选择合适的园区对于核桃种植的成功与否及其经济收益有着决定性的作用，这一选择甚至关乎整个园区是否能够顺利建立。考虑到西藏地区独特的土壤和气候条件，要想建立一个产量丰富的核桃园，必须满足一系列的特定条件。

1．适宜的气候

适宜的选址应位于海拔不超过 3 200 m 的地方，该地区的年平均气温需达到 8.5 ℃或以上，同时确保晚霜不会迟于 5 月中旬出现。

2．交通、电力有保障

交通方便，电力有保障。

3．合适的地形地势

适合建设的园区应具备相对平坦的地形、较弱的风力、充分的阳光照射、深厚的土壤层以及集中连片的缓坡地或沟坪地等特征。此外，沟谷河流两岸的高河漫滩、阶地，以及一些经过整治和改良条件较好的非耕地，如谷坡、洪积扇荒坝等地，也适宜用来创建高产的核桃园。

4．良好的土壤

最适合核桃生长的土壤类型是保水性能好、透气性强的壤土和砂壤土。理想的土壤应具有松散且肥沃的特性，含有较高的有机物质，且土层厚度不应小于 1 m。土壤的 pH 值应在 6.5～7.5，虽然对于某些特定区域，土壤 pH 值可以在 6.0～8.0 的范围内适当调整。

5．排灌方便

地下水位应保持在 2 m 以下，同时需要有可靠的水源用于灌溉，并配备有基本的灌溉设施。这样的条件既能确保树木生长所需的水分，又能有效地防止和排除因积水造成的涝害。

6. 无环境污染

种植地的环境质量应满足 GB/T 18407 标准。应避免在富含重金属的地区进行种植，以保证核桃产品的品质。

园地的整理：在选定种植园区后，应依据园区规模和核桃树的生长特性，进行全面规划和设计。这包括对园区进行实地考查、测量绘图，以及规划园区内的道路、灌溉排水系统、防护林带和树种的布局等。

规划完成后，在种植前，需要对土壤进行整治和改良。对于平坦或缓坡的地形，种植区应进行平整和肥化；而对于坡度较大的区域，则应建造梯田。在无法立即建造梯田的区域，可以先挖掘鱼鳞坑，然后逐步扩大树盘，最终形成复式台地；对于质地较差的高河漫滩、阶地、谷坡、洪积扇荒坝等非耕地，若表土层较浅且心土层砂卵石含量高，可以通过换土和克土来改善定植坑，之后逐步扩大树盘，或者采取一次性换土、客土的方法。

（二）品种及授粉树的配置

鉴于核桃树主要依赖风传粉，不同品种之间的坐果率存在显著差异，并且大多数品种的雌雄花期不同，在建园时应考虑种植 2～3 个主要品种，它们能够互相提供授粉机会，以确保有效的授粉。主栽品种与授粉品种的比例通常不应低于 8∶1，同时授粉品种也应是优质的品种，并且其果实具有较好的商业价值。具体的优良品种和授粉树的搭配可参考表 4-2。

表 4-2 常见主栽品种与授粉品种组合

主栽品种	授粉品种
安饶 1 号	香玲辽核鸡心磨盘
安饶 5 号	香玲辽核鸡心磨盘
林芝 1 号	香玲辽核鸡心磨盘
加查 3 号	香玲辽核鸡心磨盘
中林 1 号	香玲辽核鸡心磨盘
礼品 2 号	香玲辽核鸡心磨盘

（三）苗木的选择

为了确保丰产园的高品质、高产量和高效益，园内所种植的苗木必须是优质的嫁接苗。嫁接苗应挑选粗壮且直立、整体均匀、无冻害、充分木质化、色泽正常、根系完整且发达、嫁接口愈合良好、无病虫害和机械损伤的健康苗木。在种植时，优先选择高度超过 1 m、嫁接口以上 2 cm 处直径达到 1 cm 以上的壮苗。

在实际生产中，存在一种误区，即认为种植幼苗的成活率比种植大苗要高。但事实上，成活率更高的是壮苗。据山南市加查县调查，种植高度在 40 cm 以上的嫁接苗，成活率可达到 90.38%，而种植高度在 30 cm 以下的嫁接苗，成活率仅为 70.91%。壮苗不仅成活率高，其初年的生长量也比弱苗要大。加查县安饶镇的调查数据显示，壮苗初年的新梢平均生长量为 25 cm，远超过瘦弱苗木的生长量。

（四）栽植时间

在西藏地区，核桃树的种植主要集中在春季。种植的具体时间会因所处海拔的高低而有所变化，实际操作中应依据土壤解冻的情况来确定。根据多年累积的种植经验，海拔低于 3 200 m 的地区适宜在 2 月底至 3 月初进行种植；而对于海拔高于 3 200 m 的地区，种植时间则相应推迟，通常在 3 月底至 4 月初进行。

（五）栽植方式和距离

核桃树苗的种植方法与其他果树相似，通常会根据地形条件来决定。在地形平坦或坡度较小的区域，适宜采用长方形的排列方式进行种植；而在坡度较大或台面较窄的地方，则更适合采用三角形的排列方式。对于矮化型核桃树，推荐的种植密度为 3 m×4 m 或 4 m×5 m，每 667 m² 可种植 55 棵或 33 棵核桃树。此外，也可以在沟渠边缘、道路两旁、房屋前后或田地角落等地方进行零星种植。

（六）栽植技术

1. 挖定植穴

核桃树的定植坑尺寸应为 1 m×1 m×1 m。在挖掘定植坑的过程中，应将挖出的表层土壤堆放在坑的边缘，将挖出的生土堆放在植株之间的另一侧，而挖出的沙石则应从园地中移走。

2. 定植

在苗木定植之前，首先在挖好的坑底部填充 30～40 cm 厚的秸秆层（可包括切碎的小麦秸秆、玉米秸秆、野草等），随后将有机肥料（每个坑 15～20 kg）与表层土壤混合均匀，加至地面水平。如果缺少土壤，应采取客土方式补充，并在填充过程中轻轻踏实。定植时，在坑的中间挖一个小坑，将树苗直立放置，确保树苗前后左右对齐，然后用肥沃的土壤混合物或细土覆盖根部，填满坑后，轻轻向上提苗以保证根系展开，接着用脚踏实。回填土壤时，注意将肥沃的土壤混合物紧贴苗木根系并垫在坑底，心土则填在肥土之上，确保埋土紧实。定植完毕后，以树苗为中心，在坑的四周筑一圈小埂，形成浇水的凹槽，立即浇透"定根水"，并在凹槽上覆盖地膜，以降低水分蒸发。

（七）栽后管理

常言道："种树容易管树难"，这句话强调了树木管理的重要性。为了增强苗木的存活率和保持其生长率，确保苗木健康成长，需要重点加强以下几个方面的养护管理。

防止人畜危害：在西藏地区，人为和牲畜的损害是影响核桃园成败的重要外部因素之一。在条件允许的情况下，应当在整理园地土壤的同时，围绕园区设置电网围栏或篱笆，以阻止人和牲畜的进入，保护苗木。对于条件不允许或零星栽植的情况，苗木种植后，应在其周围搭建保护笼，以防止苗木受到损害。

1. 灌水、追肥

(1) 灌水。在苗木定植过程中，已经浇上了充足的"定根水"并且用地膜覆盖的情况下，通常在定植后的大约 7 d 内需要再次浇一次被称为"保活水"或"救命水"的水，这是确保核桃苗木存活的关键步骤。此后的一段时间内，无须频繁浇水。然而，如果注意到土壤干旱的迹象，应该立即浇灌以保护苗木。对于那些没有覆盖地膜或者地膜受损的苗木，需要定期检查，并在发现干旱情况时立即进行浇水。

(2) 追肥。在苗木种植之后，在生长季节里应施肥 1～2 次，每棵树的平均施肥量应为含有有效成分的氮 50 g、磷 20 g、钾 20 g。施肥时应采用坑穴式或圆盘式施肥法，将肥料放置在接近根部的地方。在条件允许的情况下，可以在根部附近浇灌 1～2 次清洁的水肥或腐熟的人畜粪便等。

2. 中耕除草

杂草会对苗木的生长发育造成不良影响，因此必须及时采取人工或化学措施去除杂草，以保持树盘的干净整洁。

3. 防治病虫害

如果定植坑中积水，需要及时进行排水处理，以避免根部腐烂病的发生。一旦发现树叶被食害虫或树干内的蛀害虫侵扰，应立即实施全面的防治措施。具体的病虫害种类及其防治措施可参见相关章节和附录。

4. 除砧芽

如果观察到嫁接部位下方有砧木的芽或新枝生长出来，应当立即进行清除，以确保嫁接苗木能够正常发育。

5. 品种改良

在苗木种植之后，若出现以下任何一种情况，就应迅速进行品种改良，以确保园区内品种的纯度和未来产品的品质：首先，如果种植的是实生苗；其次，如果嫁接苗所使用的接穗是低质或非期望品种；最后，如果接穗死亡并导致砧木芽的萌发。最佳改良时机是在冬末春初（适用于枝接）或惊蛰至春分期间（适用于方块芽接），使用高品质的目标品种接穗进行嫁接改良。

6. 定干

根据预设的树形结构标准，需要及时进行树木的定干工作。在坡地或采用林粮（经济作物）间作模式的情况下，定干的高度可以相对提高；而在平地或采用林草间作模式的环境中，或是建立纯核桃丰产园的情况下，定干的高度则可以相对降低。

二、土壤管理

核桃园土壤管理的目标是打造一个有利于核桃树生长的环境，包括：确保土壤具有足够的深度；含有充足的有机质；保持适宜的水分状态；以及提供均衡的养分供给。为了达到这些目标，需要实施以下措施。

（一）合理间作

在西藏，由于耕地面积较少，核桃园在苗木种植后便可开始进行间作。实施合理的间作是有效利用土地的关键策略之一，它不仅有助于促进核桃幼树的苗壮成长，还能在早期阶段带来收益，实现短期和长期利益的结合。间作的类型和模式应当遵循不干扰核桃幼树正常生长的原则。根据山南市加查县等地的实践经验，间作主要分为水平间作和立体间作两种形式。

1. 水平间作

水平间作通常涉及与多年生农作物、林木和果树的混作。在西藏山南市加查县、林芝市巴宜区以及昌都市卡若区等核桃种植区，人们利用核桃树之间的空隙种植梨树、桃树、李树、花椒等。这种方法能够最大限度地发挥土地和空间的价值，实现在有限土地上创造更高收益的目标。这类间作系统的作物种植周期通常较长。随着核桃树的不断生长和树冠的逐渐扩大，间作植物的生长空间会逐渐受到限制并被淘汰，最终发展成为单一的核桃丰产园。

2. 立体间作

立体间作涉及在核桃树下方和空隙中种植较矮的农作物和灌木类经济树种。随着产业结构的变化，出现了如核桃与青稞、核桃与蔬菜、核桃与饲草等多种间作模式，这些模式丰富了间作的内容并提升了早期的经济收益。特别是核桃与饲草的间作模式，它通过在行间种植饲草，促进了牛羊养殖业的发展，实现了厩肥还田，这不仅改善了土壤质量，还提高了土壤肥力，形成了一种树木、牲畜和果实三者之间的良性循环。

在核桃行间进行间作，可以在农作物的翻耕、松土、除草、施肥和灌水过程中同时照顾到核桃树，使其生长得更健康，减少病虫害，提高产量。然而，在进行间作时，需要注意以下几个问题：

由于核桃幼树的树体和根系较小，因此适合种植小麦、青稞、矮秆豆类等低秆作物，并在幼树周围留出大约 160 cm 直径的树盘，便于施肥和除草，避免相互争夺养分；

当核桃树长大时，可以种植小麦、豆类、萝卜等作物，这些作物是较佳的间种选择；

核桃根系能分泌胡桃醌这种有机化合物，它对某些植物有抑制生长的作用。因此，在核桃园中应避免种植对胡桃醌敏感的作物，如苹果、番茄、马铃薯、苜蓿等。

（二）耕翻土壤

未进行间作的核桃园应避免闲置不用，因为闲置可能导致病虫害爆发，影响核桃树的生长势和产量，严重时甚至会导致树木死亡。对于平缓的坡地，可以采用机械进行耕作，而在坡度较大的地方，则应依靠人畜力量进行耕翻。耕翻工作应每年进行两次，分别在春季和秋季进行。在耕翻时，应使树冠外的土壤耕深一些，而树盘附近的土壤则应耕浅，以避免伤害树根。耕翻土壤的好处包括清除杂草、保持土壤湿度、改善土壤的物理和化学特性、提升土壤肥力，以及消灭一些越冬的病虫害。

（三）树盘覆盖，改良土壤

经验证，对核桃树树盘进行全面长期覆盖，使用杂草、树叶或秸秆，并在每年秋季将覆盖物埋入树盘下的土壤中，随后再铺设新的覆盖物，是一种效果显著的方法，它不仅投入成本低，而且能带来较高的产出和效益。试验数据表明，对幼树树盘进行杂草覆盖的，其地径增长和树盘土壤有机质含量比未覆盖的对照组分别高出133.4%和44.8%。对于黏土过于黏重、石块沙子过多或土壤有机质含量过低的土地，应该以树干为中心，围绕树干垂直方向挖环形沟，然后填充松散的土壤，再埋入杂草、秸秆和有机肥料，并且逐年向外扩展这一区域。

（四）中耕除草

在经济条件允许且劳动力不足的情况下，建议使用喷洒化学除草剂的方式来除去杂草。常用的除草剂包括百草枯、杂草油、果尔、草甘膦等，通常每年喷洒两次即可。第一次喷洒时间安排在5—6月，目的是消灭杂草，确保核桃树的正常生长；第二次喷洒则在8—9月进行，除了清除杂草和保护核桃树的正常生长外，还有助于果实的采收。如果劳动条件允许，每年可以进行两次人工除草，以确保核桃树的水分和养分供应不受影响。

三、肥水管理

（一）合理施肥

在核桃树的生长周期中，尤其是在树木进入盛果期之后，它们对养分的需求变得尤为重要。核桃树需要的营养元素种类繁多，包括氮、磷、钾、钙、镁、硼、铁、锌、铜、锰等。这些元素中，有些在土壤中较为丰富，而另一些则可能较为稀缺。因此，为了满足核桃树的生长需求，适当施肥是必要的。

然而，施肥并不是越多越好，关键在于施肥的合理性。合理施肥意味着要根据当地的土壤条件、树木的具体情况以及生长阶段的需要，适时、适量并且科学地施用肥料。这样既可以最大化肥料的效果，又可以避免资源浪费和不必要的成本。

1. 施肥的依据

（1）形态诊断

通过观察核桃树的外部表现来判断其营养状况，并据此指导施肥。通常，若核桃树的叶片较大且数量多，叶色浓绿，枝条粗壮，芽体充实，果实均匀且品质好，产量稳定，这表明树木的营养状况良好且全面。反之，若出现异常，应找出原因并采取相应措施进行调整。以下是对核桃树常见缺素症状的简要描述，供实际诊断时参考：

氮：缺氮的核桃树在生长期初期叶色会变浅，叶片数量减少且较小，逐渐变黄，并可能提前落叶，新梢生长量减少。严重情况下，植株顶部小枝可能会死亡，导致产量明显减少。

磷：缺磷的核桃树表现出整体衰弱，叶片稀疏，小叶比正常叶片略小，叶片出现不规则的黄化和坏死，落叶提前。

钾：缺钾的症状主要表现在枝条中部的叶子上。叶片开始变灰白，然后小叶叶缘呈波状内卷，叶背呈现淡灰色，叶片和新梢生长量降低，坚果变小。

锌：缺锌的症状表现为枝条顶端芽的萌发期推迟，叶小而黄，呈丛生状，被称为"小叶病"，新梢细，节间短。严重时，叶片从新梢基部向上逐渐脱落，枝条枯死，果实变小。

铁：缺铁时，幼叶失绿，叶肉呈黄绿色，叶脉仍为绿色。严重缺铁时，叶小而薄，呈黄白色或乳白色，甚至发展成烧焦状脱落。

硼：缺硼时，树体生长迟缓，枝条纤细，节间变短，小叶呈不规则状，有时叶小呈萼片状。严重时，顶端抽条死亡。硼过量可引起中毒，症状首先表现在叶尖，逐步扩向叶缘，使叶组织坏死。

镁：缺镁时，叶绿素不能形成，表现出失绿症，首先在叶尖和两侧叶缘处出现黄化，并逐渐向叶柄基部延伸，留下"V"形绿色区，黄化部分逐渐枯死呈深棕色。

锰：缺锰时，表现为独特的退绿症状，失绿是在脉间从主脉向叶缘发展，退绿部分呈肋骨状，梢顶叶片仍为绿色。严重时，叶片变小，产量降低。

铜：缺铜时，新梢顶端的叶片先失绿变黄，后出现烧焦状，枝条轻微皱缩，新梢顶部有深棕色小斑点。果实轻微变白，核仁严重皱缩。

（2）营养诊断

营养诊断能够及时且精确地揭示树木的营养状态，它不仅能够识别出可见症状，还能分析出多种营养元素的缺乏或过量，以及区分由不同元素引起的相似症状，甚至在症状出现之前就能进行检测。因此，通过营养诊断，可以及时地施用恰当种类和数量的肥料，确保果树的健康生长和果实产量的稳定。

营养诊断是基于标准化的方法来测定叶片中的矿物质元素含量，并将这些含量与叶分析的标准值进行对比，以确定营养元素的充足与否。接着，结合当地土壤的养分水平（土壤分析）、肥料的肥效指标以及矿物质元素之间的相互作用，来制定施肥计划和肥料的配方，从而指导施肥的正确进行。7月核桃叶片矿质元素含量标准值（参考）详见表4-3。

表4-3　7月核桃叶片矿质元素含量标准值（参考）

元素		缺乏	适生范围	中毒
常量元素（干重）/%	氮	<2.1	2.2～3.2	—
	磷		0.1～0.3	—
	钾	<0.9	>1.2	—
	锰	—	>0.3	—
	钠	—	—	>0.1
	氯	—	—	>0.3
微量元素（干重）/（mg/kg）	硼	<20	36～200	>300
	铜	—	>4	—
	锰	—	>20	—
	锌	<18	—	—

2. 施肥量

施肥的量应该基于土壤的养分水平和核桃树对养分的需求来决定。幼树、初果树、盛果树和衰老树对肥料的需求各不相同，因此，针对核桃树的施肥应当根据不同的树木状态来调整，制订出不同的施肥计划，实行差异化处理。幼树通常需要较多的氮肥，而对磷肥和钾肥的需求相对较少。随着树木年龄的增长，尤其是进入盛果期后，对磷肥和钾肥的需求会增加。因此，对于幼树，应以施用氮肥为主，而对于成年树，则需要在施氮肥的同时，适当增加磷肥和钾肥的施用量。无论是幼树还是成年树，都应该重视施用农家肥，因为农家肥能够改善土壤的物理性质和结构，有利于核桃树根系的成长，促进花芽的形成，从而帮助幼树提前进入结果期。

（1）幼树的施肥量

对于幼树的施肥量，可以依据以下准则进行：假设土壤肥力属于中等水平，并根据树冠垂直投影的面积每平方米来计算，在树木进入结果期前 1～5 年的这段时间内，每年的施肥量（有效成分）应包括：氮肥 45 g，磷肥和钾肥各 10 g。

（2）初果期的施肥量

在核桃树进入初果期之后的前 5 年内，每年的施肥量应为：氮肥 45 g、磷肥 20 g、钾肥 20 g，并且每株树木应额外施加 5 kg 的农家肥。

（3）成年树的施肥量

成年核桃树由于产量较高，对肥料的需求相对较多。具体的施肥量应根据实际生长情况来确定，并且可以参考幼树时期的施肥量作为参考，同时需要注重增加磷肥、钾肥和农家肥的施用比例。不同树龄时期的施肥量参照表 4-4。

表 4-4　不同树龄核桃树年施肥数量基本标准

年龄 / 年	树干直径 /cm	厩肥量 /kg	无机肥料的量（有效成分）/g		
			氮	磷	钾
3～4	1.3～2.2	11～16	16	19	13
4～5	2.8～4.2	17～22	27	32	22
6～7	4.5～6.5	24～32	37	44	30
8～9	6.8～8.4	34～42	72	79	60
10～14	8.5～10.6	43～82	98	102	95
15～25	10.5～12.4	84～162	188	192	170
25 以上	12.6～16.5	167～308	267	320	230

3. 施肥的时期

基于核桃树的生长特性和对肥料的需求，应选择适当的肥料种类，并在几个关键的生长阶段进行有针对性的施肥。

基肥：基肥，也称作底肥，通常在春季和秋季两个季节施用，其中秋季施肥更为理想。在秋季施用基肥时，较高的温度，尤其是土壤温度，有助于受伤根系的愈合和新根的生长，同时也有利于农家肥料的分解和植物的吸收。这样做可以显著提升树木的营养水平,并促进次年花芽的分化和生长。基肥主要采用迟效性的农家肥料,包括厩肥、堆肥、绿肥、秸秆肥、糟渣肥和泥肥等。

追肥:追肥是对基肥的补充,通常在核桃树的生长季节施用。追肥主要使用速效肥料,如尿素、碳酸氢铵和复合肥,条件允许的情况下,也可以使用腐熟后人畜粪便。追肥通常每年施用2～3次。第一次追肥通常在花开前或新叶刚开始生长时进行,以速效氮肥为主,目的是促进开花和果实坐果,以及新枝的生长,其施肥量应占全年追肥总量的50%;第二次追肥在6月进行,此时树木枝条生长旺盛,仍以速效氮肥为主,以满足枝条生长和果实发育的需求,减少落果并促进花芽分化;第三次追肥在7月坚果开始硬化时进行,主要使用氮、磷、钾复合肥,以提供核仁发育所需的养分,确保坚果充实。对于尚未结果的幼树,可以不进行第三次追肥。

4. 施肥的方法

根据施肥的部位和施肥的方式分为土壤施肥和根外施肥两种。

(1) 土壤施肥

土壤施肥可以采用多种方法,包括全园撒施、放射状施肥、环状施肥、穴状施肥、条状施肥和圆盘状施肥法。具体采用哪种方法应根据当地的实际情况来决定,选择最适合当地土壤条件和核桃树生长需求的方法。

①全园撒施法:在长期耕作的农田中栽培核桃树通常采用这种施肥方式。在间作作物收获之后,尚未翻耕土地之前,一次性撒施农家肥料,并根据需要添加适量的磷肥和复合肥。随后,在翻耕土地的过程中,将施肥物质混入耕作层以下。

②放射状施肥法:围绕树干,在树冠的阴影区域,挖掘4～8条辐射状的施肥沟。这些沟的宽度应在20～40 cm,深度大约为30 cm(基肥沟应稍深,追肥沟则可相对较浅),长度与树冠半径相当。施肥沟的深度应从树冠中心向外逐渐加深。施肥沟挖掘完成后,将肥料与土壤混合后填充入沟中,并覆盖上土。每年应改变施肥沟的位置,并且随着树冠的持续扩展而将施肥沟向外移动。这种方法主要适用于生长旺盛且树龄较大的核桃树。

③环状施肥法:在树干的周围,顺着树冠外缘的滴水线挖掘一圈环状的施肥沟。这些沟的深度应为30 cm,宽度介于20～40 cm。施肥沟挖掘完毕后,将肥料与土壤混合并填充至沟中,随后再进行土壤覆盖。基肥应埋得较深,而追肥则可以埋得较浅。施肥沟可以选择挖掘半环或全环,如果是半环的话,需要每年更换挖掘的位置,以保证每年都有一个方向未被挖掘。这种方法比较适合于4年生以下的幼树。

④穴状施肥法:在树木枝叶遮挡形成的阴影区域内,挖掘若干个(具体数量与尺寸依据树木冠幅的大小来确定)小型坑洞,并将肥料放置于其中。这种方法通常应用于施加额外的养分。

⑤条状施肥法:在种植核桃树的行与行或树与树之间的空间,沿着树冠相对的两边进行切割,挖掘成两道平行的施肥沟渠。这些沟渠的宽和深与其他施肥技术保持一致,而其长度则视树冠的覆盖范围而定。每年更换挖沟的具体位置。

⑥圆盘状施肥法:以树木的主干作为中心点,塑造一个树盘,使其内部较浅而外部较

深，形成一个能够保持肥水的圆形结构。在挖掘过程中，要特别留意保护树木的根系，由内圈向外圈逐渐增加深度。这种方法通常适用于给幼树浇施粪水，以便于养分的吸收，同时也可以用于施加腐熟的有机肥料和混合肥料，结合深施和浅施的技术进行施肥。

在上述提及的第二、第三和第五种施肥技巧中，它们都被归类为沟施技术。这些技术需要进行土壤挖掘，这可能会在某种程度上损伤树木的根系。因此，在实施过程中，推荐使用钉耙作为挖掘工具，以尽可能减少对根系的损伤。如果在挖掘过程中不慎切断了树根，务必要平整处理断裂的伤口，从而促进新根的生长。

（2）根外追肥

根外施肥，也被称作叶面施肥或叶面喷洒施肥，主要通过向植物叶面喷洒肥料的方式来进行。这种施肥方式是土壤施肥的一个重要补充手段。当叶面喷洒液体肥料后，养分会通过叶片背面的气孔进入植物体内，使果树能够有效吸收利用，这种方式提高了肥料的利用效率，并且加速了养分的吸收过程。在植物表现出营养缺乏的症状，或者需要补充那些容易被土壤吸附固定的营养元素时，通过叶面喷洒肥料可以取得显著的成效。通常情况下，用于叶面施肥的肥料种类和适宜的浓度范围如下：尿素 0.3%～0.5%，过磷酸钙 0.5%～1.0%，硫酸钾 0.2%～0.3%（或者使用 1% 的草木灰浸出液），磷酸二氢钾 0.3%～0.5%，硼酸 0.1%～0.2%，钼酸铵 0.5%～1.0%，硫酸铜 0.3%～0.5%。叶面施肥的最佳时机可以根据植物的生长阶段和需求来选择，如花期、新梢迅速生长期、花芽分化期以及果实采摘后等时期。建议在晴朗天气的早晨 10 点前或傍晚 5 点后进行喷洒，而在阴雨天或大风天气则应避免施肥。

5．肥料种类

（1）有机类肥料

这类肥料包括但不限于畜禽粪便、人畜排泄物、堆肥、绿肥等，它们来源于自然，能够提供植物生长所需的多种营养成分，且有助于改善土壤结构和提高土壤肥力。

（2）化学合成肥料

这类肥料根据所含主要营养元素的不同，可以进一步细分为以下几个小类。

氮肥：包括尿素、碳酸氢铵、硝酸铵、氯化铵、硫酸铵等，这些肥料主要提供植物生长所需的氮元素。

磷肥：以过磷酸钙、磷矿粉为代表，这类肥料主要补充植物所需的磷元素，有助于植物根系的发展和花果的形成。

钾肥：硫酸钾、氯化钾、草木灰等属于钾肥，它们主要提供钾元素，对提高植物的抗病能力和果实品质有积极作用。

复合肥：磷酸二铵、磷酸二氢钾、氮磷钾复合肥等，这类肥料含有两种或两种以上的主要营养元素，能够同时满足植物对多种养分的需求。

（二）核桃园的灌溉

西藏地区的核桃种植主要集中在雅鲁藏布江的中下游地带以及"三江"流域。这些地区的年均降水量介于233.0～559.7 mm，特点是降水量偏低、雨季主要集中在6—9月、蒸发量巨大以及冬春季节的严重干旱，这些自然条件导致降水无法充分满足核桃全年生长的需求。因此，适时的灌溉对于提高核桃幼苗的存活率、促进新梢的生长以及增加产量至关重要。

考虑到西藏地区特有的气候条件以及核桃园土壤较差的水分和养分保持能力，核桃园的灌溉应当集中在三个关键时期：

11—12月，对新种植的核桃幼苗进行一次"封冻水"灌溉。这次灌溉务必要彻底且充足，是确保幼树安全度过冬季的关键措施之一。条件允许的情况下，其他核桃园也应进行一次"封冻水"灌溉。

翌年的2月底至3月初，进行春季灌溉。此时正值早春，西藏地区干旱少雨，春灌有助于核桃树芽的萌发，促进生长、抽枝、展叶和开花。

5月初至5月底，进行一次"保果水"灌溉。在这个时期，核桃新梢生长迅速，雌花受精后的果实开始快速发育和膨大，同时雌花开始分化和形成，对水分的需求量较大。此时的灌溉不仅有助于保证果实的发育和花芽的分化，还能促进新梢的生长。

对于成年的核桃树而言，由于其根系发达且具有较强的抗旱能力，通常不需要进行特别的灌溉。

四、整形与修剪

树木整形和修剪是核桃树管理过程中至关重要的一环。通过恰当的整形修剪，能够有效地优化树木的结构，确保树干和主枝的稳定性，同时合理地调整枝条的密度，使之既不过于稀疏也不过于密集。这样的措施有助于提升树木的通风和光照条件，从而促进核桃树早日结果、快速达到丰产状态，并进一步提升坚果的整体品质。

（一）修剪的时期

过去，普遍存在一种观点认为核桃树最适合在冬季进行修剪，通常在12月至翌年2月之间进行。这主要是因为在冬季，核桃树处于非生长的休眠状态，此时进行修剪不会引起过多的伤流现象，被认为有利于伤口愈合并对来年的生长有益。然而，根据在西藏地区多年的冬季修剪实践经验和观察，实际情况与此相反。在西藏地区，冬季修剪往往会给核桃树带来严重的伤流问题，有时甚至会导致枝条的死亡。鉴于这一发现，西藏地区的核桃树修剪最佳时机应当延后至春季，建议在树木开始萌发之前进行，以避免对枝条生长和未来产量产生不利影响。修剪时间的选择既不宜过早也不宜过晚，以确保修剪能够有效促进树木健康生长和提高产量。

（二）整形的方法

整形是指在树木的树冠发展过程中，通过人为的调整和塑造，有意识地培养出既定的结构形态，以促进树木的健康生长和丰产。对于核桃树这类高大且生长力强的乔木而言，生产实践中应根据各个品种的独特性质，选择并培育适宜的树形。对于那些具有明显顶端优势、树干直立且干性强的核桃品种,通常采用具有中央领导干的疏散分层形树形,这种结构有利于维持树木的稳定和有序生长。而对于那些顶端优势不明显、分枝较多、树形较为开张的品种,则更适合采用自然开心形的树形,这种形态有利于树木的均衡发展和结果。通过这样的整形方法,可以最大化地发挥不同品种的生长潜力,提高果实的产量和品质(图4-3)。

1. 疏散分层形整形

(1)定干

确定核桃树干的高度是一个重要的栽培管理决策,通常这一高度范围在 0.6～2.0 m。确切的高度选择需要考虑多种因素,包括土壤环境、管理策略和种植目标等。对于那些经过矮化处理的核桃树,树干的高度通常会被设定在较低的 60 cm 左右。如果种植地的土壤条件较为优越,例如土壤层较厚、土质肥沃,并且计划进行与其他作物的间作,那么可以适当提高树干的高度,一般设定在 1.2～2.0 m。相反,在土壤层较浅、肥力较差的山坡地带种植时,为了适应这些不利的生长条件,树干的高度应适当降低,通常建议在 1.2～1.5 m。通过这样的调整,可以确保核桃树能够在各种不同的环境下都能健康生长并带来丰富的产出。

(2)主枝的选留

在核桃树生长到第二年至第三年并且完成定干之后,必须及时选定并培养主枝。第一层的主枝通常选留三个,这些主枝将成为树木结果的主要部分。在选择主枝时,必须确保它们具有理想的角度、正确的方向、适宜的位置,并且生长状况良好。对于那些生长较弱、发枝较少的树木,主枝的培养工作可以分两年完成。为了形成良好的树冠结构,三个主枝之间应保持大致 120° 的水平夹角,与中央领导干的夹角应在 60°～65°。在同一层的主枝间距应控制在 60～70 cm,且需要交错排列,避免相互紧邻,以防止主枝长粗后对中央领导干造成压迫。在完成第一层主枝的选留并培养 2～3 年后,可以开始选留第二层的主枝,这层之间的间距应为 1.5～2.0 m,主枝的数量为两个。至于第三层主枝,则建议在定植后七年左右进行选留,其与第二层之间的距离可以适当减小,约为 1 m。通过这样的分层培养,可以确保核桃树形成均衡且有利于结果的树冠结构。

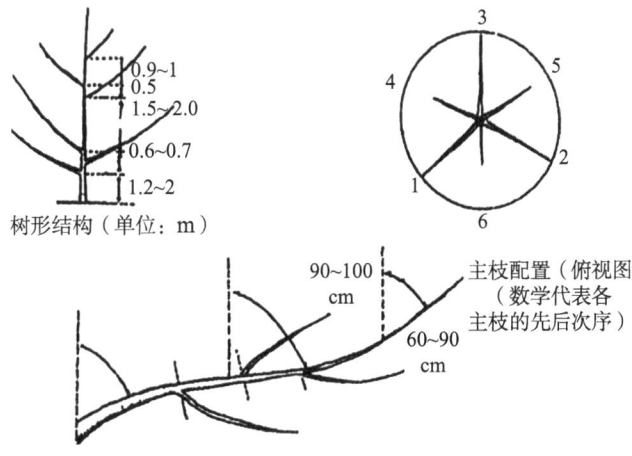

图 4-3 疏层形树形结构立体平面示意

（3）侧枝选留

在核桃树苗定植后的第四至第六年，当开始培养第二层主枝的同时，可以在第一层主枝上挑选并培养侧枝。通常情况下，每个第一层主枝上会培养3～5个侧枝，第二层主枝上则培养2～3个侧枝，而第三层主枝上培养2个侧枝。在挑选侧枝的过程中，侧枝与主干之间的距离应控制在50～80 cm。理想的侧枝与主枝之间应保持大约45°的水平夹角。对于位于基部的三个主枝上靠近树中心的第一侧枝，应选择与主枝同侧的方向，以避免形成"把门侧枝"，这种侧枝会导致枝条交叉并遮挡光线。在同一主枝上的各个侧枝之间的相对位置也应适当安排，第一侧枝的对侧应选留第二侧枝。第三侧枝应与第一侧枝保持同方向，它们之间的距离应约为1 m，而与第二侧枝的距离可以适当减小。通过这样的侧枝培养策略，可以确保树木形成良好的结构，既有利于光照和通风，也有助于提高结果效率。

（4）骨干枝生长势的调整

主侧枝构成了树木的基本结构，因此它们也被称作骨干枝。在整形的过程中，确保这些骨干枝的稳定性和主从关系的和谐是至关重要的。在核桃树苗定植后的第四至第五年，虽然树形结构已基本稳定，但树冠的骨架尚未完全形成。在这个阶段，每年需要对各级枝条的延长枝进行剪截，以促进分枝和树木的进一步发展。到了第七至第八年，主侧枝的选择已基本确定，整形的主要工作也基本完成。然而，在达到这个阶段之前，需要对各级骨干枝的生长势进行调节。对于那些生长过于旺盛的骨干枝，可以通过增大基角或疏除过旺的侧枝来进行控制，尤其是要抑制那些与主干竞争的直立枝条。如果中心干的生长势较弱，可以在中心干上保留更多的辅养枝来增强其生长。对于生长势弱的骨干枝，可以通过调整角度来扶助其生长，通过这些调整措施，可以使树木各级主侧枝的生长势达到均衡，从而促进树木的整体健康和生产力。

2. 开心形整形

（1）定干

与疏散分层形整形的定干相同。

（2）主侧枝的选留

在核桃树的整形过程中，主枝的数量通常控制在2～4个。在苗木完成定干之后，根据不同的方位，在定干高度处选择2～4个枝条作为主枝。由于没有中央领导干，最顶端的枝条往往会垂直向上生长，因此需要及时采取措施调整其生长角度，以确保所有主枝的生长势能保持平衡。主枝之间的垂直间距应维持在20～40 cm，且各主枝的生长势应保持一致。理想的主枝开张角度应在40°～60°。在每个主枝上，应选留3～4个侧枝，并确保这些侧枝在垂直和水平方向上交错排列，以达到均匀分布的效果。第一侧枝与主干基部的距离应约为1 m。对于树冠较为开阔的开心形树体，还可以在已经选定的一级侧枝上进一步选留二级侧枝。在第一主枝上的一级侧枝可以选留1～2个二级侧枝，并在其上培养形成结果枝组。这样的做法可以增加结果区域，使树冠看起来更加丰满，同时提高整体的果实产量。通过这样的整形策略，可以优化树木的结构，促进健康的生长和丰富的果实产出（图4-4）。

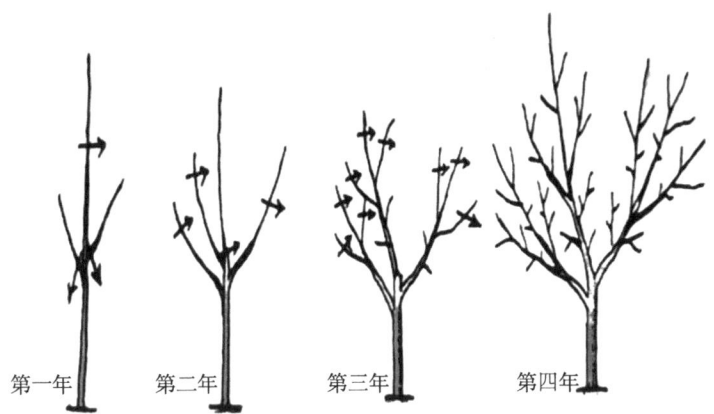

图4-4 开心形树形结构培养示意图

（三）修剪

核桃树的修剪工作涵盖了整形和剪枝两个方面，是一种全面的树木管理技术。在不同的生长阶段，修剪的目标和任务也有所不同。对于幼树而言，修剪的目标是在已经完成整形的基础上，进一步培养和保持一个有利于丰产的树形结构。对于刚开始结果的树木，修剪的重点在于继续发展各级骨干枝，并有效利用辅助枝条来促进早期结果，同时调整主枝与侧枝之间的主从关系，平衡整棵树的生长势能，并积极培育结果枝组，以增加结果的区域。而在树木进入盛果期后，修剪的主要任务是调整树木的营养生长与生殖生长之间的平衡，优化树体的通风和光照条件，保持结果枝组的健康生长，并尽可能延长树木的盛果期。通过这些针对性的修剪措施，可以确保核桃树在不同的生长阶段都能保持最佳的生产状态。

1. 初果期树的修剪

在初果期的核桃树修剪中，应当采取适当的策略来培养和维护一个健康且丰产的树形。这包括去除生长过旺的枝条，保留生长健壮的枝条，并适时进行放任生长和回缩修剪，以此来培养良好的枝组结构。同时，需要间断性地去除那些过于密集、细弱或徒长的枝条，以确保树木的枝条分布均匀，特别是要保证树冠内部枝条的合理密度，促进枝条生长健康而有力。对于那些对主侧枝生长造成影响的辅助枝条，可以通过逐步回缩的方式来减弱其生长势，从而为主侧枝的生长让出空间。在修剪的程度上，应根据树木的生长势和具体的栽培条件来做出决定。如果树木生长旺盛，枝条生长量大，修剪时应当适当减轻力度；如果树木生长较弱，修剪时则应适当加重力度。技术上，首先应去除辅助枝条上的大分枝，使其保持单轴延伸的生长方式，这样可以减少对主侧枝的影响，既改善了光照条件，又节省了养分。而对于结果枝组，则应修剪成紧凑的多轴形态。辅助枝条是这一时期修剪的重点对象，应根据每棵树的具体情况进行个性化的处理。对于那些树冠内有足够空间的树木，可以长期保留辅助枝条，让其尽可能多地结果；而对于空间有限的树木，则应及时进行回缩。无论如何，所有的辅助枝条都需要控制其生长势，确保它们能够及时进行回缩甚至疏除。至于树冠内的徒长枝条，通常应当予以去除；然而，在树冠内有空隙的地方，可以考虑适当保留这些枝条，并培养它们成为树冠内部的结果枝组。通过这样的修剪方法，可以促进树木健康生长，提高结果效率。

2. 盛果期树的修剪

骨干枝和外围枝的修剪：随着时间的推移，核桃树的结果部位往往会向外移动，导致骨干枝的前端开始下垂，而枝干的后部也容易出现徒长枝条。在树木进入盛果期的早期阶段，仍需继续扩展各主枝，以构建一个稳固的树体结构。对于延长枝头部背后的枝条，需要及时进行控制，以维持枝头的生长势头。当主枝不再需要延伸时，可以通过更换枝头的方式来控制其向外扩张的趋势。对于生长势头旺盛的树木，其延长枝往往会向上翘起，主枝头部保持直立，这时应利用背后的枝条进行换头，以增加枝条的角度，促进枝条的开张。当树冠发展到最大范围时，可以通过逐年修剪三权枝来降低树冠的高度，用最顶端的主枝取代原有的树冠顶部，从而控制树木的整体高度。对于树冠外围过于密集的枝条，应及时进行回缩和疏除，以改善树冠内部的通风和光照条件，促进树木的健康生长和果实的品质提升。通过这些细致入微的修剪措施，可以确保核桃树在盛果期保持最佳的生产状态和树体结构。

结果枝组的培养和修剪：在初果期的基础上，修剪工作的重点在于进一步培育和维护结果枝组，并进行必要的更新和复壮工作。结果枝组的布局应考虑不同大小的结合，均匀地分布在各级主侧枝上，以实现树冠内部大而外部小、下部多而上部少、外部不拥挤、内部不空洞、通透性良好的理想状态，保持枝组间距在 0.6～1.0 m。

培养结果枝组的方法包括：将骨干枝上的大中型辅助枝条通过回缩改造成大中型的结果枝组；利用生长力强的发育枝，采取先放任后回缩、去除强势枝条保留弱势、去除直立枝保留平直枝的策略，培育成中小型的结果枝组；利用树冠内部的徒长枝，结合夏季摘心的管理措施，改造成结果枝组。

在对结果枝组进行修剪时，应针对不同情况进行相应的处理：对于生长过旺的枝组，应适当疏除过强的枝条；对于连续多年结果后衰弱的枝组，应及时进行回缩更新，以促使新梢的生长；对于枝组长度不足的，应通过修剪其延长头来促进旺枝的生长和向前延伸；适当回缩两侧的分枝可以促进延长枝的生长；对于过旺过密的枝组，可以通过回缩和疏除来改善通透性，并对强旺枝组进行弯曲延伸的处理，以抑制其过旺的生长；对于枝组中的弱短果枝和雄花枝，应及时疏除，保留壮枝，促进结果枝组的健康生长，并延长其结果年限。对于连续结果能力强的中长结果枝组，不宜进行短截处理。通过这些细致的修剪措施，可以确保核桃树在盛果期保持最佳的生产状态和树体结构。

徒长枝的利用：当核桃树达到盛果期，树冠内部往往会长出许多徒长枝条。如果树冠内部有足够的空间，可以在这些徒长枝条形成分枝之后，及时进行回缩处理，将其转变为结果枝组。这样做可以有效地填补树冠内部的空间，增加树木的结果区域。在将徒长枝条培养成结果枝组的过程中，应挑选生长势适中的枝条，理想的长度应控制在 60～80 cm。经过一年的放任生长后，第二年在适当的分枝位置进行回缩。对于那些多年生且直立生长在树冠内部的枝条，如果它们过于高大并影响了内膛的光照条件，应当采取去直留平的策略，即去除直立生长的枝条，保留或培养斜向生长的枝条，并及时进行回缩，以改善树冠内部的光照状况。通过这些修剪措施，可以促进树木健康生长，提高结果效率。

背后枝的处理：在第一层主枝上生长的背下枝条，由于其生长方向可能会导致与主枝的倒拉现象，通常建议在树木成长的早期阶段就从基部将其去除。对于那些生长在树冠中上部主侧枝上的背下枝条，是否保留应根据主侧枝的生长角度和尺寸来决定。如果主侧枝的开张角度较大，应考虑疏除这些背下枝条；如果角度较小，则可以利用这些背下枝条来替换原有的枝条，以此来增加骨干枝的开张角度。对于那些生长势已经缓和并且已经形成花芽的背下枝条，可以在它们结果之后进行适度的回缩修剪，将其改造成为能够带来丰富果实的结果枝组。通过这样的修剪管理，可以优化树木的结构，提高结果率，并保持树冠的健康状态。

3. 衰老期树的修剪

核桃树步入衰老阶段的时间点，很大程度上受到土壤条件、管理质量以及果实成熟方式等因素的影响。当核桃树开始衰老时，其新生的枝条往往生长较短，而且大多数无法形成花芽，导致坐果率显著下降，进而使得产量大幅减少。在这个时期，可以观察到小枝逐渐枯死，这种现象通常被称为焦梢，同时树冠会自然地收缩变小。在树冠内部，经常会有大量的徒长枝条自发生长，这是树木自然更新的一种表现。

对于进入衰老阶段的核桃树，修剪工作的核心目标在于促进树木的更新和恢复活力，以此来重振树势。为了达到这一目的，可以采取以下几种常见的更新修剪策略。

大枝的更新：在衰老期的核桃树修剪中，可以通过在骨干枝的合适位置实施回缩修剪，以促使新的生长条出现并形成新的侧枝。在去除过于密集枝条的过程中，可以在适当的位置保留一些大约 20 cm 长的短枝，这些短枝不仅便于攀爬树木进行修剪作业，还能减少在骨干枝上造成的较大伤口。这些保留下来的短枝还能够促进小枝的生长，进而带来结果的机会。

主枝的更新：在对衰老期的核桃树进行修剪时，一种常见的更新策略是对主枝进行重度回缩，即在锯断后，从锯口下方新生的枝条中挑选 2～4 个生长方向适宜、生长状况良好的枝条，将其培育成为新的主枝。这种方法对于树龄较长、结果能力极低的衰老树木尤为有效。在实施任何一种更新修剪方法时，都不可避免地需要去除较大的枝条。当需要锯掉已经死亡的大枝时，应在仍然存活的枝干下方大约 30 cm 的位置进行锯切。这样做有助于保持锯口下方的生长势，不仅利于伤口的愈合，还能有效促进潜伏芽的生长，从而有助于树木的更新。反之，如果仅锯掉已经枯死的枝干部分，枯死的部分可能会继续向下扩展，这将不利于新枝的生长和树木的更新。

五、其他管理措施

西藏地区的冬季和春季常常遭受干旱和少雨的气候影响，同时蒸发强度大，加之沙尘暴季节持续时间较长，这些因素共同对核桃幼苗的安全越冬以及授粉和果实的着床造成了严重的不利影响。因此，在西藏地区，对核桃幼苗进行有效的越冬保护措施和实施人工辅助授粉技术，对于确保当地核桃产业的持续健康发展至关重要。通过这些措施，可以显著提高核桃树的生长状况和果实产量，从而促进西藏核桃产业的繁荣。

（一）幼树越冬防寒

核桃树的幼树枝条通常具有较大的髓心和丰富的水分，容易受到干燥炎热的风气候影响，导致普遍出现枝条脱水的现象，即"抽干"。在严重的情况下，这种脱水现象可能会导致新梢甚至整株树木的枯死，给核桃幼树的安全越冬及其随后一年的生长带来了巨大的威胁。在西藏地区，幼树的"抽干"问题已经成为制约核桃产业发展的一个关键因素。这种现象主要发生在海拔 3 000 m 左右的 1～2 年生幼树上，且随着海拔的升高，"抽干"情况愈发严重。西藏自治区农牧科学院蔬菜研究所核桃项目组的研究表明，"直接围土法"和"袋装培土法"这两种处理方法在保护幼树安全越冬方面效果显著，能够显著提高幼树的成活率至 95% 以上。

这两种方法的操作步骤如下：在核桃苗木栽植当年的 10 月下旬至 11 月初，即土壤冻结前，在全园进行冬季灌溉后，以幼树为中心，堆积土壤将苗木整体埋入土中；或者从苗木的梢部向下套一个塑料袋，并以幼树为中心填充土壤。所用的塑料袋应为直径 20～25 cm 的圆桶状，长度需比树高多出 7～8 cm。第二年春季，随着气候变暖和土壤解冻，结合春季灌溉将防寒土挖除，并扶正幼苗。实践证明，这两种方法特别适用于三年生以下的矮壮幼树。尽管这些方法在操作上较为耗时，但它们的效果十分显著，既能保持树体的直立生长，又能有效地提供防寒保护。

（二）人工辅助授粉

从生长状况良好的成年核桃树（最好是优良品种）上采集即将散粉或刚开始散粉的雄花序，并将其置于室内进行晾干。在 20～25 ℃的温度条件下，通常 1～2 d 花粉就会散出，之后将花粉收集并储存于密封容器中，在 2～5 ℃的低温环境中备用。在常温下，核桃花粉的活力可以维持约 5 d，在 3 ℃的冰箱中可以保存超过 20 d。

当雌花的柱头开始裂开，羽状突起向外翻卷，并分泌出大量黏液时，即可进行授粉。授粉前，将花粉与淀粉按 1∶10 的比例混合稀释，搅拌均匀。授粉的方式根据树体的大小而定：对于较小的树体，可以使用毛笔蘸取花粉后轻轻点弹于柱头上方；对于较大的树体，则需要使用喷粉器或喷雾器进行喷撒，注意要保证喷撒均匀；也可以将花粉装入 2～4 层的纱布袋中，绑在竹竿上，在树冠上方迎风面轻轻抖撒；如果能够采集到雄花序，也可以将一定数量的雄花序悬挂在树冠上部，让其自然散粉。对于采用喷雾授粉的方式，应将花粉配制成悬液（花粉与水的比例为 1 : 5 000），如果条件允许，可以在悬液中加入 10% 的蔗糖和 0.02% 的硼酸，以促进花粉的萌发和受精。如果同一棵树上的雌花开放时间不一致，可能需要进行第二次授粉。通过这些细致的人工辅助授粉措施，可以有效提高核桃树的坐果率，促进果实的丰产。

（三）疏除雄花

根据大量研究资料的报道，当主栽品种的授粉花粉充足时，适度移除一些正在发育中的雄花，可以促进核桃产量的提升。实际上，在某些核桃园中，通过这种方式去除雄花后，产量增加的效果尤为显著。例如，云南省林业科学研究院在漾濞县进行的试验显示，去除雄花后的核桃树其坐果率比对照组提高了 12%～17%。在进行疏除雄花的操作时，应遵循的原则是尽早进行。最佳的时间点是在雄花芽尚未萌动之前进行疏除，这样可以获得更好的效果。如果等到雄花芽已经进入伸长期再进行疏除，那么对提高产量的效果就不会很明显。通过这样的管理措施，可以有效地优化核桃树的生长状况，进而提高果实的产量。

（四）疏除幼果

核桃树的生产过程中，如果管理不当或过分追求高产量，可能会导致所谓的"大小年"现象，这与其他果树的生产情况类似。在结果量较大的年份，由于果实众多，不仅会导致果实体积缩小和品质下降，还可能因为营养过度消耗、积累不足，使部分结果母枝变得衰弱甚至枯死。而在结果量较少的年份，由于营养过剩，可能会导致枝条无序生长，扰乱了树体的正常结构。为了保持核桃树的营养生长与生殖生长之间的平衡，确保树木的正常生长发育，提升坚果的品质，稳定产量，并延长结果期的寿命，有必要对过多的幼果进行疏除。疏除幼果的最佳时间通常是在生理落果之后（即盛花后 20～30 d），当核桃幼果的直径达到 1.0～1.5 cm 时进行。疏果的具体数量应依据栽培条件和树体的发育状况来确定。首先应优先疏除生长状况较差的树木和细弱枝条上的幼果，同时在树冠内部应较多地疏果，而在外围的延长枝上也应适当增加疏果量。一般建议，每平方米的树冠投影面积保留 60～100 个果实为宜。通过这样的疏果措施，可以有效调节树木的营养分配，促进健康生长，提高果实品质，并保持稳定的产量。

六、主要病虫害识别及防治

（一）主要病害识别及防治

1. 核桃枝枯病

核桃枝枯病是我国核桃产区普遍遭遇的一种病害，尤其在西藏雅鲁藏布江流域和"三江"流域的核桃主产区，这种病害的分布范围广，破坏力强。它主要侵袭树木的枝条，尤其是较年轻的 1～2 年生枝条更容易受到攻击。病菌从枝条的顶部嫩枝入侵，并向下扩散至枝条和主干。受感染的枝条皮层初始呈现暗灰褐色，之后可能转变为浅红褐色或深灰色，并且在病部会形成许多黑色小点，这些是病原菌的分生孢子盘。

该病害的主要宿主是核桃树等植物。其症状表现为染病的枝条上的叶子逐渐变黄并最终脱落。在湿度较大的环境下，分生孢子盘会释放大量的黑色短柱状分生孢子；如果湿度进一步增加，这些孢子会形成长条形的黑色孢子团块，内含大量孢子。

病原菌通常在枝条或树干的病部以分生孢子盘或菌丝体的形式越冬。在条件适宜的次年，产生的分生孢子通过风雨或昆虫传播，并从植物的伤口处侵入。此病原菌是一种弱性寄生菌，更易侵袭生长势弱的核桃树或枝条，尤其在春旱或冻害严重的年份，病害发生率会更高。

防治核桃枝枯病的方法如下。

（1）改善栽培管理

增加施用有机肥料，以增强树势，提高树木的抗病能力。

（2）实施人工物理防治

在生长季节及时剪除并处理病枝，可以采用深埋或烧毁的方式；在秋季对树干进行涂白处理，以预防冻害。

（3）使用药剂进行防治

对于主干发生的病斑，应刮除并使用石硫合剂或硫酸制溶液进行消毒，并涂抹伤口愈合膏等保护剂；定期喷施靓果安600倍液；在秋末、萌芽期、花期分别用青枯立克500倍液和根基宝500倍液灌根，重点是毛细根区域，灌水量应根据土壤湿度、树龄及病情严重程度来决定。

2. 核桃细菌性黑斑病

核桃细菌性黑斑病是一种在核桃生产中常见的细菌性病害，普遍存在于各个核桃种植区。特别是在西藏的雅鲁藏布江流域和"三江"流域的主要核桃产区，如巴宜区、米林、波密等地，由于降水量多、湿度大，病害发生更为严重。这种病害主要影响核桃果实，病果率可在10%～40%，导致果实表面出现黑色斑点、腐烂和提前脱落，桃仁也会变得干瘪。此外，它还会对叶片和嫩梢造成危害，通常受害率在70%～100%。

核桃细菌性黑斑病的病原菌主要寄生在核桃和核桃楸等植物上。病害在绿色幼果上的症状表现为初期的褐色小斑点，随后扩大为圆形或不规则形，边缘不明显，周围有水浸状晕圈。严重时，病斑会凹陷并深入果皮内部，导致整个果实变黑腐烂，果仁也会提前脱落。叶片上的病斑较小，呈黑褐色，近圆形或多边形，边缘有半透明的油浸状晕圈。严重时，病斑会合并，导致叶片皱缩和枯焦。

病菌在病果、病叶和芽鳞等组织中越冬。第二年，借助雨水、昆虫等传播途径，病菌会侵入叶和果实，通过气孔、皮孔等自然孔口或伤口引起初次感染。一旦发病，病菌还可以多次再次感染。春夏季多雨时，病害早期发生且严重，核桃在展叶和开花期更容易感病。新疆的核桃比其他地区的核桃更容易发病，遭受害虫侵害的植株或地区发病也更严重。

防治核桃细菌性黑斑病的方法包括以下几种。

①清除病原体。在冬季清除病残果、落叶和病虫枝，并将它们从果园中移除，进行烧毁或深埋处理，以减少病原体的数量。

②加强栽培管理。确保施用充足的基肥，适量控制氮肥，增加磷钾肥的施用，以增强树势和提高树体的抗病能力。同时，加强病虫害的防治工作，减少伤口和传播媒介，以降低病害的发生率。

③选择抗病品种。由于不同品种间抗病性存在显著差异，在新建果园时应选择当地优良品种或优质、高产、抗病的品种。此外，使用核桃楸作砧木可以提高耐病性。

④药剂防治。在发芽前，可以使用 $3 \sim 5$ 波美度的石硫合剂，或用 70% 甲基硫菌灵可湿性粉剂 1 500 倍液，或用 50% 甲基硫菌灵可湿性粉剂 $500 \sim 800$ 倍液进行喷洒，喷洒 $1 \sim 3$ 次以防病害发生。

3．核桃褐斑病

核桃褐斑病在西藏的核桃种植区普遍存在，特别是在雅鲁藏布江流域的两岸地区，这种病害的发生较为频繁且严重。

该病害主要对核桃植物造成危害，影响叶片、嫩梢和果实。最初，病斑呈近圆形或规则形状，中心区域呈现灰褐色，边缘颜色从暗黄绿色到紫褐色不等。这些病斑可能会合并，形成较大的焦枯死亡区域，周围常常伴有黄色至金黄色环带。受感染的叶片易于提前脱落。嫩梢发病时，会出现长椭圆形或不规则形状的稍凹陷黑褐色病斑，边缘颜色较淡，病斑中央可能会有纵向裂纹。病害发展后期，病部表面会散布黑色小粒点，这些是病原菌的分生孢子盘和分生孢子。果实上的病斑较小，凹陷，扩展后可能导致果实变黑并腐烂。

病原菌通过分生孢子在受害叶片和枝梢上越冬。随着春季的到来，适宜的温度和湿度条件下，这些病残组织和分生孢子能够再次产生新的孢子，通过风雨等途径传播。核桃果实在一周壳形成之前容易受到病菌的侵染，特别是在晚春到初夏的多雨季节，病害的发生更为严重。

防治核桃褐斑病的方法包括以下 3 种。

①改善栽培管理。提升核桃树的综合管理水平，增强树势，提高树木的抗病能力。这包括改良土壤、合理施肥和改善树木的通风透光条件。

②实施人工物理防治。在春雨来临前，彻底清理核桃园，及时去除病枝和病叶，并进行深埋或烧毁处理。

③使用药剂防治。可以采用 1∶2∶200 的波尔多液，或用 70% 甲基硫菌灵可湿性粉剂 $800 \sim 1\ 000$ 倍液，或用 50% 退菌特 800 倍液进行防治，这些药剂具有良好的防治效果。

4．核桃腐烂病

核桃腐烂病，也被称为烂皮病或黑水病，在我国的新疆、甘肃等地对核桃产量造成了严重损失，而在山西、河南等地则相对较轻。在西藏雅鲁藏布江中下游的巴宜区、米林市、朗县、加查县、贡嘎县等地，该病害也有发生。该病害主要影响核桃枝干的皮层，导致枝条死亡或整株树木死亡，一般发病率在 50% 左右，严重时可达 90% 以上。

核桃腐烂病的主要宿主是核桃和核桃楸等植物。病斑最初在幼树的主干和侧枝上表现为暗灰色，近似梭形，微微隆起，按压病斑会有带泡沫状的液体流出，树皮颜色变为褐色，伴有酒糟味。随着病情的进展，病部树皮组织会失水而下陷，形成许多小黑点，这些是病原菌的分生孢子器。在潮湿的空气中，这些小黑点会溢出橘黄色的胶质丝状物，即病原菌的分生孢子角。病斑会沿着树干纵横发展，一旦围绕树干一周，就能导致枝枯或全株死亡。

病原菌通过菌丝或分生孢子器在病组织内越冬，次年条件适宜时释放孢子，通过雨水、昆虫等途径传播，利用芽痕、皮孔、修剪口、嫁接口、日灼伤、冻伤等途径侵入树木。整个生长季节都可能发生感染，但春秋两季最为常见。土壤贫瘠、排水不良、地下水位过高的地方发病率最高，冻伤、日灼伤和干旱失水也容易诱发病害。

防治核桃腐烂病的方法包括以下4种。

①清除病原。在冬季进行修剪，去除病枝和病芽，并将剪下的枝条移出果园烧毁或深埋，以减少病原体。

②加强栽培管理。确保施用充足的基肥，适量控制氮肥，增加磷钾肥的施用，以增强树势和提高果树的抗病能力。

③选择抗病品种。在新建果园时，应选择当地优良品种或具有优质、高产、抗病性的品种。

④药剂防治。彻底刮除病斑后，可以使用菌清或甲硫萘乙酸涂抹，或使用10%多菌灵可湿性粉剂50～100倍液，或用45%石硫合剂晶体50～100倍液进行涂抹。在冬夏季对树干进行刷涂白剂，早春或晚秋包扎树干，以防冻伤或日灼伤，也有助于减少核桃腐烂病的发生。

（二）主要虫害识别及防治

1. 核桃举肢蛾

核桃举肢蛾，广泛分布于北京、河北、山西、陕西、河南、四川、贵州等地，以及西藏自治区的部分核桃产区。这种蛾子的幼虫会蛀食核桃果实，导致果皮发黑、凹陷，核桃仁发育不良，出现干缩和变黑，因此被称为"核桃黑"。幼虫还可能侵入硬壳内部蛀食，导致核桃仁干枯。此外，它们也可能蛀食果柄间的维管束，引起果实早期脱落，严重影响核桃的产量。

核桃举肢蛾的寄主包括核桃和柿子等植物。成虫是一种小型蛾子，体长在4～7 mm，呈黑褐色，具有金属光泽。翅基部1/3处有一个白色小斑，端部1/3处有一个半月形白色斑纹，边缘毛为黑褐色。后足腿节端部和胫节中、端部有黑色毛束，静止时后足常向侧后上方举起，因此得名"举肢蛾"。幼虫初孵时体长1.5 mm，乳白色，头部黄褐色；老龄幼虫体长在8～13 mm，头部棕褐色，体色淡黄白色，背部有紫红色斑点，腹足趾钩单序环状，臀足趾钩单序横带。蛹长5～6 mm，宽2.5 mm，体色由黄白色变为黄褐色，复眼红色；蛹外被椭圆形白色茧，茧外常黏附细土粒及碎草。

核桃举肢蛾在西藏一年发生一代。越冬幼虫在树冠下1～3 cm深的土内、石块下或树干基部皱裂缝内结茧越冬。第二年5月上旬，越冬幼虫羽化为成虫出土，5月中旬至6月下旬为羽化盛期。幼虫在5月中旬开始蛀果危害，5月下旬至7月中旬为蛀果盛期，大量蛀果期在8月中旬，8月下旬至9月初为大量脱果入土越冬。成虫具有趋光性，白天隐藏在核桃下部叶片背面及地面草丛中，19：00前后在树冠下部叶背活动和交配、产卵。卵多散产在两果相接处，其次是果萼凹，只有少数卵产在梗凹附近或叶柄上。每果平均产卵1～4粒，后期数量增多，每果可产7～8粒。每只雌虫平均产卵30～40粒，卵期4～5 d。幼虫孵化后在果面爬行1～3 h后蛀入果实，入果孔最初透明，后变为琥珀色。果实外表无明显被害状，随后青果皮皱缩变黑腐烂，幼虫在果内纵横食害，形成蛀道，充满虫粪，被害处黑烂。果皮皱缩变黑，提前脱落，但幼虫不转果为害。

核桃举肢蛾的发生与土壤湿度密切相关，干旱年份的5月和6月发生较轻，多雨潮湿的年份发生严重。

防治核桃举肢蛾的方法包括人工防治、生物防治和药剂防治。

①人工防治。摘除树上变黑的被害果和树下的落果，深埋或烧毁，以减少下一代虫口密度。

②生物防治。在成虫羽化产卵后幼虫孵化蛀果前，树冠喷洒20%除虫脲胶悬液5 000倍液，每隔7 d喷1次，连喷2～3次，干扰幼虫蜕皮正常发育，防治效果可达95%以上。在举肢蛾羽化产卵初期、盛期和末期后4～5 d幼虫蛀果前，喷洒苏云金杆菌、杀螟杆菌、青虫菌和7216菌等，每毫升含2亿～4亿孢子，防治效果为79%～86%。还可以在举肢蛾蛀果前喷洒白僵菌液，每毫升含孢子2亿～4亿，在空气相对湿度80%以上，防治效果达80%。在举肢蛾成虫产卵期，每667 m^{2}释放松毛虫赤眼蜂30万头可控制危害，通常根据核桃举肢蛾发生产卵情况，释放赤眼蜂2～3次。

③药剂防治。在成虫产卵和幼虫初孵期，树冠果实上喷洒药剂。可选择2.5%溴氰菊酯乳油3 000倍液，20%氰戊菊酯3 000倍液。

2. 核桃木橑尺蠖

核桃木橑尺蠖在中国境内分布广泛，但目前在西藏地区仅在曲水县发现。这是一种具有暴食性的大型杂食性害虫，除了核桃、木橑、苹果和栗子外，还危害豆类、玉米等100多种植物。特别是对林木和核桃的危害最为严重，而且在食尽木本植物后，还会侵入农田，对棉花、豆类等农作物造成损害。

核桃木橑尺蠖的主要寄主是核桃等植物。成虫体长18～22 mm，翅展45～72 mm；复眼深褐色，雌蛾触角丝状，雄蛾触角羽状；翅白色，散布灰色或棕褐色斑纹，外横线呈一串断续的棕褐色或灰色圆斑，前翅基部有一深褐色大圆斑；雌蛾体末有黄色绒毛；足灰白色，胫节和跗节具有浅灰色的斑纹。卵长0.9 mm，扁圆形，绿色；卵块上覆有一层黄棕色绒毛，孵化前变为黑色。幼虫体长70～78 mm，通常幼虫的体色与寄主的颜色相近似，体绿色、茶褐色、灰色不一，并散生有灰白色斑点；头顶具黑纹，呈倒"V"形凹陷，头顶及前胸背板两侧有褐色突起，全表多灰色斑点。蛹长24～32 mm，棕褐或棕黑色，有刻点，臀棘分叉；雌蛹较大，翠绿色至黑褐色，体表光滑，布满小刻点。

关于核桃木橑尺蠖在西藏的生物学特性，目前了解尚不充分。在内地的研究中，发现该虫以蛹在根际松土中越冬。幼虫活动活泼，孵化后迅速分散，爬行速度快；稍受惊动即吐丝下垂，可随风力的帮助转移危害。初孵幼虫通常在叶尖取食叶肉，留下叶脉，将叶食成网状。2龄幼虫开始在叶缘危害，静止时常在叶尖端或叶缘用臀足攀住叶的边缘，身体向外直立伸出，如小枯枝，不易被发现。3龄以后的幼虫行动迟缓。幼虫共6龄，幼虫期约40 d。每次脱皮前1～2 d即停止取食，脱皮后有食皮现象。老熟幼虫坠地化蛹。通常选择梯田壁内、石堰缝里、乱石堆中以及树干周围和荒坡杂草等松软、阴暗潮湿的地方化蛹，入土深度一般在3 cm左右。在冬季少雨，春季干旱的年份，蛹自然死亡率高。成虫羽化的适宜温度为24.5～25 ℃。成虫具有趋光性，白天静伏在树干、树叶等处，易被发现，尤其在早晨，翅受潮后不易飞翔，容易捕捉。在晚间活动，羽化后即行交尾，交尾后1～2 d内产卵。卵多产于寄主植物的皮缝里或石块上，块产，排列不规则，并覆盖一层厚厚的棕黄色绒毛。成虫寿命4～12 d。

防治核桃木橑尺蠖的方法包括以下3种。

①人工防治。在晚秋或春季，根据虫害的发生情况，在蛹较集中的园内，挖掘树盘，捡拾虫蛹，以减少虫害。

②物理防治。利用成虫的趋光性，设置黑光灯诱杀，或者在早上人工捕捉。

③药剂防治。在3龄前幼虫食量小，抗药力差，喷洒1.2%烟碱·苦参碱乳油800倍液，效果较好。

3. 春尺蠖

春尺蠖，属于鳞翅目尺蛾科，广泛分布于中国各地，特别是在西藏自治区的雅鲁藏布江流域，从山南市乃东区到日喀则市桑珠孜区沿江两岸都有其分布。这种害虫主要以幼虫阶段对树木的幼芽、幼叶和花蕾造成损害，严重时甚至可以将树叶全部吃光。春尺蠖的幼虫生长迅速，食量大，容易导致灾害。轻微的危害会影响树木的生长，而严重时则可能导致树势衰弱，进而引起蛀干害虫的泛滥，导致林木大面积死亡。

春尺蠖的寄主包括沙枣、杨树、柳树、榆树、槐树、苹果树、梨树、核桃树、沙柳等多种林木和果树。

春尺蠖的主要形态特征如下。

老熟幼虫体长在22～40 mm，呈灰褐色。腹部第二节两侧各有1个瘤状突起，腹线白色，气门线淡黄色。

雄成虫翅展在28～37 mm，体色灰褐色，触角羽状，前翅淡灰褐色至黑褐色，有3条褐色波状横纹，中间1条常不明显。雌成虫无翅，体长在7～19 mm，触角丝状，体色灰褐色，腹部背面各节有数目不等的成排黑刺，刺尖端圆钝，臀板上有突起和黑刺列。由于寄主不同，体色有较大差异，从淡黄至灰黑色不等。

春尺蠖在西藏地区的生物学特性是一年发生一代，以蛹在树冠下土壤内越夏越冬，第二年3月中旬羽化，成虫寿命为14～21 d。成虫在4月上旬开始产卵，卵期为15～24 d。4月中旬卵孵化为幼虫，幼虫取食危害杨树、柳树、榆树、槐树、苹果树、核桃树、沙柳等植物的叶片，幼虫期约为32 d。6月中旬后，老熟幼虫开始入土化蛹进行越夏越冬，蛹期长达9个月。

为了有效防治春尺蠖，采取了以下两种主要方法。

①物理防治措施。蛹期处理：鉴于春尺蠖在树冠下越夏越冬的习性，可在其发生严重的林分内，于早春或晚秋时节人工翻土，破坏其越冬场所（蛹室），以降低虫口密度。此外，可在幼虫发育后期，在受害较重的树冠下铺设塑料薄膜，覆盖10 cm厚的潮湿泥土，以此引诱老熟幼虫入土化蛹。一旦所有幼虫入土，便可将塑料薄膜连同泥土一同收集，集中处理消灭蛹。

成虫期控制：成虫期可以利用雄虫的趋光性进行灯光诱杀。在成虫羽化前（3月上中旬），于林间设置太阳能杀虫灯或频振式杀虫灯，以诱杀雄成虫，减少雌虫的有效卵，从而降低当代的虫口密度。同时，可利用春尺蠖雌虫无翅爬行上树产卵的特点，在成虫羽化盛期前，于树干1 m左右的高度缠绕一圈宽度约15 cm的塑料环或胶带，形成倒喇叭形，阻止雌虫和幼虫上树。每天早晨及时在树干周围捕杀成虫。另外，可在树干0.5 m处绑草绳2～3周，引诱雌成虫潜伏产卵，然后解下草绳进行焚烧处理或喷药杀灭虫卵和初孵幼虫。

②药剂防治。幼虫期喷药：春尺蠖的幼虫阶段是药剂防治的关键时期，通常在幼虫的2龄至3龄期进行喷药。常用的药剂包括25%灭幼脲Ⅲ号胶悬剂1 000～2 000倍液、1.2%烟碱·苦参碱乳油1 000～2 000倍液、1.8%阿维菌素乳油或可湿性粉剂、春尺蠖核型多角体病毒、3%高渗苯氧威乳油1 500～2 500倍液。在春尺蠖爆发时，可使用2.5%溴氰菊酯乳油2 500～5 000倍液、20%氯氰菊酯乳油2 500～5 000倍液或4.5%高效顺反氯氰菊酯乳油1 500～2 500倍液等菊酯类化学药剂进行应急喷雾防治。

病毒制剂与细菌复配：还可以将春尺蠖病毒制剂与苏云金杆菌（Bt）、灭幼脲及低剂量的氰戊菊酯等农药复配使用，以提高化学药剂的速效性和病毒制剂的持续效果。通过这些综合防治措施，可以有效控制春尺蠖的危害，保护林木的健康生长。

4. 核桃缀叶螟

核桃缀叶螟，又称缀叶丛螟，属鳞翅目螟蛾科，是一种在中国广泛分布的害虫，尤其在西藏自治区的林芝等地有较多分布。它的幼虫通常会吐丝结网，将树叶缀合成巢，以此取食。当发生严重时，核桃树叶可能会被吃光，导致树势削弱，甚至影响产量。

核桃缀叶螟的寄主主要是核桃树。成虫雌蛾体长17～19 mm，翅展35～39 mm；雄蛾体长14～16 mm，翅展34～37 mm。成虫体色红褐色，触角丝状，复眼绿褐色。前翅外横线中部向外弯曲，翅基深褐色，内横线锯齿状深褐色，中室有一丛深黑褐色鳞片，后翅灰褐色，外缘色深。

核桃缀叶螟一年发生一代，部分地区可能一年发生两代。它们以老熟幼虫在根际周围土壤中结茧过冬，越冬成虫在5月下旬开始羽化，6月下旬至7月上旬为羽化盛期。幼虫为害期从6月中旬持续到10月。成虫具有趋光性，通常栖息在树冠外围，卵产于树冠外围向阳处叶片主脉两侧，呈鱼鳞状排列。初孵幼虫会群集在卵壳周围爬行，行动活泼，吐丝结成网幕，取食叶片表皮和叶肉呈网状。3～5 d 后，幼虫会吐丝拉网，将小枝叶缀连成一大巢，取食其中，蜕皮及虫粪也堆积在巢内。随着虫龄增长，食量增加，幼虫会由一巢分为几巢，咬断叶柄、嫩枝，食完叶片、叶脉后，又重新缀巢为害，迁移到其他枝叶上。老熟幼虫 1 头结 1 网幕，将叶片卷成筒状，白天静伏叶筒内，夜间取食转移。触动丝巢，幼虫会快速爬行。待整株叶片食光后，幼虫又会转株危害，仅留下丝网。幼虫耐饥力强，7～10 d 不食也不会饿死。9 月中旬以后，老熟幼虫迁移到地面，在树根际周围杂草、灌木丛、落叶下、松软表土层结茧过冬，入土深度 5～10 cm。

防治核桃缀叶螟的方法包括以下 2 种。

①人工防治。在秋季和春季（土壤封冻前或解冻后），组织人力在受害重的树根颈附近挖虫茧，集中杀死。7—8 月是幼虫在树冠外围卷叶的集中危害期，组织人力捕杀幼虫。

②药剂防治。在 7 月中下旬幼虫孵化期，树冠喷药防治，可选用以下药剂：50% 杀螟松乳剂 1 000～1 500 倍液，50% 辛硫磷乳油 1 000～2 000 倍液，25% 灭幼脲胶悬剂 2 000 倍液，苏云金杆菌（孢子 50 亿 /mL）可湿粉 500 倍液。

5. 金龟子

在西藏地区，有三种金龟子常见于核桃树上，它们分别是铜绿丽金龟、斑丽金龟和苹毛丽金龟。这三种金龟子都是核桃树的主要食叶性害虫，其中铜绿丽金龟分布最广，对核桃树的危害也最严重。

铜绿丽金龟的成虫体长 15～18 mm，宽 8～10 mm，背面呈铜绿色，有光泽，边缘黄褐色。头部较大，深铜绿色，复眼黑色，触角黄褐色。前胸背板两侧缘呈弧形弯曲，鞘翅铜银色，各有 3 条不甚明显隆起。胸部腹板黄褐色有细毛。足腿节黄褐色，胫节、跗节深褐色，前足胫节外侧具 2 齿，对面生 1 棘刺，跗节 5 节，端部生 2 个不等大的爪。腹部米黄色。

斑丽金龟的成虫长椭圆形，体长 10～12 mm，宽 4～5 mm，茶褐色，全身密生茶褐色鳞毛。唇基半圆形，前缘上卷。复眼较大。前胸背板侧缘呈弧状外交，后侧角钝角形，小盾片三角形。鞘翅有 4 条纵线，并夹杂有灰白色毛斑。腹面栗褐色，具鳞毛，前足胫节外缘 3 齿，内缘具 1 个内缘距，后足胫节外缘有 1 个齿突。

苹毛丽金龟的成虫体长约 10 mm，体扁卵圆形，胸腹部生有黄白色细茸毛，雄虫茸毛特别多。头胸背面紫铜色，鞘翅茶褐色，半透明有光泽，由鞘翅可透视后翅折叠的"V"形纹，鞘翅肩部有突起，内侧略凹陷，鞘翅上有纵列成行的细小刻点。腹部两侧生有明显黄白色毛丛，后足胫节宽大，有长短距各一根。

这些金龟子的生物学特性包括：

铜绿丽金龟一年发生 1 代，以老熟幼虫在土中过冬。翌年 5 月开始化蛹，6 月中下旬至 7 月上旬为成虫出现高峰期。成虫高峰期开始见卵，幼虫 8 月出现，11 月进入越冬期。

斑丽金龟一年发生 2 代，以幼虫在土壤里过冬。第二年 4 月下旬至 5 月上旬幼虫老熟开始化蛹，5 月中下旬羽化出成虫，6 月为越冬代成虫盛发期，并陆续产卵于土壤里。7 月份为第一代成虫盛发期，8 月中旬产卵，8 月下旬幼虫孵化，10 月下旬幼虫开始过冬。

苹毛丽金龟一年发生1代，以成虫在土壤内过冬。第二年果树萌芽期开始出土，特别是降雨后大量出土，气温达10 ℃以上时，4月下旬至5月中旬为出土盛期。

防治方法包括以下4种。

①人工捕杀。金龟子成虫多有假死性，尤其是在气温低于18 ℃时，可以振树使成虫落地，然后人工捕杀。

②灯光诱杀。在核桃集中连片的区域，可以在成虫发生期挂黑光灯、自动灭虫灯等诱杀。

③毒饵诱杀。利用糖醋液诱杀金龟子，这种方法成本低，省工省时，且不污染环境，不留残留。

④药剂防治。在成虫活动为害期的下午，树冠喷药可以选择50%辛硫磷乳油2 000倍液、90%敌百虫1 000倍液或2.5%溴氰菊酯2 000倍液。

6. 核桃长足象

核桃长足象，又称核桃果象或山核桃黑象，属鞘翅目象虫科，是核桃树生产中的一种毁灭性害虫，在中国核桃产区普遍存在。成虫以幼芽和嫩叶为食，而幼虫则蛀食果皮和种仁，给核桃树带来严重危害。

核桃长足象的成虫体长9～12 mm，雌虫略大于雄虫，身体黑色，带有光泽。成虫体表覆盖着非常稀薄、分叉成2～5股的白色鳞片。喙长而粗，密布刻点，雌虫喙长4.6～4.8 mm，触角位于喙的中部；雄虫喙长3.4～4.0 mm，触角位于喙的前端1/3处。前胸背板宽大于长，近圆锥形，密布较大的小瘤突，小盾片近方形，鞘翅基部宽于前胸，显著向前突出，盖住前胸基部，鞘翅上各有10条刻点沟，散布方刻点，行间前端1/3和行间第4、第7节的基部较宽而隆，基部散布较明显的颗粒。足腿节膨大具1齿，齿的端部又分出2小齿，胫节外缘顶端有一锯状齿，内缘有2根直刺。

核桃长足象一年发生一代，以成虫越冬。4月初气温达到10 ℃，核桃树开始萌芽时，长足象开始个别出蛰上树，啃食幼芽和嫩叶补充营养，中午温度高时上树成虫多，遇到低温降临即下树栖隐树盘表土缝隙草丛中。5月中旬出蛰成虫大增，气温达到16 ℃时开始交尾产卵，5月中旬至6月上旬为产卵盛期，成虫多次交尾，每天产卵2～4粒，一头雌虫一生产卵112～118粒。初孵化幼虫在原处蛀食果皮3～4 d，再蛀入果核内取食种仁，不断从蛀孔向外推出黑褐色虫粪，种仁逐渐变黑腐烂，引起落果，从产卵到落果一般经历20 d左右，自6月初至7月底为虫害果脱落期，6月中下旬为落果盛期。6月下旬核桃硬核后，幼虫只能在中果皮（青皮）蛀食，果皮变黑下陷，种仁瘦薄，受害重的失去食用价值。

幼虫在受害果内老熟后化蛹，经6～10 d成虫羽化，羽化盛期在7月初至下旬。成虫羽化后蛀食核桃青皮，多在向阳面蛀食，一果可遭多头成虫蛀食，有的果面有数十个蛀孔，致使果仁空洞。进入8月后成虫转向取食芽苞，在芽侧蛀1洞，使失去发芽能力，对次年核桃产量影响很大。成虫还啃食嫩梢、叶柄表皮，引起枯梢落叶。成虫有一定趋光性。核桃采收后长足象长期停栖在核桃枝条芽苞处，11月下旬气温降到3℃时，成虫陆续下树，藏于土壤缝隙、石块缝、草丛、落叶秸秆堆等处越冬，以向阳温暖湿润处为多。

防治方法包括人工防治、生物防治和药剂防治。

①人工防治。在6月初至7月上旬核桃长足象为害落果期，坚持每天至每3 d检拾虫害落果，集中深埋，有很好的防治效果。据试验，3年坚持对10株核桃树拾落果，虫果率第一年由61.9%降至48.3%，第二年虫果率降到17.9%，第三年虫果率降到4.7%，核桃产量由21 kg上升至103 kg。9—11月捕捉树上成虫1～2次，减少过冬成虫数量，减轻第二年为害，据测算消灭1头成虫可挽回1 kg核桃。

②生物防治。5—7月，树冠喷洒白僵菌（每毫升含5亿孢子）液，对长足象的防治效果好的可达90%以上。

③药剂防治。5月上中旬，在长足象大量上树产卵前，在树盘土壤表面喷洒2.5%溴氰菊酯3 000倍液、48%毒死蜱300倍。

7. 云斑天牛

云斑天牛是我国核桃产区普遍存在的一种害虫，尤其在西藏自治区的加查县有较多分布。这种害虫成虫会啃食新枝嫩皮，幼虫则蛀食枝干皮部和木质部，对林木果树的生长造成影响，严重时会导致枯枝死树。

云斑天牛的寄主包括枇杷、无花果、乌桕、柑橘、紫薇、羊蹄甲、泡桐、苦楝、青杠、红椿、苹果、梨、白蜡、榆、核桃和板栗等。成虫体长34～61 mm，宽9～15 mm，体色黑褐色或灰褐色，密被灰褐色和灰白色绒毛。触角长，各节下方生有稀疏细刺，前胸背板有1对白色肾形斑，侧刺突大而尖锐，小盾片近半圆形。每个鞘翅上有白色或浅黄色绒毛组成的云状白色斑纹，2～3纵行末端白斑长形。鞘翅基部有大小不等颗粒。

云斑天牛的生物学特性是2年1代，前后经历跨3年，以幼虫和成虫在树干蛀道内和蛹室里过冬。过冬成虫在第三年4月下旬开始咬一圆形羽化孔外出，5月下旬至6月上旬成虫大量出穴，8月下旬为出穴末期，晴天气温高时羽化出穴成虫多。成虫喜栖息在枝叶繁茂的核桃树上，多在上午啃食嫩枝皮层和叶片补充营养，成虫不善飞翔，有假死性。幼虫蛀食韧皮部及木质部，第一年幼虫在虫道内过冬，第二年8月老熟幼虫在虫道顶端作椭圆形蛹室化蛹，9月下旬成虫羽化，留在蛹室过冬；第三年4月下旬至6月出穴上树取食，幼虫蛀食核桃树皮层，蛀食心材虫道长26 cm，虫道多呈"U"形和"S"形，横断面为椭圆形，长径2～3 cm，短径1.5～2.2 cm。严重影响核桃枝干水分养分的输导，引起枯枝死树。

防治方法包括人工防治、生物防治和药剂防治。

①人工防治。利用成虫的假死性，上午人工振落捕杀补充营养成虫；17：00—19：00，在核桃树干基部搜捕交尾产卵成虫。人工砸卵，用刀刺卵，用铁丝钩杀幼虫和蛹，长期坚持，防治效果显著，防治方法简便实用。

②生物防治。已发现捕食性天敌有绿啄木鸟、斑啄木鸟及扁阎甲捕食幼虫,卵期有3种跳小蜂,年平均寄生率9.5%,幼虫期还有寄生蝇,注意防护。防治初龄幼虫可用川硬皮肿腿蜂,蜂∶虫=(2~4)∶1,放蜂时间以6月底到7月下旬较好。

③药剂防治。用铁丝钩出虫粪木屑,往蛀孔内注射杀虫剂,用80%敌敌畏乳剂100~300倍液、50%辛硫磷200倍液等;或用棉球或卫生纸蘸80%敌敌畏液或2.5%溴氰菊酯20倍药液等,塞入蛀孔道内;或将磷化铝片1/4~1/2片塞入蛀孔,随即用泥土封闭洞口;成虫活动期,喷洒绿色威雷微胶剂和噻虫啉微胶剂;在成虫羽化及交尾交卵期,于树干胸径处绑阻杀药带(四川农业大学研发),可杀死从树干基部出孔上行补充营养的成虫和从树冠下行交尾产卵的成虫,药带药效长达1个月以上。

【实训1】核桃整形修剪技术

一、实训目的
掌握修剪方案的制定。
掌握具体的修剪操作方法解决树体矛盾。
掌握核桃树疏散分层形、开心形的修剪方法。

二、材料用具
材料。管理较好的幼年及初果期、盛果期、衰老期的核桃树。
用具。钢卷尺、皮尺、修枝剪、手锯、记录工具等。

三、实训内容
1. 修剪方案的制定

基本情况调查。对核桃园内核桃树的树龄、栽植密度、栽植方式、生产条件、立地条件、栽培技术和砧木等情况进行全面了解。

树形调查。树冠的生长情况,包括树干的高度和粗度,树冠的高度和直径,树冠的体积,以及林地的密度等;树冠的结构,如主枝的数量,第一层主枝的粗度,是否有中心干,以及主枝在中心干上的排列情况,不同层次之间的间距,主枝的角度,枝组的配置,以及枝条的类型等;树木的产量情况,如前几年的产量,当年的花芽形成情况或当年的产量预测,当年的产量分布,果实的数量和质量等;枝条的数量和类型,如单位空间内的平均枝量,枝条的类型,果枝的类型以及花芽的数量;树冠的光照分布,如树冠的层次,枝条的密度,叶幕的厚度,有效叶幕层的厚度,以及叶片的结构和功能等;树木的生长势,如生长势是强、中还是弱,以及树木的生长势是否平衡;分析树木结构和树形培养在不同阶段的矛盾。

修剪反应调查。过往修剪技术的特点,以及不同修剪技术单独和共同运用的效果;不同树种对修剪的反应及其适用的修剪策略;确定适宜的树形和具体的整形技术;选择适当的修剪时期;决定修剪的方法和程度;设定合适的花或果实留置量;针对部分结构不良的树体,制定改造方案;明确各类枝条和枝组的具体修剪措施。

2. 整形修剪

在修剪工作中，指导老师依据预先制定的修剪计划，对不同品种的树木进行示范性的修剪演示和解释说明。随后，学生将被分组进行实践练习。在初始阶段，每组 5～6 人，以便于讨论并统一意见。指导老师会随后总结和分析，提出具体的修剪建议，之后学生将亲自进行修剪。随着学生对修剪技术的逐渐熟练，分组人数将逐渐减少，最终每位学生独立负责修剪一株树。

修剪的步骤可以遵循以下顺序：首先，识别核桃树品种，评估树势和花量。在开始修剪之前，必须清楚树木的品种，并根据该品种的特性和修剪反应来确定合适的修剪原则。接着，评估树势，根据树木的具体情况来决定修剪的程度和采用的修剪方法，以达到平衡树势的目的。其次，观察花量的多少和分布，基于品种的坐果率和树木的负载能力来设定留花标准，并调整花芽和叶芽的比例。再次，调整和修剪骨干枝。从主要枝干开始，根据所需的树形结构，评估骨干枝的数量、分布、大小、分枝角度、体积和从属关系是否恰当，然后根据树形的要求进行调整和修剪。

清理有害枝条，处理辅养枝。对于那些密度过大、直立、徒长、交叉、重叠、竞争、细弱、病虫害、枯死的枝条，通常应该疏除，以改善光照条件并减少营养消耗。

检查辅养枝的位置、体积、生长势和延伸方向，根据它们对树体结构的影响进行适当的修剪。

培养和修剪结果枝组。根据树木的年龄、树势、枝组生长情况、空间位置和花量等因素，合理地培养和修剪枝组，确保它们的合理分布、体积和生长势。最后，进行复查和补充修剪。在整个修剪工作完成后，要细致地检查一遍，对处理不当或遗漏的地方进行修整，以提升修剪的整体质量。

四、实训结果考核

考查学生实训态度，不迟到、不早退，态度端正，认真、仔细，吃苦耐劳，遵守纪律（20 分）。

考查学生对掌握常见核桃休眠期修剪基本知识的掌握情况，说明核桃的修剪特点、并能陈述不同枝修剪方法与区别，通过修剪，观察下垂枝、徒长枝等的修剪反应（20 分）。

考查学生技能掌握情况，能够正确进行核桃冬剪，程序准确，技术规范，操作熟练（40 分）。

结果考核，按时完成核桃冬季修剪报告，内容完整，结论正确（20 分）。

复习思考题

1. 分析西藏各地区核桃生产中存在的主要问题及解决策略。
2. 根据西藏本地自然条件应选用哪些优良品种？用什么砧木更合适？
3. 简述核桃在西藏本地栽培技术方面有何特点。

项目二 西藏设施草莓生产技术

✿ 知识目标

了解西藏草莓资源分布及种类；

熟悉草莓生物学特性；

掌握草莓苗木繁育技术；

了解草莓设施栽培方式，掌握草莓休眠破除技术；

掌握草莓设施栽培管理技术要点。

✿ 能力目标

能够识别草莓设施栽培常见品种。

能结合当地气候及土壤条件，选种适宜品种，并能掌握优质、丰产、高效的生产技术。

能培育壮苗，进行有效的栽培管理。

✿ 学习任务

完成草莓认知，了解草莓生产要求、繁育方法及生产任务与操作技术要点，全面掌握草莓土、肥水管理技能、花果管理技能与病虫害防治技能。

引导学生通过学习草莓栽培管理技术，培养学生的责任意识和服务意识、创新创业意识，关注果树的健康和果实的安全，满足消费者的需求和期待。

草莓是一种营养丰富、经济价值高的小浆果，果实柔软多汁，具芳香味，酸甜可口，果实除含糖、酸、蛋白质外，还含有丰富的磷、铁、钙等矿物质和维生素及抗癌物质。据分析鲜果含水量 90% 左右，糖 6%～12%，有机酸 0.6%～1.6%，蛋白质 0.41%，粗纤维 1.4%，每 100 g 鲜果中维生素 C 含量为 35～120 mg。

草莓植株矮小，露地栽培一般在 5—6 月成熟上市，供应期短，通过半促成、促成、超促成和抑制栽培等方式，可使成熟期由 10 月一直延续到第二年 6 月，基本能实现周年供应。这一特殊优势使草莓成为近 20 年来我国果树业中发展最快的一项新兴产业，是我国许多地区农村经济中典型的"短、平、快"致富项目，并涌现出了许多有名的草莓县（市）、草莓乡（镇）、草莓村及草莓种植大户，在一些地区草莓已成为当地农村经济的支柱产业。

任务一　西藏草莓资源分布、种类及品种

一、西藏草莓资源分布

西藏地处我国西南边陲，北与新疆维吾尔自治区和青海省毗邻，东与四川省相望，东南与云南省相连，平均海拔 4 000 m 以上，被称为"世界屋脊"。气候特征总体上西北严寒，东南湿润，由东南向西北带状更替，此外还有多种多样的区域气候及明显的垂直气候带。西藏复杂的气候和土壤条件，使其野生草莓分布非常广泛。在海拔 2 000～4 700 m 的峡谷山坡、林缘或林间空地、灌木丛、人工林下、山脚、公路边、空旷地及水渠边多有分布，集中分布地为林芝、波密、墨脱、察隅、隆子、错那、聂拉木、比如、芒康等区县。

二、西藏草莓种类

据《中国果树志》（2005）记载，我国自然分布的草莓种类有 11 个，其中西藏境内有 6 个，分别为：五叶草莓（*F.pentaphylla*）、黄毛草莓（*F.nilgerrensis*）、裂萼草莓（*F.daltoniana*）、西南草莓（*F.moupinensis*）、纤细草莓（*F.gracilis*）和西藏草莓（*F.nubicola*）。

（一）五叶草莓

植株较矮小，高 5～15 cm。羽状五小叶，下部的两片叶要远比上面的三出叶小，中心小叶具短柄，两边小叶无柄。叶片质地厚，椭圆形、长椭圆形、倒卵圆形。叶柄、匍匐茎及花序梗上均被直立茸毛。匍匐茎上除第一节外，每节均形成匍匐茎苗。花序高于叶面，花朵数少，常 2～3 朵。花两性，雄蕊 20 枚，不等长。萼片卵圆披针形，副萼片披针形，与萼片等长。果卵圆形或椭圆形，红色或白色。种子凹陷。宿萼明显反折。花期 4—5 月，果期 5—6 月。

（二）黄毛草莓

植株健壮。株高 10～25 cm，匍匐茎、叶柄和花序梗上均被长而直立的棕黄色茸毛，因此称为"黄毛草莓"。叶片深绿色，羽状三小叶，小叶近无柄或仅中心小叶具短柄，叶厚，间隆起。小叶倒卵圆形至圆形，前端平楔形，小至中等大小，锯齿小。叶正面被短茸毛，背面淡绿色，被棕黄色绢状茸毛，沿叶脉茸毛长而密。花序小，常 3～4 朵花，花瓣离生。雄蕊花丝较短，雌蕊很多，花托大而平。果半圆球形，较小，着生于直立的花梗上，白色略黄或略带浅粉红色，无味或味淡，种子很小而数量多，着生密集，凹于果面。萼片卵状披针形，比副萼片宽或近相等，副萼片披针形，全缘或 2 裂。萼片大，宿萼紧贴于果实。花期 5—7 月，果期 6—8 月。

（三）裂萼草莓

植株细弱矮小，高 4～6 cm。匍匐茎很纤细，茸毛稀疏贴生或几乎无毛。羽状三小叶，具小叶柄，锯齿数少。小叶长圆形或卵圆形，正面深绿色，近无毛，背面淡绿色，脉上被贴生茸毛。叶柄上茸毛贴生。花单生，花梗被贴生茸毛。萼片卵形，副萼片长圆形，顶端 2～3 浅裂，因此称"裂萼草莓"。副萼片与萼片近等长，均贴生稀疏茸毛。果相对稍大，约 2.5 cm 长，1.3 cm 宽，呈长卵圆形或纺锤形，鲜红色，果肉海绵质，几乎无味。

（四）西南草莓

植株纤细，高 4～26 cm。叶片几乎无毛。羽状三小叶，小叶无柄或具短柄。小叶椭圆或倒卵圆形，顶端圆钝，边缘具尖锯齿。叶正面绿色，贴生疏茸毛，背面淡绿色，叶脉上被贴生茸毛，脉间较稀。叶柄上密被紧贴茸毛，稀直立。匍匐茎极纤细，被紧贴茸毛。花序梗被贴生茸毛。花序上花朵少，常 1～4 朵。萼片卵状披针形，顶端渐尖，副萼片披针形，顶端渐尖。果实卵圆形。宿萼紧贴于果实。花果期 5—8 月。

（五）纤细草莓

植株纤细，高 5～20 cm。叶为羽状三小叶或羽状五小叶，小叶无柄或中心小叶具短柄。小叶椭圆形、长椭圆形或倒卵椭圆形。叶正面绿色，被疏茸毛，背面淡绿色，被贴生茸毛，边沿较密而长。叶柄、匍匐茎及花序梗均被紧贴茸毛。匍匐茎除第一节外，每节均形成匍匐茎苗花序上花朵数少，常 1～3 朵。花两性，雄蕊 20 枚，不等长。萼片卵状披针形，副萼片线状披针形。果圆球形或椭圆形，宿萼极为反折。花期 4—7 月，果期 6—8 月。

（六）西藏草莓

植株纤细，高 4～26 cm。叶片几乎无毛。羽状三小叶，小叶无柄或具短柄。小叶椭圆形或倒卵圆形，顶端圆钝，边缘具尖锯齿。叶正面绿色，贴生疏茸毛，背面淡绿色，叶脉上被贴生茸毛，脉间较稀。叶柄上密被紧贴茸毛，稀直立。匍匐茎极纤细，被紧贴茸毛。花序梗被贴生茸毛。花序上花朵少，常 1～4 朵。萼片卵状披针形，顶端渐尖，副萼片披针形，顶端渐尖。果实卵圆形。宿萼紧贴于果实。花果期 5—8 月。

三、西藏草莓主要品种

西藏种植草莓的历史较短。20 世纪 90 年代，西藏开始发展保护地果蔬栽培。经过多年的发展，草莓已成为西藏果树生产中发展速度最快的树种之一，也是农民增加收入的重要来源。在西藏，设施草莓的种植区域主要集中在交通便利、水源充足，有一定市场需求量的城市近郊；种植的品种以引入品种为主，多为易花芽分化、休眠期短、适宜保护地栽培的品种，如"宝交早生""丰香""章姬""红颜""妙香""甜查理"等优良品种。

（一）宝交早生

来源：日本品种，20 世纪 80 年代引入我国。

特性：植株长势旺并且开张，分枝力中等，叶片椭圆形，呈匙状，托叶淡绿色，捎带红粉，花序略低于叶片。果实圆锥形至楔形，果面鲜红艳丽，有光泽，果肉白色，质细软，风味香甜。果实多汁，果汁红色。一级序果平均单果重 17 g 左右，最大单果重 24 g。可溶性固形物 8%～10%。种子红色和黄绿色，平嵌在果面萼片平贴或翻卷，果肉橙红色，髓心较空，皮薄不耐贮运。抗灰霉病较差，不耐热。

休眠期短，适宜露地和各种设施栽培。

（二）丰香

来源：日本品种，1985 年引入我国。

特性：植株生长健壮，株态开张，叶片肥大，椭圆形，浓绿色，叶柄上有钟形耳叶，不抗白粉病。花序较直立，繁殖力中等。果实圆锥形，果面有棱沟，鲜红艳丽，口味香甜，香味浓，肉质细软致密，可溶性固形物含量为 9%～11%，硬度和耐贮运性中等。一级序果平均果重 32 g，最大单果重 65 g，每 667 m² 产量为 1 500～2 000 kg。

休眠浅，适宜温室和早春大小拱棚栽植。

（三）章姬

来源：日本品种，1996 年引入我国。

特性：植株长势强，株型开张，繁殖中等，中抗炭疽病和白粉病，丰产性好。品种成花率、坐果率高。果实长圆锥形，个大畸形少，可溶性固形含量 9%～14%，味浓甜、芳香，果色艳丽美观，柔软多汁，一级序果平均 40 g，最大时重 130 g，每 667 m² 产量 2 000 kg 左右。果实偏软，耐贮运性较差。适合在城市市郊游客下地自摘发展。

休眠浅、结果早熟，产量高，适宜大棚促成栽培。

（四）鬼怒甘

来源：日本品种，1996 年引入我国。

特性：植株长势旺健，株态直立，繁殖力强，耐高温，抗病能力中等。叶片长椭圆形，花蕾量中等，花柄粗长。果实圆锥形，橙红色，种子凹陷于果面，果肉淡红，口感香甜有芳香味，可溶性固形物 9%～10%，硬度中等。一级序果平均重约 28 g，最大单果重约 70 g，每 667 m² 产量 2 000 kg。耐贮运性较强，抗寒性和耐高温能力强。

休眠浅，特别适宜大棚促早熟栽培。

（五）枥乙女

来源：日本品种，1998 年引入我国。

特性：植株长势旺盛，叶浓绿，叶片大而肥厚，繁殖力中等，较抗白粉病。花量大小中等。果实圆锥形，鲜红色，肉质淡红，空心少，味香甜，可溶性固形物 9%～11%，果个较均匀，硬度好，耐贮运性强。一级序果 30～40 g，每 667 m² 产量约 2 000 kg。

休眠期短，适和保护地栽培。

（六）红珍珠

来源：日本品种，1999 年引入我国。

特性：植株生长旺盛，株态开张，叶片肥大直立，匍匐茎抽生能力强，耐高温，抗病性中等，花序梗较粗，低于叶面。果实呈圆锥形，鲜红亮丽，一二级序果平均果重 19.8 g，最大单果重 39.0 g。种子略凹入果面，味香甜，可溶性固形物含量为 8%～9%，果肉淡黄色，汁浓，较软，是鲜果上市上乘品种，每 667 m² 产量约为 2 000 kg。

休眠浅，适宜温室反季节栽培但要注意预防白粉病。

（七）红颜

来源：日本品种，2001 年引入我国。

特性：植株生长势强，株态较直立，株体较高，叶片大，深绿色。花茎粗壮直立，花茎数和花量都较少。花穗大，花轴长而粗壮。果实长圆锥形，果面和果肉均呈鲜红色，着色一致，外形美观，富有光泽。果形大，最大单果重 81 g，平均果重 25.3 g。香味浓，酸甜适口，可溶性固形物含量为 11.8%，果实硬度适中，耐贮运。耐低温能力强，冬季低温条件下连续结果性好，但耐热耐湿能力较弱，较抗白粉病。

休眠浅、适宜大棚促成栽培。

（八）香野

来源：日本品种，2010 年引入我国。

特性：主茎又高又大，较直立，长势强旺，叶子椭圆形，翠绿色，花柄较长。成花容易，花量大，持续结果能力强。低温结实率高，畸形果少，果实圆锥形，体积大，结实，耐储运，厚度 5～6 cm，单果重 30.50 g，可溶性固形物含量高，果面平坦，果实呈淡红色、橙红色，有蜡质感。果实湿润，甜而柔软，含糖量和酸度高，甜而芳香，浓郁的草莓味可以长时间停留在唇齿之间，有着"草莓之王"的美誉。抗霜霉病和炭疽病。

休眠浅，是一个非常早熟的品种，在没有特殊处理的情况下，如低温和黑暗处理，果实在 11 月成熟，可以采摘。

（九）甜查理

来源：美国品种。

特性：该品种植株健壮，株高、冠径相近，皆为 20 cm 左右。花较大而雌蕊高，花梗粗壮，每株有花序 6～8 个，每序有花 9～11 朵。自开花至果实成熟约需 40 d。果实圆锥形，成熟后色泽鲜红，光泽好，美观艳丽。果面平整，种子稍凹入果面，果肉橙红色，髓心较小而稍空，可溶性固形物含量高达 12% 以上，甜脆爽口，香气浓郁，适口性极佳。

果实硬度大，耐心运性好，浆果较大，第一级序果平均果重 50 g，最大果重高达 83 g。

休眠极浅，适于促成栽培。一般 10 月下旬扣棚，采果期从 12 月中旬一直延续到翌年 5 月中旬，平均单株全期产量 481.5 g，每 667 m^2 产量高达 3 500 kg 以上，每 667 m^2 定植 8 000～10 000 株。

（十）明星

来源：美国系列品种。有"全明星""新明星""超明星"等，品种间差异不大、农艺性状一致。

特性：植株开张，分枝力较弱，叶片红褐色，花序低于叶面，第一级花序果平均单果重 23 g 最大单果重 42 g，果实近长圆锥形，尖端稍扁，果面光滑，鲜红色，有光泽，果皮韧性好，果肉较硬，较耐贮运，肉质细，甜酸有香味，果汁红色，速冻加工性好，为一季品种，抗病抗逆性强，丰产，一般亩产 1 500～2 000 kg。

（十一）达赛莱克特

来源：法国品种。

特性：植株生长势强，株态较直立，叶片多而厚，深绿色。果实长圆锥形，果形整齐，大且均匀，一级序果平均果重 30 g，最大单果重 90 g，果面深红色，有光泽，果肉全红，质地坚硬，耐远距离运输。果实风味浓，酸甜适度，可溶性固形物含量 9%～12%。每百克果肉维生素 C 含量为 60 mg。成熟后口感良好，香味浓郁，风味极佳。果个大，丰产性好，一般株产量 250 g 以上，每 667 m^2 产量 2 000～3 000 kg。

休眠期比全明星短，较丰香长，适于露地和半促成栽培。保护地栽培产量可达 3 500 kg，露地栽培产量在 2 500 kg 左右。抗病性和抗寒性较强。从综合性状来看，这是一个很有发展前途的品种。每 667 m^2 定植 10 000～11 000 株，但应注重防治螨类危害。对红蜘蛛抗性差，较抗其他病虫害。

（十二）戈雷拉

来源：荷兰品种，我国引进代号为 B4。

特性：植株生长直立、紧凑，分枝力中等。叶片椭圆形，浓绿，质硬。托叶淡绿色稍带粉红，花序平于叶面，第一级花序果平均重 24 g，最大单果重 47 g，果实圆锥形，尖端稍扁，面有棱沟，红色有光泽，果尖不易着色。种子黄绿色，凸出果面。萼片大，平贴或反卷，果红色，较硬，髓心较空，果汁红色。植株抗寒抗病，为一季品种，丰产，一般每 667 m^2 产 2 000 kg。

（十三）京藏香

来源：2013 年审定，北京市农林科学院林业果树研究所育成。

特点：植株生长势较强，株态半开张，株高平均为 12.2 cm；叶椭圆形，叶柄长平均为 6.7 cm；花序分歧，两性花。果实圆锥形或楔形，红色，有光泽，一二级序果平均果重

31.9 g，可溶性固形物含量 9.4%，果实硬度 1.7 kg/cm²，酸甜适中，香味浓，连续结果能力强，丰产性较强。品种选育过程中栽培观察，较抗灰霉病，中抗白粉病。浅休眠草莓品种，适宜日光温室促成栽培。

（十四）宁玉

来源：2010 年审定，江苏省农业科学院选育。

特点：由幸香和章姬杂交选育而成，属早熟草莓品种，适宜草莓设施栽培区域种植。该品种植株生长势强，半直立。抗炭疽病、白粉病，栽培中应注意防治灰霉病。

任务二　草莓生物学特性

草莓是多年生常绿草本植物，植株矮小，呈丛状生长，株高一般 20～30 cm，短缩的茎上着生叶片，并抽生花序和匍匐茎，下部生根。草莓的器官有根、短缩茎、匍匐茎、叶、花、果实、种子（图 4-5）。

一、生长特性

（一）根系

草莓的根系由初生根、侧根和根毛组成。初生根发自短缩茎基部，直径为 1～1.5 mm，每株 20～30 条，多时达 100 条以上。从初生根上又分生许多侧根，侧根上密生根毛。新发出的初生根呈乳白色，随着年龄的增长逐渐老化变为浅黄色以至暗褐色，最后近黑色而死亡。然后上部新茎又产生新的初生根，代替死亡的根继续生长。随着茎的生长，新根的发生部位逐渐上移。如果茎暴露于地面，则不利于新根的发生，但若能及时培土保湿，可促进新根萌发和生长。

草莓根系的根系为须根系，在土壤中分布浅，大部分根集中分布于 0～20 cm 的土层内，根系分布深度与品种、栽植密度、土壤质地、耕作层深浅、温度和湿度等有关。

草莓根系生长动态与地上部生长动态大致相反。秋季是生长最旺盛时期，冬季休眠期停止生长或减缓，早春又开始旺盛生长，在叶和果实需水量较高的春至夏季生长缓慢；在果实膨大时期部分根枯死。一年中，草莓根系比地上部开始生长约早 10 d 左右，早春白色越冬根先进行加长生长，之后随着花期的到来，新的初生根则从短缩茎上开始发生。由于根的形成层极不发达，次生生长不明显，因此根的加粗生长较少，达到一定粗度后就不再加粗。根系的生长状况，可以通过地上部生长的形态来判断。早春萌动至花期，叶片只能展开 3～4 片，叶片较小，叶柄短，晴朗的早晨叶缘无吐水（溢泌）现象，说明这样的植株白色新根少或无。凡地上部生长良好，早晨叶缘具有水珠的植株，说明白色吸收根或浅黄色根较多，根系生活力强，活动旺盛。

(二)茎

草莓的茎根据形态和功能可分为新茎、根状茎和匍匐茎3类(图4-6)。

新茎是草莓当年萌发或一年生的短缩茎。新茎短缩、节间密集。新茎加粗生长较旺盛,加长生长却很少,每年加长生长仅0.5~2.0 cm。新茎上密集轮生具长叶柄的叶片,叶腋着生腋芽。新茎顶芽和腋芽都可分化成花芽。腋芽当年可萌发,有的萌发成为匍匐茎,有的萌发成为新茎分枝。新茎分枝一般在开花结果时有少量发生,大量发生期是在采收之后。新茎分枝发生的数量与品种、株龄和栽培条件有关。一般可形成新茎分枝3~9个,株龄大的植株最多可达20个以上。新茎下部发生不定根。第二年新茎就成为根状茎。

根状茎是草莓多年生的短缩茎。当第二年新茎上的叶片全部枯死脱落后,就成为外形似根的根状茎。根状茎是一种具有节和年轮的地下茎,是营养物质的贮藏器官。根状茎上也发生不定根。2年以上的根状茎,由下向上、由里向外逐渐衰老死亡,先变成褐色,后变成黑色,其上根系也随着死亡。因此,根状茎越老,地上部生长也越差。草莓新茎上未萌发的腋芽,便成为根状茎上的隐芽,当地上部分受到损伤时,可萌发生长出新茎。

匍匐茎是草莓匍匐延伸的一种特殊的地上茎,又称走茎,是草莓主要的繁殖器官。茎细、柔软,节间长,由新茎的腋芽萌发形成。栽培种大果凤梨草莓抽生的葡萄茎都是在偶数节位着生匍匐茎幼苗,偶数节位的生长点抽生短缩新茎,在新茎第三片叶显露前开始发生不定根,扎入土中,形成第一代子株(匍匐茎苗)。第一代子株又可抽生第二代匍匐茎,产生第二代子株,第二代子株又可抽生第三代匍匐茎,产生第三代子株。依此类推,可形成多代匍匐茎和多代子株。奇数节位不产生子株,腋芽保持休眠或产生匍匐茎分枝。匍匐茎的发生始期,一般在果实膨大期。大量发生期在果实采收之后。早熟品种发生早,晚熟品种发生晚。发生时期的早晚还与日照条件、母株经过低温时间的长短及栽培形式有关。促成栽培一般在果实采收后开始发生,露地栽培一般在果实开始成熟时开始发生。匍匐茎的发生能力与品种、长势、日照与温度、低温量等有关。不同品种发生匍匐茎的能力不同。同一品种,健壮苗比弱苗匍匐茎发生多,结果少的苗比结果多的发生多。匍匐茎在长日照下容易发生,但还与温度有关;当温度过低时,即使是长日照匍匐茎也不会发生。光照强有利于匍匐茎发生,但高温下强光,会抑制匍匐茎发生。匍匐茎发生量与母株受到5℃以下低温积累时间有关,只有在满足对低温量的要求之后,才会有大量匍匐茎发生。若低温量不足则匍匐茎发生少或不发生。如果把低温量要求较高的寒地品种引入暖地栽培,往往因低温不足而影响匍匐茎的发生;而将暖地品种引入寒地栽培,由于受长时间低温处理,则会增加匍匐茎的发生数量。

图 4-5　草莓植株的组成

1. 根；2. 缩根茎；3. 匍匐茎子苗；4. 果；5. 叶

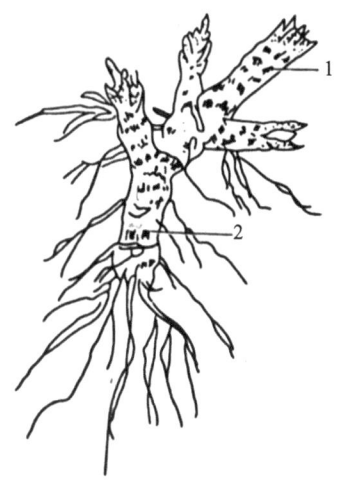

图 4-6　草莓的茎

1. 新茎；2. 根状茎

（三）叶

草莓的叶发生于新茎上，生长初期主要依靠根及根状茎内的贮藏养分进行生长，叶片呈螺旋状排列于新茎上。叶为基生三出复叶，具长叶柄，叶柄的基部有 2 片托叶，合成托叶鞘包于新茎上。叶序为 2/5，第一片叶和第六片叶在伸展方向上重合。叶柄的中部有 1～2 枚很小的耳叶或无，叶柄的先端通常着生 3 片小叶，也有的种着生 4～5 片小叶。叶柄上生有茸毛。叶片大小、厚薄、颜色深浅、叶柄长度等因品种、物候期和立地条件而明显不同，一般小叶长 7～14 cm、宽 5～7 cm，叶柄长 10～25 cm，长者达 25 cm 以上。小叶叶柄短或无。小叶一般呈圆形、椭圆形、长椭圆形、倒卵形等，因品种而异。小叶边缘呈锯齿状，通常 12～28 个齿。齿的先端有很小的水孔，当土壤湿润且根系生长良好时，早晨可见到叶缘排出小水珠。

一年中由于外界环境条件和植物本身营养状况的变化，在不同时期发生的叶，其寿命长短也不一样。新叶展开的大小和叶柄的长度，因季节而异。春季坐果至采果前展开的叶，其大小、形态较典型，具有品种代表性；夏至秋季展开的叶，叶身、叶柄长，叶面积大；冬季展开的叶，叶身、叶柄较短。草莓叶片的寿命一般为 80～130 d。新叶形成第 30 d 后叶面积最大，叶最厚，叶绿素含量最高，同化能力最强。在同一植株上第四片至第六片新叶同化能力最强。秋季长出的叶片，适当保护越冬，寿命可延长到 200～250 d，直到春季发出新叶后才逐渐枯死。越冬绿叶的数量对草莓产量有明显的影响，保护绿叶越冬，是提高翌年产量的重要措施之一。叶片随着新茎的生长陆续发生，也相继衰老死亡。衰老叶片同化能力降低，并有抑制花芽分化的作用。

二、开花及结果特性

(一) 花芽分化

草莓花芽和叶芽起源于同一分生组织,当外界的温度、光照等环境条件适宜花芽分化时,分生组织向花芽方向转化而形成花芽。花芽分化的过程大致可分 3 个时期,即分化初期、花序分化期和花器分化期。分化初期前,未分化生长点的叶原始体基部平坦,顶部为锥形突起。进入花芽分化初期,生长点由锥形变成圆锥形,肥厚而隆起。这一时期约需 1 周,是分化较快的时期。在花序分化期中,顶花序不断分化发育,与此同时第二花序原始体形成,这一阶段需 11～12 d。花器分化期的形态表现为,花器官的形成是向心式的,从外侧开始,逐渐向内形成花的各部分。位于花外侧的萼片原始体首先出现。在萼片形成过程中,其内侧出现花瓣原始体。花瓣与萼片同色,最初并不是白色。在花瓣原始体内又出现雄蕊原始体,此时,萼片变大,包着花的其他部分,并且在光滑的花托边缘产生较多小突起花粉四分体。以后四分体的细胞彼此逐渐分离,成为 4 个单核花粉粒,并继续发育成 2 核花粉粒;胚囊在雌蕊的胚珠内形成。在胚珠发育的同时,珠心组织中形成胚囊母细胞。胚囊母细胞经减数分裂形成四分体,其中 3 个细胞消失,只有 1 个膨大发育成胚囊。花粉的四分体形成期,约在花蕾 4 mm 时期。胚囊的四分体形成期,大体与花粉相同或稍晚。四分体形成期尤其是减数分裂期,是一个活跃的生理过程,对外界低温、高温等环境条件十分敏感。因此,这一时期是生产上重要的管理阶段。在一个花序中,花芽的分化是有规则的,一级序花分化后,从其苞片内侧分化二级序花,再从二级序花的苞片内侧分化三级序花,余下依此类推。分化几级序花因条件而异,一般可分化到四级序花。顶芽和腋芽先后进行花芽分化,分别分化发育成顶花序和腋花序。在花芽分化期,草莓的腋芽停止抽生匍匐茎,大部分形成花芽,少部分抽生新茎分枝。靠近新茎基部的腋芽和靠近顶芽的腋芽都可形成花芽。

(二) 花与花序

草莓绝大多数品种的花为两性花,也有雌性花、雌能花和雄性花等。目前生产上的品种的花为完全花,也可以自花结实。雌性花品种或雌能花品种,虽无雄蕊或雄蕊发育不全,但雌蕊发育正常,只要配置授粉品种,就可获得正常的产量。

草莓的花,由花柄、花托、萼片、副萼片、花瓣、雄蕊群和雌蕊群组成。一朵完全花中,一般萼片 5 片,副萼片 5 片,花瓣 5 片,雄蕊 20～35 枚,雌蕊 200～400 枚。一级花瓣数可达 6～8 片。雄蕊的花丝长短不一。花丝上有花药,其内含有花粉。花粉粒呈长椭圆形,大小约为 25 μm×16 μm,且外壁上有 3 条萌发沟。花药纵裂,花粉从中散出。雌蕊着生在凸起的肉质花托上,离生,呈螺旋状排列。雌蕊有柱头、花柱和子房。花柱很短,长在子房侧面,当子房膨大时会倾斜到一侧。从花托基部与雄蕊基部之间的狭窄轮状处可分泌花蜜,吸引昆虫访花而完成授粉。

草莓的花序为有限聚伞花序，通常为二歧聚伞花序和多歧聚伞花序。品种间花序分歧变化较大，形式比较复杂。花序有顶花序和腋花序。从新茎的顶端长出的花序称顶花序；而从下面叶片的叶腋长出的花序称腋花序。花序数、每花序花数、坐果率和单果重等均是决定果实产量的重要因素。草莓抽生花序的数量，主要因品种和环境条件及栽培方式而异。暖地花芽分化时期长，腋花序多；而寒地花芽分化时期短，腋花序少。单株花序约2～8个，每个花序着生3～30朵花，一般10～20朵。

草莓的花是虫媒花，既进行自花授粉，又进行异花授粉。开花期低于0℃或高于40℃时，会严重阻碍授粉受精过程，致使产生畸形果。花期遇雨、风沙大、遭虫害等情况下，都会引起畸形果产生。花期遇0℃以下低温或霜害时，可使柱头变黑，丧失受精能力。开花期和结果期最低忍耐温度为5℃。草莓的雌蕊在开花后7～8 d内，均有受精能力。但实际上开花4 d后，花药中已无花粉，花瓣已脱落，昆虫不再访花。花药中的花粉粒，一般在开花前成熟，具有发芽力。在开花前，花药不开裂。开花1～2 d后，便可见到白色花瓣上所散落的黄色花粉粒。据观察，花药开裂时间，9：00—17：00，以上午为主，11：00—12：00达高峰。花药在低于12℃条件下一般不开裂。湿度的最高界限为相对湿度94%，雨天则妨碍花药开裂。塑料大棚等保护地栽培，若相对湿度太高，花药不能开裂，花粉粒易吸水膨胀破裂，致使不能授粉受精，畸形果增加。花粉粒发芽最适温度为25～27℃。花粉管到达子房后，由珠孔进入胚囊，进行双受精。受精后形成种子，促进坐果，使果实正常生长发育。授粉受精可促使子房内形成植物激素，促使种子周围的花托膨大。授粉受精完全，则花托发育成正常果实；授粉受精不完全，发育成畸形果实；没有授粉受精，则花托不膨大。

（三）果实

草莓的果实是由花托膨大发育而成。果实的形状、颜色、大小等因品种而异，也受栽培条件的影响。果实的形状，大致有圆锥形、长圆锥形、短圆锥形、有颈圆锥形、圆形、扁圆形、扇形、长楔形和宽楔形等。果面的颜色多为红色、橙红色和暗红色。果肉的颜色为红色、橙红色和近白色。果实大小以一级序果最大，一般为15～50 g，最大可达120 g以上。花序上级次高的花结的果小，采收费工。一般四级序果就失去了商品价值，而成为无效果。草莓果实的生长曲线是典型的"S"形，其体积的增大，决定于细胞数目、细胞体积和细胞间隙的增大。受精后子房迅速发育形成瘦果，其周围的花托逐渐膨大而成为果实。果实的细胞分裂，除髓部外，在开花时就已经结束。也就是说，果实细胞数目在开花前就已大体决定。开花后果实的肥大，主要决定于细胞的增大。髓部的细胞间隙随着果实的膨大而增大，因此大果往往出现髓部中空的现象。

草莓果实（花托）的重量与种子（瘦果）数目成正比，种子数目越多，果实越大。果实的膨大必需依靠种子的存在。种子的存在位置，影响果实的形状。在局部去除种子，则果实无种子的部位不膨大，而有种子的部位膨大，便形成畸形果。花托中不含生长素，而种子中含有，主要是吲哚乙酸。由此可见，种子的存在，是果实膨大的重要内因，种子的多少决定了果实的大小。种子数既与授粉受精是否充分有关，也与开花前花托上分化的雌蕊数有关。雌蕊数多，种子数才可能多。因此，应加强花芽分化和开花前期的管理，保证花芽分化良好，争取获得果个大、品质优的草莓。

伴随着果实的膨大，果实逐渐成熟，其显著变化是果实的着色。先是褪绿变白；接着渐渐变红，并具有光泽；进一步果肉着色，达到完熟；种子最初绿色，当果实着色时变成黄色或红色。果肉随着成熟变软，放出特有的芳香，酸甜适度，味美可口。草莓果实是否成熟，其判断可依据着色和软化的程度。实际栽培中，因为果实在运输过程中成熟度继续增加，所以实际栽培中应考虑销售前的流通时间，在果实未完全成熟时采收。

草莓从开花到果实成熟，一般需 30 d 左右。受温度影响很大，温度高需要天数少，温度低则需要天数多。露地条件下，北方果实成熟期一般为 5 月中旬至 6 月上中旬。由于草莓花期长，果实采收期也长，露地栽培长达 20～30 d，保护地栽培长达 6 个月。

（四）种子

草莓种子实际上是受精后的子房膨大形成的瘦果，俗称"种子"。种子附着在果实表面，由维管束与髓部相连。成熟种子呈红色或黄色，粒小，果皮（种皮）坚硬不开裂，内有 1 枚种子。不同品种的种子嵌入果面的深度不一，有平于果面、凸出果面和凹入果面 3 种。种子是草莓有性繁殖器官，在生产上基本不用种子繁育苗，但在杂交育种上需用种子进行繁殖。

三、物候期

（一）开始生长期

春季土壤温度稳定在 1～2 ℃时，草莓根系首先开始活动，比地上部开始生长早 10 d 左右。根系开始生长是以上年秋季长出的未老化的根继续延长生长为主，以后随土温不断上升才逐渐有新根发生。春季温度达到 5 ℃时，草莓植株即开始萌芽生长。首先为顶生混合芽抽生新茎，发出 3～4 片叶，接着露出花序。随着气温的上升，新叶陆续产生，越冬叶逐渐枯死。

（二）开花和结果期

一般在新茎展出 3 片叶、而第四片叶未伸出时，花序就在第四片叶的托叶鞘内微露，随后花序逐渐伸出，整个花序显露。当平均气温达 10 ℃以上时，即开始开花。一朵花可开放 3～4 d，在这期间进行授粉受精。草莓的花期很长，整个花序的花期 20～30 d。草莓中常常出现同一植株上低级序（第一、第二级序）果实已成熟而高级序（第四、第五级序）花或腋花芽正在开花或尚未开放的现象。因此草莓的开花期与结果期很难截然分开，在此物候期也开始少量抽生匍匐茎。

（三）旺盛生长期

浆果采收结束后，在长日照和高温条件下，首先腋芽开始大量发出匍匐茎。随后腋芽发出新茎，新茎基部又相继长出新的根系。匍匐茎和新茎的大量产生，发根后成为新的幼株，为分株繁殖及花芽分化奠定了基础。

（四）花芽分化期

一般草莓经过旺盛生长期之后，在较低的温度（气温 17 ℃以下）和短日照（12 h 以下）的条件下开始花芽分化。对于形成花芽，低温比短日照更为重要。温度在 9 ℃时，花芽分化和日照长短关系不大。短日照条件下 17～24 ℃的温度也能进行分化花芽，30 ℃以上，花芽停止分化。但温度过低，降到 15 ℃以下，花芽分化则停止，在夏季高温和长日照的条件下，只有四季草莓才能分化花芽，而一般草莓多在 9 月或更晚开始花芽分化，北方早，南方晚。不同成熟期品种花芽分化早晚不同，如"威斯塔尔"品种比"绿色"品种开始分化早一星期，停止分化早 10 d 左右。同一品种秧苗由于氮肥过多，营养生长势强，表现徒长或秧苗叶数过多和叶数不足，这些都会使花芽分化延迟，因此，花芽分化期要严格控制氮肥的使用，必要时进行断根处理，因为断根能引起植株体内氮素水平的降低，有利于抑制生长而促进花芽分化。草莓苗叶片数量的多少，对花芽分化时期和花芽质量有重要影响。具 5～6 片叶苗的花芽分化时期大致相同；4 片叶苗的分化时期推迟约 7 d，后期分化速度慢，第二花序分化时间短；3 片叶苗较 5～6 片叶苗分化期推迟约 20 余天，到花序分化期甚至会因气温下降而休眠。草莓植株叶片数增加时，花芽分化的小花成花数均有明显增加，3 片叶苗花芽分化晚且速度慢；4～5 片叶以上的苗，花芽分化速度快，花数明显增多。植物激素对花芽分化有重要的影响。赤霉素有抑制作用，喷布浓度超过 0.05 mg/L 时，花芽分化完全受抑制，但对花芽发育有促进作用，在大棚促成栽培时，苗定植成活后（花芽分化已完成），用浓度为 0.01 mg/L 的赤霉素喷布有促进花芽发育、防止休眠的作用。在苗生长期适时喷布脱落酸（ABA）、矮壮素（CCC）、多效唑（PP333）等生长抑制剂，均能促进花芽形成。

（五）休眠期

草莓植株进入休眠，是耐寒越冬的适应现象。晚秋初冬以后，日照变短，气温下降，新叶叶柄短，叶面积小，叶片着生角度开张，植株矮化，不再发生匍匐茎，草莓即处于休眠状态。在适宜环境或保护下，草莓休眠期叶片不脱落，能保持绿叶越冬。在北方产区，冬季若不注意覆盖保护，叶片就会枯死。草莓植株在休眠期中，其体内仍然进行着微弱的生理活动，休眠期只是相对其生长期而言。如果把进入休眠的草莓植株移到温室保温，则新叶会慢慢展开，且因花芽已经分化，也能开花结果。但新叶的叶柄、叶身均短，叶面积小，受光面积小，花柄短，果实小，产量很低。

与温带落叶果树一样，草莓的休眠根据其生态表现和生理活动特性可分为两个阶段，即自然休眠和被迫休眠。自然休眠是由草莓本身生理特性所决定的，要求一定的低温条件才能顺利通过。此时，即使给予适于植株生长的环境条件，仍将继续处于生长不正常的休眠状态。被迫休眠是草莓在通过自然休眠之后，由于环境条件不适所引起的休眠状态。此时，只要给予适当条件，草莓即可正常生长发育。半促成栽培就是基于这一原理。

草莓休眠开始期，并非是植株休眠状态出现期，休眠实际开始期比这更早。在花芽分化后不久，草莓植株即开始进入休眠，之后渐渐加深。一般在11月中下旬，休眠处于最深状态。品种和气候条件不同，休眠开始期也不同。草莓自然休眠期长短因品种对低温需求量多少而异。

在花芽分化后，为适应环境条件，草莓植株体内会发生一系列的生理变化，随即开始进入休眠。致使休眠的主要因子是短日照、低温等外界条件，植株体内内源激素的平衡发生相应的变化，赤霉素等生长促进物质减少，而脱落酸等生长抑制物质增多。试验结果表明，日照比温度对草莓的休眠影响更大，休眠主要由秋季的短日照引起。在21 ℃、短日照条件下，草莓植株开始休眠，而在15 ℃、长日照条件下却难以进入休眠。引起休眠的日照条件因品种而异，有的品种在12 h以下，有的则在9 h左右。

以提早上市为目的的栽培中，可人为地打破草莓休眠，促进其提早生长发育。这一措施主要应用于半促成栽培。对促成栽培而言，因所选用的品种休眠浅或人为地阻止其进入休眠，所以无需人工打破休眠。草莓休眠所需低温量不足，休眠打破不完全，则植株生长矮小，不发生匍匐茎，影响开花结实，甚至可改变开花的状况，使普通草莓具有四季结果的特性，夏季也能开花结果。反之，若草莓植株休眠期经历的低温期过长，又会引起徒长。因此，应注意品种选择和适时保温。打破草莓休眠的条件是低温和长日照。只要经历充足的低温期间，休眠就可打破，如果再加上长日照，就更有助于打破休眠。在北方自然条件下冬季低温有利于草莓顺利通过自然休眠。打破草莓休眠可采用植株冷藏、电照、喷布赤霉素等措施。

任务三　草莓栽培环境

一、温度

满足需冷量解除休眠后，当温度达到5 ℃时，草莓植株开始萌芽，此时抗寒能力低，遇到-7 ℃的低温时就会受冻害，-10 ℃时则大多数植株死亡。草莓根系在10 ℃时开始活跃形成，而根系最适宜生长的温度在18～20 ℃，温度降到13 ℃，根的生长减弱，甚至基本不生长。土壤温度过高也不利于根系的生长和对养分、水分的吸收。草莓地上部分生长发育的最适宜温度为20～26 ℃，开花期低于0 ℃或高于40 ℃都会影响授粉受精过程，影响种子的发育，致使产生畸形果。开花期和结果期最低温度应在5 ℃，花芽分化适于在低于 17 ℃的低温条件下开始进行，而降到 5 ℃以下花芽分化又会停止，植林经过多次轻霜及低温锻炼之后，抗寒力增强，一般能抗 -8 ℃的低温。温度对草莓果实的生长发育也有明显的影响。温度较低有利于草莓果实膨大，温度过高则果实小，成熟早。

二、水分

草莓根系分布浅，加之植株小而叶片大，蒸发面大，在整个生长期，叶片几乎都在进行着老叶死亡，新叶发生的过程，叶片的更替频繁。采收后抽生大量匍匐茎和新茎。这些特性使草莓对水分的需求有较高的要求，具有"少量多次"的需水特点，既不抗旱也不耐涝。不同物候期对水分的需要量也不同。早春开始生长期和开花期，要求保持土壤田间持水量的 70%；果实生长和成熟期需要水分最多，要求在土壤田间持水量的 80% 以上。此时缺水，果个变小，品种变差；浆果成熟期，适当控水，保持田间持水量的 70% 为宜，可促进果实着色，提高品质；采果和匍匐茎大量形成期，需水较多，只有充足的水分供应，才能形成大量根系发达的匍匐茎苗。花芽分化期适当减少水分，以保持田间持水量的 60%～65% 为宜，以促进花芽的形成。

三、光照

草莓是喜光植物，但又比较耐阴。在强烈阳光下草莓易受干旱与酷热危害，根系受高温伤害生长差，叶片变小，严重时成片死亡，而草莓根系浅、植株矮小，与其他果树不会产生光照、水分、养分的矛盾，故适宜间作种植，提高土地利用率。光周期对草莓植株的生长发育具有重要影响，一般品种的花芽分化需要 10～12 h 的短日照，而匍匐茎是在长日照，温度较高的条件下发生。

日照长度和强度对草莓果实成熟和品质有较大影响。长日照、强光照可促进果实成熟，低温配合强光照可提高果实品质。在温暖地带，夏季炎热高温，果实香味少且味淡；而在高冷地和高纬度地区，由于低温和一定程度的强日照，可获得香味浓郁风味佳的果实。

四、土壤

草莓可以在各种土壤上生长。草莓的根系主要分布在 20 cm 的表层土壤中。草莓适宜栽植在疏松，肥沃，通气良好，保肥、保水能力强的砂壤土中。如果在黏土地上栽种草莓，就需要采用黏掺沙或增施有机肥，小水勤灌，以增强草莓着色，提高含糖量，促进早熟。在缺硼的沙土中栽培草莓，易出现果实畸形，落花落果严重，浆果髓部会出现褐色斑渍，需通过施硼砂来防治缺硼症。草莓适宜 pH 值为 5.8～7.0，pH 值 <4 后和 pH 值 >8 时就会出现生长发育不良。

任务四　草莓繁殖及育苗

一、繁殖方法

草莓生产上主要以匍匐茎分株繁殖，也可用老株分株繁殖。种子繁殖主要用于选育新品种。也可应用茎尖组织培养方法进行脱毒苗繁殖。

（一）匍匐茎分株繁殖

由匍匐茎形成的秧苗与母株分离后称为匍匐茎苗。由此法获得的秧苗没有像新茎苗剪除根状茎后留下的大伤口，不易感染土壤传播的病害，其质量优于新茎苗，是理想的繁殖方法。

生产上大多数在果实采收后，将生产园计划作繁殖的地块，隔行去株，空出位置，然后松土耙平，以利于留下的植株抽生的匍匐茎扎根形成匍匐茎苗。为确保栽植后的产量，保证秧苗质量是关键。在条件许可的情况下，应采取以下措施，以提高匍匐茎苗的质量。

1. 建立母本园

生产园结果后又让其匍匐茎形成匍匐茎苗，必然会影响第二年的产量。在有条件的情况下，应专门建立母本园，为苗圃地提供母株。选用品种纯正、无病虫害的优质秧苗作母株，定植时株行距可稍大，行距 100～200 cm，株距 40～100 cm，以保证母株有充足的营养而健壮生长，促使早生匍匐茎。母本园的管理很重要，应及时松土浇水，人工压茎，使匍匐茎叶丛基部与疏松土壤接触，促使发根。为了节省养分，促使匍匐茎及早发出，春季应将母株发出的花序及时摘去，以获得大的优质秧苗。一般母本园使用年限不超过 3 年，3 年之后应进行轮作，另获地块重建母本园。

2. 营养钵压茎

在繁殖优良品种时，在母株少又要保证秧苗数量与质量时，可在匍匐茎大量发生时期，将口径为 10～20 cm 的花盆埋在母株四周，盆内盛肥沃的培养土，将匍匐茎的叶丛压在盆中，保持适宜的湿度以利生根，此法可提早获得健壮秧苗以做母株，带土移入母本园圃，移栽后不缓苗，当年该秧苗能继续抽生匍匐茎以加速繁殖。

3. 雾室扦插

在温室或塑料棚内安装喷雾设备，以保持一定的空气湿度，使其形成雾室。将每株抽生的匍匐茎形成的叶丛，在未发根的前提下，插入雾室中的沙箱上，发根后移植到口径 10 cm 的花盆中生长一段时间后定植或直接移到地里。

（二）老株分株法（又称分墩法）

生产上在草莓要换地重新栽植时采用，在草莓园果实采收后加强对植株的管理，当老株上新茎基部发生较多新根时，及时将老株挖出，剪除新茎基部未发新根又已衰老的状茎，然后将每一带有新根的新茎分开，成为若干株新茎苗，以供栽植。

（三）茎尖组织培养法

此法为草莓快速繁殖的新方法，可以在短期内繁殖出大量品种纯正的秧苗。由于草莓很容易产生不定根，在无菌条件下将茎尖接种在适宜的培养基上，然后不断转移增殖，待增生出大量新茎后，可离开无菌条件，将新茎直接扦插到盛有洗净的湿珍珠岩的花盆中，用地膜将花盆口覆盖，保持好的湿度，在室温稳定在 10 ℃ 以上时，10 d 后开始生根，15 d 后可生根成苗。此法可用于繁殖新选育出的品种，以及从国外引入的优良品种。

（四）种子繁殖法

生产上不宜用此法，而在选育新品种时采用。采种是用刀片将果皮连同种子一起削下，成片铺在纸上，晾干后即可将种子刮下，收集备用。播前低温层积处理 1～2 个月，能促使发芽整齐一致。

二、常规育苗技术

（一）苗圃地的选择和准备

苗圃的准备工作是育苗的基础，对草莓苗的质量起重要的作用。

苗圃应选在地面平坦，土质疏松，有机质丰富，排灌方便，光照良好的地块上。草莓为喜肥植物，一般每 667 m² 地施圈肥 4～5 m³，过磷酸钙 100 kg 左右，或磷酸二铵 25 kg。结合施基肥，深翻土地，使地面平整，土壤熟化。为便于浇水要打埂作畦，通常为畦宽 1 m，畦长 20 m，畦埂要直，畦面要平。

（二）母株的选择与秧苗的栽植

母株质量的好坏不仅影响秧苗的成活和长势，而且对母株繁殖幼苗的多少起着重要作用。选用母株要求无毒、矮壮、茎粗、根系完整，有较多的新根，多数新根长 5～6 m 以上并且有 4 片以上的叶子。

母本园可以秋栽也可以春栽，秋栽一般可在 8 月下旬至 9 月中旬进行。春栽一般在 3 月中下旬土壤解冻后，临发芽前定植好，不同地区可灵活掌握。有条件的可带土移栽，提高成活率，定植的株行距应根据畦面宽度而定。1 m 宽的畦面，在中间栽一行，株距为 40～50 cm；1.5 m 宽的畦应栽 2 行。栽植深度是成活的关键。理想的栽植深度应为苗心与地面相齐，达到上不埋心，下不露根。栽植时应使植株根系舒展，不要团在一起，以利根部生长发育。栽后浇一次透水，之后视土壤干湿程度决定灌水次数。

（三）苗期管理

1. 土壤水肥管理

定植成活后，适当晾苗。在生育期间进行多次中耕除草，使土壤保持疏松，待发生匍匍茎后可不再中耕，但应及时除去杂草，防止草荒，6月以前土壤容易干旱，应根据情况决定落水时间和次数，雨季到来后，要注意排水防涝。

春季当秧苗开始旺盛生长时，可施一次复合肥，每 667 m² 20～30 kg，可在植株两侧 5～20 cm 处开沟施入。6—7月大量匍匐茎以及匍匐茎苗生根后，可撒一次尿素，每 667 m² 施 5～10 kg 以促秧苗生长。7月下旬以后控制施用氮肥。每次施肥后结合灌水，有条件的地方可采用叶面喷肥，每隔 12 d 左右喷 1 次 0.5% 的尿素或磷酸二氢钾。

2. 去老叶

当新栽秧苗长出新叶后，应及时去掉干枯老叶。在整个生长季，随着新叶和匍匐茎的发生，下面的叶片不断衰老，应及时将老叶除去，以防老叶消耗营养，也利于通风透光。

3. 去花蕾

春季草莓现蕾后应及时去除。去除的时间越早越好，以免消耗养分，有利于早生和多生匍匐茎。去花蕾是育苗的关键措施，不可忽视。

4. 引茎和压茎

匍匐茎伸出后将其在畦面上均匀顺开，以防混交再一起或疏密不均。当匍匐茎长至一定长度，出现幼苗时，人工将匍匐茎摆正，然后在发苗处挖一小坑，用土压在幼苗基部，以利于发根，提高幼苗繁殖系数。压茎是一项经常性的工作，幼苗随时发生应随时压茎，直至 8 月下旬 9 月上旬为止。后期发生的匍匐茎生长期短，生长弱，应加以控制，以便集中养分供应前期幼苗的生长。

5. 赤霉素的应用

在每株生长旺盛期和大量匍匐茎发生期，可喷 50～100 μg/g 赤霉素 1～2 次，以促使母株旺盛生长，早生，多生匍匐茎，提高秧苗的产量和质量。但应注意使用浓度，在短日照件下，赤霉素处理浓度越高，花芽分化越少。

6. 壮苗措施

为了培养健壮、整齐一致的秧苗及促进花芽的分化，常采用断茎、断根和假植的方法。

①断茎：当匍匐茎苗长出 4 片叶子以后，可在其同母株连接的匍匐茎间切断，使其成独立生长的苗。

②断根：在花芽分化以前 10～14 d 可进行断根，抑制地上部营养生长，暂时减少吸收面积，使植物体的氮素下降，促进花芽分化。

③假植：为获得整齐一致的苗子，可于 7 月上中旬按 15 cm×15 cm 株行距假植，至 9 月上旬保护地定植。假植苗发生的匍匐茎应及时去掉。当大部分匍匐茎长到 5～6 片叶时即可达到出圃标准，出圃不能过早也不能过晚。过早苗子生长发育不良，影响产量，过晚影响花芽分化，降低产量。如果需用低温处理的方法打破其休眠，出圃时期可推迟到 9 月上旬，经过一定时期（20～30 d）的低温处理，再定植于保护地，这样处理的苗子由于打破了休眠，生长比较旺盛，注查防止其徒长，以免影响产量。起苗时应尽量避免切断

根系,最好带土起苗,对苗木进行分级整理,除去非合格苗。若需远距离运输,分级整理后 50 株或 100 株捆成一捆,湿包装运输。

三、设施栽培中特殊的育苗技术

常规育苗只能满足 11 月下旬以后上市的促成或半促成栽培用苗,但不能满足 10 月下旬至 11 月下旬超促成的抑制栽培用苗的需要,为此必须用控制环境的育苗装置和措施,以促进花芽的提早分化,或抑制已分化花芽的植株生长,来满足超促成栽培和抑制栽培对秧苗的需要。

(一)低温黑暗处理育苗

1. 幼苗的培育

低温黑暗处理的幼苗一要健壮,二要早期成苗。因此要加强苗期前期管理,尽可能早育苗,增加合格苗数。为提早花芽分化,达到 10 月下旬采收上市的目的,必须确保在 6 月上中旬能获得足够数量,并且 3~4 片叶的健壮秧苗。

当秧苗在 6 月上中旬达到 3~4 片叶子时即可栽植至营养钵内,为了保正成活,在栽后的 1 周内应遮阴,并每天在叶面上喷水,5~7 d 即可生根,秧苗上钵后要及时摘除老叶和匍匐茎以及出现的花蕾,否则会影响叶片的展开和植株的发育,致使低温黑暗处理时花芽发育不良在 7—8 月高温季节要进行遮阴,使钵内温度控制在 30 ℃左右。遮光率一般控制在 50%~60%。遮光不能太强,否则碳氮比降低,影响花芽分化。

2. 低温黑暗处理

在钵内育苗经过 50~60 d,在 8 月上旬至中旬,即可进行低温和黑暗处理。一般在入库的前一天傍晚,将营养钵装入盘中,经过一夜低温预冷,第二天清晨气温尚低时放入冷库。

低温处理温度以 13~15 ℃为宜,12 ℃以下,花芽分化晚,15 ℃以上植株营养消耗大;库内湿度应保持住 90% 以上。为了保证库内温度的稳定,入库前预先将库内温度降至 10 ℃左右;在装钵的盘内先灌水。在处理期间可根据湿度状况决定灌水或喷水。

(二)夜低温短日照处理育苗

育苗的目的、幼苗的培育同低温黑暗处理。

草莓花芽分化要求低温和短日照。但作为花芽分化条件的温度和日志并不是单独起作用的,而是相关作用。不同品种对夜冷量和短日照的反应不同。

(三)长期冷藏育苗

是将前一年分化好花芽的草莓置于低温下贮藏,暂时抑制其生长,以供抑制栽培使用的育苗方法,其目的也是提早(10 月下旬至 11 月上旬)采收、提早市场供应。

1. 幼苗要求

长期冷藏用的苗，首先必须是耐寒性比较强的品种和苗子。为此，苗子要充分地预冷，入库时秧苗的氮素要低，氮素过高，抗寒性降低，植株在冷库中易引起冻害和腐烂，育苗期如氮肥施用过多，到育苗后期一定要控制，同时进行断根，抑制过多氮素的吸收。

长期植株冷藏的秧苗，定植后新叶的生长期和花芽发育初期，其养分主要靠自身贮藏的养分，因此冷藏的苗必须选择发育健壮根系粗壮、茎粗、秧苗的重量在30 g以上的大苗。花芽分化不宜过深，过深在冷藏时易发生冻害，一般要求在花粉和胚珠形成之前，雄蕊和雄蕊形成期比较适宜。

挖苗要认真细致，减少伤根，抖去土并用清水冲洗干净。摘除老叶，枯叶，按大小分级装箱，以木箱为宜，箱内铺报纸，两排幼苗。根朝箱内相对，叶部朝箱的两侧。

2. 冷藏技术

（1）冷藏开始期

一般北方地区可在11月初至12月初，土壤冻结之前，或者在早春2月下旬至3月中旬土壤解冻时进行。早春冷藏、幼苗已经历了低温的锻炼，贮藏期短，能使幼苗少受损伤。

（2）冷藏温度

适宜的冷藏温度是长期植株冷藏的关键。最适宜的冷藏温度是 $-2 \sim 0$ ℃，超过0 ℃，在贮藏中芽就会萌动，从而导致植株产生霉菌而腐败。温度过低会引起冻害，-3 ℃以下根和芽都会受冻，冷藏前期温度为 -2 ℃，60 d后降 -4 ℃，其冷藏效果最好。冷藏初期几天的温度会受自身温度的影响。由于植株入库前体温比冷库中的要高，因此贮藏箱中温度开始比冷库中所规定的温度要高，要是想种的苗子达到冷藏中所规定的温度需要一定的时间。入库前秧苗的温度越高，需要的时间越长，发生霉菌或使芽萌动的可能性就越大，所以，从秧苗挖起到入库的这段时间内，应把秧苗放到冷凉的地方使其体温降低，从而有利于贮藏。

草莓属抗寒力强的作物，在休眠状态下，能忍受 -8 ℃的低温。但是，芽一旦萌动，其抗寒力大大下降，遭受冻害腐烂的危险性就很大。另外，在冷库中贮藏的时间越短，不仅耗资越少，而且效果越好。

3. 出库和定植

出库和定植的时期决定于上市和生产的可能性。从市场的供应需求看，从6—12月上旬是草莓供应的空白，但6—8月正是高温季节，给草莓生产带来一定困难。因此，以往的抑制栽培重点是以10月、11月供应市场为主要目标。但在北方寒冷地区，以夏末秋初的8月、9月供应市场为目标的栽培是完全可行的。

刚出冷库的苗还处于半冷冻状态，而8—9月定植时外部气温仍很高，出库后直接遇到高温是很危险的。因此刚出库的苗首先应放置在冷凉的地方，使其逐渐适应外部气温。另外，由于长期贮藏，秧苗极度缺水，定植前必须充分吸收水分。处理的方法各不相同，一种方法是：苗定植的前1 d下午取出，在室内放置一夜，使其自然解冻，再将秧苗放置于木槽中，使其浸泡根部，并使其缓缓从根部流过，以补给部分氧气。连续浸泡 3～4 h 后，即可用于定植；另一种方法是：早上一出库，午前在冷凉场所放置，使其自然解冻，适应外部气温，午后用冷水流过根部，连续处理 3～4 h 后，在温度下降后的傍晚定植。定植时要剪去腐烂的根和叶子。

任务五　草莓设施栽培技术

一、设施栽培方式和休眠的打破

（一）栽培方式及其特点

设施栽培根据其栽培方式可以分为半促成栽培、促成栽培、超促成栽培和抑制栽培，不同栽培方式具有不同的特点。

1. 半促成栽培

是指草莓在秋季完成花芽分化后，在自然低温、短日照下进入休眠状态，然后进入自然休眠觉醒时期，通过人工给予高温，光照等措施，使其比露地草莓提早生长，提早采收的一种保护地栽培方式。

由于半促成栽培是在草莓进入休眠觉醒期开始保温的。因此，所采取的保护措施、开始保温的时期比较灵活，品种的选用也比较广泛，成熟期也可以拉开。如采用保温性能好的日光温室和早熟，休眠浅的品种，保温开始时期可早，而采用大棚和晚熟、休眠深的品种，保温开始时期则需要晚些。另外，半促成栽培在开始保温时，草莓仍处于休眠状态，必须采取措施解除其休眠。

2. 促成栽培

是指在自然条件下草莓完成花芽分化后，在进入休眠之前，人为给以高温和长日照处理，抑制其休眠，使其继续生长发育，达到提早开花结果，提早上市的一种栽培方式。

促成栽培的草莓生产是在冬季最寒冷的季节进行的，受自然条件的影响较大，需要建造保温性能较好的温室，甚至需要加温。因此投资较大，技术性较强。但促成栽培可使草莓 12 月上市，价格高，经济效益好。

促成栽培必须在草莓进入休眠前进行。所用品种必须是休眠浅的早熟品种，如"春香""丰香""静香""丽红""女峰""宝交早生"等。这样可以保证最早在 12 月上旬即可上市。

尽管促成栽培是在草莓进入休眠之前进行的，但诱发休眠的因素是客观存在的。因此必须采取抑制休眠的措施。抑制休眠的措施同解除休眠的措施一样，必须在保温开始后给以高温、长日照和赤霉素等处理。

3．超促成栽培

是指利用控制环境的育苗装置进行低温、短日照处理，人为地诱导花芽分化，使成熟期更早于促成栽培的一种栽培方式。

由于超促成栽培采用特殊的育苗方式，人为地诱导花芽提早分化，可使成熟期比促成栽培提早 1 个月左右，即 10 月下旬、11 月上旬可上市，其经济效益大大高于促成栽培。

超促成栽培的关键是育苗。半促成和促成栽培采用常规的育苗方法，只是在定植前后进行一些特殊的处理，如喷 GA3 等，一般都是在自然条件下进行，方法简便。而超促成栽培，育苗期要提早到 1—2 月开始，因此需要保温措施；花芽分化的诱导需要在人工控制环境下进行，需低温冷藏设备，因此方法复杂，技术性高。在品种的选择上，虽然各种品种均适于超促成栽培，但为了早成熟、早上市，仍需选择果实发育期短的早熟品种为宜，即采用促成栽培相同的品种。在设施类型的选择上，宜采用保温性能好的日光温室。

4．抑制栽培

是指通过长期低温贮藏，使已分化好花芽的草莓苗的生长发育暂时受到抑制，按照预定的采收期，适时定植，从而达到提早收获的一种栽培方式。

在目前已有的条件和栽培技术下，抑制栽培的成熟期只能提前到与超促成栽培相同的时期。欲想把成熟期提早到 8 月、9 月，就必须克服夏季的高温、多雨天气的障碍。

抑制栽培对设施类型的要求和对品种的选择与超促成栽培基本相同。

（二）开始保温的时期和休眠的抑制和打破

不论是促成栽培还是半促成栽培和超促成栽培，除选用已满足需冷量、完成花芽分化的幼苗外，其关键是确定开始保温的时期及休眠抑制的打破，这些技术措施是设施栽培比较关键的内容。

1．开始保温的时期

一般来说，同一品种，开始保温的时期越早，成熟和采收就越早。不同的栽培方式，开始保温的时期不同。开始保温的时期还受设施类型、覆盖方式、种植地气候特性等因素的制约。如不同设施类型保温效果不同，同一设施不同覆盖方式其保温效果也大为不同。

2．休眠的抑制和打破

在促成栽培中，由于低温和短日照的要求，易诱导草莓休眠。因此，在促成栽培中，抑制休眠则是首先要解决的问题，而在半促成栽培中，保温开始时期，草莓正处于休眠时期。因此，打破休眠则是首先要解决的问题。

（1）休眠的抑制

诱导休眠的条件是低温和短日照，而抑制休眠的条件则是高温和长日照。但是，高温、长日照给予的过早会影响花芽的分化，给予过晚，草莓已进入深休眠的时期，抑制休眠比较困难。因此抑制休眠的时期必须合适。

日照：光质对休眠都起着重要作用。据研究，在实际应用中，从 10 月中下旬每天给予 16 h 的光照，既能抑制休眠，又能使花芽分化良好，提高其产量。光照中断和间歇照明能起到 16 h 光照的同等作用。在实际栽培中，红色光和近红外光的混合光（白炽灯）作为光照处理的光源是十分有效的。单独使用红色光或近红外光，对休眠和成花的作用不同。红色光有利于叶的伸展，但抑制花芽的分化，而近红外光则有相反的作用。

温度：高温是抑制休眠的重要因素。如果把 30 ℃抑制休眠的效果作为 1，22.5 ℃则相当于 2/3，而 27 ℃以上相当于 30 ℃，18～27 ℃等同于 22.5 ℃。在促成栽培中，既要考虑休眠的抑制，又要不影响花芽的继续分化，尤其是要使腋花芽的分化顺利进行，昼夜温度必须适当，据研究，白天 26～27 ℃，而夜间维持 12～13 ℃的湿度范围，对抑制休眠和腋花芽的分化都是有利的。

赤霉素：赤霉素具有抑制休眠和打破休眠的作用。长日照处理促进了内源赤霉素的产生，外源赤霉素被吸收后具有与内源赤霉素同样的作用。赤霉素处理后，其效果第三天即可用肉眼看到。其施用浓度因休眠深浅而不同，休眠浅的品种浓度低一些，休眠深的品种浓度高一些。一般适宜的浓度在 5～10 μg/g 范围内。

（2）休眠的打破

低温短日照诱导草莓休眠。而进入深休眠的草莓，需要满足对低温的要求时才能在觉醒。在基本满足低温要求的前提下，高温、长日照、赤霉素对打破休眠有明显的促进作用。

温度：草莓打破休眠的温度在 13 ℃以上。温度越高、效果越好。打破休眠的有效温度范围可分为 3 级，即 13～18 ℃，18～27 ℃，27 ℃以上。它们打破休眠效果的比率为 1：2：3。30～35 ℃的高温不仅有促进打破休眠的效果，而且能防止植株矮化。

日照：对打破草莓休眠的日照长度的界限还不十分清楚，但是 13.5 h 白炽灯的关照和 11 h 左右的自然日照，都具有促进打破休眠的效果。另外，光照中断和间歇具有与 16 h 光照同样的效果。

赤霉素：赤霉素不仅有抑制休眠的作用，而且也有打破休眠的作用，其浓度为 5～10 μg/g，在保温后 1 周内喷洒 1～2 次，即可起作用。休眠浅的品种一般用 5 μg/g 的浓度即可，如"春香""丰香""静香""丽红""女峰"等，而休眠深的用 10 μg/g，如"保交早生""全明星""哈尼"等品种。

由上述可知，不论是促成栽培，还是半促成栽培，在保温后，给予高温、长日照和赤霉素处理是一项必须首先要实施的技术措施。

二、设施栽培管理技术

（一）定植前土壤准备

1. 施足底肥，进行土壤消毒

草莓不耐连作，连作会带来许多弊端，如土壤肥力下降。土壤微生物群破坏，盐分积累、病虫害增多等问题。为了克服以上问题，可采用以下措施：

利用太阳热能高温消毒：在高温季节来临前，清理田间杂物，均匀充分喷布杀虫和杀菌剂，翻耕后灌水浸泡后，在土壤表面用无破损的旧农膜严密覆盖，利用7—8月高温提高土壤温度，促使农药蒸发，达到消毒效果。如先作成畦，再进行覆盖，消毒效果更好。

实行轮套作制：设施栽培草莓的生长期为9月中旬至翌年6月上旬，6—9月为草莓生长空闲季节。为了改变土壤微生物结构，可利用空闲季节，在大棚内种植豆类、禾本科等作物，这些作物还可以压青作基肥。待套种作物结束后，还来得及进行翻耕土壤高温消毒等田间作业，这样既可解决连作弊病，又可增加收入。

2．土壤耕作与施基肥

土壤经消毒后再进行翻耕，耙平，全面撒施或条施基肥，并将基肥与土壤充分拌合均匀，然后开沟作畦。翻耕、施基肥、整地应于定植前15 d完成。

草莓设施栽培要施足底肥，并以有机肥为主，配以适量的速效性化肥。一般每公顷施腐熟有机肥60 000 kg以上，腐熟菜饼1 500 kg，氮磷钾复合肥750 kg。

（二）培育壮苗、适时定植

1．培育壮苗

培育健壮、无病毒、花芽分化早而整齐的苗，是设施栽培早上市和高产、稳产的关键。设施栽培草莓壮苗的标准是：根系强大，白根多，叶柄短粗，成龄叶4～6片，新茎粗0.8 cm以上，苗重20～40 kg。

2．适时定植

过早定植易造成植株老化，侧花芽过多，形成丛状新茎，影响通风透光，坐果率低，果个小，产量不高的问题。

①定植时期。草莓设施栽培定植时期是根据顶花芽分化程度来确定的。一般以50%植株顶花芽达到分化期为定植适期。定植前用解剖镜或显微镜检查植株顶花芽分化程度来决定定植适期。生产上常常根据花芽的形态变化确定其分化程度：当芽体外观显示饱满肥圆，鳞片紧包，主芽生长点开始向边缘扩宽，生长点伸长冲破鳞片露出白点时即可认为花芽分化完成。

②定植密度。每畦栽两行，行距25～30 cm，株距15～18 cm，每三株苗之间呈三角形，每667 m²栽7 000～10 000株，建议稀植。

③定植方法。定植时苗体要求具5～6片展开叶，根茎粗达10 cm，达特级苗标准，根系发达，苗体重25～30 g。定植时根系尽量不带土。为了提高成活力，定植时尽量带大土块移栽，缩短缓苗期。定植前1～2 d给苗床浇透水，以便取苗。草莓最好就地育苗，随起苗随栽种。如从异地购买商品苗栽植的，应在运苗前先做好畦，做好灌水准备并安排好栽苗人员，苗一运到及时栽植。装苗时每50株或100株扎成1捆，根部用塑料袋或塑料薄膜扎牢，以保持适当湿度。远距离运输的，苗根部不宜太湿，否则苗心易出现

"烧秧"，秧苗不宜装得过满或过紧，否则会影响通风散热。苗运到目的地后必须立即放在地面阴凉潮湿处散热，用水冲洗后尽快栽苗。定植时要注意定向种植，将草莓秧苗根茎的弓背部朝向畦沟，将来花序的抽生会伸向畦的两侧，利于通风和果实采收，减轻病虫害，提高果实品质和卫生。栽苗深度以上不埋心、下不露根为宜。

④定植后管理。定植后充分浇水或施淡液肥，促进提早成活和迅速恢复生长，以利于顶花芽发育，但要严防施过多氮肥。氮肥过多会抑制侧花芽分化而促进匍匐茎抽生。定植后至覆膜时期，是草莓地上部和地下部迅速生长时期。该时期主要的田间管理工作有施肥灌水、摘叶和摘除匍匐茎、铺地膜、中耕除草、病虫害防治等。

（三）适时保温，防止矮化

适时扣棚保温是设施栽培草莓的关键技术，促成栽培和超促成栽培应掌握花芽分化以后，将要进入休眠之前开始扣棚保温，一般在9月中旬至10月下旬开始保温，一般来说当夜间气温降至10℃左右即开始保温比较理想，这时草莓花芽已分化，植株还未进入深休眠。保温过早不利于腋花芽分化，过迟不利于防止休眠，一旦进入休眠，很难打破而造成植株矮化而减产。盖膜后要注意白天棚内不超过30℃，夜间保持在12℃左右，以促进生育，提高现蕾。扣棚后随气温下降铺盖草苦。半促成栽培应根据品种休眠期的长短而定。扣棚保温过早，草莓植株仍处于休眠状态，叶片长不大，开花发生生理障碍，果小产量低，失去商品价值；扣棚保温过晚，物候期推迟，影响早熟效果。一般在植株已通过休眠阶段，可以人为打破休眠时进行扣棚保温。

（四）喷施赤霉素、打破休眠

设施栽培草莓扣棚保温后尽快破膜提苗，即在地膜上割一小口将植株提至膜面，并剪除枯黄老叶。扣棚1周左右开始萌芽时，喷一次5～7 mg/L赤霉素，每株用量为4～6 mL，喷施要在晴天露水干后进行，重点喷苗心。在半促成栽培中，扣棚早的应加大浓度至10 mg/L，对反应迟钝的品种需连续喷两次，间隔时间为7～10 d，防止植株矮化。

采用赤霉素处理可以打破休眠，促进花芽分化发育，有利于花梗和叶柄的生长，增大叶面积，并有促早熟和增产作用。但超量施用，将造成枝徒长，影响坐果率。

（五）喷施多效唑、防止发生徒长

防止植株徒长最根本的措施是避免保温过晚。若生长过旺，可喷施多效唑（PP333）250 mg/L；若抑制过重，可喷布GA3 20 mg/L解除。

（六）温、湿度的调控

温度的调控与管理是草莓设施栽培的重要技术措施。萌芽展叶期要控制在15～25℃，最低不低于-5℃以下，萌芽展叶后至开花前，白天维持在26～30℃，夜间不低于12～15℃。开花期白天维持在20～25℃，夜间不低于12℃。果实膨大期至果实成熟期，白天维持20～22℃，夜间不低于8℃。要特别注意，温度不宜过高，高于

30 ℃，应及时通风。此期较低温度有利于果实成熟。若遇特殊寒流天气应保温，必要时可用临时性加热炉加火增温。

在开花期，当空气湿度高于 80% 以上时，影响授粉受精，适宜的授粉湿度为 30%～50%，所以为了降温降湿，宜在中午放风 3～4 h，气温高时：可延长放风时间。降湿也有利于防治各种病害。果实发育期要特别注意，保持土壤湿度，最好采用滴灌，垄沟漫灌时一定要防止水浸果实。

花粉萌发率除受温度影响外，还受空气湿度影响。空气湿度在 40% 左右时，花粉萌发率最高，空气湿度低于 20% 或高于 80% 都会影响授粉受精。覆盖保温后设施内的空气相对湿度较高，将有碍开花及授粉受精，果实采收期湿度太大时，易发灰霉病等。根据这一特点，设施内适宜的湿度为 40%～60%，故在铺地膜时，对畦沟走道应全面覆盖，不留裸地，以阻止地面水分蒸发，在走道上再铺一层稻草，不仅行走方便，而且能吸收大气中的水分。结合温度管理，高温时应注意经常通风换气，即使在寒冷的冬季，白天也要利用中午气温高时通风换气降湿。

（七）植株管理

1. 保温开始至开花前管理

①注意防治各种病虫害。开始保温后，设施内温度应控制在 30 ℃ 以内，除通风降温还可灌水降土温，湿度过真易引起约手、新叶花等、花青尖端组织焦枯。此外还有麦黄病、麦调病、炭宜病、白粉病、芽腐病和芽线虫、螨类发生，应及时喷杀离剂和杀虫剂防治。

②控制匍匐茎和侧芽发生，促进腋花芽发育。保温开始前，要求第一腋花芽已完成分化，保温开始后第二第三腋花芽继续分化，但在土壤水分充足及基肥被大量分解时，会使侧花芽形成侧芽（分株）或匍匐茎，从而减少腋花芽的数量。故保温后避免过量肥水保持土壤适度干燥，有利于花芽分化和发育。顶花序抽生后，在其两侧选留 2 个粗壮侧芽，其余侧芽及匍匐茎均摘除，有利于集中养分，提高果实质量及产量。

2. 采收开始后的管理

①及时补充营养、防止早衰。设施栽培草莓，开始采收时正是侧芽分化、发育和顶花芽开始结果，幼果膨大、成熟的并存期，需要大量营养，并因气温低，根系吸收能力减弱，易造成植株早衰，影响产量及品质，所以在顶花序的第一果采收后，应及时施追肥，及时清除黄叶、老叶、畸形果，以减少消耗。

②促进授粉受精，重视保温和降温。设施栽培最大的问题是冬季低温不足，除了造成果实发育缓慢，更主要是授粉受精不良，造成畸形果和无效花增多。因此要根据季节的变化和天气状况，白天掀膜通风，降低温度，以利于花粉飞散，促进授粉。即使寒冷天气，也要开门通风，下午在棚温度较高时关闭棚保温，以提高夜间温度，促进受精，提高坐果率。

在日光温室、大棚密闭的条件下，风速极小，不利于花粉的传播，往往授粉不良出现畸形果，为提高果品质量，每 667 m² 需放 2 箱蜜蜂，每箱 4～5 框，蜂数 10 000 只以上，让其辅助授粉。多在开花前 5～7 d 把蜂巢移入室内，放置在西南角，箱门面向东北角，让蜜蜂有较大的飞行空间。蜂巢前置一饮水盘。进入花期后即进行放蜂，每天在通风降温后打开蜂箱门，为防止蜜蜂外逃，棚膜的通风处可加盖纱网。调查结果表明，放蜂区与未放蜂区比较，坐果率增加 15.6%，产量增加 19%，好形果重量所占比率增加 6.8%，畸形果数减少 8.5%。

（八）综合防治病虫

草莓果实柔嫩且花期长，要特别强调采用以农业防治为主的综合防治措施。如栽植无病毒苗，定植时不要过密，及时去除老叶，防止浇水过量，注意放风降温。搞好设施内外卫生，采用无滴薄膜，设施消毒等。避免高温、高湿、高氮、大水及过早。开花坐果期及果实发育期最好不用药剂防治。防治白粉病、灰霉病、芽枯病疫病等主要在花前用药，可用 50% 多霉灵可湿性粉剂 600 倍液或 70% 的甲基硫菌灵可湿性粉剂 1 000 倍液喷雾，每隔 10～12 d 喷 1 次，连喷 3 次，注意对棚膜和墙壁进行表面喷雾灭菌消毒。也可用百菌清烟熏剂或速克灵烟熏剂预防。

主要害虫有：蚜虫，螨类、卷叶虫等，防治方法有 50% 的抗蚜威可湿性粉剂，亩用量 8～15 g 兑水 45 kg 喷雾对蚜虫有特效。螨类可用 20% 的来扫利 2 000 倍液，或 15% 达螨灵乳油 2 500～3 000 倍液，可用 0.5%～1.0% 阿维菌素类制剂 2 000～4 000 倍液喷雾，重点防治越冬代各虫态。对地下害虫如金针虫、野蛞蝓、蛴螬等，可用 50% 辛硫磷 800～1 000 倍液浇灌土壤。

（九）采收与包装

促成栽培的草莓，一般在 11 月下旬开始成熟，1 月上旬到 2 月中旬为采收盛期，3 月上中旬采收基本结束；半促成栽培草莓，2 月中下旬开始采收，3 月进入采收盛期，4 月中下旬结束。

采收时要求果面全红，成熟度不够，影响草莓应有风味，过高则不耐贮运。一般在八九成熟时进行采收。采摘时要轻摘轻放，不要损伤果面。采用容器用四周有孔的塑料容器。

采收后分级包装，一般塑料小包装每盒 0.24 kg，即一级果每盒装 8～12 个果；二级果每盒装 13～16 个果；三级果每盒装 17～22 个果。大包装箱及小包装盒必须有通气孔，以防霉烂果，造成损失。

【实训1】草莓生长结果习性观察

一、实训目标

观察和了解草莓的生长结果习性，认识草莓生长发育的基本规律，为制定相应的栽培管理措施奠定基础。

二、实训材料

材料。不同的年龄时期和生命周期的草莓植株。

用具。皮尺、钢卷尺、铅笔、橡皮、绘图纸、记载用具等。

三、实训内容

草莓植株调查高度、大小、形态。

须根数、长度、主要分布范围、生长发育规律等。

草莓茎的调查新茎的长度、粗度，根状茎的形态、主要调查根的数量，匍匐茎的发生数量、长度等。

叶的数量，叶的结构组成，叶柄的长度，着生的状态（直立、平斜）。

花、果实花及花序的结构，花序的级次数、花的数量，果实形态、结构、不同级次上的大小。

腋芽数量、结果情况。

四、实训方法

本实训一般在草莓生长期、结果期进行。实训时间4学时。

实训时，先由指导教师讲解示范，然后再由学生分组进行，最后由老师点评总结。

五、实训结果考核

做到不迟到早退，态度端正，认真、仔细，遵守纪律（20分）。

掌握草莓生长结果习性（25分）。

能够正确进行草莓生产，程序准确熟练（40分）。

按时完成草莓生长结果习性观察报告，内容完整，结论正确（15分）。

【实训2】草莓苗繁育

一、实训目标

掌握草莓匍匐茎苗育苗法。

二、实训材料

材料。草莓、草莓培育园。

用具。基肥（各种类型）、尿素等、铁锹、耙、赤霉素，修枝剪，农药。

三、实训内容

1. 园地选择与准备

母株园培育。

育苗园。

假植苗培育园。母株园与假植苗培育园不必施基肥,翻耕后做成宽 1.2 m、沟宽 40 cm、沟深 25 cm 畦即可。育苗园应在冬季翻耕冻土,并且在种植前 20 d 左右翻耕整施腐熟有机肥 1 500～2 000 kg。然后按畦宽 2 m、沟宽 35 cm、沟深 30 cm 开沟作畦,畦面做成龟背状。

2. 母株选择与定植

选生长健壮无病虫害苗作母株,10 月间选定,定植于母株园中,翌年 3—4 月移植育苗园。定植时尽可能带大土块移栽,摘除老叶、黄叶和花茎。母株定植按 40～60 cm 株距单行种植于畦中或畦边。

3. 育苗园(子苗繁殖园)管理

母株定植后,要充分灌透稀薄人粪尿,促进母株成活。通过施肥、喷赤霉素、摘除花茎、整理匍匐茎、压蔓、水分管理、中耕除草、病虫害防治和抗高温干旱等措施培育健壮匍匐茎苗。

四、实训方法

本实训可分 2～3 次完成。

学生每 3～4 人一组,老师指导。

五、实训结果考核

考查学生实训态度,不迟到早退,态度端正,认真、仔细,遵守纪律(20 分)。

考查学生对相关知识的掌握程度,掌握草莓苗繁育实验内容(25 分)。

能够独立完成草莓苗的繁育(40 分)。

按时完成草莓苗繁育实训报告,内容完整,结论正确(15 分)。

复习思考题

1. 促进草莓提早花芽分化的技术措施有哪些?
2. 设施草莓有哪几种栽培方式?各有什么特点?
3. 如何确定草莓的定植时期?
4. 如何确定草莓的定植方向?
5. 草莓促成栽培各发育阶段对温度有什么要求?
6. 为什么草莓促成栽培中多发生畸形果?怎样预防?
7. 如何促进日光温室草莓果实的着色?
8. 草莓白粉病有什么症状?发病条件是什么?

项目三　西藏樱桃生产技术

知识目标

了解西藏樱桃栽培的意义、现状、发展趋势等樱桃生产概况；

了解西藏樱亚属植物基本概况；

掌握西藏樱桃栽培技术。

能力目标

能够正确识别西藏常见的樱桃主栽品种；

能结合西藏当地气候及土壤条件，选种适宜樱桃品种，并能掌握优质、丰产、高效的生产技术；

能够基本完成樱桃园周年管理。

学习任务

了解樱亚属植物概况，樱桃生物学特性，樱桃的主要种类和品种，露地和保护地樱桃栽培管理措施。

通过介绍西藏核桃生态系统的构成和功能，培养学生的生态意识和环保意识，教育学生保护西藏生态环境，实现果树生产与自然环境的和谐发展，通过介绍西藏千年核桃树的历史，培养学生热爱国、热爱西藏的情怀。

樱桃为蔷薇科，李属（*Prunus* L.）、樱亚属（*Cerasus* Pers.）植物，广泛分布于北半球温带地区，其中尤以中国种类最为丰富，是一个具有重要经济价值的类群。樱亚属植物即通常所称的樱花或樱桃，全球广泛栽培的欧洲甜樱桃 *P.avium*、樱桃 *P.pseudocerasus* 等及著名的观赏花木樱花 *P.×yedoensis*、山樱花 *P.serrulata* 都属于这一类群。

樱桃果实艳丽，味甜微酸，食之爽口，具有芳香，成熟上市早，对填补初夏果品市场淡季、满足广大消费者对鲜果的需求具有特殊的意义，故有"早春第一枝"的美称。甜樱桃（*P.avium*）是著名的水果，我国是世界上甜樱桃种植面积最大的国家。樱亚属不少种类开花十分美丽，是优异的早春观花植物，深受人民群众的喜爱。该亚属植物主要分布在北半球温带、亚热带地区，多数种类分布在我国、日本和朝鲜半岛，我国分布樱亚属植物20种4变种。

长期以来，种类丰富的樱亚属植物并没有得到很好的研究利用。造成这一现象的主要原因有：樱亚属是分类较为困难的类群，物种之间界限模糊，野外杂交现象普遍，不少樱亚属植物的分类地位都存在争议，给研究和开发利用造成了不小的困难；对樱亚属植物野生资源分布情况的调查还不充分，各国植物志的记载普遍都比较陈旧，而且通常将野生种和栽培品种放在一起讨论，不能反映樱亚属植物野生资源的真实分布情况；各国研究人员对樱亚属的研究多是针对本国资源的调查研究，缺少必要的交流沟通，造成各国的植物志及相关分类专著中存在诸多相互矛盾的地方。

任务一　西藏樱桃资源分布、种类及品种

一、西藏樱桃种质资源分布

樱亚属植物集中分布于亚洲东部及喜马拉雅地区，这一地区集中了全球樱亚属90%以上的物种；大部分樱亚属植物受海拔、纬度等环境影响，分布区域相对集中，仅有少数种类，如欧洲甜樱桃 *P.pensylvanica*、草原樱桃 *P.fruticosa*、山樱花（霞樱 *P.leveilleana*）等分布范围较广。

传统认为中国西南地区为樱亚属的物种多样性中心，中国西南的横断山—喜马拉雅山区是世界上樱亚属植物分布最集中的地区，对樱亚属的分类研究历史悠久，但是目前樱亚属植物的分类仍然存在诸多问题，很多近缘物种的分类至今还存在很多的争议，需要进一步的研究来解决。

李属 *Prunus* L. 樱亚属 *subgenus Cerasus*（Mill.）植物，确认目前被接受的全世界樱亚属物种总数为 55 个种。

有记录的西藏原产樱亚属植物 11 个种。尖尾樱桃（*Prunuscaudata*），偃樱桃（*Prunusmugus*），高盆樱桃（*Prunuscerasoides*），红毛樱桃（*Prunusrufa*），细齿樱桃（*Prunusserrula*），川西樱桃（*Prunustrichostoma*），毛瓣藏樱（*Prunustrichantha*），盘腺樱桃（*Prunusdiscadenia*），四川樱桃（*Prunusszechuanica*），微毛樱桃（*Prunusclarofolia*），锥腺樱桃（*Prunusconadenia*）。

二、主要种类

樱桃为蔷薇科（Rosaceae）李属（*Prunus* L.）樱桃亚属（*Cerasus* Pers.）植物，主要包括中国樱桃（*P.pseudocerasus* L.）、毛樱桃（*P.tomentosa* Thunb.）、欧洲甜樱桃（*P.avium* L.）、欧洲酸樱桃（*P.cerasus* L.）、欧洲甜樱桃和欧洲酸樱桃的杂交种（*P.avium*×*P.cerasus*）。由于后三种樱桃果实明显大于原产于我国的中国樱桃即小樱桃，所以习惯上将欧洲甜樱桃、欧洲酸樱桃及其杂交种统称为大樱桃。

1. 中国樱桃

中国樱桃又称草樱桃、小樱桃。乔木，高6~8 m。叶片卵圆形至椭圆形，长8~15 cm，侧脉7~10对，叶柄长8~15 mm，托叶常3~4裂。花先于叶开放，3~6朵成伞形花序或有梗的总状花序。花直径1.5~2.5 cm，花梗长1.5 cm，具短柔毛，花瓣白色，卵圆形至近圆形，先端微凹，花柱与子房无毛。果实近球形，红色、粉红色、紫红色或乳黄色，果肉柔软多汁，不耐贮运，直径约1 cm，核卵形，微扁。

主产于我国河北、山西、陕西、甘肃、山东、江苏、浙江、安徽、江西、贵州、四川、广西等地，日本、朝鲜也有少量栽培。

抗旱、耐寒性一般，对土壤要求不严格，在温暖地区疏松砂质土壤中生长旺盛，果实品质好。扦插繁殖较易，分株繁殖后2~3年开始结果，6~7年进入盛果期，平均株产15~25 kg，高者可达125 kg。中国樱桃优良品种多产于长江流域各省。山东枣庄半湖乡桃园村一株140余年生大树树高8 m，冠径8 m×9 m，1981年结果达250 kg。

2. 欧洲甜樱桃

欧洲甜樱桃又名大樱桃、西洋樱桃。乔木，高10~30 m。树冠卵球形，树皮灰褐色，有光泽，具横生褐色皮孔，小枝浅红褐色。冬芽卵形，长5~8 mm，鳞片暗褐色。叶片卵形、倒卵形或椭圆形，长10~17 cm，宽5~8 cm，先端突尖，边缘有重锯齿，叶柄长2~5 cm，有1~3个紫红色腺体。伞形花序，每花序1~5朵花，多数4~5朵，花径2.5~3.5 cm，花梗长3~5 cm。果实圆球形或卵圆形，直径1.1~2.5 cm，暗红色至紫黑色，有的橘黄色或浅黄色。果肉较硬，果汁较多，味甜或稍有苦味，果核卵圆球形或卵形，平滑，浅黄褐色。

原产欧洲和西亚，生长于湿润的钙质土、山坡地，适宜在土层深厚、富含有机质、通透性和排水性良好的砂质土壤栽培。要求有较好的灌溉条件，以保证果实发育，获得丰产优质的果实。耐寒性比中国樱桃强，抗旱力较差。

3. 欧洲酸樱桃

欧洲酸樱桃为小乔木或灌木，树冠圆头形，枝干灰紫色或浅棕紫色，有光泽。叶片倒卵形至卵圆形，长5~7 cm，宽3~5 cm，先端急尖，基部楔形，常有2~4个腺体，叶缘复锯齿，小而整齐，叶面粗糙，浓绿色，无毛。叶柄长1~2 cm，无腺体，托叶长披针形，有锯齿。伞形花序，每花序2~4朵花，花梗长2.5~3.5 cm，萼筒钟状或倒圆锥状、无毛，花瓣白色。果实球形或扁球形，直径1.2~1.5 cm，鲜红色，果肉浅黄色，味酸，黏核。核球形，褐色，直径0.7~0.8 cm 原产于欧洲及西亚，尚未见到野生的酸樱桃，本种可能是草原樱桃与欧洲樱桃的天然杂交种。

本种与甜樱桃也发现一些杂种樱桃，诸多性状介于两亲本之间，果实性状多倾向于欧洲甜樱桃，适应性则更倾向于欧洲酸樱桃。

酸樱桃作砧木，主侧根发达，与甜樱桃嫁接亲和力较高，并有一定的矮化作用。喜砂质土壤，在黏土上较容易感染根癌病和流胶病，据日本材料报道（果树砧木的特性和利用

1995），酸樱桃因病毒感染而有矮化作用。适应性强，抗寒、抗旱、耐瘠薄，能在山丘和沙地成功栽培。

4．草原樱桃

灌木，高 1～2 m。叶片厚硬，倒卵形至长卵椭圆形，长 2～5 cm，宽 0.8～2 cm，先端急尖或圆钝锯齿，两面无毛，叶柄长 3～10 mm，无腺体。花序伞形，无柄或短柄，花直径 1.2～1.5 cm，花梗长 1.5～2.5 cm，花瓣白色，长圆倒卵形。果实卵形、球形或扁球形，直径 0.8～1.5 cm，红色或暗红色。核呈卵形或椭圆形，光滑，两端尖，鲜黄色。原产于欧洲东部、中部至西伯利亚，生于草原和森林草原。对土壤选择不严，耐寒、抗旱、喜光，开始结果早。

5．马哈利樱桃

又称圆叶樱桃。乔木，高达 10 m。主干矮，分枝多，形成广开树冠，小枝幼叶密被短茸毛。叶片圆形至宽卵形，长 3～6 cm，先端短尖，基部圆形或近心形，边缘有圆钝细锯齿，叶柄长 1～2 cm。花 6～10 朵，成总状花序，花径 1.5 cm，花瓣白色，微香。果实球形，直径约 6 mm，黑紫色，不能食用。

原产于欧洲及西亚，有黄果、垂枝、矮生等变种，常用作樱桃砧木。主要优点是：根系发达，抗寒、抗旱，但不耐涝；在砂壤土上生长良好，在通气条件差、贫瘠的黏重土壤中生长不良。十年生的有 15%～30% 植株死亡，死亡原因有二：一是部分实生苗与某些品种亲和性差，二是不抗真菌性病害。

三、主要品种

世界上的樱桃品种很多，据文献报道，欧洲樱桃品种有 1 500 个以上，我国引进栽培的品种及新选育的品种也在 100 个以上。根据果实的成熟期可分为早、中、晚熟品种，西藏栽培樱桃主要为甜樱桃和中国樱桃。

1．红灯

大连农业科学研究所育成的一个甜樱桃品种，1963 年杂交，其亲本为那翁 × 黄玉，1973 年定名。西藏最早于 2001 年引进红灯开展设施栽培。

该品种果实大型，平均单果重 9.6 g，最大果达 12 g。果实肾脏形，果梗粗短。果皮红至紫红色，富光泽，色泽艳丽，外形美观。果肉淡黄、半软、汁多，味甜酸适口，可溶性固形物多在 14%～15%，可溶性糖 14.48%，每 100 g 含维生素 C 为 16.89 mg，干物重 20.09%。核小，半离核，可食部分达 92.9%。该品种个大，色泽艳丽，果肉肥厚，多汁味甜，成熟期较早，较耐贮运，市场竞争力强，颇受果农及消费者欢迎。皮薄，易受机械损伤。采前遇雨有轻微裂果，采果前要注意水浇条件。

2．美早

美早由美国引入，果实阔心脏形，平均果重 11.3 g，最大果重 13.2 g，果实紫红色或紫黑色，有光泽，极艳丽美观。果肉浅黄色，质脆，酸甜适口，风味佳，品质优，可溶性固形物17.6%，果实较耐贮运。4月中下旬开花，果实7月上旬成熟，比红灯晚熟2~3 d，但成熟期一致性好于红灯。

树势强健，树姿半开张。幼树以中长果枝结果为主，花芽大，成花易，盛果期以短果枝和花束状果枝结果。较丰产，抗病、抗寒性强。

3．大紫

大紫又名大红袍、大红樱桃。原产于俄罗斯，克里木地区栽培历史190余年。1794年引入英国，19世纪初引入美国，1890年引入山东烟台，后传至辽宁、河北等地。该品种果实平均单果重6.0 g左右，最大果可达10 g。果实心脏形或宽心脏形，果梗中长而较细，与果实易脱离，不易落果。果皮初熟时浅红色，成熟后为紫红色或深紫红色，有光泽，皮薄易剥离。果肉浅红色至红色，质地软，汁多味甜，可溶性固形物含量因成熟度和产地而异，一般在12%~16%，品质中上。果核大，可食率90%。开花期晚，但果实发育期短，约为60 d，6月下旬成熟，成熟期不太一致，需分批采收。

树势强健，幼树期枝条较直立，随着结果量增加逐渐开张。萌芽力高，成枝力较强，节间长，枝条细，枝冠大，树体不紧凑，树冠内部容易光秃。叶片为长卵圆形，特大，平均长10~18 cm，宽6.2~8 cm，故有"大叶子"别称。

4．雷尼

雷尼是美国华盛顿州农业实验站和农业部于1960年共同开发的品种，杂交组合是宾库×先锋，名称是以产地华盛顿州海拔4 500 m的雷尼山的名称命名的。1983年由中国农业科学院郑州果树研究所从美国引入我国。

该品种果实大型，平均单果重8~9 g，最大果达12 g，果实心脏形。果皮底色黄色，富鲜红色红晕在光照好的部位可全面红色，甚艳丽美观。果肉无色，质地较硬，可溶性固形物含量高，离核，核小，可食部分达93%。抗裂果，耐贮运，生食、加工皆宜。6月中下旬成熟，是一个丰产优质的优良品种。

树势强健，枝条粗壮，节间短，树冠紧凑。以短果枝结果为主，早果丰产，栽后3年结果，5~6年进入盛果期，五年生树株产20 kg。该品种果个大，外形美观，品质佳，质地硬，耐贮运，鲜食、加工兼用，具有很大的发展潜力。

5．先锋

先锋由加拿大哥伦比亚省育成。在欧、美、亚洲各国均有栽培，1983年中国农业科学院郑州果树研究所从美国引入我国。

该品种果实大型，平均单果重8.6 g，最大果重10.5 g。果实肾脏形，紫红色，光泽艳丽，缝合线明显，果梗短、粗为其明显的特征。果皮厚而韧，果肉玫瑰红色，肉质脆硬，肥厚，汁多，酸甜可口，可溶性固形物含量17%~19%，风味好，品质佳，可食率达92.1%。核小，圆形。7月上中旬成熟，耐贮运。

树势强健，枝条粗壮。丰产性较好，很少裂果，先锋花粉量较多，也是一个极好的授粉品种。经多点试栽，其早果性、丰产性甚好，且果个大，耐贮运，抗裂果，可进一步扩大试栽。

6. 宾库

宾库原产于美国俄勒冈州，为 Republican 的自然杂交种，有 100 余年的栽培历史，是美国、加拿大的主栽品种之一。1982 年山东省果树研究所从加拿大引入，1983 年中国农业科学院郑州果树研究所又从美国引入试栽。

该品种果实大型，平均单果重 7.2 g。果实心脏形，梗洼宽、深，果顶平，近梗洼处缝合线侧有短深沟，果梗粗短。果皮浓红色至紫红色，外形美观，果皮厚。果肉粉红，质地脆硬，汁中多，淡红色。半离核，核小，酸甜适度，品质上。7 月上中旬成熟。丰产、稳产性好，耐贮运，采前遇雨有裂果现象。适宜的授粉品种有大紫、早紫、红灯、斯坦勒等。

树势强健，枝条粗壮、直立，树冠大，树姿较开张，花束状结果枝占多数。叶片大，倒卵状椭圆形。丰产，优质，适应性较强，较耐贮运，是晚熟优良品种。

7. 斯坦勒

斯坦勒是加拿大育成的第一个自花结实的甜樱桃品种，世界各国广泛引种试栽。1987 年山东省果树研究所从澳大利亚引入我国。

该品种果实大或中大，平均单果重 7.1～9 g，大果 10.2 g。果实心脏形，果梗细长，果皮紫红色，光泽艳丽。果肉淡红色，质地致密，汁多，甜酸适口，风味佳，含可溶性固形物 17%～19%。果皮厚而韧，可食率为 91%，核中大，卵圆形。耐贮运，6 月下旬至 7 月上旬成熟。

树势强健，能自花结实，花粉多，是良好的授粉品种。早果性、丰产性均佳，抗裂果的特性。

8. 拉宾斯

拉宾斯是加拿大杂交育成的又一个自花结实品种，杂交组合为先锋×斯坦勒，为加拿大重点推广品种之一。1988 年引入山东烟台。

该品种果实大型，平均单果重 8 g，加拿大报道平均单果重 11.5 g。果实近圆形或卵圆形，紫红色，有光泽，美观。果梗中长中粗，不易萎蔫。果皮厚韧，果肉肥厚，脆硬，果汁多，可溶性固形物 16%，风味佳，品质上。7 月上中旬成熟，较耐贮运。

树势强健，树姿较直立，耐寒，自花结实，并可作为其他品种的授粉树。早果性和丰产性较好，裂果轻。

9. 黑珍珠

黑珍珠是中国樱桃的芽变优株，山东烟台农业科学院果树研究所培育的品种，果肉硬，果个大，容易达到出口标准。

该品种果实大型，成熟时果皮紫黑色，果实在树上的挂果期长，可延长采收 10～15 d，果肉不会变软，果肉深红色，风味甜，肉质脆硬，平均单果重 11 g，最大单果重 16 g，果实为肾形，果顶稍凹陷，果顶脐点大，缝合线色淡，可溶性固形物含量 17.5%，7 月上中旬成熟，耐贮运。黑珍珠樱桃抗寒，耐瘠薄，适应性强，平原、丘陵均可栽植。

10. 宾莹

宾莹是 1870 年由美国园艺师赛斯·莱维林和他的工头阿兵开发而来，"宾莹"是加州最具代表性的，也是栽培范围最广，最主要的甜樱桃品种，同时也是美国市场最常见的品种，更是全世界各樱桃产区种植最多的品种。

果实脆硬，不易裂果，耐储运。果实外观呈心形，表皮呈现暗红色光泽，果实个大，平均单果重 8～10 g，最大单果重 13 g，果皮紫红，果肉红色细嫩，果汁多，风味甜酸，抗寒抗旱，6 月中旬成熟，果实硬度和甜度都俱佳，除鲜食外，也适合烹调。

11. 俄罗斯 8 号

俄罗斯 8 号又名'含香'，俄罗斯品种，原产地在乌克兰主产区北约 500 km。果实宽心脏形，果实颜色，从幼果至成熟，由黄绿逐渐演变为淡红、鲜红、紫红、紫黑，又黑又亮，光泽鲜明，如油画。果皮厚韧，弹性强，用手捏如捏皮球，耐贮运性强。果皮厚度是"美早"的 2 倍，果实带皮硬度为 5.84 kg/cm^2；平均单果重 12.9 g，可溶性固形物 18.9%。

12. 佳红

佳红是大连市农业科学研究院培育。果实宽心脏形，平均单果重 10 g，最大 13 g。果皮薄，底色浅黄，阳面着鲜红色。可溶性固形物 19.75%，品质上等。果实发育期 55 d 左右。中熟品种，颜色漂亮，口感好，丰产性好。皮薄，不耐贮运，适合本地及短距离销售。

13. 沙蜜特

沙蜜特由加拿大以"先锋"和"萨姆"杂交育成。果个大，平均单果重 11～13 g。果实心脏形，紫红色，果肉较脆，口味酸甜，风味浓。果皮韧度较高，裂果轻。成熟期比红灯晚 15 d 左右。丰产性好，树势中庸，好管理，果个大，颜色漂亮，适合外运，商品性高。

任务二　樱桃生物学特性

一、生长特性

（一）根系生长

樱桃的根系分为主根、侧根和须根三部分，主根不发达，侧根和须根较多。根系因砧木种类、繁殖方式、土壤类型的不同而有差异。

中国樱桃的根系一般集中分布在 5～35 cm 土层，以 20～35 cm 土层最多。分株繁殖的酸樱桃根系一般在 20～50 cm 土层内。中国樱桃的实生苗，在种子萌发后有明显的主根，但当幼苗长到 5～10 枚真叶时，主根发育减弱，由 2～3 条发育较粗的侧根代替。因此，中国樱桃实生苗无明显主根，须根发达，水平伸展范围广。欧洲酸樱桃和山樱桃实生苗根系比较发达，可发育 3～5 条粗壮的侧根。扦插、分株和压条三种无性繁殖苗木的根系由茎上产生的不定根发育而成，没有主根，都是侧生根。其根量比实生苗大，分布范围广，且有两层以上根系，这与其他果树不同。

甜樱桃嫁接苗的根系因砧木种类和繁殖方式而不同。以山樱桃为砧木时，根系发达，固地性强，较抗风害。以中国樱桃为砧木时，须根发达，但根系分布浅，固地性差，不抗风，易倒伏。无性繁殖的砧木水平根发达，且有两层以上根系，分布深，固地性强，较抗风，生产上宜采用无性繁殖的砧木。因此，在生产上既要注意选择根系发达的砧木种类，又要注意选择良好的土壤条件，加强土壤管理，促进根系发育。

（二）枝芽类型与特性

1. 芽的特性

樱桃的芽单生，不具有多芽并生的复芽。按其着生部位，可以分为顶芽和腋芽两类：着生在枝条顶端的，叫作"顶芽"；着生在枝条侧面叶腋间的，叫作"腋芽"或"侧芽"。按芽的性质，可以分为叶芽和花芽两类：叶芽只抽枝、展叶；花芽开花、结果，凡顶芽都是叶芽。腋芽中既有叶芽，也有花芽。按芽的发育速度分，又可分为早熟性芽和潜伏芽：芽形成后当年萌发的，叫作"早熟性芽"；芽形成后若干年才萌发的，叫作"潜伏芽"。

（1）叶芽特性

樱桃的叶芽较瘦长，为尖圆锥状，分布于各类枝条的顶端。樱桃的叶芽发育枝的叶腋，以及长果枝、混合枝的中上部。叶芽萌发后，抽枝、展叶，形成各级骨干枝和结果枝，扩大树冠，增加结果部位。

樱桃芽的萌发力强，1 年生枝的芽几乎全部萌发，但芽的成枝力较弱。成枝力的高低，常因种类和品种而不同，各年龄时期也有变化。在樱桃的栽培种中，甜樱桃的萌芽力低于中国樱桃。从不同年龄时期看，以幼树萌芽力最强，盛果期次之，衰老期最低。芽具有早熟性，有的在形成当年即能萌发，使枝条在一年中出现多次生长。

樱桃的芽具有早熟性，有的在形成当年即能萌发，使枝条在 1 年中有多次生长。特别是在幼树和旺树上，容易抽生副梢，为人工摘心、促使幼树迅速扩大树冠、尽早结果，提供了有利条件。

（2）花芽特性

樱桃的花芽为圆锥形，比叶芽饱满、粗胖，花芽为纯花芽，花芽内具 2～7 朵花，除着生在花束状果枝、短果枝和中果枝上外，在长果枝、混合枝基部的 5～8 个较大腋芽，也常为花芽。

樱桃的花芽为纯花芽。开花结果后，其原着生处即行光秃。因此，在顶端（或前部）叶芽抽枝延伸生长的过程中，枝条后部和树冠内膛容易发生光秃现象，以致使结果部位较快地外移出去。

(3) 潜伏芽特性

潜伏芽是由副芽形成。副芽着生在枝条基部，形体很小，是侧芽的一种。这种芽的发育质量很差，一般是在其形成的若干年之后，当营养条件改善或受到刺激时，才萌发抽枝。

樱桃潜伏芽的寿命较长。中国樱桃70～80年生的大树，当主干或大枝受损或受到刺激后，潜伏芽便可萌发枝条更新原来的大枝或主干；甜樱桃20～30年生的大树其主枝也很容易更新，这是樱桃维持结果年龄、延长寿命的宝贵特性。

潜伏芽是骨干枝和树冠更新的基础，保护、利用好潜伏芽，对维持大樱桃树冠完整，延长盛果年限具有积极的作用。

2. 枝条特性

樱桃的枝条按其性质可分为营养枝（也称发育枝）和结果枝两类。

(1) 营养枝

又称发育枝或生长枝。其顶芽和侧芽都是叶芽。幼龄树和生长旺盛的树一般都形成发育枝叶芽萌发后抽枝展叶是形成骨干枝扩大树冠的基础。进入盛果期和树势较弱的树；抽生发育枝的能力越来越小使发育枝基部一部分侧芽也变成花芽发育枝本身成了既是发育枝又是结果枝的混合枝。营养枝着生大量的叶芽没有花芽，叶芽萌发后，抽枝展叶，制造有机养分，营养树体，扩大树冠，形成新的结果枝。新梢在秋季落叶后到第二年萌芽前这一段时间称为一年生枝，一年生枝萌芽后为二年生枝，着生于二年生枝的枝条成为三年生枝或多年生枝。

叶丛枝是枝条中后部的叶芽萌发后，遇到营养供应不足时，停止生长所形成的，按枝条种类划分，叶丛枝应该属于营养枝类。枝长度在1 cm左右，仅有一个顶芽的枝也称单芽枝。这种枝在营养条件改善时，可转化为花束状结果枝，如果营养条件不改善，则仍为叶丛枝。如果处在顶端优势的位置上，或受到刺激时，还会抽生发育枝。

(2) 结果枝

枝条上有花芽、能开花结果的这类枝条称结果枝。樱桃的结果枝按其长短和特点分为混合枝、长果枝、中果枝、短果枝和花束状果枝五种类型（图4-7）。

混合枝：长度在20 cm以上。中上部的侧芽全部是叶芽枝条基部几个侧芽为花芽。这种枝条能发枝长叶扩大树冠又能开花结果。这种枝条上的花芽发育质量差、坐果率低、果实成熟晚、品质较差。

长果枝：长度为15～20 cm。除顶芽及其邻近几个侧芽为叶芽外其余侧芽均为花芽。结果后中下部光秃只有顶部几个芽继续抽生出长度不同的果枝。初期结果的树上这类果枝占有一定的比例进入盛果期后长果枝比例减少。

中果枝：长度为10～15 cm。除顶芽为叶芽外侧芽全部为花芽。一般分布在二年生枝的中上部，数量不多，也不是主要的果枝类型。

短果枝：长度在5 cm左右。除顶芽为叶芽外其余芽全部为花芽。通常分布在二年生枝中下部或 3 年生枝条的上部，数量较多。短果枝上的花芽一般发育质量较好，坐果率也高，是樱桃的主要果枝类型之一。

花束状果枝：是一种极短的结果枝年生长量很小仅为 1～2 cm，顶端居中间的芽为叶芽，其余为花芽的极短的枝称为花束状果枝。这种枝上的花芽质量好，坐果率高，果实品质好，是可提高樱桃产量的最主要的结果枝。但是，这种果枝的顶芽一旦被破坏，就不会抽枝再形成花芽而枯死，这种枝又易被碰断，在整形修剪时，不但要促使多形成花束状果枝，更要注意保护它的顶芽不受伤害，更不能将其碰断。

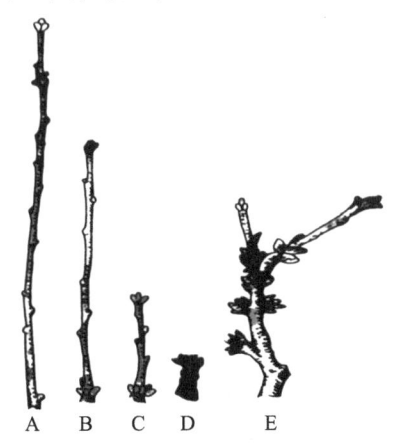

图 4-7　甜樱桃的枝条类型
A. 混合枝；B. 长果枝；C. 中果枝；D. 短果枝；E. 花束状果枝

二、结果特性

（一）花芽分化

樱桃花芽分化的特点是分化时间较早，分化时期集中，分化过程迅速。樱桃花芽的形态分化期，主要在采果后的 1～2 个月时间里。形态分化的过程，大体上可以划分为花原基显现期、花萼原基分化期、花瓣原基分化期、雄蕊分化期，以及雌蕊分化期等 5 个时期。据研究，至越冬前，花芽中已经具有闭合的花蕾和花粉囊。

樱桃花芽生理分化和形态分化的迟早，与品种、树龄、树势、果枝类型，以及各年的气候状况等有关。一般早熟品种比晚熟品种分化期早，成龄树、弱树比幼树、旺树早；停长早的枝条，比停长晚的枝条开始分化早，天旱年份比多雨年份要早。

由于樱桃花芽分化期集中，分化过程迅速，所以对营养条件有着较高的要求。在营养条件不良时，会影响花芽的发育质量，有的还能出现雌能败育花朵（图 4-8）。雌能败育花的发生，可能与雌蕊的发育延期，植株体内激素组成的变化有关。雌能败育的花朵，柱头极短，矮缩于萼筒之中，花瓣未落，柱头和子房已黄萎，完全不能坐果。

雌能败育花的数量，因品种、树势和果枝类型而不同。在长势较弱的树上，花束状果枝的败育花率较高；在长势较强的树上，则中、长果枝及混合枝的败育花率较高。这种现象可能与品种的分枝习性，以及新梢生长、花芽分化的节奏有关，分枝力强、长枝多的品种或植株，败育花率就高；反之，败育花率就低。这是因为，在樱桃果实采收后，长势壮旺的树上有一个新梢速长期，消耗养分较多，以致影响了花芽的发育质量，从而增加了中、长果枝及混合枝基部腋花芽的败育花率。

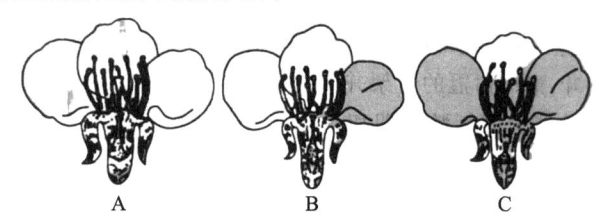

图 4-8 大樱桃的雌能败育花
A. 正常花朵；B、C. 雌能败育花

（二）开花与坐果

1. 开花

樱桃是对温度反映较敏感的树种。当日平均气温达到 10 ℃左右时，花芽便开始萌动。日平均温度达到 15 ℃左右时便开始开花，花期 10～20 d。中国樱桃比大樱桃早 25 d 左右，因此常在花期遇到晚霜的危害，严重时绝产，在开花期要密切注意天气的变化，收听、看天气预报，采取必要的防霜冻措施，减轻危害。

2. 授粉受精与坐果

不同樱桃种类之间自花结实能力差别很大。中国樱桃和酸樱桃自花授粉结实率很高，在生产中，无论是露地栽培还是保护地栽培的条件下，无须进行特别配置授粉品种和人工授粉，仍能达到高产的目的。而大樱桃的大部分品种都存在明显的自花不实现象，若单栽一个品种或虽混栽几个花粉不亲和的品种，往往只开花不结实。因此，在建立大樱桃园时要特别注意搭配有粉且亲和力强的授粉品种，并进行花期放蜂或人工授粉。

（三）果实发育

樱桃属于核果类果树，其果实由外果皮、中果皮、内果皮（果核）、种皮和胚组成，可食部分为中果皮。樱桃果实生育期较短，一般在 30～80 d，果实发育分为三个阶段。

第一阶段从坐果到硬核前，为果实的第一速长期，时间为 10～15 d，果柄纤维管发育完善，子房细胞分裂旺盛，果实迅速膨大，果核增长至果实成熟时的大小，呈白色，未木质化，胚乳发育迅速，呈液态胶冻状。

第二阶段为硬核期，果实纵横径增长不明显，果色深绿，果核由白色逐渐木质化为褐色并硬化，胚乳逐渐被胚的发育吸收消耗，此期需保证平稳的水肥供应，干旱、水涝均易引起大量落果。

第三阶段自硬核后到果实成熟，是果实的第二次速长期，果实细胞迅速膨大并开始着色，直至成熟。

樱桃果实的成熟比较一致。成熟期的果实遇雨容易裂果腐烂，要注意调节土壤湿度，防止干湿变化剧烈。成熟的果实要及时采收，防止裂果。

任务三　樱桃栽培环境

一、温度

樱桃是喜温不耐寒的落叶果树，樱桃适合于年平均气温 10～12 ℃以上的地区栽培，一年中要求日均气温 10 ℃以上的时间在 150～200 d，如果花期气温降至 -2 ℃花就会受冻褐变严重时导致绝产，早春防霜冻是保证樱桃丰产的关键措施。冬季最低气温不能低于 -20 ℃，温度过低会引起大枝纵裂和流胶。

二、水分

樱桃对水分状况反应非常敏感，既不抗旱，又不耐涝。樱桃根系要求有较高的氧气含量，土壤水分过多，氧气不足时，会影响根系正常呼吸，导致树体不能正常生长发育，应及时排涝。樱桃生长时需要一定的空气湿度，如果空气湿度较低，将不利于它的生长，而在结果时过于干燥，果实会生长缓慢会停止生长，会影响到产量，但高温高湿又容易导致徒长，不利于结果。在坐果后若过于干旱则又影响果实的发育。

三、光照

樱桃为喜光树种。光照条件良好时，树体健壮，果枝寿命长，花芽充实，坐果率高，果实成熟早，着色好，糖度高，酸味少。光照条件差时，树冠外围梢易徒长，树冠内枝条衰弱，结果枝寿命短，结果部位外移，花芽发育不良，坐果率低，果实着色差，成熟晚，品质差。因此，建园时应选择阳坡、半阳坡，栽植密度不宜过大，枝条角度开张，保障树冠内部光照条件，达到通风透光。

四、土壤

樱桃的根系呼吸旺盛，对于土壤的要求较高，不仅要求土壤深厚肥沃，还有土质疏松、通气性好、排水良好，保水力较强的砂壤土或壤土上栽培。另外，樱桃树对于盐碱性较为敏感，不适宜种植在盐碱地中。适宜的土壤 pH 值为 5.5～7.5。

五、风

樱桃根系一般比较浅，抗风能力差。严冬和早春大风易造成樱桃枝条抽干，花芽受冻。花期大风易吹干柱头黏液，影响昆虫授粉，因此，要营造防风林，或选择小环境良好的地块建园。

六、园地选择

选择园地时，要全面考虑樱桃对生态条件的要求，综合分析，区分主次。选择土层比较深厚，透气性好，有机质含量高及保水保肥能力强，地下水位低的砂壤土或壤土地块建园。不宜在重茬地栽植，也不宜以桃、李、杏等核果类为前茬的地块栽植。不适宜在盐碱地建园。樱桃根系分布较浅，叶片大，树遇大风雨天气或浇水后遇大风易倒伏，叶片易被风刮破碎，叶柄易被风折断。因此，园地最好选择在背风向阳的地方。樱桃既不耐涝又不耐旱。因此，要求果园内有排灌设施，做到旱能浇，涝能排。要把园地选择在没有霜冻危害，或霜冻危害较小的地块。园地选择时不宜选择冬季常有 −20 ℃ 低温出现的地方。

任务四　大樱桃露地生产技术

一、品种选择

西藏地区平均海拔高，昼夜温差大，为提高生产效益，在选择品种上，应考虑选择与当地自然条件相适应的品种，做到适地适栽。应根据种植地区的气候特点和土壤条件选择适应性强、抗病虫能力强、抗裂果、品质优良、耐储运且丰产性好的品种，宜选耐寒性强的品种，如黑珍珠、宾莹、罗斯 8 号等，授粉品种应具有花粉量大，与主栽品种授粉亲和性好，果个大，品质好等性状，如先锋、拉宾斯等。露地园要早、中、晚熟品种合理搭配，以延长采摘时间，避免采收和销售过于集中。

二、栽植要求

建园时必须配置授粉树，同一地块要栽植 2～3 个品种，以满足授粉与结果的需要。选用二年生的优质嫁接壮苗，要求苗高 120～150 cm，根系发达，须根多，嫁接口上方 1 cm 处苗干直径 1～2 cm，芽体饱满、木质化程度高、无病虫危害及机械损伤。将苗木横放，握住苗木枝头上下轻轻晃动，苗干不打弯、直立有韧性的苗为上等苗，这样的苗木品质好、生长快、丰产性好。

樱桃树栽植时间一般为3月上中旬，栽植密度为株行距（3～4）m×（4～6）m，授粉树搭配主要以行列式与中心式为主，授粉树要与主栽品种花期相遇，主栽品种与授粉树比例为（2～3）：1。

栽植前按所需密度挖定植穴，规格为 0.8 m×0.8 m×0.8 m，或按行挖定植沟，规格为深 0.6 m、宽 0.8 m。底土和表分开，每 667 m² 施腐熟有机肥 10 000 kg，与表土混合后回填，填至距地面 20 cm，踩实。

三、肥水管理

樱桃既不耐涝也不耐旱；樱桃的根系分布浅，对水分状况非常敏感，因此种植樱桃对水肥的控制尤为重要。

（一）水分管理

1. 花前水

樱桃发芽后至开花前（4月上旬）进行，灌水量不宜过大，以浸透土壤 20 cm 为宜；花前灌水不仅能满足树体需要，还可以降低地温，避免晚霜危害。

2. 硬核水

在果实如绿豆大小时（5月中下旬）进行，灌水量大一些，需要浸透土壤 50 cm。

3. 采前水

6月中旬至6月底，是果实迅速膨大期，水分对果实产量和品质影响极大，采取少量多次的原则，采前 10 d 要控制浇水。

4. 封冻水

在秋施基肥后进行，要浇足灌透，以利于樱桃苗可以安全越冬，保证来年获得好收成。

（二）施肥管理

樱桃果实发育期仅为 30～80 d，其枝、叶、果的生长发育主要是在 4—6 月完成，花芽分化时间早，分化进程较快且相对集中，对养分的需求主要集中在花前、花后和采果后的花芽分化期。幼树期以施氮肥为主，可配施适量磷钾肥；初果期以有机肥和复合肥为主，并配施微量元素，以全面发挥肥效；结果大树要适量多施有机肥，配合施用三元复合肥。

1. 秋施基肥

一般施肥时间在 8—9 月，早施肥有利于植株早吸收养分，提高树体营养储备量，翌年早发挥肥效。秋施基肥是樱桃年生长周期中最重要的一次施肥，对树体全年的养分供应起决定性作用。樱桃春季萌芽、开花所需的养分主要来自储备营养，要提高花芽质量，提高坐果率，基肥施用量必须充足，应占全年施肥量的 70%，幼树和初果期树一般亩施腐熟有机肥 2 000 kg、复合肥 15 kg，结果大树一般亩施有机肥 4 000 kg、复合肥 20 kg。一般有机肥、无机肥搭配施用，有机肥主要包括圈肥、豆饼等，结合深翻施用；无机肥主要包括氮、磷、钾肥等。复合肥可在树冠外围 40～50 cm 的地方进行放射状沟施，开沟 7～9 条，扩大施肥面积，可避免因肥料过于集中而烧伤根系。施肥后要适量浇水，以利于根系对养分的吸收，提高肥料利用率。采用少量多次、轮换使用多种肥料的方式，促进根系对肥料的吸收和利用。

2．追肥

补充生长所需养分的不足，花前、花后、果实发育期追肥以速效性氮肥或三元复合肥为主；采果后 10 d 左右甜樱桃进入花芽分化期，每株可追施腐熟农家肥 20 kg，三元复合肥 0.5 kg。每次施肥应辅以少量灌水，以提高肥效，但谨防大水漫灌。尽量采用点施、撒施等方式浅施，避免损伤根系，防止根癌病的发生。

3．根外追肥

花期和果实膨大期进行根外追肥是对土壤施肥的有效补充，萌芽前喷 1 次 2%～4% 的尿素溶液，盛花期叶面喷施 0.3% 尿素 +200 倍的硼砂 +600 倍的磷酸二氢钾混合液以提高坐果率。果实膨大期喷施多元复合微肥可提高果实质量。果实着色期喷 1 次 0.3% 磷酸二氢钾溶液可促进着色和提高果实含糖量。

四、花果管理

（一）保花保果

保花主要应注意春季的肥水管理，以促进花器官建造完全，开花正常。保果的目的是提高健壮果实的坐果率。

1．合理修剪

樱桃树需要定期修剪，以保持树冠通风透光，促进树木生长。一般在冬季和夏季进行修剪，冬季主要进行整形修剪，夏季进行疏枝修剪。

2．合理施肥

樱桃树需要充足的养分来保证花果的生长。在树木生长季节，应适时施用氮、磷、钾等复合肥料，同时注意添加有机肥料，如腐熟农家肥等。

3．保持适宜的水分

樱桃树喜欢湿润的环境，但不耐涝。因此，在浇水时要控制好水量，保持土壤湿润但不积水。在干旱季节要注意适时浇水，花期避免大水漫灌。

4．病虫害防治

樱桃树容易受到病虫害的侵害，如花腐病、金龟子等。要定期检查树木的生长情况，发现病虫害要及时采取措施进行防治，如喷洒农药等。

5．保护花朵

在樱桃花开时，要注意保护花朵，避免因为大风、暴雨等恶劣天气导致花朵受损。可以采取遮阳网、遮雨棚等措施进行保护。

6. 人工授粉

樱桃花授粉主要依靠蜜蜂等传粉昆虫，但在气候不佳或蜜蜂数量不足的情况下，可以采取人工授粉的方法，以提高授粉率和结实率。

（二）疏花疏果

疏花疏果，即人为地疏除一部分过多的花和幼果，以获得优质果品和持续丰产。特别是盛果期的樱桃树，开花量都比较大。开花过多，养分消耗过大，不仅加重了樱桃的生理落果，影响果实的正常发育，形成许多小果、次果，还会削弱树势，易受冻害和感染病害，通过疏花疏果措施，不仅能提高产量，增加单果重还能促进和提高果实的整体发育质量。

1. 疏花

樱桃疏花的原则是，进入盛花期后，对过弱花枝、晚开花蕾枝全部疏除。对长、中结果枝因剪留较长而遗留的多余花蕾、发育不良的晚开花蕾，进行疏除或短截。对外围延长枝是花芽的细弱串花枝疏除，直径在 3～5 mm 以上的回缩；外围延长枝梢头是叶芽的保留。

樱桃是异花授粉，不管是蜜蜂授粉还是随风授粉，花朵朝上的容易授粉坐果，花朵朝下的较难授粉。水平枝、斜生枝、侧枝的花容易授粉坐果；背下枝、内膛枝、过密枝不易授粉坐果。因此，应多疏除枝条上的下位花和内膛枝上的花，剪除过密枝。

2. 疏果

疏果就是疏除多余的、不符合要求的果。疏果一般分 2 次进行。

第一次疏果，从末花期后 1 周左右开始。疏除过密、畸形、病虫、弱小、晚花和机械损伤果。一般预留出 20% 左右的幼果，以防灾害天气的侵袭。第二次疏果，在樱桃硬核期进行。疏除多余果、弱枝果、少叶果；留多叶果、侧生果、壮枝果。

延长枝外围梢头（20 cm 以内）不留果，内膛基部（10～15 cm）不留果，中后部多留果。一般对长果枝、中果枝先短截再疏除过多的果，保留短果枝和花簇状果枝上的果。

五、整形修剪

（一）幼树整形修剪

1. 幼树整形

①定干。2 年成苗定干高度：70～80 cm。定干后，在理想部位刻芽，促发主枝。芽苗待长到定干高度后及时摘心定干。

②撑枝。在幼树期的生长季节，把未木质化的主枝新梢基角用竹质牙签撑开，叫作撑枝。大樱桃幼树生长旺盛，分枝角度小，不易成花。通过撑枝开张角度，缓和生长势，提高主枝基部萌芽率，增加短枝数量，促芽变花，提早结果。撑枝扩大树冠，改善风光条件，防止结果部位外移，增加产量，改善品质。

③拉枝。将主、侧枝和辅养枝拉成近90°角，叫作拉枝。如果生长季撑枝不到位的枝条可在休眠季进行拉枝。樱桃极性生长较强，顶端优势明显，幼树期必须进行拉枝才能削弱顶端优势，降低枝干比，缓和树势，利于开花结果。拉枝的原则是不扎地、不朝天、不打弯，一条直线向外延。拉绳扣应宽松，防止后期勒断树枝。木橛可选用竹排料或直径5 cm，长度40 cm的树枝料，并以70°角楔入地下。对开张角度小的大枝，拉枝前可视其粗度大小，在基部或弯曲处的背后排列开口3～5锯，深度不超过直径1/3。此法可减少枝条弹力，容易保持开张角度。

④丰产树形。包括疏散分层形、改良主干形和细长纺锤形。

疏散分层形。该树形有中干，分3层着生主枝，配有8～9个主枝，总高度2～2.5 m。既第一次剪留长度80 cm，留3个主枝；第二次剪留长度70 cm，留3个主枝；第三次剪留长度60 cm，留2～3个主枝。主枝截留长度为主枝延长头长到50 cm时进行第一次摘心，形成一级侧枝；摘心后新生的主枝延长头再长到40 cm时进行第二次摘心，形成二级侧枝；主枝延长头再长到30 cm时再进行第三次摘心，形成三级侧枝。该树形特点是结果早，长树快，适合55株/亩以下的稀植栽培。

改良主干形。类似疏散分层形，有中干和主枝，配有15个主枝左右，但无侧枝，总高度2 m。主枝分3层，间距60 cm。即第一次定干高度80 cm，培养6个主枝；第二次剪留长度60 cm，培养5个主枝；第三次剪留长度60 cm，培养4个主枝。改良主干形的主枝单轴延伸，在主枝上直接着生花束状短枝或小型结果枝组。第一层主枝要求数量多，但整形带内芽眼少，主要通过在主枝基部10～20 cm处对嫩梢早摘心，或1年生枝短截，促使分叉，然后培养成单轴延伸的主枝（图4-9）。

细长纺锤形。类似改良主干形，有中干和主枝。主枝15个，单轴延伸，无侧枝。主枝不分层，交错着生，间隔20 cm。下部主枝略长，上部主枝略短，呈细长纺锤形。整形时中干一般不短截，利用中庸枝换头，使中干呈弯曲延伸。中干高度达2 m左右时"落头"开心。细长纺锤形适合保护地高密栽培（图4-10）。

图4-9 改良主干形

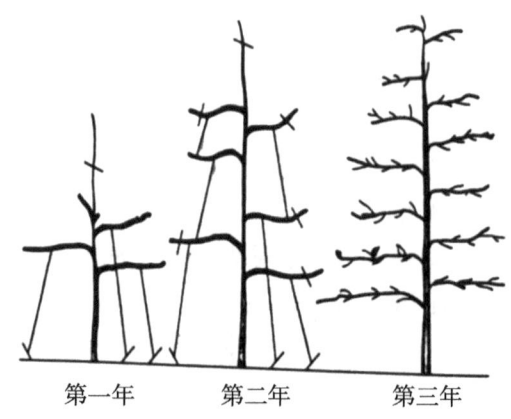

图4-10 细长纺锤形修剪状

2. 幼树修剪

樱桃幼树期的结果习性类似苹果，先长叶芽，然后再在叶芽的基础上分化成花芽。即1年成枝，2年成花，3年结果。也就是说，枝龄老，结果早，但是如果风光不良，叶芽会枯死；长势过旺，叶芽过瘦，分化花芽的时间推迟。因此，大樱桃幼树期修剪基本原则是：轻剪。以拉枝，刻芽，摘心为主。

（1）剪除

按不同的作用和方法，剪除又分短截、疏剪和缩剪3种。

①短截。又分轻、中、重3种方法。剪除枝条全长的1/3以下的，叫作轻短截。轻短截常用于单轴延伸枝的培养，促使萌发中、短混合果枝。剪除枝条全长1/2左右的，叫作中短截。中短截常用于骨干枝的培养，促使分枝和保持顶端优势。剪除枝条全长1/2以上的，叫作重短截。樱桃成枝力弱，对于背上枝、竞争枝、过密枝一般不采用疏剪的方法，而是先采用重短截的方法剪整10 cm左右，然后再对短截后萌发的新梢进行摘心促花，最后培养成小型结果枝组。

②疏剪。把1年生枝从基部剪除或多年生枝从基部锯除，叫作疏剪。主要用于输出树冠外围的过旺密挤枝条，以及紊乱、郁闭的树冠大枝上。疏枝后，有利于改善冠内通风透光条件、促进花芽分化和平衡树势，对壮树、增产有一定作用。

③缩剪。剪除或锯除多年生枝的一段，叫作缩剪。在幼树生长缓慢、树势弱时适当缩剪，能够促进树势、刺激成枝，利于树形培养。

（2）刻芽

在叶芽的前方1～1.5 cm处横切深达木质部，叫作刻芽。樱桃萌芽率低，常出现"光退"现象。刻芽主要用于幼旺树，可提高萌芽率和成枝率。刻芽深达木质部1 mm为轻度刻芽，深达木质部2 mm为重度刻芽。轻度刻芽可抽生花束状枝，转化成花芽；重度刻芽可抽生枝条，培养骨干枝。刻芽工作应在拉枝完成后，早春萌芽前进行。刻芽部位应选择空间大，但缺枝的部位重度刻芽崔生枝条；或选择1～2年生枝侧芽和背后芽轻度刻芽，催生花芽。切忌在拉平的枝条背上刻芽，背上刻芽容易造成背上徒长枝和枝条折断。刻芽工具为1～2年生枝用粗齿钢锯条，多年生粗枝用细齿手锯。

（3）摘心

在新梢木质化以前，用手掐去嫩梢顶端，叫作摘心。摘心主要是控制幼旺树骨干枝和背上枝的旺长。骨干枝摘心主要是增加分枝，扩大树冠。骨干枝摘心应按照前述树形尺寸的要求适时、适度地摘心。背上枝摘心主要是防止郁闭，促进叶芽饱满，加快花芽分化。背上枝摘心应进行多次，第一次时间在5月上旬（花后10 d），当嫩梢长到8～10 cm时掐掉顶芽1～2 cm。第二次在6月上旬，当新抽出的嫩梢长到8～10 cm时。第三次在7月上旬。

（4）环剥

对于樱桃乔砧树可采用环剥技术以提高坐果率或控制徒长。盛花期环剥可提前成熟期5～6 d，并有利于提高坐果率、增大果重和促进花芽形成。环剥对象为4年生以上徒长树的主干或主枝。方法是用环割刀在主干中部或主枝基部环割两圈,深达木质部,环割宽度不超过环割对象的 1/10;然后剥下皮层,不要伤及形成层;最后用封箱胶带包扎伤口,防止杂菌侵入。环剥后 15 d 伤口开始愈合,环剥后 25 d 可除去包扎胶带。环剥可每年进行 1 次,如主干无环剥空间,可选择主枝环剥。环剥主枝时留 1 枝不剥,能克服环剥后叶片发黄问题。环剥应在 4 月上旬盛花期进行,如果谢花后环剥,提前成熟期缩短,甚至容易引发流胶。环剥后应不断灌水,保持土壤湿润,促进叶片由黄转绿和伤口愈合,防止死树。树势中庸和矮化砧树不可环剥。矮砧树在保护地栽培条件下可以环剥。

(二)结果树整形修剪

樱桃喜光性极强,如果树冠郁闭,将造成内堂枝、芽枯死,结果部位外移,最终导致结果晚,产量低。这个时期修剪的原则是平衡树势,使枝条分布均匀,树冠通风透光,做到枝枝见光、果果向阳。

1. 修剪时间

①夏剪。夏季修剪的目的是减少新梢无效生长,增加枝叶量,改善光照条件,使树体早成形、早成花、早结果。主要修剪方法有:开张角度、摘心、扭梢、抹芽、环剥、环割等方法。夏季修剪主要是针对生长过旺的樱桃树进行疏剪和修整。一般而言,夏季修剪的最佳时间是在树木生长旺盛、果实尚未成熟时进行。通过适量的修剪,可以帮助樱桃树集中营养,增加果实的品质和产量。

②冬剪。冬季是樱桃树进入休眠期的时候,也是最适合进行修剪的时间。一般来说,冬季修剪的最佳时间是在樱桃树完全进入休眠后,即在落叶后的晚秋到早春之间进行。此时,树木处于休眠状态,修剪不会对其造成过多的伤害,并能够促进新的生长。

2. 修剪方法

(1)夏剪

樱桃夏剪主要是为了改善光照条件,减少新梢无效生长,使树体早成形、早成花、早结果。樱桃夏剪方法主要包括以下几种。

①除萌抹芽:在叶簇期对主枝、侧枝、主干上及大剪口附近发出的新枝进行剪除,留下单芽,剪除双芽,以及病虫枝、废芽和缩减未坐果的长果枝。

②扭枝:对主枝、侧枝延长枝附近的竞争枝和有空间可利用成为侧枝或大中结果枝组的强旺徒长枝、直立枝进行扭梢,即在半木质化时扭转 180°。

③疏枝:对主侧枝和结果枝上的过密枝进行疏除,一般保留部分结果枝。

④拿枝:在高温期,通过拿枝改变侧生有徒长特性的新梢生长方向。

⑤摘心:对新梢进行摘心,控制树势,促进花芽形成。

⑥超短截:对主侧骨干枝上有空间的徒长枝留基部 1~2 个节位进行短截。

⑦长放:对生长势过强的徒长结果枝或长果枝进行长放,以消除顶端优势。

⑧刻芽:用小钢锯条在芽的上方横拉一下,深达木质部,刺激该芽萌发成枝。

(2) 冬剪

冬季修剪是指树体进入冬季休眠后进行的修剪。樱桃冬剪的方法包括短截、缓放、回缩、疏枝等。冬季修剪在整个休眠期内都可进行,但对于樱桃越晚越好,一般接近芽萌动时修剪为宜。

短截:将樱桃枝条剪去一部分,使枝条长度变短,称为短截。根据剪去部分的长度,可分为轻短截、中短截和重短截。轻短截剪去枝条的 1/5～1/4,中短截剪去枝条的 1/3～1/2,重短截剪去枝条的 2/3。

缓放:对一年生枝不进行剪截,使其营养分散,生长势缓和,称为缓放。一般情况下,缓放的枝条生长势逐年降低,中长枝减少,短枝和花束状果枝增加,有利于结果。但对于强旺枝,尤其是直立强旺枝不宜缓放。

回缩:回缩主要用于减少结果枝组光秃和老树、衰弱树或主枝的更新复壮。一般对外强内弱、上强下弱、内膛短枝多、中枝少的树,应分别采用单轴缓放,选择内膛优势部位的壮枝进行回缩。

疏枝:疏枝主要疏除死枝、过密枝、交叉枝和重叠枝,可以减少营养消耗,改善光照条件。在修剪时,要注意将剪口修剪平整,避免创口过大。

六、病虫害防治

樱桃病害主要有褐斑穿孔病和细菌性穿孔病、干腐病、流胶病、根癌病和根腐病等。大樱桃虫害主要有梨小食心虫、红蜘蛛、白蜘蛛、刺蛾类、金龟子、螨类等。应采取"以防为主、综合防治"的原则。

(一)樱桃虫害综合防治技术

1. 梨小食心虫

剪除虫梢虫果。及时剪除刚出现萎蔫但尚未枯萎的新梢和虫果,剪除的新梢、虫果带出果园深埋或烧毁。

灭除越冬虫源。冬季翻耕树盘,破坏梨小食心虫幼虫的越冬场所,减少越冬基数。

诱杀成虫。4—9月在果园内放置糖醋液盆诱杀成虫,悬挂梨小食心虫性信息素诱杀雄成虫。

药剂防治。在梨小食心虫成虫高峰过后 4～8 d 喷 25% 灭幼脲 3 号 SC(悬浮剂)1 500 倍液、4.5% 高效氯氰菊酯 EC(乳油)2 000 倍液或 2.5% 溴氰菊酯 WP(可湿性粉剂)2 000 倍液等,可有效消灭梨小食心虫。

天敌防治。在梨小食心虫卵发生初期,释放松毛虫赤眼蜂,寄生梨小食心虫幼虫。

2. 刺蛾类

刺蛾类主要是绿刺蛾和褐刺蛾。

灭除越冬虫茧。冬、春季,在树木附近的松土里挖除虫茧,刮树皮灭除在树皮缝中的虫茧。

黑灯光诱杀。利用刺蛾成虫有较强的趋光性的特点，成虫羽化期安置黑光灯诱杀成虫。

药剂防治。在幼虫 1～3 龄阶段，用 90% 晶体敌百虫 1 000 倍液、25% 灭幼脲 3 号 SC 1 500 倍液、0.6% 苦参碱 AS（水剂）800 倍液喷雾防治。虫龄大时可选用菊酯类杀虫剂或 2% 甲氨基阿维菌素苯甲酸盐 ME 1 200 倍液。

生物防治。使用苏云金杆菌（Bt）乳剂 500 倍液喷雾防治。

3．金龟子类

金龟子类主要是黑绒鳃金龟和铜绿丽金龟。

枝条诱杀。成虫发生期在樱桃园分散插蘸有 80% 敌百虫 100～150 倍液的杨、柳、榆枝条，诱杀成虫。

黑光灯诱杀。利用成虫的趋光性，设置黑光灯诱杀。

振落捕杀。利用成虫假死性振落成虫捕杀。

药剂防治。成虫为害期喷 4.5% 高效氯氰菊酯（EW）1 000 倍液、2% 甲氨基阿维菌素苯甲酸盐 ME 1 200 倍液防治。成虫有入土习性，可在地面撒 5% 辛硫磷颗粒剂，后耙土杀成虫。

4．草履蚧

清除卵囊。秋冬季清除树干周围土中、石块下、树皮缝、树洞内卵囊，减少越冬虫源。

阻隔若虫。内丘县 2 月上中旬若虫上树前，在树主干中下部涂商品粘虫胶、专用胶带、废黄油或废机油药环阻隔若虫上树。

黑光灯诱杀。于 4 月下旬至 5 月下旬悬挂黑光灯诱杀雄成虫。

药剂防治。果树发芽前可用 3～5 波美度石硫合剂防治；发芽后可用 4.5% 高效氯氰菊酯 EW 1 000～1 500 倍液、0.6% 苦参碱 AS 800～1 000 倍液、25% 噻虫嗪 WG（水分散粒剂）1 000～1 200 倍液防治。

5．螨类

螨类主要是山楂叶螨和二斑叶螨。

认真清园。清除落叶、杂草及地面覆草，刮除翘皮并深埋；挖除树干周围 30 cm 内表土或用新土覆盖树盘，防治越冬虫源。

休眠期药剂防治。发芽前喷 3～5 波美度石硫合剂或 5% 柴油乳剂，树体及干基周围地面均要细致喷药，杀除越冬虫源。

生长季药剂防治。生长季可喷 24% 螺螨酯 SC 4 000 倍、15% 哒螨灵 WP 2 000 倍、25% 三唑锡 WP 1 500 倍、1.8% 阿维菌素 ME 2 000 倍等药剂，交替使用。

保护利用天敌。避免在天敌发生期使用药物防治。可引进盲走螨进行防治。

（二）樱桃病害综合防治技术

1. 樱桃流胶病

培育健壮树势。通过增施有机肥，合理灌溉，合理排水，合理防寒，不使樱桃发生旱灾、涝灾和冻害。

尽量避免伤口。加强病虫害防治，避免造成病虫害伤口；冬季修剪尽量在芽萌动前进行，大伤口要涂伤口愈合剂或腐殖酸铜等，夏季修剪要减少大的剪锯口。

刮治流胶斑块。要及时发现，及时刮治，刮后涂药。药剂可用1.8%辛菌胺50倍液、45%代森铵AS30倍液。

喷药防治。结合清园喷1.8%辛菌胺AS400倍液、45%代森铵AS200倍液或3～5波美度石硫合剂预防；生长季节喷1.8%辛菌胺AS1 000倍液、45%代森铵AS500倍液或80%代森锰锌WP1 000倍液交替防治。

2. 樱桃叶斑病与穿孔病

增强树势。合理栽培、修剪、施肥，培育健壮的树势，提高树体抗病能力。

清除病叶。结合清园，清除病枝、病叶，集中烧毁或深埋。

发芽前药剂防治。发芽前喷3～5波美度石硫合剂、1.8%辛菌胺AS 400倍液、45%代森铵AS200倍液。

生长季药剂防治。谢花后至采果前20 d，喷1.8%辛菌胺AS800倍液、45%代森铵AS500倍液、70%代森锰锌WP800倍液或75%大生M-45WP800倍液等，每隔10～14 d喷1次，连喷2次；采果后，根据天气情况交替喷药防治3～4次。

3. 根癌病

防治方法。加强肥水管理，增加土壤透气性，增强树体抗病性；避免伤害根颈部造成伤口，及时消灭地下害虫；育苗时注意消毒。苗木栽植前。

发现病株后要彻底清除癌瘤，并及时清理、烧毁，用1%硫酸铜液或K84药液涂抹伤口，并在根系周围浇灌1%硫酸铜液、农用链霉素或K84药液；死树及时拔除，用生石灰或1%硫酸铜液消毒土壤。

任务五　樱桃设施生产技术

一、设施选择

设施种植樱桃，其实质是为不能适应当地露地栽培的樱桃创造特定的人工环境，进行反季栽培，让樱桃在适应特定环境条件的基础上生长发育，这样就可以生产出新鲜、质优的反季樱桃。但这种设施种植大樱桃在设施条件、技术等方面有一定的要求。

西藏保护地栽培樱桃时可选择塑料大棚进行早春促成栽培，也可选择高效日光温室开展樱桃反季节栽培。

二、品种选择

樱桃保护地栽培，是一种反季节生产，品种选择非常关键，应选择综合性状较好的品种用于保护地栽培，主要具备以下特点：需冷量低、早熟、果个大、色泽艳丽、品质优、风味好；树体矮化紧凑、适于密植栽培、早实丰产性好；栽培适应性广、较抗病；花粉量大、最好自花结实。选择与主栽品种授粉亲和性好、花粉多、需冷量相近的品种为授粉品种，如：美早、红灯、大紫、拉宾斯等。

三、苗木定植

（一）土壤改良

对黏重或砂性较强的土壤掺沙或掺黏改良，打破地下不透水的黏板层和淤泥层。改良的重点是增施有机肥。结合土壤深翻，每 667 m² 施入优质腐熟厩肥 5 000 kg，以便能改善土壤结构，促进土壤团粒结构的形成，形成协调的水肥气热环境，有利于樱桃根系，尤其是吸收根发生，并且在大量使用有机肥时能增强土壤的缓冲能力，预防土壤盐渍化的发生。

（二）种苗选择

选择 2～3 年生结樱桃树，直接移栽到保护地定植，移栽树经过一个生长季的缓苗与培育，第二年即可进行生产，并能取得很好的经济效益。种苗选无病、质优的检疫苗。

（三）苗木定植

一般采用南北行向，行距 2 m，株距 1.0～1.5 m，且要根据土壤不同肥力条件和不同树形适当调整和选择株行距，一般在春季 3 月上旬至 4 月上旬，土壤解冻到苗木及树体发芽前定植，栽植深度与起苗时深度一致，栽后灌水，等水下渗后覆盖地膜。

配置适宜授粉树保护地栽培樱桃应配置花期一致，数量不少于主栽品种 30% 的适宜授粉树。移栽前要将伤根剪平，去掉根瘤，用 20～30 倍的 K84 蘸根，栽植后要灌透水。一天后用生根粉溶液灌根，发芽前灌第二次，展叶后灌第三次。为了确保移栽后正常生长，也可采用对树体挂吊瓶打点滴的办法来补充树体养分。

四、幼树期樱桃园的管理

（一）培养幼树基本骨架及结果枝组

樱桃结果之前，培育丰产树形和树体骨架是关键。樱桃设施栽培的主要树形有自然开心形和自然纺锤形。

1. 自然开心形

干高 20～40 cm，无中心主干，全树有 2～4 个主枝，开张角度为 40°左右，每个主枝上配备 2～3 层侧枝，每层间隔 30 cm，侧枝上有各种类型的结果枝组。

2. 自然纺锤形

干高 40～60 cm，中心干上配备单轴延长的主枝 6～10 个，角度开张几乎成水平，上面着生大量结果枝组。修剪时要及时落头开心，以控制树高。整形时，定植当年留 50 cm 定干，定干后从抽生的长枝中选留长势健壮、方位好的作为主枝，在生长季节拉成水平角。第二年冬剪时中心干延长枝留 40～60 cm 短截。生长季对主枝开张角度，主枝背上的强旺枝摘心。冬剪时对竞争枝和背上枝要疏除或短截，其余的斜生枝、中庸枝可缓放或轻剪。第三年对中心干留 50 cm 摘心，生长季继续开张角度，背上枝和内膛旺长枝摘心，培养成结果枝组。

（二）促花修剪技术

生长期修剪：幼树生长旺盛，应重视夏季整形修剪，尽快扩大树冠，培养矮化的主干骨架。对骨干枝和延长枝适度短截；对非骨干枝轻剪长放，以提早结果，逐渐培养各类结果枝组。对生长旺的幼龄树宜连续摘心 2～3 次，环剥环割，以控制旺长，促发分枝，提早成花结果。保证树体通风透光，均衡树势。

休眠期修剪：幼树期宜适当短截，以促分枝，增加花束状果枝及叶丛枝，结果后应适当回缩，维持树体长势，提高结果能力，春季萌芽前进行刻芽、拉枝。

（三）矮化栽培

樱桃幼树生长期使用生长抑制剂进行矮化栽培。常用的生长抑制剂有多效唑（PP333）、矮壮素（CCC）、比久（B9）等。多效唑是内源赤霉素合成的控制剂，可提高植物吲哚乙酸（IAA）氧化酶的活性，降低植物内源 IAA 的水平，减弱顶端生长优势，植物外观表现矮化多蘖，避免徒长，叶色浓绿，根系发达。每年夏季初期可采用喷、灌结合的方法对植株进行喷施。

（四）肥水管理

对新栽的樱桃幼树，为了保证其成活，栽植当年一般不扣棚升温，春季萌芽前，树盘内灌 1 次透水，待地表稍干后松土覆地膜，以后依据天气和土壤墒情适量灌水，掌握不旱不涝的原则。展叶后每株树施尿素加复合肥 0.5～1.0 kg 并适量灌水，整个生长期内叶面喷施 5～7 次 600 倍液活力素加 0.3% 尿素或 1 000 倍液绿兴加 0.3% 磷酸二氢钾交替使用，9 月上旬全园开沟施一次腐熟有机肥，株施 50～100 kg。

五、丰产期樱桃园管理

（一）温湿度调控

温湿度是影响樱桃花芽分化和花蕾生长的重要因素，若温湿度管理不合理，还会影响坐果率及果实着色、增重等，因此，从开花后到果实膨大期，一定要调控好温湿度。可通过供暖、保温等措施来提高棚内温度，降温的主要方式为通风透气，具体的温度调控要根据当地的气候、天气情况再结合樱桃相对应的生长阶段来进行。

保护地栽培樱桃在晚秋要尽可能地创造适合樱桃休眠的低温，一般在平均气温低于10 ℃时扣棚，白天温度高时盖草苫或棉被遮阴降温，夜间棚外气温低时，拉起草苫或棉被并打开所有通风口进行降温。创造低于7.2 ℃的环境，并延长其维持时间，尽快达到栽培樱桃品种的需冷量。发芽期开始调控设施升温，夜间不低于0 ℃，白天保持18～20 ℃；1周后逐渐提温，7～10 d夜间升至5～6 ℃，白天升至20～22 ℃，但白天不能高于25 ℃，合理控制温度变化，促进樱桃幼树发芽。

湿度主要是通过放风排湿，喷雾或洒水增湿来进行控制。湿度维持在50%左右，另外需要特别注意果实着色期间的湿度调控，湿度不能过高，防止生理性裂果。

（二）光照控制

樱桃为喜光性很强的树种，而保护地栽培樱桃树有很长一段生长时间是处于冬季，冬季的光照要弱于其他季节，再加上随着植株的生长，枝叶越来越繁茂，通风透光性也随之降低。因此基于果树生长以及果实着色的需要，在此期间需要采取一些增加光照的措施来提高棚内光照的时间和强度，以保证并促进植株的光合作用，主要措施有以下几点。

①通过整形修剪改善光照，使光照均匀充足，减少低功能叶和寄生叶。

②通过人工补光，晴天，早上卷被前补光1 h，傍晚放被后补光3～4 h；阴雨雪天气全天补光，光照时间达到12～14 h；补光可以促进生长使植物生长健壮旺盛，物候期提前，尤其是使作物提前成熟抢先上市，补光灯应选择激光光质，尤其是400～500 nm的蓝紫光和600～700 nm的红橙光，激光光质直接影响植物生长过程中干物质的积累。另外可通过铺设反光材料来增加光照强度，提高浴光率，即在果实采收前十几天，将反光材料放置在树膛下面，增强树内整体光照强度，提高果实的浴光率，便于果实着色。

（三）整形修剪

设施樱桃的修剪以生长期修剪为主，休眠期修剪为辅。生长期修剪主要在新梢生长期和果实采收后进行。生长期修剪主要是抑制新梢旺长，促进分枝，保持良好树形。用到的方法有刻芽、拉枝、摘心、环剥、疏剪等。

刻芽：萌芽前在叶子和叶丛枝的上方横割一刀深达木质部促使抽发新梢，刻芽能提高侧芽或丛叶枝的萌发质量，增加中长枝的总枝量，利于整形和弥补冠内空缺。

摘心：树体中的强势枝上进行，可缓和树势促进开花结实。另外，摘心可提高花芽成花率和坐果率。

采果后的修剪主要是疏密枝，对两年生枝在腋芽处短截，待结果后再从基部疏除。休眠期修剪可对比幼树期宜适当短截，以促分枝，增加花束状果枝及叶丛枝，结果后应适当回缩，维持树体长势，提高结果能力。

（四）水肥管理

在大樱桃开花后期到果实膨大期，主要施加水溶性肥料，结合病虫害防治，喷施 0.1% 流体钙镁 +0.3% 磷酸二氢钾 +0.1% 流体硼肥，可有效增大果实，提高固形物含量、着色度以及果实含糖量。

裂果严重的品种，需及时在叶面喷施流体钙镁 + 流体硼肥。施肥后及时进行灌溉，这个时期灌溉一方面可降低地温，延长花期，增加坐果率，另一方面可增加单果重。

大樱桃根部对氧气含量的要求较高，因此要对根系土壤水分进行严格的调控，如果含水量过高，会使大樱桃枝叶生长过旺，影响花芽分化率和坐果率，同时阻碍根系呼吸，导致根部腐烂，影响大樱桃树的整体长势。如果含水量过低，则没有足够的水分供应根系，会导致根系过早衰老，从而影响产量。因此这个时期的灌溉应优先采用滴灌，少量多次，以浸透土壤为宜，既能保持土壤湿度，又不会因浇水过多而导致裂果。

（五）花果管理

大樱桃自花结实率低，花果管理的主要任务是加强花期授粉与疏花疏果，其次是促进着色与成熟。

1. 花期授粉

一般在开花前 2～3 d 开始，每 667 m^2 保护地内放 1 箱蜜蜂。通风口处可使用防虫网或纱布封上，以防蜜蜂跑失。并且从初花到盛花要点授 5 次左右。每次点授都要逐株逐枝地进行，以保证不同时期的花都能及时授粉。花期还要及时叶面喷施 0.2%～0.3% 的硼砂，都有助于提高坐果率。

2. 疏花疏果

喷施 0.3%～0.5% 的尿素加磷酸二氢钾为增加保护地樱桃的单果重和提高果实的整齐度，可在萌芽前疏花芽，一般一个有 7～8 个花芽的花束状短果枝，可疏掉 3 个左右的瘦小花芽，保留饱满芽 4～5 个。花芽萌发后至开花时再疏蕾或疏花。生理落果后再进行疏除小果、畸形果。

六、病虫害防治

在大樱桃的整个种植管理阶段都会发生病虫害，其中开花后以及果实膨大期的病虫害是影响果实品质的重要因素，此阶段的防治是最不容忽视的。设施樱桃果实采收后要加强病虫害的综合防治，保护好叶片。一般情况下樱桃的叶片病害较重虫害较轻。叶片病害主要有细菌性穿孔病、叶斑病以及早期落叶病等，虫害主要有蚜虫、介壳虫、白粉虱、红蜘蛛等。应在采果后及时喷1次锌铜波尔多液，间隔半个月再喷洒1次或喷1次75%的代森锰锌500倍液，防治各种病害。红、白蜘蛛及蚜虫等可投放天敌昆虫胡瓜钝绥螨。由于保护地栽培时其内部生态环境相对封闭，温度高，湿度大，光照弱，明显有别于田间自然条件，许多病原菌和害虫可周年危害并安全越冬，因此，樱桃设施栽培时病虫害防治尤为重要。

七、采后管理

（一）及时修剪

设施栽培的大樱桃果实采收后要及时进行整形修剪，全年的修剪任务主要在此时完成。及时修剪是设施甜樱桃栽培成功的关键技术之一。此期修剪的主要任务是控制树冠、调整树体结构、更新复壮骨干枝和结果枝组、促进花芽分化。主要方法如下。

①回缩骨干枝，维持树冠的大小和高矮；

②对开始衰弱的结果枝组进行回缩更新复壮，回缩到壮枝壮芽处；

③对部分外围新梢进行短截，注意剪口芽选在叶芽上，避免后部花芽的萌发；

④对过密枝、交叉枝、重叠枝进行回缩或疏除，改善树冠通风透光条件；

⑤适时摘心，修剪后萌发的背上直立梢长15 cm左右、平斜梢长25 cm左右时，可连续进行摘心，控制旺长，促进花芽分化；

⑥扭梢拿枝，新梢尚未木质化时进行扭梢，削弱顶端优势，可缓和生长，促进花芽分化；

⑦拉枝开角，对于角度不符合要求的骨干枝和辅养枝，要拉枝开张角度至60°～70°，从而改善树体通风透光。

（二）加强肥水管理

樱桃树修剪后要对土壤进行1次耕翻中耕，增加土壤的透气性，同时要抓紧追肥，尽快恢复树势，为花芽分化做好准备。一般每株施磷酸二铵0.5～1.0 kg，结合喷施磷酸二氢钾等叶面肥1～2次。落叶前沟施1次有机肥，每株施腐熟的农家肥10～20 kg和氮磷钾复合肥0.5 kg左右，施肥后要及时灌水。灌水后或雨后一定要中耕松土中耕深度以5～10 cm为宜，以保蓄水分、消灭杂草、改善土壤透气性。

【实训1】樱桃主要品种及生长结果习性观察

一、实训目标

掌握樱桃主要栽培品种识别方法。

通过实训，使学生掌握樱桃生长结果习性观察方法。

二、实训材料

材料。樱桃树或樱桃园。

用具。记录本、直尺、温度计、相机、笔。

三、实训内容

1. 樱桃主要栽培品种识别

观察枝条。在生长季节观察樱桃树枝条的粗细、颜色、直立状况和硬度,自然分枝的角度和分枝多少,节间长短及是否有短枝性状,枝上着生芽的形状和饱满度;落叶后观察枝条上皮孔的大小和多少等性状。

观察新梢幼嫩茎、叶片。在樱桃园或苗圃地对照观察苗木顶部幼叶、嫩茎的颜色和绒毛的多少,幼叶、嫩茎的颜色。

观察成熟叶片。在樱桃园或苗圃地对照观察成熟叶片的形状,注意要用枝条相同部位的叶片进行比较。

观察果实。通过观察,记录樱桃果皮颜色、果肉颜色、果实生育期、果个大小、果形、果实味道等进行品种比较与识别。

2. 观察樱桃树物候期及开花特点

观察樱桃树物候期。观察早春樱桃芽萌动期、花芽膨大期、露萼期、露瓣期、初花期、盛花期和落花期 7 个阶段,并进行记录。

樱桃开花特点。每天早晚固定时间观察樱桃花生长情况,包括花骨朵、花蕾、花苞、开放的花和枯萎的花等情况,并记录温度,相机拍摄照片。

认识花的结构。通过观察与解剖,正确识别樱桃花部结构,花柄、花托、花萼、花丝、花药、柱头、花柱、子房、雄蕊、雌蕊。

3. 了解樱桃树授粉特点

大樱桃的大部分品种都存在明显的自花不实现象,进入盛花期后开始人工授粉,观察不同品种花期,花粉量,授粉亲和力,不同品种授粉个数,坐果个数。

4. 樱桃果实生长发育特点

果实生长规律。每隔 5~7 d 测量果实纵茎与横茎并记录,观察果实生长特点。

了解果实构造。通过观察与解剖,正确识别樱桃果实外果皮、中果皮、内果皮和种子,以及果实各部分,能说出分别由花的哪个部位发育而来。

四、实训结果考核

考查学生实训态度,不迟到、不早退,态度端正,认真、仔细,吃苦耐劳,遵守纪律(15 分)。

考查学生对樱桃花器官生长发育规律的掌握程度,独立完成(20 分)。

考核学生能否独立完成樱桃花器官物候期观察,了解果实生长发育规律及可食部分与花器官发育的关系(40 分)。

结果考核,完成一份实训报告。通过樱桃物候期及花果生长发育特性的观察了解樱桃花果生长发育及结构特点(25 分)。

【实训2】大樱桃设施栽培生长季树体管理

一、实训目标

学习樱桃设施栽培生长季树体管理方法，培养实践能力。

通过实训，使学生真正理论联系实际，掌握设施栽培樱桃的科学管理方法，增强动手能力。

二、实训材料

材料。樱桃树或樱桃园。

用具。修枝剪、记录本、直尺、温度计、相机、笔。

三、实训内容

1. 设施栽培大樱桃夏季修剪

樱桃树修剪方法。观察树体情况，根据树势、树龄等情况具体操作环剥环割、扭梢、摘心、疏除、回缩、拉枝等各种夏剪方法。

观察樱桃修剪反应。修剪包括骨干枝（主枝和侧枝延长方面、强度和均衡度调节）、枝组（枝组配备和更新）、非生产性枝条（徒长、交叉、竞争、下垂、病虫枝疏除），分别记录各种方法及不同程度修剪后樱桃的修剪反应。

结果枝组的修剪。要根据果树的品种、树龄、密度、形体结构、生长势及结果量等，确定合理的修剪方案。幼树期间修剪，应以促为主。促使多生枝条，加快树冠的形成。老树的结果枝组修剪主要是对其进行回缩复壮。果树修剪后，树形要求枝条上下不重叠、邻居左右不交叉、错落有致、花芽和叶芽分布均匀。

2. 水肥管理

施肥根据樱桃花果生长期早而短的特点，应以采后肥及冬前基肥为主，以促进花芽分化，增加树体的贮藏营养。

土壤缺水常引起樱桃落果，从开花后至采收前如遇干旱，应适量灌水。

3. 病虫害防治

观察生产中设施樱桃主要发生哪些病虫害，针对不同病原菌制定病害防治方案，针对西藏设施条件下樱桃生长过程中发生的主要虫害开展防治工作。

观察记录樱桃流胶病、叶斑病、穿孔病及根瘤病的发生规律及症状，制定防治方案。

观察记录樱桃蚜虫、白粉虱、红蜘蛛等虫害发生规律及危害症状，制定防治方案。

四、实训结果考核

考查学生实训态度，不迟到、不早退，态度端正，认真、仔细，吃苦耐劳，遵守纪律（15分）。

考查学生对樱桃生长季树体整形修剪的基本原理及方法的了解程度，要求学生掌握设施樱桃夏季修剪技术，独立完成（20分）。

考核学生能否通过水肥管理及修剪控制来年樱桃花量（40分）。

结果考核，完成一份实训报告。了解并掌握设施樱桃生长季树体管理技术，以小组为单位，制定一套设施樱桃生长季树体管理方案（25分）。

复习思考题

1. 简述樱亚属资源在西藏的分布情况。
2. 简要说明大樱桃建园时为什么要配置授粉树,如何配置授粉树。
3. 简述大樱桃各类果枝及果量在树冠中是如何分布的。

项目四　西藏李生产技术

❀ **知识目标**

了解西藏李资源分布及种类；
了解李生物学特性；
熟悉李常见整形修剪方式；
掌握李露地栽培管理技术；
掌握李设施栽培技术。

❀ **能力目标**

能结合当地气候及土壤条件，选种适宜品种，并能掌握优质、丰产、高效的生产技术。

❀ **学习任务**

完成李认知，了解李优良品种生产要求及操作技术要点，全面掌握李土、肥水管理技能，整形修剪技能，花果管理技能与病虫害防治技能。

通过介绍李树生产过程整形修剪、肥水管理等田间管理技术，以及果树生产的合作社、协会和专业技术服务机构，培养学生的团队精神和协作能力。

李是中国栽培历史悠久的古老果树之一。据考证，在 3 000 多年前已有栽培。《诗经》中载："丘中有李，彼留之子。"可见当时已有李栽培；《尔雅》载"五沃之土……其梅其杏桃李"，说明当时栽培李已知选择适宜的土壤。而《齐民要术》这本古农书中，关于李的品种、栽培技术等更有比较详细的论述。

日本栽培的中国李，是古代由中国传去的。在美国、澳大利亚、南非、南欧等地，亦栽培有中国李的杂交种，中亚细亚和沿海地区，也有少量栽培。欧洲李的栽培较中国晚。欧洲李原产于亚洲西部小亚细亚和叙利亚，后传入意大利，再后传入德国、法国和其他国家。美洲李的栽培历史很短，至今不过 300 年。

全世界李属共有 30 余个种。中国虽然只有 8 个种和 5 个变种，约 200 余个品种和类型，但全世界的主要栽培品种为中国李，其次为欧洲李。中国李资源十分丰富，居世界的前列。据考查，中国李的主栽种（中国李），实际栽培的北界纬度由东向西为：富锦（47°15'）—齐齐哈尔（47°20'）—哈密（42°50'）—塔城（46°45'）。我国李树的实际栽培南限为雷州半岛的中部，21°N附近和台湾地区的南部，即与中国 >10 ℃、年积温为 8 000 ℃的等值线相吻合。在此线以南的雷州半岛南部、海南岛、台湾南部及南海诸岛等地，基本没有李资源。而在 >10 ℃、年积温为 7 000～8 000 ℃的地区，即广东中山以南，广西崇左以南，云南思茅以南的西双版纳等地区，虽然有栽培的李树，但其生长、开花、结果、休眠等物候期紊乱，长势不强产量低，品质差，且寿命短，没有经济价值。从 >10 ℃年积温 7 000 ℃等值线至上述北界之间为中国李树适宜栽培区，主要产区为华东、华南、西南、中南、华北及东北地区，西北栽培较少。在 >10 ℃年积温 2 500 ℃以下的地区，即大兴安岭、内蒙古高原、青藏高原等地区栽培与野生的李树均罕见。

李果实色泽鲜艳、风味甘美、营养丰富，其果实含有多种维生素、矿物质、有机酸等，是一种营养价值很高的鲜果。果实含糖量 7%～17%，有机酸 0.16%～2.29%，单宁 0.15%～1.5%；据测定每 100 g 鲜果含有水分 90 g，蛋白质 0.5 g，脂肪 0.2 g，碳水化合物 9 g，胡萝卜素 0.1 mg，硫胺素 0.1 mg，核黄素 0.02 mg，尼克酸 0.3 mg，抗坏血酸 1 mg，钙 17 mg，磷 20 mg，铁 0.5 mg，还含有天门冬素及甘氨酸等多种氨基酸。这些营养物质都是对人体有益的。医学界认为李果味甘酸、性寒、具有清热利水、活血祛痰、润肠等作用。李果实除鲜食外，还可加工成果酱、果干、果汁、果酒、果脯和李罐头、话李蜜饯加应子等，畅销国内外。

李的树姿优美，春时繁花似锦，夏时硕果累累，是净化空气和美化环境的良好树种。李树木材坚韧，色泽红，有花纹，具光泽，适宜雕刻和加工。李品种繁多，成熟期各异，采收供应期长达 4 个月之久，果实色泽有红、黄、绿、紫、黑五种颜色可供选择。因此，李树栽培在国民经济中占有一定的重要地位，发展李树生产有着阔的前景。

任务一　西藏李资源分布、种类及品种

一、西藏李资源分布

西藏李可能是由外地引入种子繁殖而来。段盛烺等（1984）的考查报道："在拉萨附近没有发现野生李资源，但有少量中国李的栽培品种；在林芝的尼池和布久有少量半栽培的樱桃李；在日喀则亚东县的上亚东有少量的欧洲李和加拿大李。"之后也未有西藏存在野生李资源的相关报道。

20 世纪 90 年代后期，随着保护地栽培的出现，西藏在多个地区先后引进国内相关省份的优良李品种，进行适应性种植，目前在拉萨市、山南市、日喀则市、林芝市、昌都市等地有一定数量的设施栽培。

二、西藏李种类

李，蔷薇科李属，在西藏发现的半野生和栽培种主要有中国李（*P.salicina* Lindl. var.*salicina*）；欧洲李（*Prunus domestica* L.）；加拿大李（*Prunus nigra* Ait.）；樱桃李（*Prunus cerasifera* Enthart.）

三、西藏李主要品种

西藏现有的李品种多为从外地引入，适合设施栽培的品种。现介绍如下：

（一）五月鲜

五月鲜是河南新乡、洛阳等地栽培的早熟优良品种。果实大，平均果重50 g以上；近扁圆形，缝合线不明显，果梗极短；果皮黄色，果粉少；果肉黄色，柔软多汁，味甜，香味浓，最宜鲜食，品质上等。离核。

树势中庸，枝条半开张，萌芽力强，成枝力弱；新梢黄绿色，干部光滑。产量比较低。在河南新乡等地，果实6月中旬成熟，发育期为70 d左右。

（二）帅李

帅李又名串子。是山东省品质最佳、最丰产的品种。果实大，单果重达70 g，果实近圆形；果皮黄绿色，肉质细密，汁液多，风味甜而微酸，香味浓郁，品质上等。黏核。当地在7月上旬成熟。果实发育期75 d左右。

（三）盖县大李

盖县大李为沈阳农业大学和盖州市果树局1984年在辽宁省盖州市发现的红皮，黄肉、大果型李树。果实圆形特大，平均单果重125 g，最大165 g，果点小不明显，果粉少，肉质细软、橘黄色，果汁较多，甜酸味浓而具香气，离核，品质极佳。果实较耐贮运；可溶性固形物13.5%；果实较耐贮运，适应性和抗病虫力较强，丰产、稳产。以中短果枝和花束状果枝结果为主。自花结实率7.5%。生理落果轻，采前无裂果和落果现象，较丰产。

（四）玉皇李

玉皇李又名黄李。北京延庆、海淀、房山等区栽培。果实中大，平均单果重37.5 g，最大果重42.5 g，果实近圆形，果顶微尖；果实成熟后为淡黄色，果皮薄；果肉黄色，汁液多；风味甜酸，可溶性固形物13%，品质中等。黏核。不耐贮运。

树势强，树姿开张，较丰产。抗病虫能力强，耐寒。在北京地区3月中旬花芽萌动，4月中旬开花，7月上中旬果实成熟，果实发育85 d左右。

（五）大石早生

大石早生是日本福岛县伊达郡大石俊雄从台湾李的实生苗中选出，1990年引自辽宁省。果实卵圆形，单果重 41～53 g，大果重 70 g。果皮底色黄绿，鲜艳红色，皮较厚。果粉较多，灰白色。果肉淡黄色，有放射状红条纹，质细、松脆，细纤维较多，汁液多，味甜酸微香，黏核，核小，可食率 97.6%。品质上等，是早熟鲜食优良品种。树势强健，树姿直立，结果后逐渐开张，树冠呈自然圆头形。萌芽力强，成枝力较弱，以花束状果枝和短果枝结果为主。结果早，需配置授粉树。较好的授粉品种有美丽李、香蕉李、玉皇李、跃进李等。采前不落果，成熟期较一致，进入结果期早，丰产。设施栽培 4 月下旬成熟。

（六）长李 15 号

吉林省长春市农业科学院园艺研究所以绥红李为母本美国李为父本，1983 年进行杂交，1992 年通过省级成果鉴定，并命名为早熟李品种。该品种表现抗寒、极早熟、果实艳丽、品质上等、早果丰产，是目前北部寒冷地区最早熟的李品种。果实扁圆形、果顶略凹，缝合线深，片肉对称。果实中等偏小，果皮底色绿黄，着紫红色，果肉黄色，肉质致密，纤维少，果汁多，半离核，鲜食品质上。树势较强，树姿半开张，设施栽培 5 月初成熟。

（七）黑宝石李

黑宝石李是美国品种。山东省果树研究所 1987 年从澳大利亚引进。果实扁圆形、果实大，果皮紫黑色，果肉硬、细脆、乳白色、果汁多，果粉少，无果点。味甜爽口，离核，鲜食品质中上，耐贮平均单果重 72.2 g，最大果重 127 g。含可溶性固形物 11.5%，总糖 9.4%，可滴定酸 0.8%。果实肉厚核小，离核。设施栽培 6 月上旬成熟。

（八）黑琥珀李

黑琥珀李是美国品种，1970 年用黑宝石×玫瑰皇后杂交，1973 年选出，1980 年发表。山东省果树研究所于 1992 年引进试栽。果实扁圆形、果个大，果粉少，果皮紫黑色，果肉淡黄色，果汁多，离核，鲜食品质中上，完全成熟时呈紫黑色，果耐贮。平均单果重 101.6 g，最大单果重 138 g。树势中庸，枝条直立，放任情况下树冠不开张。黑琥珀李以果形大、优质丰产、耐贮为突出特点，是综合性状优良的黑色、早熟李品种。设施栽培 5 月中下旬成熟。

（九）红天鹅绒杏李

红天鹅绒杏李是美国培育的杏李杂交新品种，杏、李基因各占 50%，极早熟，1999 年引入我国。平均单果重 105 g，最大果 160 g，果实椭圆形，果皮有一层极柔软的细小茸毛，就像红天鹅绒覆盖在果皮，果紫红色十分美丽，含糖量 18%，有浓烈香气，浓甜，品质极上，极耐贮运，早果栽后第二年结果，丰产稳产。设施栽培 4 月中下旬成熟。

（十）早美丽

早美丽原产于美国，山东省果树研究所于1995年引入。果实心脏形，平均单果重45～55 g，果面着鲜艳红色，光滑有光泽，果肉淡黄色，质地细嫩，硬溶质，汁液丰富，味甜爽口，香气浓郁，品质上等；果肉可溶性固形物含量13%～17%；果核小、黏核。果实可食率为97%。

树势中庸偏弱，树开张，枝条中强，萌芽率高，成枝力中等；长、中、短果枝和花束状果枝均能成花结果，极丰产，是一个综合性状优良的早熟李品种。

（十一）红美丽

红美丽原产于美国，山东省于1991年从美国引进，1998年通过山东省农作物品种审定委员会审定。该品种果实心脏形；平均单果重56.9 g，最大单果重72 g。果皮底色黄，果面光亮、鲜红色，艳美亮丽；果皮中厚，完全成熟时易剥离。果实没有完全成熟时果肉淡黄色，果点小而密，不明显，果粉少，完全成熟后鲜红色，可食率96%。肉质细嫩，可溶，汁液较丰富，风味酸甜适中，香味较浓，可溶性固形物含量12%，品质上等。

任务二　李生物学特性

李为小乔木，中国李的树冠高度自然生长下一般为4～5 m。幼树生长迅速，栽后3～4年开始结果，6～8年进入盛果期。幼树呈圆头形或圆锥形，随年龄增长树冠逐渐开张。李树寿命长短因种类、品种及管理技术的不同而异。中国李在华北地区寿命20～30年，美洲李和欧洲李寿命较短，一般为20年左右。

一、生长特性

（一）根系

李树的根系发达，分布较广而浅。吸收根主要分布在距地表20～40 cm处。水平根分布的范围常比树冠直径大1～2倍，垂直根的深度则视立地条件而定，在土层深厚的砂质土壤中，可达6 m以上。据河南经源县林业局调查，黄甘李的水平根长达6.9 m，为冠幅的2.4倍，在地表以下4.6 m处还有直径0.7 cm的垂直根。

李用自根苗、共砧或用杏、桃等作砧木，如栽植过深，生长一定年限后，会在嫁接口附近长出粗大的侧根，继而发生大量根蘖，特别是衰老树或地上部受到刺激（如重回缩）时，更易发生。受树体地上各器官的制约，李树根系多呈波浪式生长。

幼树一年中出现3次发根高峰。春季，随着地温上升，根系开始活动，当土壤温度适宜时，出现第一次生根高峰。随着新梢开始生长，养分集中供应地上部，根系活动转入低潮，当新梢生长缓慢、果实尚未开始膨大时，出现第二次发根高峰。以后果实迅速膨大，发芽分化且土壤温度较高，根系活动又转入低潮。秋季土壤温度降低，进入雨季后，出现第三次发根高峰，一直延续到土壤温度显著下降时，才被迫转入休眠。

成龄李树，一年只有 2 次发根高峰。春季根系活动后，生长缓慢，直到新梢将结束时，形成第一次发根高峰，这是全年的发根季节；到了秋季，出现第二次发根高峰，但不甚明显，持续时间也不长。

李树根系在土壤中的排列有明显的层次性，一般分为 2～3 层。各层的生长习性差别很大，最上层根，角度大而分根性强，因为距地表较近，容易受到环境变化的影响；下层根，角度小，分根性弱，因为距地表较远，受地上部环境改变的影响较小，生长时间也较长。

（二）芽

李树的芽有叶芽和花芽两种。多数品种新梢的顶芽为假顶芽，基部为单叶芽，中部为复芽。复芽多由 2～3 个单芽组成。有两个芽的一个芽是花芽，另一个是叶芽；有 3 个芽的中央芽一般为叶芽，两边的芽多为花芽。芽的萌发力很强，绝大部分都能萌发，成枝力中等。一般延长枝先端发出 2～3 个发育枝或长果枝，以下则为短枝、短果枝和花束状果枝，故层性比较明显。李的潜伏芽寿命较长，极易萌发，进入衰老期更为明显，因此树冠不易光秃，易于更新。

（三）枝

李的芽具有早熟性，因气候条件、树龄、树势、枝势和产量不同，1 年可多次发梢。中国中部地区，如浙江定海红心李（金塘李），幼树和初果期树发育枝和长果枝抽梢以 2 次为多。随年龄增长，抽生长枝数量减少，而短枝增加。花束状果枝和叶丛枝 1 年仅发枝 1 次，生长量仅 10 cm，逐渐形成鸡爪状。如树势转强，壮的花束状果枝顶部和叶丛枝也能抽生较多、较长的新梢。中国南部地区，1 年可抽梢 4～5 次。如广西南宁三华李，一般健壮的长果枝或发育枝，在立春前后抽生数量多且发育较整齐的春梢，长度约 30 cm；生长强壮的春梢，立夏后一般能再抽 1～2 次夏梢，但数量少且不整齐。由夏梢发育成的长、中果枝是幼树的主要结果枝。立秋前后从夏梢上发生秋梢，一般能成花，但不能坐果。生长强壮的秋梢在立冬前后发生冬梢，一般不能成熟，虽尚可分化花芽，但往往不能坐果。生长较弱的春梢一般不再发长梢，而在基部 10 cm 以内形成花束状果枝。

李树的枝根据着生的位置和作用不同，可分为主枝，侧枝、小侧枝；根据枝条的性质不同，可分为营养枝和结果枝。营养枝一般由当年生新梢发育而成，生长较壮，组织充实。营养枝上着生叶芽，能抽出新梢，扩大树冠或形成新的枝组。结果枝条上着生花芽并能开花结果。结果枝按长度可分为下列几种类型（图 4-11）。

长果枝：长 30 cm 以上，能结果又能形成健壮的花束状果枝。

中果枝：长 10～30 cm，结果后可发生花束状结果枝。

短果枝：长5～10 cm，其上多为单花芽。

花束状果枝：短于5 cm，除顶芽为叶芽外，其下排列紧密的花芽，因节间极短，各节所生花芽几乎丛生，开放时呈花束状，故名花束状果枝（图4-12）。花束状果枝粗壮，花芽发育充实，坐果多，果个大，但坐果过多，如结果4个以上时，会影响顶端叶芽的延伸，甚至枯死。花束状果枝结果当年，顶端向前延伸很短，并形成新的花束状果枝，连续结果的年限，因树势、枝势而不同。花束状果枝以2～3年生结实力最强，5～6年生结果能力减弱，十余年其总长度仅有2 cm左右。当营养不良生长势下降时，其中有的花束状果枝不能形成花芽，转变为叶丛枝，而当营养状况得到改善或受某种刺激时，其中的个别花束状果枝，也能抽出较长的新梢，转变成短果枝或中果枝。有些发枝力强的品种，中、长果枝结果后仍能抽出新梢，形成新的中、短果枝和花束状果枝，发展成一个小型枝组，但结实力不如由发育枝形成的枝组高。这是李树丰产性状之一。

图 4-11　李树果枝的类型

1. 长果枝；2. 中果枝；3. 短果枝；4. 花束状果枝

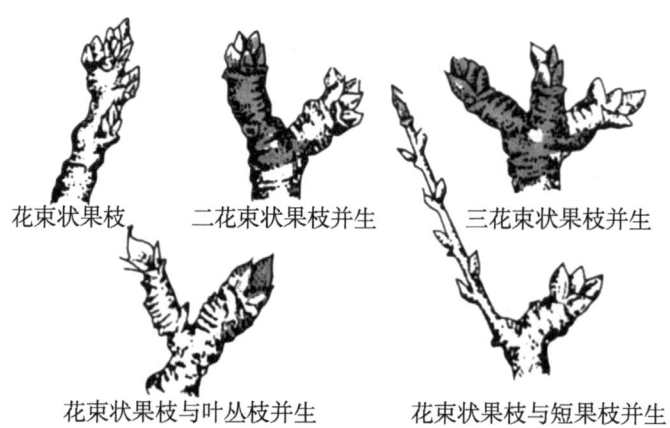

图 4-12　花束状果枝

(四)叶

李树的叶片是互生的,依着一定的顺序,在新梢上呈螺旋状排列,多数李的叶序为 2/5,在两次循环内着生 5 片叶子,而第六片叶子与第一片叶在枝条上处于同一方位。一年中,叶开始生长和迅速加大的时期与新梢大致相同。叶片颜色的转变也有一定的顺序。当叶片初展开时,正是盛花时期,此时树体养分大部分用于开花,所以,在展叶初期生长很慢,叶片小而薄,为黄绿色,直到花落以后,叶片迅速增大,颜色亦变为浓绿色。

叶片停止生长期因不同枝条类型面有所差异,花束状果枝在 5 月下旬至 6 月上旬封顶,其叶片也随之停止生长;短果枝的封顶时间晚于花束状果树,当年的发育枝叶片停长较晚。盛果期的叶片 8 月末停止生长,而幼树将延迟至 9 月才停长。

二、结果特性

(一)花芽分化

李树极易形成花芽。当新梢顶芽形成后,花芽形态分化开始。开始分化时期因品种、立地条件和年份差异而不同。温度较高,日照较长,降水较少,则提前分化。

(二)开花授粉和结实特性

1. 开花

李的花芽为纯花芽,侧生。花序单生或 2~5 朵簇生。一个花芽可开花 1~5 朵。中国李短果枝和花束状果枝上一芽以开 2~3 朵小花者居多,在长果枝和徒长性结果枝上多为 2 朵。欧洲李常为 2 朵,美洲李常为 4 朵。李属子房上位花,正常情况下,大多数为完全花,少数品种有雌蕊退化现象。

2. 授粉受精

中国李和美洲李大多数品种自花不实,欧洲李品种可分为自花结实和自花不结实两类。中国李自花结实的品种有浙江的红心李、辽宁的鸡心李、苹果李、福建的捺李。中国李多数自花不实,要用异花授粉,如南京的早黄李可以用红心李;昆明的金沙李可以用玫瑰李、朱砂李;吉林的跃进李可以用绥棱红、绥李 3 号;绥棱红和绥李 3 号可以用跃进李;浙江的携李可以用蜜李等做授粉品种。李也有异花不实现象,如辽宁的朱砂李用鸡心李、小核李、伏李授粉,则完全不亲和,不能结实。

3. 落花落果

李树落后落果大致有四次。第一次是花后即落(带花柄),原因主要是雌蕊发育不充实所致。第二次是第一次落果之后约 14 d,果似绿豆大时开始落(带果柄),直至核开始硬化为止。此期落果的原因,主要是受精不良或子房的发育缺乏某种激素,胚乳中途败育等原因而引起。第三次即"六月落果",核开始硬化到完全硬化前落下(不带果柄),此时果径约 2 cm,主要由于胚在发育过程中缺乏营养引起胚的死亡所致。此外日照不足或土壤水分失调也会引起落果。此次落果对当年产量影响很大。第四次为采前落果。有无采前落果和落果程度因品种而异。

4. 果实生长发育

中国李果实发育过程中，干、鲜重的日增长变化是同步的，果实和果肉的干、鲜重累积增长量变化都呈双"S"形曲线。果核的干、鲜重累积增长量虽不同步，但都呈单"S"形曲线。果实生长发育可分为明显的4个时期。

第一期：果实第一次迅速生长期从花谢后子房膨大起至核开始硬化前止，此期持续的天数，不同成熟期品种的差异不大，共 40 d。花后果肉和核层细胞迅速分裂和增大，期末停止分裂，果核达到最大体积，此期为核和种仁鲜重的最大增长期。种仁的生长主要是种皮和珠心组织的生长，胚珠在受精后一直处于休眠状态，胚乳到此期末，才由游离核转为细胞型，并开始迅速生长，从胚乳游离核的产生到细胞型胚乳出现之前，为胚乳胞质流动期，胚乳胞质流动期早期的幼果，对化学疏果最为敏感。果实纵径生长大于横径，果形指数大于1。

第二期：果实缓慢生长期果肉细胞增大速度减慢。前半期芳香族氨基酸出现峰值，后又迅速下降，促使核层细胞木质化，为核干重的主要增长期。进入此期后 5 d 胚才开始迅速生长，并吸收胚乳的养分。种仁干、鲜重都增长不大。果实纵径仍大于横径。此期长短因品种不同而异。

第三期：果实第二次迅速生长期果肉细胞迅速膨大，为果肉干、鲜重的主要生长期。进入此期 10 d 后核完全硬化，14 d 后胚乳基本消失，胚体积增大停止，但仍继续积累干物质，为种仁干重的主要增长期。果实横径的增长速度大于纵径。

第四期：果实成熟和衰老期果肉细胞增大速度迅速下降。果核干、鲜重增长也有所下降，种仁在鲜重下降的同时，干重仍继续增加。进入此期后，果皮底色迅速退绿转黄或红，是鲜食品种的适宜采收期。期末氨基酸含量下降，合成新的蛋白质，蛋白质含量的增加，说明此时果实已进入呼吸跃变期，果皮由黄色变为橙黄色，果实硬度随之下降，是由成熟向过熟的生理转变期。

任务三 李栽培环境

一、温度

土壤温度与根系的关系十分密切。在正常情况下，李根系没有自然休眠，只有在温度过低时才被迫休眠。中国李对气温的适应力强，能耐寒和耐热，在中国北方冬季低温地带和南方炎热地区均可栽培。如同是中国李，生长在北方的窖门李（东北美丽）、红干核和黄干核等品种，可耐 $-40 \sim -35$ ℃的低温，而生长在南方的芙蓉李、橤李等，则耐低温的能力差。杏李原产于中国北部山地，主要分布在华北地区，因而耐寒力较强。欧洲李原产于中国新疆伊犁河谷地区，是在气候较温和的条件下形成的，适宜在东北的南部、华北等温暖地区栽培，抗寒力不如中国李。美洲李比较耐寒，在中国吉林、黑龙江等地栽培较多，不加特殊保护即可越冬。

温度与根生长的关系主要是影响根对水分的吸收，低温条件下水的滞性增大，扩散减慢，因而影响吸收。低温还降低根的呼吸作用，产生能量不足，吸收机能减弱。李树根系开始生长的温度为 6～7 ℃，随着土温的升高，根系活动加强，15～22 ℃为根系活跃期，超过 22 ℃，根系生长缓慢。

李树花期最适宜温度为 12～16 ℃，据日本山梨县试验场小柳津和佐久报道，临界温度：花蕾期为 –5 ℃，开花期为 –2.7 ℃，幼果期为 –1.1 ℃。李开开花早，易受晚霜危害，在南方暖地和开花期迟的北方寒地易丰产；在中部地区春季早暖，花期不可能延迟，而晚霜不时到来，使幼果受冻，影响产量。

二、湿度

中国李对水分适应性较强，在干旱和潮湿地区均能生长，在生长期中雨水稍多亦能忍耐，但花期多雨，则妨碍授粉。成熟期多雨，助长病菌的蔓延。中国南方梅雨期，阴雨绵绵，常易诱发黑斑病等，损害果实的外观和品质，所以在南方栽李，应注意防治病虫害。

欧洲李和美洲李对空气和土壤湿度要求较高。欧洲李的蒸腾系数较高，说明它对空气湿度有严格要求。李在河谷滩地上生长良好，只要地下水位未升高到根系分布区时，李可正常生长。由于李对空气和土壤水分要求较高，所以必须注意防风林的营造，以防旱风危害，在有条件的地区，还应注意灌溉。

三、光照

中国李树对光照的要求不太严格，一般在水分条件好，土层比较深厚，光照不太强烈的地方，均能生长良好。但果实却要求充足的光照条件，阳坡的外围向阳的果实着色早，品质佳。在生长季节，阳光充足，空气比较干燥，花芽分化良好，新梢发育健壮，病虫害少，产量高且风味好。

四、土壤

（一）土质

中国李树对生壤的要求不太严格，只要土层相当厚而不过于贫瘠，不论何种土质都可栽培。中国李的适应性超过欧洲李和美洲李。中国李和中美杂交种在贫瘠土壤中亦能获得相当产量。中国李在砾质、砂质、中国北方的黑钙土、溧灰土，西北黄土高原的褐土以及南方的红壤上都生长良好。

（二）酸碱度

中国李树对酸碱度的适应能力强，在 pH 值 4.7～7.0 的中性偏酸的坡地上均能生长良好，对盐碱土的适应性也强。

（三）土壤水分

中国李树喜干燥，怕水渍。不论李的种类和土壤性质，排水都需良好，如有停滞水，易致根系死亡或发生树脂。在地下水位高的地区，根分布浅，树易早衰或死亡。

任务四　李露地生产技术

一、园址选择和栽植

（一）建园

1. 园址选择

李树对土壤要求不严，可在砂土、壤土、黏土等不同土壤上栽植，但以土层深厚、肥沃、保水性较好的土壤中栽植更好。一般平地、丘陵、山地、沙滩盐碱地上也可以栽植李树。在山地建园时应首先进行工程整地，然后进行栽植。在山坡地低洼地建园时，选择开花较晚的品种较好，能够避免晚霜的危害，北京永定河林场曾在土壤 pH 值 7.5～8.1 的碱盐沙滩地上成功地进行了李树栽植，并取得了显著的经济效益。因此，大力进行河滩地的开发，可为李树的发展提供更广阔的天地。

2. 整地和改土

平地建立李园，可按规划设计的株行距，开挖定植穴，施入有机肥以备栽植。沙地建园，则首先必须进行土壤改良。方法是给沙中掺土和有机肥，用黏土1份、砂土2～3份，再混入一定数量的有机肥，拌匀后填入栽植坑。以后每年进行扩穴、掺土、施肥，可有效地改变土壤的物理状况。山地建园时，结合整修梯田和鱼鳞坑进行土壤改良工作。盐碱地建园时，最有效地排除盐碱的方法是在李树行间挖排水沟，将树盘修成台，可使盐碱顺水排出。

（二）栽植

1. 方式、密度

目前生产上采用的是以下几种方式。

①长方形栽植，好处是行距大于株距，通风透光好，便于管理。

②正方形栽植，特点是株行距相等，光照好，管理方便。

③等高栽植，适宜于山地果园，按一定的株行距将果树栽植在同一条等高线上。此外

还有带状栽植、三角形栽植等方式。

在土壤条件好而管理水平一般的果园，株行距可采用 2 m×4 m 或 3 m×5 m，山地、沙滩土壤瘠薄的地方可采用 3 m×4 m。

2. 配置授粉树

李树有些品种自花结实率较低。所以，在建园时除考虑主栽品种外，还应配置一定数量的授粉树，才能提高产量。授粉品种应与主栽品种花期相近，花粉数量多且与主栽品种亲和力良好。

授粉树配置的比例是：2 行主栽品种，1 行授粉品种；或 3 行主栽品种，1 行授粉品种。也可以考虑每 8 株主栽品种或 1 株授粉树进行配置。

3. 栽植方法

平地果园栽植时，先按株行距做好测绳的标记，然后，在栽树的田块四周定点，将测绳沿两对边平行移动，每移动 1 次，即可确定一个定植点，用石灰做好标记。定植点确定后，即可进行定植穴的开挖，一般坑深 80 cm，直径 100 cm。挖坑时表土和心土分开放在两边，回填时先填表土，再填底土，灌水沉实即可。春季栽植时，在定植点挖一小穴，将李苗放在定植穴中央，使根系舒展，然后培土，土深以苗木原来在苗圃内生长时留下的土印为准，填土时要把苗木经轻向上提动使根系舒展开，边填土边踩实，使土壤与根系充分密接，并在树干周围修树盘，灌足定根水。待水完全下游后，在树盘上撒上一层细土。

4. 栽后管理

①定干。李树栽植后要及时定干，一般干高 50～60 cm，再留 20 cm 的整形带，共剪留 70～80 cm。整形带内要留饱满芽，以利于发出健壮枝条，选留作主枝用，其余的不充实枝芽要及时剪除，可减少树体的水分蒸腾。

②堆土防寒。在冬季严寒地区栽植李树，为防止冬春发生冻害，可在入冬前离苗木 50 m 的西北面，堆成月牙形土堆防寒，等开春苗萌芽后再撤除土堆。

③灌水。秋季栽植的李树，入冬前要灌封冻水，水分下渗后及时松土。开春树木萌芽前也要及时灌水，以利于芽的萌发。

④检查成活及补苗。秋季栽植的李树，在开春树不萌芽时，要及时检查成活情况，发现死苗时，要及时补栽同龄苗。

⑤防治病虫害。早春苗木发时，易受金龟子和蚜虫危害，所以，要注意观察及时进行人工捕捉或药剂防治。

二、土肥水管理

（一）土壤管理

为了使李树根系生长发育创造良好的土壤环境，土壤管理主要有扩穴、翻耕、间作、中耕锄草、覆草等措施，参见概论部分。

(二) 施肥

1. 施肥的意义

实践证明，合理施肥，可以使李树健壮生长，延长结果年限和寿命，促使花芽分化，减少落花落果，提高果实的产量和质量，防止李树形成大小年，增加李树对不良环境的抵抗力。据调查，同是8年生李树，单株施圈肥150 kg，化肥1.5 kg处理与未施肥处理相比，第二年新梢长、树冠直径和单株产量有显著差异。因此，李树要取得丰产，必须要重视施肥。

2. 基肥

基肥是迟效性的有机肥料，也是李树生长期间的基础肥料。施肥量的多少，要根据树龄、冠幅、生长势、结果量，土壤肥力状况以及历年的施肥情况而定。定植的第一年小树，每年施入50 kg左右基肥；进入结果期，基肥的施用量至少要做到"斤果斤肥"或"斤果2斤肥"。

3. 追肥

李树的追肥时期大致有以下几个阶段。

①发芽前或开花前追肥。这时虽然树体内积累了一些养分，也施了基肥，但仍不能满足春季开花和生长大量消耗养分的需要，此时追肥，对提高受精率，减少落花落果，促使新梢旺盛生长有一定作用。施肥的方法是在树冠外缘，挖长60 cm、宽20 cm、深40 cm的3条沟。施肥量每株树（初果树）为0.4～0.7 kg，以氮、磷、钾为主，用量比例为1∶2∶1。

②幼果膨大期追肥。此时追肥的主要目的是促进幼果膨大，减少落果，促进叶片生长，增大光合作用的面积。这次追肥以速效氮肥为主，适当增加一些磷酸二氢钾复合肥料，每株树0.5 kg。也可进行根外追肥，喷浓度为0.4%～0.5%的尿素，使叶片增绿，枝条迅速生长，果实加速发育。

③采果后结合施有机肥，追施磷、钾肥，这样才能获得丰产。

(三) 灌水及排涝

1. 灌水

水是果树的生命物质，土壤中的一切营养物质只有水的参与才能被果树吸收利用。李灌水应抓住以下几个关键时期：

①花前灌水。花前灌水会使花芽充实饱满，保持花芽有一定的水分和养分，为授粉良好和提高坐果率打下了基础。

②幼果膨大期灌水。此时是李树需水的临界期，这个阶段水分不足，不仅抑制了新梢生长，而且影响果实发育，甚至引起落果，是李树丰产稳产最重要的一环。

③越冬前灌水。一般在11月上旬李树落叶后，土壤封冻前进行。主要作用是使土壤上层保持一定温度，促进根系生长，增强对肥料的吸收和利用，提高树体的抗寒越冬

能力。

灌水量多少应根据树龄、树势、土质、土壤湿度，雨量和灌水方法而定。土质黏重、雨水多的地方少灌，沙地果园保水保肥力差，灌水要少量多次，以免水、肥流失，也可以凭经验判断土壤含水量，从而确定灌水数量。最适宜的灌水量应在一次灌溉中使果树根系分布范围内的土壤湿度达到最有利于果树生长发育的程度。

2. 排涝

李园若是地势低洼或处于地下水位过高处，在阴雨季节很容易积涝，积水易造成根部缺氧窒息，醇类物质积累、蛋白质凝固，引起根腐而死亡。砂壤土的最大持水量为30.7%，壤土的最大持水量为52.3%，黏壤土为60.2%，黏土为72%时就应及时排水。

三、整形修剪

李树是一个发枝多、生长旺、喜阳光、寿命长的树种，且大多数品种的萌芽力和发枝力都较强，树冠内外枝条比较稠密，又因为潜伏芽的寿命比较长，也容易萌发，自然更新能力比较强，同时，着生在枝条中部的短果枝和花束状果枝，不但坐果率高，而且连续结果能力强，这是李树高产的主要原因。但如果让其自然生长，则枝条横生交错争先向上，造成树冠郁闭，光照不良，结果部位外移，果枝易早衰，大小年严重，产量低，品质差，寿命变短。

整形修剪是解决上述问题的主要技术之一。整形的主要目的，是形成坚固的骨架、合理的树体结构以及一定的叶幕结构，使大枝分布合理，小枝多面不乱，充分利用树冠的有效空间。通过修剪，改善树体光照条件，提高果品质量，减少病虫害，从而达到幼树生长快，早结果，大树高产、稳产、优质、长寿目的。

（一）树形

1. 自然开心形

主干上3个主枝，相距 10～15 cm，邻近分布，以 120°平面夹角配制，按 35°～45°角开张，每个主枝留 2～3 个侧枝，在主枝两侧呈外侧斜方向发展。无中心主干，干高 50 cm 左右。

苗木定植后，距地面 70～80 cm 处定干，从剪口下长出的新梢中选分布均匀、长势平衡、生长健壮、基部角度合适的留 3～4 个枝条作为主枝，其余枝条进行摘心或疏除短截，不留中心领导枝。第一年冬季，主枝剪留 60 cm 左右，除选留的主枝之外，竞争枝一律疏剪，其余的枝条依距空间大小作适当的轻剪或不剪，促进提早形成花芽。第二年冬季按上述方法继续培养主枝延长枝，并在各主枝的外侧选留第一侧枝，进行中度短截，同时在各主枝上萌发的短果枝、花束状枝，应该保留。各主枝上的侧枝分布要均匀，侧枝的角度要比主枝的大，保持主侧枝的从属关系，按此方法，每个主枝上选留 2～3 个侧枝，有 4 个即可基本完成树形。这种树形其优点呈树冠开张，光照充足，生长旺盛，结果面积大，适用于生长势中等，枝条角度比较开张，枝条柔软的品种，缺点是立体结果性能欠佳。

2. 双层疏散开心形

干高50～60 cm，有中心主干，第一层主枝3个，层内距15～20 cm，第二层两个主枝，距第一层主枝60～80 cm，错落配置，以上开心。每层主枝上配置2个侧枝。

苗木定植后，于60～70 cm处定干，从剪口长出的新梢中，上部选一根健壮的直枝枝条作为主干延长枝条，下部选3根长势较强，分布较均匀的枝条作为第一层主枝，对其余的枝条进行摘心或疏除短截，控制其生长。冬季修剪时第一层主枝剪留50 cm左右。主干延长枝剪留80 cm左右，第二年以主干延长枝的剪口下选留2～3个枝条作为第二层主枝开心，并与第一层生枝相互错开不重叠，在主干上不再培养结果枝组，只保留叶丛枝或花束状枝结果。在修剪留枝过程中要严格掌握"上小下大，两稀两密"的原则。即全树上层小下层大，每个主枝前端小后边大，全树的留枝量上层稀下层密，大枝稀小枝密，背上枝要控制不能形成树上树，影响各级主侧枝生长和光照，一般控制在5～10 cm。

双层自然开心形要达到合理占领空间，枝枝见光，主侧枝和大、中、小枝组布局适宜，必须加强夏季管理，如摘心、疏枝、拉枝开角等。

这种树形适于树姿较直立的品种，但培养较费工，适合密植果园。

3. 主干疏层形

干高50 cm左右，有中心领导枝，全树配置6～7个主枝，分3层着生在主干上，层间距50～60 cm，主枝上下错落排列，每个主枝上选留1～2个分开的背斜侧枝。对干性明显，层性强的品种，可采取这种树形。定植后，于60～70 cm定干，上部选1根健壮直立枝条作为主干延长枝，下部枝条中选出3根长势较强，分布均匀的枝条作为第1层的三大主枝，留作主枝的枝条让其充分生长，对其余的枝条进行摘心或疏除短截，控制其生长。冬季修剪时，三大主枝剪留50 cm左右，主干延长枝剪留70 cm，第二年冬季从主干延长枝的剪口下长出的些枝条中，选留2根角度角度的枝条作为第二层主枝，选出1根上部健壮枝条继续作为主干延长枝。第二层主枝要求与第一层主枝方位相互错开不重叠。第三年冬季，修剪时对第一层主枝延长枝还是剪留50 cm左右，第二层主枝剪留40～50 cm，主干延长枝剪留50～60 cm。其余的枝条，控制其生长。照此办法，再留3层和4层各1个主枝，最后使树体呈圆锥形。在整形修剪过程中随时注意开张主枝角度，并保持整个树体上部弱些，下部强些，通风透光良好，有利于生长和结果。

（二）修剪时期、作用

1. 夏季修剪

夏季修剪是在生长季节中进行的修剪。夏季修剪完善，树体生长良好，又可避免树营养消耗，减少无效枝的生长。李树夏季修剪一般进行2～3次。可进行抹除根部萌蘖，疏除过密枝，抹除双复芽、三复芽，开张角度、拉枝摘心等。通过夏季修剪，可以改善树风光条件，缓和树势，提高坐果率，促进花芽分化。

2. 冬季修剪

冬季修剪即休眠期的修剪。南方比较暖和的地区落叶后就可进行修剪，北方地区一般从1月开始，到李树萌芽前结束。冬季修剪原则上要注意维持树形，保持各级枝条之间的主从关系，调节好营养生长和生殖生长的关系。在李树修剪上如果冬剪和夏剪两者配合运用，修剪的效果更佳。

（三）不同年龄期树的修剪

1. 幼树期

幼树修剪以整形为主。李幼树生长迅速，枝条直立并可发生2~3次枝，应轻剪各级延长枝，充分利用2~3次枝培养主、侧枝，使各级枝条尽快成形，扩大树冠。李以短果枝和花束状果枝结果为主，宜用轻剪长放或缓放骨干枝，缓和生长势，促其萌发短枝，再根据花芽数量和结果的需要短截修剪，这样可以边整形，达到早结果，早丰产目的。对竞争枝、过密枝进行疏除。此期还应重视修剪，通过对强旺新梢摘心或短截剪梢控制，拉枝开张树冠，这样既可促进幼树尽早成形，又减少了冬季修剪量，还缩短了整形年限。

2. 盛果期

李树进入盛果期，因结果量逐年增加，枝条生长量逐渐减少，树势已趋于稳定，修剪的目的是平衡树势，复壮枝组，延长结果年限。修剪要以疏剪为主，短截为辅。对过密枝、直立向上枝、重叠枝、交叉枝进行适当回缩或短截。没有更新价值的徒长枝，由基部剪除，对树冠外围和上层的强壮枝，疏密留稀，去旺留壮；对延长枝中度短截，继续扩大树冠和维持树势；对结果枝组的修剪，应疏弱留壮，去老留新，并分批回缩复壮；花束状果枝受到刺激后也能抽出壮枝，所以，将多年生枝回缩，一般能得到良好的效果。

3. 衰老期

盛果期后，树体开始出现局部衰老，结果部位迅速外移，主、侧枝下部光秃，短果枝开始枯死，产量下降，隔年结果严重。这段时期的主要修剪任务是集中养分，恢复树势，使产量回升。此时要及时缩剪一部分2~3年生枝，同时将主枝和侧枝回缩更新，并加强水肥管理和病虫害防治，这样衰老树才能得以复壮更新。

4. 密植园树形及修剪技术

李树栽植不断向规模化、集约化、矮化、密植的方向发展。下面介绍李树密植园两种树形。

（1）"Y"字形

"Y"字形适于宽行密植，株行距一般为1.5 m×4 m。主干高40 cm左右，无中央干，在主干上分生两个较大主枝，斜向行间，成45°角，形似"Y"字，主枝直线或小弯曲延伸，其基部外斜侧或背后，可留1~2个侧枝，中上部则配置各类枝组，丰满紧凑。成行后，树高约3 m，冠厚一般不超过2.5 m，树冠向行间伸展较长，宽度一般为3 m。栽后4~5年成形，通风透光好，果实品质佳，也便于行间作业。

（2）纺锤形

纺锤形主干高60～80 cm，全树有骨干枝8～12个，上下骨干枝错位排列，同方向枝间距30～40 cm，骨干枝开张角度80°～90°，骨干枝直接着生结果枝组。山东省莱西市大里村园艺场栽培蜜思李，采用纺锤形修期，第5年获得亩产2 867.7 kg产量，高于自然开心形和疏散分层形产量。

5. 放任树修剪技术

在西藏，对果树的修剪一般不重视，有相当部分李树不整形，不修剪，任其自然生长。这类树通常是骨干枝多，树形紊乱，大枝拥挤，小枝枯死，基部光秃，通风透光不好，结果部位外移严重，层次不清、主从不明，产量低而不稳，大小年严重。改造的方法是：参照李树开心形，双层开心形，主干疏层形树形，对放任树加以改造，清理过多的主侧枝，即疏除过密、交叉、重叠的大枝，使通风透光良好，在疏除内腔枝和外围枝组时，要先疏除枯死枝、弱枝、病虫枝和影响通风透光的外围枝。同时对部分结果枝进行回缩，对树膛内发出的徒长枝和新梢加以保护利用，以培养成中、小结果枝组，尽快恢复产量。在疏除大枝时，要分年多次地进行，避免1年内造成伤口过多，影响树势。

四、病虫害防治

（一）主要病害及防治

1. 李树红点病

李树红点病在东北地区、河北、河南、山西、陕西、四川、云南、贵州、西藏等地均有分布，尤以东北最重。李红点病侵染叶片引起落叶，侵染果实会严重影响果实品质，危害严重。

（1）症状

李红点病仅危害叶片和果实。叶染病先产生橙黄色、稍隆起、边缘有清晰近画形的斑环，以后病斑扩大，颜色加深，病部叶肉也加厚，其上产生许多深红色小粒点，即病菌的分生孢子器。至秋末病叶转变为红黑色，正面凹陷，背面凸起，使叶片卷曲，并出现果色小粒点，即病菌埋在子座中的小囊壳。发病严重时，叶片上密布病斑，叶色变黄，造成早期落叶果实受害，产生橙红色圆形病斑，稍隆起，边缘不清楚，最后呈红黑色，其上散出很多深红色小粒点，果实常畸形，不能食用。果实受害，产生橙红色圆形病斑，稍隆起，边缘不清晰，最后呈红黑丝额，其上散出很多深红色小粒点。果实畸形，不能食用。

（2）病原及发病规律

病原属子囊菌亚门，无性阶段属半知菌亚门。此病从展叶期至9月都能发生，尤其在雨季发生严重。

（3）防治措施

彻底清除病叶、病果，集中烧毁或深埋。开花末期及叶芽开放时喷200倍石灰倍量式波尔多液（硫酸铜250 g，石灰500 g，水50 kg），5月下旬至6月上旬，每隔10 d喷1次65%代森锌400～500倍液。注意排水，中耕，避免果园湿度过大。

2. 穿孔病

穿孔病分布范围较广，若不及时防治，常造成大量落叶落果，削弱树势，影响产量，甚至导致枝梢枯死。穿孔病主要有细菌性穿孔病、霉斑穿孔病和褐斑穿孔病 3 种。最为常见的是细菌性穿孔病。

（1）症状

细菌性穿孔病叶片发病初期，先产生多角形水渍状斑点，以后扩大为圆形或不规则形褐色病斑，边缘水渍状，后期水渍状边缘消失，病斑干枯、脱落或部分与病叶相连，形成 0.5～5 mm 的穿孔，病叶极易早期脱落。果实发病，先在果皮上产生水渍状小点，扩展到直径 2 mm 时，病斑中心变褐色，最后可形成近圆形、暗紫色、边缘具水渍状的晕环，中间稍凹陷，表面硬化、粗糙的病斑。空气干燥时，病部常发生裂纹，直径可达 30 mm，病果易提前脱落。

枝条受害后有夏季溃疡和春季溃疡两种病斑。春季溃疡发生在 1 年生的枝条上。春季展叶时，先出现小肿瘤，后膨大破裂，皮层翘起，木质部裸露，成为近棱形病斑，病部的木质部坏死，深达髓部。如横切可见"V"形坏死部，如顺枝条纵切，可见坏死的木质部比外部可见病斑要长得多。病斑头一年随枝条的生长而扩大，当病部翘皮脱落后，病斑不再扩大，周围产生愈伤组织，渐渐愈合。但树势大大减弱，产量下降，甚至无产量。春季病斑纵裂后，病菌溢出，开始传播。

夏季溃疡发生在当年抽生的嫩梢上，先产生水渍状小点，扩大后变成不规则褐色病斑，后期病斑膨大裂开，形成攒扬症状。

（2）病原及发病规律

细菌性穿孔病是由黄单胞菌所致。病菌在枝条病组织内越冬，翌年春随气温升高，潜伏在病组织内的细菌开始活动，当病部表皮破裂后，病菌从病组织中溢出，借风雨或昆虫传播，经叶片的气孔、枝条及果实的皮孔侵入。叶片一般于 5 月发病。夏季干旱时，病势进展缓慢，至秋雨季节又发生后期侵染。

（3）防治措施

结合修剪，彻底清除枯枝落叶、落果等，集中烧毁，消灭越冬菌源。注意排水，合理修剪，使果园通风透光良好。增施有机肥，避免偏施氮肥，使树体生长健壮，提高抗病力。

发芽前喷石硫合剂，或喷 1∶1∶100 的波尔多液。在 5—6 月，喷 65% 代森锌粉剂 500 倍液，或喷硫酸锌石灰液（硫酸锌∶消石灰·水 =1∶4∶240），防治效果均较好。发芽后喷，72% 农用链霉素可溶性粉剂 3 000 倍液；硫酸链霉素 4 000 倍液；65% 代森锌可湿性粉剂 500 倍液。

（二）主要虫害及防治

1. 李小食心虫

李小食心虫又叫李小蠹蛾，简称李小。是危害李果的主要害虫。果实被害率高达

80%~90%，往往造成李果欠收。

（1）发生规律

以老熟幼虫越冬，每年发生2代，少数1年发生3代。

越冬场所主要集中在李树干部周围。以树干为中心，以1 m为半径，1~5 cm深的表土中，越冬幼虫最多。10 m深以下的土层没有越冬幼虫。还有少数在草根附近、石块下或树皮缝隙中结茧越冬。

第二年4月下旬，部分幼虫从越冬茧内爬出，在1 cm左右的表土层中再结新茧化蛹，5月下旬即羽化为成虫。大部分幼虫就在越冬茧内化蛹，5月中旬羽化为成虫，羽化期5月中旬至6月中旬，成虫发生延续期的1个月。成虫有趋光性和趋化性，昼伏夜出，黄昏时在李树周围交尾，羽化后1~2 d，即在幼果果面上产卵。

卵期7 d左右，即孵化成幼虫，幼虫在果面上爬行几个小时后即蛀入果内。此时幼果果核尚未硬化，被害后极易脱落。随果落地的幼虫，多数尚未完成幼虫期。蛀果后未落地的幼果，幼虫则还可以转果危害，1头幼虫常危害几个果实，直到幼虫老熟脱果。

第一代老熟幼虫在树干粗皮缝隙内或草根、石块下结结茧化蛹，1周后（6月中下旬）羽化为第一代成虫。产卵于果面，即孵化成第二代幼虫。此时果核已硬，幼虫蛀入后不再转果，20多天后老熟脱果，部分结茧越冬。7月下旬至8月上旬出现第二代成虫，仍产卵于果面，第三代幼虫多从果梗基部蛀入，被害果实脱落，幼虫随果落地后，再脱果结茧越冬；有时也随果实采收而被带到外地，再脱果结茧越冬。

（2）防治措施

培土压茧 李树开花前，在树干周围60~70 cm的范围内，培10 cm厚的土层，并深实压紧，使羽化出来的成虫钻不出土层窒息而死。待羽化完成后结合松土除草将培土清除。

地面撒药 越冬幼虫羽化前或第一代幼虫脱果前，在树冠下地面撒药；50%辛硫磷乳油300~500倍液，每667 m² 用药0.25~0.50 kg，毒杀成虫和幼虫。

树上喷药 成虫发生期，树上喷布50%杀螟松乳油1 500倍液或2.5%溴氰菊酯乳油3 000~4 000倍液。对卵和初孵化幼虫均有效。

2. 李实蜂

李实蜂又叫李叶蜂。我国多个产区都有分布。

（1）发生规律

李实蜂以老熟幼虫在土壤中结茧越夏、越冬，可长达10个月之久。李萌芽时化蛹，开花时成虫羽化出土。成虫习惯于白天飞于花间，取食花蕊，并产卵于花托和花萼表皮上。每处产卵1枚。

幼虫孵化后钻入花内产生危害。幼虫无转果习性，约30 d老熟脱果，落地后入土于7 cm深处结茧越夏，并越冬。

凡开花较早或较晚的李树，可避开成虫产卵期，受害则轻。

（2）防治措施

在成虫羽化出土前，深翻树盘，将虫茧埋入深层，使成虫不能出土；在成虫产卵前喷洒 50% 敌敌畏乳油或 50% 杀螟松乳油 1 000 倍液，毒杀成虫；在幼虫入土前或次早成虫羽化出土前，在李树树冠下撒 2.5% 敌百虫粉剂，每株结果树撒药 0.25 kg，幼树酌减，也可喷洒 50% 辛硫磷乳油 500～1 000 倍液。

任务五　李设施生产技术

一、设施选择

西藏地处高原，果树种植区多为海拔高度 3 000 m 左右的河谷地带。气候表现出明显的季节性差异。总体气候特征为：全年平均气温低，冬季持续时间长，最低温甚至能达到 -30 ℃ 左右，还常伴有风、雪等恶劣天气；夏季气温较高，最高温度可达到 25～30 ℃ 左右，但昼夜温差大。

依照气候特征，西藏李设施栽培上应优先选择日光温室，东南部较温暖地区可以考虑塑料大棚。

二、品种选择

（一）主栽品种

选择需冷量低，休眠期短，成熟期早，自花结实能力强，品质优良、肉硬皮厚，耐贮运的鲜食品种。

（二）授粉树配置

李属两性花。但是，我国绝大多数杏树品种自花不孕。因此，设施栽培中必须配置授粉树。选择授粉树的条件是：与主栽品种几乎同时开花，能产生大量发芽率高的花粉，与主栽品种没有杂交不孕现象，果实经济价值高。授粉树与主栽树的比例，一般为 1 ∶（3～4）。

三、苗木定植

（一）定植时间

李设施栽培春、秋均可栽植。春栽多在土壤解冻后至萌芽前进行；秋栽多在落叶以后至土壤封冻前进行。

（二）定植技术

选健壮无病虫害的优质苗木，按定植穴栽植，栽植深度以苗圃地根颈痕迹处为标准，定植后及时浇水。每 667 m² 定植的密度多为 200～300 株；株行距可按 1（或 1.5）m×2 m。定植穴 60 cm×60 cm×60 cm。每穴施基肥 7.5～10.0 kg，基肥一厩肥或腐熟的鸡粪为最好，另外再施 200 g 左右磷酸二铵。

四、定植后的管理

（一）定干

根据不同的树形要求确定定干高度，如开心形定干高度 40～60 cm，纺锤形 60～80 cm。由于棚内前后树体的高矮要求不一，因而温室南面的苗木定干应低一些，其余的苗木定干适当高些。

（二）整形修剪

1. 设施条件对整形修剪的要求

要求树体能迅速展开成形，尽早结果；要求冠型小而紧凑，营养生长不能过旺；要求能适应设施高度的限制，做到树体低矮，高度一般控制在 1.5～3.0 m；要求与棚内空间大小不一的特点相适应。

2. 常用树形整形修剪技术

李树设施栽培树形采用多主枝开心形。5 月中下旬，选留方向、角度、长势合适的 4～6 个新梢培养为预备主枝，其余疏除。新梢长至 60 cm 时摘心，剪去顶端 15～20 cm，促发 2 次枝，2 次枝长至 50 cm 时再摘心，促发 3 次枝，共摘心 2～3 次。7 月中旬以前主要通过多次摘心促发分枝，扩大树冠。7 月中下旬拉枝开角，选 3～4 个预备主枝培养为永久性主枝，拉成 60° 角，其余预备主枝拉成 80° 角作辅养枝，背上的直立旺枝反复摘心控制，或从基部疏除。

落叶后至扣棚前进一步调整树体结构，疏除无花枝、过密枝、病虫枝，背上直立旺枝一般不短截。扣棚萌芽后及时抹除背上旺梢，新梢长到 15～20 cm 时，及时进行摘心控制。采果后重回缩结果枝组至基部分枝处，控制树冠大小，使树形紧凑。

（三）肥水管理

李树设施栽培的肥水管理原则是"前促后控"。"前促"即前期促长，7 月 15 日以前一切管理措施均以促进营养生长、迅速扩大树冠为目的；"后控"即后期促花，7 月 15 日以后一切管理措施均以控制树势、促进花芽分化为目的。

1. 施肥

新梢长至 20 cm 时开始追速效肥，地下追肥 15～20 d 1 次，每棚施 5 kg 尿素和 3 kg 磷酸二氢钾。叶面喷肥 10 d 左右 1 次（配方为 0.3% 尿素 +0.3% 磷酸二氢钾 +0.4% 绿风

95+0.2%光合微肥）。7月15日以后，停止追肥。幼树定植当年幼树秋季可不施基肥。已结果树应在扣棚前施足基肥，每棚施腐熟鸡粪1 000 kg、硫酸钾复合肥40 kg。硬核期和果实膨大期进行两次追肥，每株追尿素和磷酸二氢钾各30 g。

2．灌水

7月15日前，除定植时浇透水，结合地下追肥进行灌水，此外视土壤水分状况确定灌水时间、次数、灌水量。7月15日后至落叶前，除非特别干旱不再浇水。扣棚前灌1遍透水并覆地膜，直到谢花后拆除地膜，不需浇水。硬核期和果实膨大前期，结合追肥分别浇1次小水。

（四）应用生长调节剂

李树主要通过叶面喷施PP333液来控制营养生长，调节营养分配，促进花芽形成。7月下旬至8月上旬喷1次300倍液15% PP333，之后每隔10～15 d再喷1次，连喷2～3次，可以有效控制树势，促进花芽形成。花后10 d再喷1次300倍液15% PP333控制果前新梢旺长，有利于提高坐果率，增大果个。

（五）花果管理

日光温室内空气湿度大，缺乏传粉媒介，不利于授粉受精。因此，要采用花期放蜂、人工授粉等方法保证授粉，提高坐果率。

疏花疏果能够调节负荷，增大果个，提早成熟期，减轻采前落果。疏花时疏去晚花、弱花。疏果时疏去畸形果、病生果、小果。一般长果枝留3～4果，中果枝留2～3果，短果枝留1果。

（六）病虫害防治

在设施条件下李树病虫害较轻，病害主要是细菌性穿孔病，花前喷40%代森锌500倍液可防治。虫害主要是蚜虫，花前和花后10 d各喷1次2.5%扑虱蚜2 000倍液可防治。

（七）李树设施内环境的调控

1．覆膜提高地温

扣棚前20～30 d覆盖地膜，使地温预先缓慢升至15 ℃以上，大棚升温时地温、气温应协调一致，避免地温低、气温高对树体生长发育造成不利影响。

2．适时保温

以红美丽李为例，其需冷量为800 h。自然条件下通过自然休眠后，可以扣棚升温。大棚升温应循序渐进，开始时白天拉起1/3草帘，然后每天白天拉起1/2草帘，最后把草帘全部拉起，整个过程持续7～10 d。

3．棚内温度、湿度的调控

李树不同生育期对温度、湿度的要求不同，开花期温度、湿度过高或过低都不利于授粉受精，白天温度最高不能超过25 ℃，花前1周不能浇水，以免湿度过大，影响授粉受精。果实膨大期，前期白天最高温度可维持在 25 ℃，后期白天最高温度可提高到 28 ℃，夜温高于 10 ℃时可不再盖草帘。果实着色至成熟期白天温度超过 30 ℃时要及时放风，这个时期昼夜温差越大，越有利于着色，要注意夜间通风降温，将夜温维持在 13 ℃左右。

【实训1】李冬季修剪

一、实训目标

了解李冬季修剪手段、修剪方法和步骤，掌握冬季修剪的技术要领。

二、实训材料

材料。整形方式不同的李幼树和结果树。

用具。修枝剪、手锯、梯子等。

三、实训内容

修剪的一般规则。修剪顺序、一年生枝剪截、多年生枝缩剪、疏枝等。

整形。主侧枝的旋流与剪截。

结果枝组修剪。结果枝组的培养、修剪和更新。

更新修剪。结果枝的单、双枝更新及多年生枝的更新。

四、实训方法

本实训一般在李落叶 3 周后至翌年树液流动前进行。

实训时，先由指导教师讲解示范，然后再由学生分组操作训练。学生训练初期可按每组 2～3 人分组进行，随操作技能的提高，小组人数逐渐减少，最后独立操作，老师点评总结。

五、实训结果考核

不迟到早退，态度端正，认真、仔细，遵守纪律（20 分）。

掌握李休眠期修剪基本知识，并能陈述李短截修剪和缓放修剪的区别（25 分）。

能够正确进行李冬剪，程序准确，技术规范熟练（40 分）。

按时完成李冬季修剪实训报告，内容完整，结论正确（15 分）。

【实训2】李生长季修剪

一、实训目标

了解李生长季修剪手段、修剪方法和步骤，掌握夏季修剪的技术要领。

二、实训材料

材料。生长正常的李幼树或结果树。

用具。卷尺、卡尺、修枝剪、标签、铅笔、调查表。

三、实训内容

1. 修剪方法实训

先在教师指导下，分别进行疏枝、摘心、缓放等处理方法训练，掌握生长季修剪的方法，理解生长季修剪的作用和原理。

2. 修剪方法应用

分组对树体进行修剪，如疏除徒长枝、过密枝，延长梢剪梢等，对树形进行调整，使树体比较规范。对未坐果的枝梢疏除、结果枝摘心、竞争枝短截等，调整生长与结果的关系。掌握生长季修剪方法的应用和作用原理，学会生长季修剪时期和修剪量的控制。

四、实训方法

本实训可分2～3次完成。

学生每3～4人一组，老师指导。

五、实训结果考核

考查学生实训态度，要求学生不迟到早退，态度端正，认真、仔细，遵守纪律（20分）。

考查学生对相关知识的掌握程度，要求学生掌握李生长季修剪基本知识与原理（25分）。

技能考核，能够正确进行李夏剪，程序准确，技术规范熟练（40分）。

对实训结果进行判定，按时完成李夏季修剪实训报告，内容完整，结论正确（15分）。

课程思政

1. 思政元素点

通过介绍李树生产过程整形修剪、肥水管理等田间管理技术，以及果树生产的合作社、协会和专业技术服务机构，培养学生的团队精神和协作能力。

2. 课程思政导入

引导学生掌握李树冬季修剪的技术和要点，培养团队合作和协作能力，与果园管理者和同事沟通协调，共同完成果树修剪的任务，提高工作效率和质量。通过学习果园田间肥水管理技术，培养法制意识和守法意识，遵守国家和地方的相关法律法规，合理使用肥料和水资源，防止果园的过度施肥和浪费用水，保障果树生产的合法性和可持续性。

复习思考题

1. 调查了解目前西藏设施李栽培品系，有哪些新品种，其特征、特性如何？
2. 简述李冬季和夏季修剪要点。
3. 李红点病有什么症状？发病条件是什么？如何防治？

项目五　西藏杏生产技术

❀ **知识目标**

了解西藏杏资源分布及种类；
了解杏生物学特性；
熟悉杏常见整形修剪方式；
掌握杏露地栽培管理技术；
掌握杏设施栽培技术。

❀ **能力目标**

能结合当地气候及土壤条件，选种适宜品种，并能掌握优质、丰产、高效的生产技术。

❀ **学习任务**

完成杏认知，了解杏优良品种生产要求及操作技术要点，全面掌握杏土、肥水管理技能，整形修剪技能，花果管理技能与病虫害防治技能。

通过介绍杏树生长发育规律，以及杏树生态系统的构成及杏树在我国的栽培历史，培养学生的科学精神和爱国主义情怀及生态文明意识。

杏是人们喜爱的果品之一，杏的起源虽有中国中心、中亚细亚中心、近东中心三源之说；但经考证，起源于中国毫无疑义。故此杏为中国原产，是我国古老的栽培果树之一，远在周朝时代，已有杏的记载。例如《夏小正》载："正月，梅杏则花；四月，有见杏。"又如《山海经》（公元前400—前250年）载："灵山其木，多桃、李、梅、杏"；《汉书》中有"教民煮杏酪"；《五烛宝典》中有"研杏仁为酪"的记载。

杏在我国有广泛的分布，除南部沿海及台湾等省外，大多数省（区）皆有，其中以山东、河北、山西、河南、陕西、甘肃、青海、新疆、辽宁、吉林、黑龙江、内蒙古、江苏、安徽等地较多而集中栽培区为东北南部、华北、西北及黄河流域。世界生产杏较集中的地区为东亚中亚、小亚细亚以及地中海沿岸各国。我国杏鲜果及杏仁产量在世界总生产中占有重要的地位。

杏经济价值较高，果实色泽悦目，果肉多汁，甜酸适口，风味独特，且含有丰富的矿物质和维生素。据分析，每 100 g 鲜果肉含糖 10 g、蛋白质 0.9 g、钙 26 mg、磷 24 mg、胡萝卜素 1.79 mg、硫胺素 0.02 mg、核黄素 0.03 mg、尼克酸 0.6 mg、抗坏血酸 7 mg、维生素 C 7 mg。杏果实成熟在春夏之交，鲜果上市可调节市场对鲜果的需要，又可制杏干、杏脯、杏酱、杏汁、杏酒和糖水罐头等制品，周年食用。杏仁是重要的食品工业原料，杏仁中含油量达 50%～60%，蛋白质 23%～25%，糖 10%，脂肪 50%～64%，出油率相当于大豆的 3 倍。同时含有磷、钙、铁、钾等人体不可缺少的元素。榨油可供食用，亦可制作杏仁露、杏仁霜、杏仁精、杏仁茶、杏仁糖、杏仁酪、杏仁豆腐、杏仁酱菜、杏仁罐头等。在国外广泛使用杏仁粉制成美味的杏仁糕点和巧克力糖果等。

杏仁是重要的中药材，可用于止咳祛痰，润肺清泻，对支气管炎、哮喘及癌症有较好疗效。据报道，杏果还含有维生素 B。杏仁是我国传统的出口商品之一，在国际市场上享有很好的声誉。

杏树不仅是温带核果类的优质果树，有较高的经济效益，而且栽植后具有良好的生态效益，它具有抗旱、耐寒、耐瘠薄的特点，是造林绿化荒山的先锋树种。树高冠大枝叶繁茂，可拦截雨水，减轻地表径流对地表的冲刷。由于它的主根长，侧根多，抗冲刷能力较强，有拦蓄洪水的作用，可以很好地保持水土，这对于干旱、半干旱地区，改变生态条件具有重要的意义。

任务一　西藏杏资源分布、种类及品种

一、西藏杏资源分布

西藏杏主要分布于西藏东南部的芒康、左贡、八宿、波密等县，在海拔 2 700～3 800 m 的林缘杂木林或灌木丛中，河岸、田边亦有分布。20 世纪 90 年代后期，随着保护地栽培的出现，西藏在多个地区先后引进国内优良杏品种，进行适应性种植，目前在拉萨市、山南市、日喀则市、林芝市、昌都市等地有一定的数量。

二、西藏杏种类

杏属蔷薇科（Rosaceae），李亚科（Prunoideae）杏属（*Armeniaca*）。

西藏的野生、半野生杏资源主要有 3 个种，分别为毛叶杏（*A.holosericea*（Batal.）kost），山杏（*A.sibirica*（L.）Lam.），杏（*A.vulgaris* Lam.）。

其中，毛叶杏，也称藏杏，为西藏原产，其叶柄两面密生短柔毛，核面具浅蜂窝状点纹，极近似梅核面的状况。藏杏树体较小，树高 4～8 m，有的果实个大，味酸甜，微香，可直接在生产上利用，多数果实小，不能食用，9 月中下旬成熟。该种抗逆性强，可作为杏的砧木或育种材料。

三、西藏杏主要品种

西藏杏品种多为从外地引入，保护地栽培品种居多。

（一）华县大接杏

主产华县。果实极大，略呈扁圆形，平均重 84 g，最大达 150 g 以上。果皮薄而韧，黄色，有淡红晕，有紫红色细点，剥皮不易。果顶微凹，缝合线浅而显著。果肉橙黄色，肉质柔软，纤维少，汁液多，味甜，有芳香。离核。仁饱，味甜。品质上等，果实 6 月上旬成熟。

树势强健，寿命较长。以中、短果枝结果为主。适应性强。

（二）兰州大接杏

主产于甘肃和宁夏一带。树势强健，树冠呈自然半圆形。新梢粗壮呈紫红色，果实极大，圆形或卵圆形，平均重 85 g，最大 200 g 以上，果皮黄色，阳面稍有紫红色，有明显的朱砂点，果肉橙红色，肉质柔软，味甜多汁，有芳香，品质优良。离核仁甜。6 月下旬成熟。为兰州著名的地方品种，也是我国最优良的鲜食用品种之一。

（三）骆驼黄

原产于北京。果实较大，平均单果重 49.15 g，最大果重 78.00 g；圆形，果顶平圆微凹；果面底色橙黄，阳面有暗红晕；果肉橙黄色，肉质松软，汁液多，纤维中等，风味酸甜；可溶性固形物 11.5%。黏核。一年生枝萌芽率为 80.8%。以短果枝和花束状果枝结果为主，自花结实率低。必须配备授粉品种、如华县大接杏、临潼银杏等。盛果期树株产 50 kg 左右。

该品种在北京 3 月下花芽萌动，4 月上旬盛花，5 月底至 6 月初果实成熟，11 月上旬落叶。果实发育期 55 d，为丰产优质的早熟品种。

（四）红玉杏

原产山东历城区，果实大，平均单果重 40.0 g，最大果重 125.0 g，长椭圆形，果实顶部平；果面为橙红色，阳面有红晕；果肉橙黄色，肉质致密，脆，肉厚，汁液中多，风味清香且酸甜适度，品质上等，可溶性固形物 15.9%。离核。自花结实率低，需授粉，丰产性较好。果实在山东历城县 6 月上中旬成熟，果实发育期 70 d。是优良的鲜食加工兼用品种。

（五）贵妃杏

产于河南省灵宝市。果实较大，平均果重 55.0 g，最大果重 79.6 g；近圆形，果实顶平一侧稍高，缝合线浅，两侧不对称；果面为鲜橙黄色，阳面有红晕，茸毛少，光洁美观；果肉橙黄色，近核处黄色；肉质细，汁液中多，纤维较粗，味酸甜，稍有香味，品质好。可溶性固形物 13.5%。离核或半离核，甜仁。

树势强，树姿半开张。适应性强，耐贮放，常温下可贮放 10 d 左右。在当地 3 月中下旬盛花，6 月上中旬果实成熟，果实发育期 80 d 左右。

（六）仰韶黄杏

仰韶黄杏又名鸡蛋杏，响铃杏，原产河南省渑池县，在豫西地区广泛栽培。果实大，平均果重 89.5 g，最大果重达 137.0 g；卵圆形，果顶平，微凹，缝合线浅，两侧不对称；梗洼中等，大而深。果面底色黄或橙黄，具红色晕，有紫褐色斑点。果肉橙黄色，近核处黄白色；肉质细而软，纤维少，汁液多，酸甜适口，香味浓，品质极上。可溶性固形物 14%。离核。

树势强，树姿半开张。适应性强，耐贮放，常温下可贮放 10 d 左右。在当地 3 月中下旬盛花，6 月上中旬果实成熟，果实发育期 80 d 左右。

（七）凯特杏

凯特杏于 1991 年从美国加州引入我国。大果型，平均单果重 105 g，最大果重 130 g，果皮橙黄色，肉质细，含糖量高，味甜酸爽口，口感纯正，芳香味浓，品质上等。六月中旬成熟。可溶性固形物 12.7%，离核，易成花，极丰产。该品种速成苗栽后当年成花，第二年开花株率与坐果株率均达 100%，平均株产 3.3 kg，第三年平均株产 10.6 kg，第四年进丰产期，平均株产 26.3 kg，每 667 m² 产量可达 3 000 kg 以上。该品种适应性极强，北纬 23°～45° 区域内均可栽植，抗盐碱、耐低温、耐湿、抗晚霜，适合保护地栽培。

（八）金太阳杏

美国品种，自花结实力强，果实较大，平均单果重 66.9 g，最大果重达 90 g，果面金黄色，缝合线浅，不明显，两侧对称；果面光亮，底色金黄色，阳面着红晕，外观光洁美丽。果肉橙黄色，离核。肉质鲜嫩，汁液较多，有香气，可溶性固形物 13.5%，味甜微酸，细嫩多汁有香气，品质好，抗裂果，较耐贮，露地 5 月下旬成熟，花期耐低温，极丰产。设施栽培 4 月中旬即可成熟。适应性和抗逆性强，丰产。

（九）大棚王杏

大棚王杏为山东省果树研究所于 1993 年从美国引入，成熟期比金太阳杏晚 5～7 d，是特大早熟欧洲杏新品种，果实发育期 70 d 左右，平均单果重 125 g 以上，最大果重 200 g，果实近椭圆形或长圆形，缝合线一侧中深明显，果梗粗而短，着生牢固，梗洼深而广，尊洼浅不明显，果顶稍凹，一侧常突起。果面较光滑，有细短茸毛，底色橘黄色，阳面鲜红色，观诱人。果皮中厚，果肉黄色，可食率 96.9%，离核，核小，仁苦。肉质细嫩，纤维较少，液多，香气中等，品质上，风味甜，可溶性固形物含量 12.5%。较耐贮运，坐果率高，早实质优，丰产稳产，适应性强，极适宜设施栽培。

(十)骆驼黄杏

骆驼黄杏原产于北京市,是极早熟的鲜食杏品种。1990年通过农业部鉴定,被列为优异种质资源,1991年辽宁省科委列为重点区试品种。现主要分布在辽宁、北京、河北、山西、山东、甘肃等地区。树冠自然圆头形,树姿半开张。树势强,栽植后第2年即开始结果,4年开始有经济产量,5年或6年进入盛果期,连续结果能力较强。5年株产20 kg左右,6年株产40 kg,以短果枝结果为主,生理落果中等,采前落果轻。骆驼黄杏自然坐果率几乎为零,栽培时必须配备适宜的投粉品种,如华县大接杏、临潼银杏等,果实圆形果顶平、微凹,梗洼深、广,果皮底色橙黄,阳面着红色,果肉橙黄色。果实发育期55 d,平均单果重49.5 g,最大单果重78.0 g,果实缝合线显著、中深,两侧片肉对称。

(十一)意大利1号

该品种果实短椭圆形,平均单果重40 g,最大单果重60 g,果皮橘红色,阳面具片状红晕。肉质细,风味甜,含糖11%,汁液中等,离核,具香气,不裂果,品质上等,耐贮运,适宜加工和鲜食,在枣庄市露地5月底成熟。该品种适应性广,抗性强,完全花比例高,自花授粉,花朵坐果率80%以上,早实性强,抗晚霜,为棚栽首选品种。

(十二)红丰杏

山东农业大学园艺系培育,亲本为二花槽×红荷包。果实近圆形,果个大,品质优,外观艳丽,商品性好。平均单果重68.8 g,最大果重90.0 g,肉质细嫩,纤维少,可溶性固形物含量16%以上,汁液中多,浓香,纯甜,品质特上,半离核。果面光洁,果实底色橙黄色,外观2/3为鲜红色,为国内外最艳丽漂亮品种。一般成熟期5月10—15日,是国内极早熟杏最新品种之一,商品性极高。

(十三)新世纪杏

"红丰"的姊妹系。果实卵圆形,果顶平,平均单果重68.2 g,最大单果重90 g,缝合线深而明显,两侧不对称;果面光滑。果皮底色橙黄色,彩色为粉红色;肉质细。香味浓,味酸甜。风味极佳,品质上等;含可溶性固形物15.2%,离核、仁苦。露地5月26日成熟。

(十四)玛瑙杏

"玛瑙杏"原产于美国加利福尼亚州,近年引入我国。经试种,该品种具有早果、丰产、外观美、耐贮运、适应性强等特点,是世界公认的优良品种。该品种果实于6月中旬前后成熟,平均中果重56 g,最大果重94 g。果皮橘黄色,阳面有红晕,外观美丽。果肉细嫩,汁液较多,酸甜适口,芳香味浓,其可溶性固形物含量为12.50%,含糖9.05%,

含酸 1.4%，并富含多种维生素，品质上等。果实硬度大，耐挤压，耐贮运，商品性好。该品种最突出的优点是易成花，坐果率特高，是目前非常罕见的早果、极丰产品种。一般种后第二年结果，每 667 m² 量产近 500 kg，第三年每 667 m² 产量 1 500 kg，在同样的栽培管理条件下，其单位面积产量是普通杏的 3～4 倍，具有广阔发展前景。该品种适应性广，抗旱、耐寒、耐盐碱。树体矮化，树姿开张，树形良好。萌芽率高，成枝力强，中、短果枝均可结果，无自然落果现象。

任务二　杏生物学特性

一、生长特性

杏树的树冠大，根系深，寿命长。在一般管理条件下，盛果期冠高达 6 m 以上，冠径在 7 m 以上。寿命为 40～100 年，甚至更长。

（一）根

杏树根系强大，能深入土壤深层，水平根伸展范围一般可超过冠径 2 倍。不同树龄时期根系的生长特点不同。嫁接苗自定植后的第一、第二年，根系的垂直生长超过水平生长。自第二年至第三年以后，水平根的延伸速度逐渐超过垂直根的延伸长度。4～5 年生的杏树，一般可以达到最大的垂直深度。此后，主要是水平根迅速向四面伸展。树龄达到 20 年以后，水平根的延伸速度减慢，到 40～50 年以后，根的水平延伸能力已很弱。

（二）芽

杏花芽为纯花芽，较小，单生或 2～3 芽并生成复芽（图 4-13）。每花芽开一朵花。

一个枝条上，上部多为单芽，中下部多为复芽。单生花芽坐果率不高，开花结果后，该处花秃。杏花芽和叶芽排列与桃相似，中间多为叶芽，两边为花芽，这种复芽一般坐果率高。杏树叶芽具有早熟性，副梢上也可形成花芽。根据这种特性可以在幼树、高接树或更新树上利用副梢进行整形，有选择地培养副梢作骨干枝或结果枝组。

杏树的新梢有自枯现象，顶芽为伪顶芽。新梢每节叶腋有侧芽 1～4 个，为并列复芽潜伏芽寿命较长，一般可达 10～20 年。大部分品种顶端优势弱，干性弱，自然生长成的树冠，多为无主干的圆头形。

杏潜伏芽寿命很长，在受到重刺激时常可萌发，形成徒长枝，可利用潜伏芽对树冠和枝组进行更新。

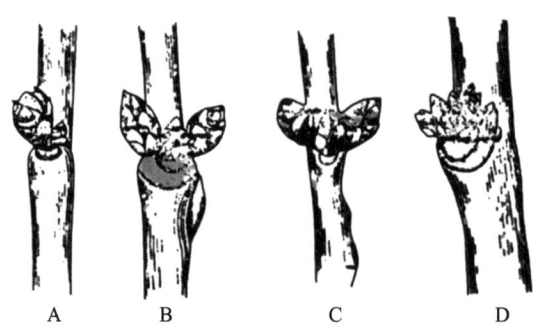

图 4-13 杏花芽

A. 双芽（大的是花芽，小的为叶芽）；B.3 芽（两侧为花芽，中间为叶芽）；
C.3 芽（均为花芽）；D. 多芽（中间小的为叶芽，四周为花芽）

（三）枝

杏树生长势次于桃，但在幼树期生长也很快，新梢年生长量可达 2 m。随着树龄的增长，生长势渐弱，一般新梢生长量 30～60 cm。

杏树结果枝同桃一样，分为长果枝、中果枝、短果枝和花束状果枝（图 4-14）。杏树大多数品种以短果枝和花束状果枝结果为主，但寿命短，一般不超过 5～6 年。由于花束状果枝较短，且节间短，所以结果部位外移比桃树慢。

杏树的萌芽率和成枝力在核果类果树中是比较低的。剪口下一般可抽生 1～3 个长枝 2～7 个中短枝。萌芽率 40%～70%，成枝力 20%～65%。如果修剪稍重，萌芽率和成枝力均可达到 80% 以上。

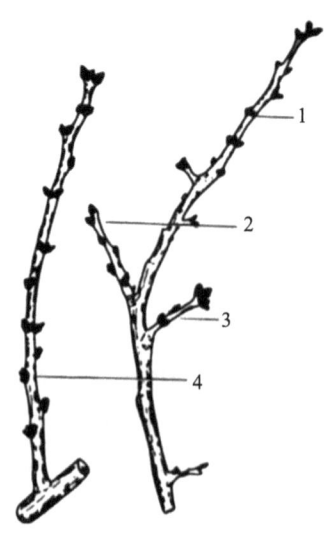

图 4-14 杏结果枝的类型

1. 中果枝；2. 短果枝；3. 花束状果枝；4. 长果枝

二、结果特性

(一) 花芽分化

杏较容易形成花芽，1～2年生幼树即可分化花芽，开花结果。据观察，兰州大接杏的花芽分化开始于6月中下旬，这时气温较高，果实已经成熟或即将进入成熟期，7月上旬花芽分化达到高峰，9月下旬所有花芽进入雌蕊分化阶段。直到12月，除了花蕾各器官的原基继续增大，雄蕊和雌蕊进一步发育分化，花药明显形成蝶形的4室状态。已有孢原组织—花粉母细胞，呈现出花粉囊发育的晚期结构。雌蕊发育出现了花柱的萎缩、弯曲等畸形退化的多种类型，同时出现了珠心组织。

(二) 开花与结果

杏树开花较早，由于品种不同，物候期也有一定的差异。华北、西北地区开花时间在3月下旬至4月上中旬。果实成熟期早的品种，果实成熟在5月下旬至6月上旬；中晚熟品种多在6月中下旬以后成熟。花期一般5～7 d。

杏的果实发育快，而发育期短。杏果实生长发育曲线呈双"S"形，可分为三个时期，第一期为果实迅速生长期，这一时期幼果的大小为采收时果实大小的30%～60%。第二期为硬核期，这一时期持续的长短品种间差异不大，一般早、中熟品种4月下旬果核开始发育，5月中旬形成，5月下旬木质化。硬核期持续10 d左右，晚熟品种持续15 d左右。第三期为果实第二次迅速生长期，此期果实增重占总果重的40%～70%；这一时期持续长短品种间差异较大，早熟品种18 d左右，中熟品种28 d左右，晚熟品种40 d左右。多数杏树落花落果较为严重，落花落果一般有3个时期，即落花、生理落果和采前落果。

任务三 杏对环境条件的要求

一、温度

杏树喜温、耐寒。在冬季休眠期，在 -30 ℃或更低的温度下仍能安全越冬。杏树也能耐较高的温度，在新疆哈密夏季平均最高温度为36.3 ℃，绝对最高温度43.0 ℃，仍能正常生长。杏树开始生长温度11 ℃，生长发育的适宜气温为年平均温度6～12 ℃，花芽分化温度为20 ℃左右，落叶时温度为1.9～3.2 ℃。杏树在花芽萌动开花期或坐果期，花器、幼果抗低温能力差。此时如遇 -4～2 ℃的气温，花器就会受冻，对当年产量影响较大。杏花受冻的临界温度，初花期为 -3.9 ℃，盛花期为 -2.2 ℃，坐果期为 -0.6 ℃，低于这个临界温度就会出现冻害。开花期平均气温在8 ℃以上，适宜气温11～13 ℃。杏树开花的早晚在很大程度上取决于开花前气温回升的快慢，气温回升的快且稳定，则开花期早。

温度对果实的成熟期，色泽、品质、风味有直接影响。温度高时，成熟早，成熟较一致果实含糖量高，风味浓。

杏不同地区品种低温需求量有差异，陈登文等用冷温单位法对杏的 39 个品种低温需求量进行测定，认为辽宁、新疆、青海、甘肃等地区的品种比陕西关中、河南、山东、山西等地的品种的低温需求量高，陕西南部地区的品种低温需求量最低。不同品种低温需求量一般低于 7.2 ℃的低温量为 800～950 h。

二、光照

杏是喜光树种，在光照充足的条件下生长良好，果实含糖量高，果面着色好。杏树集中分布在北半球年日照时数为 2 500～3 000 h 以上的地区。若光照不足，枝条徒长或生长细弱，结果枝生长寿命短，内膛易光秃，病虫严重，果实着色差，品质下降，而且退化花增加。

三、水分

杏树根系发达，入土深、分布广，因此非常耐旱。但抗涝能力差。杏树喜欢在土壤适中和干燥的空气条件下生长。在新梢旺盛生长时期和果实发育时期，土壤水分缺乏，也会造成大量落花落果。土壤水分过多或空气湿度太高，会导致病虫害严重，果实着色差，品质下降，若遇果实成熟期会引起落果或裂果。花期空气湿度过高，对授粉不利，使坐果率降低。若土壤黏重，地面积水稍久，轻则引起早期落叶重则引起烂根和全株死亡。

四、土壤

杏树适应性极强，对土壤的要求不严。在壤土、砂土、砂砾土、盐碱土以及有机质少肥力瘠薄的土壤上均能生长。但是为了保证产量和品质，要尽可能选择和创造排水良好的较肥沃的壤土或砂壤土。此外杏耐盐力较苹果、桃为强，因而可以在较轻盐碱地发展，设施内土壤沉积轻微盐碱对杏树危害不大。

任务四 杏露地生产技术

一、建园和栽植

（一）建园

杏树建园时要考虑花期的晚霜危害，因此在山地建园要避开风口和谷地，选择在坡度 25°以下，土层较厚，背风向阳的南坡或半阳坡为宜。在平地建园要避开低洼地，排水不良和土壤黏重地不宜建杏园。避开种植过核果类果树的地段建园，以免发生再植病。

（二）栽植

杏树栽植方式，是在确定栽植密度前提下，结合经济利用土地，便于机械管理，以及当地自然条件等来决定的。其方式主要有 4 种。

1. 长方形栽植

长方形栽植是当前生产上常用的一种栽植形式。特点是行距大于株距，通风透光好便于管理作业。栽植株数＝栽植面积/（株距×行距）

2. 正方形栽植

正方形栽植株行距相等的栽植方式。优点是果园光照分布均匀，通风透光性好，有利于树冠的生长，便于纵横交叉作业。缺点是不便于果园间作和管理，在密植的情况下容易出现果园郁闭。

3. 带状栽培

带状栽培又叫宽窄栽植，以 1~2 个较小的行间距，间隔一个较大的行间距配置，邻近的 2~3 行为一带，保留一个宽行距的作业道。矮化果树和葡萄，有用一个窄行距与一个宽行距相间配置，构成双行带状。其优点是，增加单位面积的植株数量，相应地加快成园期限，提早进入丰产期；缺点是带内的修剪、病虫防治及采收等作业困难，也易造成通风透光条件恶化，影响果品的产量和质量。

4. 三角形栽植

相邻行的植株位置相互错开排列，与隔行树相对，行距与株距相等，或行距略小于株距，分别构成等边或等腰三角形。其优点是，在植株间距离相等的情况下，可比正方形栽植株数增加 15% 左右，成园和丰产均可相应提早。但因树郁闭提早，管理不方便，现已极少采用。

杏树栽植密度是以各品种的生长特性，砧木类型，当地的地势、土壤、气候条件等几个方面来确定的。地势平坦土壤肥沃气候温暖，行距可为 5.5~6.0 m，株距 4 m×5 m，每亩栽植 20~30 株。山地沙滩干旱少雨地区栽植密度行距可为 4~5 m，株距 3~5 m，每亩栽植 33～44 株。山区栽植仁用杏可采用 3 m×4 m 或 4 m×4 m 的株行距。

杏树栽植方式详见图 4-15。

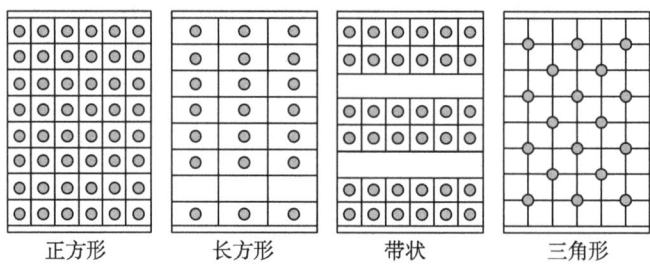

图 4-15 杏树栽植方式

（三）配置授粉树

1. 配置授粉树的作用

杏树是两性花树种，雌雄蕊虽同时成熟，但往往自花不孕或是自花授粉结实率很低。这是造成低产的重要原因之一。北京林果研究所曾对 27 个杏品种自花结实能力进行了调查，除了 5 个法国引进品种能自花结实外，其余 22 个国内优良品种的自花结实能力均为 0。而有授粉树的杏园自然授粉坐果率显著高于自花授粉结实率，人工辅助授粉比自然授粉又显著提高了坐果率。

2. 选配授粉树的条件

①能同主栽品种在同样的环境条件下生长。
②能与主栽品种同时开花，而且能大量产生发芽率高的花粉。
③能与主栽品种同时进入结果期，每年都能开花；而且寿命长短相近。
④能与主栽品种无杂交不孕现象，并能产生经济价值较高的果实。

3. 配置方式

授粉树影响的范围，依距离而不同，一般与主栽品种越近，则授粉效果越好。杏树一般靠蜜蜂传粉，所以，授粉树品种的配置，应能保证便于蜜蜂将授粉树的花粉传到另一主栽品种上。按蜜蜂活动力，授粉树品种与主栽品种间的距离不应超过 50～60 m。配置方式较多。

①中心式配置法。一株授粉树周围栽八株主栽品种。小型杏园杏树正方形栽植时多采用此法。

②整行配置法。在大型杏园中多用此法，即沿着小区的长边方向整行栽植。授粉时间的距离相隔 3～7 行；在梯田化的坡地上，可按梯田行向间隔 3～4 行栽植 1 行授粉品种。

③等量式配置当授粉品种与主栽品种经济价值相同时可采用此法，但要求开花期相同，这对授粉特别有利。

(四）栽植方法

杏树的栽植时期，一般分为秋栽和春栽。秋栽多在落叶后至地面结冻前栽植。气候条件好的地区常用，而气候寒冷的东北、西北及内蒙古等地区，则以春栽为宜。春栽多在土壤解冻后至萌芽前进行，有灌溉条件的地区春栽为宜，栽后灌水成活率高。

（1）栽植前的准备

在定植点上挖栽植穴，直径不小于1 m，挖出的表土和底土分别放在坑的两侧。最好是秋栽夏挖、春栽秋挖，目的是熟化土壤以利根生长。穴内每株施50～100 kg有机肥。当地苗随挖随栽。外地苗为提高成活可将苗木在清水浸泡根部1～2 d，并将有伤口的根剪除坏的部分，并备10%～20%的预备苗进行假植备补栽。

（2）栽植方法

先将表土混好肥料，取一半填入坑内，培成丘状，按品种栽植计划将苗木放入坑内，使根系均匀伸展在坑底的土丘上，同时，进行前后左右对直、校正位置。然后将另外一半掺肥土分层填入坑中，每填一层土都要踩实，并随时将苗木稍稍向上提动，使根与土壤密接，最后将心土填入穴中，然后修好直径1 m的树盘，灌水后封土保湿。

（五）栽后管理

在杏树未结果前，要做好如下几项工作。

①中耕除草、施肥、灌溉、补栽补接、防治病虫害。

②定干、整形、抹芽除萌、摘心扭梢要随时进行。各项管理交叉进行，能在2年内达到开始结果的水平。

二、整形修剪

（一）树形及结构特点

一般对杏树管理粗放，在放任生长的情况下，形成的树形多为自然圆头形、半圆形、乱头形。这种树体虽大而结果不多，果实品质差而管理工作也不方便。经整形修剪的树，可达到树体圆满紧凑，敦实、健壮，生长结果良好。杏树常用的树形有3种：自然圆头形，疏散分层形，自然开心形等。

1. 自然圆头形

这种树形有相当一部分是自然生长或放任树改造而成的。一般干高50～60 cm，5～8个主枝，错开排列，主枝上每隔30～50 cm留侧枝，侧枝上配备枝组，也可用大型枝组代替侧枝，这种树形较简单，苗木栽植后，在距地面70～90 cm高处定干，任其生长，然后保留5～8个骨干枝。除中心主枝外，其余各主枝均向树冠外围伸展。这种树形的特点是修剪量少，3～4年树冠成形，主枝分布均匀，结果枝多，结果早，结果多较丰产，但是树冠内到后期容易空虚，这种树形适用于直立性较强的品种效果较好。

2. 疏散分层形

这种树形有明显的中心干,主干高 40～70 cm,全株 6～10 个主枝,稀疏分层排在中心干上。第一层有 3～4 个主枝,层内距在 30 cm 左右;第二层为 2 个主枝;第三层 1~2 个,彼此间水平夹角大致相同。在整形中有的在第三层主枝以后去掉中心枝,也有的配备第四、第五层主枝的;第三层以上的主枝只配备 1 个侧枝。第二层与第一层主枝的层间距一般在 60～100 cm,以后各层间距 40～60 cm,越向上越小。树冠大或发枝力高的品种,土壤肥沃,管理水平高,层间距可大些。相反,树体小,成枝力低,土壤薄,管理水平低的层间距可小些。这种树形特点,树冠大,主枝多,层次明显,上下分布均,内不空。

3. 自然开心形

这种树形,干高 50～60 cm,没有中心干,全株有 3～4 个主枝,均匀分布,主枝上配备侧枝,侧枝上安排枝组。这种树形符合杏树自然特性。特点是光照条件好,结果面积大,生长较强健,树冠较丰满。不足之处是基本主枝少,早期产量低。

(二) 不同年龄期树的修剪

1. 幼树期的修剪

杏树幼树定植到大量结果之前,是树冠形成的重要时期。这一时期生长旺盛,只有通过合理的修剪,确定好树形及其良好的结构,才能为成年后大量结果丰产创造条件。在奠基时期要在修剪中做到四抓紧:一要抓紧按整形要求,选留好主枝,配备好侧枝,多留辅养枝的工作;二要抓紧对幼树的中心干、主枝、侧枝的延长枝头及时适度短截,使之不断延伸扩大树冠,尽快形成分枝层次,扩大营养面积和增加结果部位的工作;三要抓紧对内膛徒长枝、背上强旺枝、部分密生枝、交叉枝、重叠枝,及时除掉,以保证树冠内通风透光条件良好;四要抓紧多保留辅养枝,并及时将其改换培养成各类结果枝组。促进早结果、早丰产、早得益幼龄杏树生长速度快,也易抽出强枝,如不及时控制或疏除就会出现"树上树"的景象影响主侧枝生长和通风透光,所以,幼龄树的修剪要以及时抓紧不放松为宜。

2. 初果期的修剪

初果期是杏树幼年期到盛果期的中间,虽能结果但由于树形、树冠、各主侧枝发育还幼小,结果枝还少,所以,其修剪的方法应以培养主侧枝干、树形为主,加大培养坐果的中长果枝的数量,做好进入盛果期的准备。

3. 盛果期的修剪

杏树进入盛果期,树形已基本稳定,修剪的目的是保持树形及主侧枝结果枝有良好的结构,通风透光,延长盛果期年限,推迟衰老期的来临。保持结果量的增长和稳定。这一时期修剪任务是在加强土、肥、水管理的前提下来实现的。为达到目的,修剪时要从 4 个方面来进行:一是对各级骨干枝的延长枝每年适度短截,让其抽出充实的新梢,对已趋于衰弱的枝头,在有强枝处回缩,以维持原有树势;二是对于那些结果后生长势已趋衰弱的枝组,细长开张角度过大或下垂的大枝要进行回缩,用背上或斜上的旺枝当头,以抬高角度，增强生长势；三是对内膛枝相应地重剪，使新梢不断萌生，防止树冠内膛光照不好或内膛光秃，结果部位外移。对外围枝在不影响骨干枝生长的情况下，长枝长放。对过密的多年生外围枝要及时疏枝、回缩；四是要注意维持，更新结果枝组要及时重缩，疏除，对树冠内的壮枝要适度短截，并培养成新的枝组，使新、旧枝组得到不断的交替结果。轮流更新，确保丰产高产稳产的目的。

4. 衰老期树的修剪

杏树进入衰老期，其表现是生长势衰弱，骨干枝中，下部严重光秃，甚至中小枝组干枯外围枝生长量很小，结果部几乎移到外围、花芽瘦小量少，产量显著下降。此时期如果在土、肥水管理好的基础上将修剪工作跟上去，还能有一定的产量。这一时期的修剪任务是更新复壮骨干枝和各类结果枝组，恢复和维持树势，推迟骨干枝的衰老和死亡，以获得一定的产量。对衰老树的修剪做到两更新一培养。其一是更新复壮骨干枝，依树体衰弱的程度及树体结构的从属关系，在主枝、侧枝的中下部位进行重剪回缩，选择角度较小生长健旺的背上枝作主、侧枝的延长枝，或在大枝的直立向上处回缩。促使稳芽萌发，培养侧枝的头；二是更新结果枝组，在更新骨干枝的同时，对各类枝组进行较重的回缩，选择壮枝，壮芽带头，逐步培养成新的枝组，对位置合适的徒长枝，按树冠空间大小采用先截后放或先放后缩的办法培养成大中小各类果枝；三是培养树冠内部方位适宜的徒长枝，使它早代替骨干枝占领空间。恢复和形成良好的树冠。

（三）仁用杏的修剪技术

仁用杏是以生产杏仁为主要目的品种，树形以自然开心形为好；树高 3～4 m，干高 30 cm 左右，有 2～3 个主枝，每个主枝上留有 2～3 个侧枝，侧枝上安排大中小不同的枝组，成形为佳。这种树形的优点是成形快，光照好，树冠矮小，适宜密植，好管理，更新容易，结果早，单位面积产量高。

修剪技术方面，在树势、地力能达到的情况下，尽量多留结果枝，力求多结果。结果多，虽果实小些，但种仁饱满，产量也高，正可达到仁用杏产仁多的栽培目的。如果按食用为目的杏树修剪，果实虽大，则核小，仁小，产量减少。仁用杏结果是以短果枝为主，所以，修剪时必须使用能形成短枝的修剪方法。一是及时将 1 年生枝短截，使其当年萌发 3～5 个以上的芽，形成 2～3 个较强的发育枝和一些细弱的中短果枝；二是在第二年对该枝缓放，使其在当年形成一串短果枝，经这样修剪第三年这些短果枝开花结果；三是在第四年适量回缩短果枝轴，促使上部形成发育枝后再缓放，使下部短果枝继续结果。

仁用杏定植第三年后修剪要轻，以缓放的手段促其结果。中期、后期回缩更新，恢复生长和结果能力。而在结果后的 20 年后才开始进入衰老期，这时的修剪可回缩到多年生枝上，更新复壮，促其多结果。

（四）密植园的修剪技术

杏树密植园虽在国内不多，但多以仁用杏的果园为主，这类果园，在修剪中要处理好三争，即：争空间、争光照、争水肥。

①定树形是头一个关键，定圆头形比较好，利用光照面大些。主侧枝其角度不宜过大，紧凑使其主侧枝在树冠内一方面多留结果枝，另一方面向高空间发展。因树的前后左右均有树主侧枝扩张大而造成与树之间交差，影响生长。

②及时清除多余的萌条，减少不必要的地力消耗和占用空间阳光。

③修剪中留好主侧枝的领导枝及副主侧枝，处理好它们的分层结果枝。控制枝条量和结果量，使其稳产。

修剪技术可参考仁用杏树修剪法。

（五）放任树修剪技术

目前，我国北方杏树栽培普遍，生长在房前屋后，田地埂边及荒山荒坡有相当一部分不整形，不修剪，任其自然生长，这类放任树没有良好树体结构，冠内生长乱通风透光性能差。病虫害多，新梢生长不良，结果多在树冠外围。开花结果少，产量不高。对这类树的修剪技术可从整理大枝着手。利用休眠期修剪时，根据体结构情况，先将过多的。交叉的、重叠的大枝分年从基部去掉，使树冠内通风透光，在大枝整理完后，再着手整理侧枝和大枝组，把衰老期的残枝全部疏除。或保留回缩到有用的强壮新梢处。通过疏除回缩大枝、侧枝和大型枝组，可促进萌发新梢，然后将这些新梢培养成各类枝组，扩大结果部位，增加产量，提高果品质量。

三、土肥水管理

（一）土壤管理

1．中耕

雨后或浇水后为保墒和抑制杂草生长，要及时中耕，中耕深度 10～15 cm。

2．树盘覆盖

树盘内提倡用秸秆、厩肥、柴草嫩枝等覆盖，厚度为 15～20 cm，其上盖一层薄膜，腐烂后结合秋季深翻，埋入土中。

3．行间生草

采用自然生草或人工生草。人工生草可选择鼠茅草、三叶草、黑麦草等，黑麦草、三叶草播种时间为 3—4 月，鼠茅草播种时间与冬小麦播种同期。应根据草的生长高度及时刈割。

（二）施肥

1．秋施基肥

一般在 9 月下旬到 10 月上旬施入，以优质腐熟农家肥为主，加入适量化肥。幼树每 667 m² 施农家肥 2 000～3 000 kg，盛果期树每 667 m² 施 4 000～5 000 千克。基肥施用量占年施肥量的 70% 以上。采用放射状沟施、环状沟施和条沟施等施肥方法。

2．地下追肥

在花前及果实硬核期进行土壤追肥，幼树期以氮肥为主，盛果期后以磷、钾肥为主。

3．叶面喷肥

结合病虫害防治进行叶面追肥，一般生长前期喷 0.3%～0.5% 的尿素，花前或盛花期喷 0.1%～0.3% 硼砂，生理落果至成熟前喷 0.2%～0.4% 的磷酸二氢钾。

（三）水分管理

1．灌水

萌动期（最迟不能晚于花前 10～12 d）、硬核期、采收后、秋施基肥后和土壤封冻前各浇水一次。一般采用畦灌、沟灌等，有条件的地区，可采用滴灌、渗灌、喷灌等节水灌溉技术。

2．排水

雨季注意排涝，园内出现积水时及时排水。

四、病虫害防治

杏树在我国分布地域较广，而病虫害种类也较多。国内现已记载的病害 30 余种，虫害有 130 余种。杏树病害常见的主要有杏疔病、杏树细菌性穿孔病等。其中危害果实的害虫主要有梨小食心虫、桃小食心虫、杏仁蜂等；枝、干部害虫主要有朝鲜球坚蚧、桑盾蚧、大青叶蝉、红颈天牛、梨眼天牛、多毛小囊等；食花器、叶害虫种类最多，但主要的有杏星毛虫、天幕毛虫、桃芽、杏象甲等。以上病虫害在局部地区常常对杏生产上造成很大的影响，经济上带来很大损失。

（一）杏树病害及防治

杏疔病。属子囊菌亚门真菌，又称杏红肿病、叶枯病，是杏产区重要病害。

（1）症状

杏疔病以危害杏树的新梢，叶片为主，也危害花和果实。新梢染病节间短粗，病枝上的叶片变黄、变厚，叶肉增厚，呈簇生状。叶脉变为红褐色，叶肉暗绿色。叶正反两面散生许多小红点，即病菌分生孢子器。后期从分生孢子器中涌出淡黄色孢子角，卷曲成短毛状或在叶面上混合成黄色胶层。7 月以后，黄叶变为褐色，质地变硬，卷曲呈畸形。8 月以后，病叶变黑质脆，叶背面散生小黑点，即子囊壳。黑色病叶在树上不落，病枝结果少或不结果。花染病，病花不易开放，花苞增大，花、花瓣不易脱落。果实染病生长减慢，果面生淡黄病斑，生有红褐色小粒点，病果后期干缩脱落或挂在树梢上。

（2）传播途径和发病条件

病菌以干囊壳在病叶内越冬，挂在树上的病叶是该病主要的初侵染源。春天，从干囊壳中射出子囊孢子随气流传播到幼芽上，条件适宜时即萌发侵入。随着幼枝和新叶的生长，菌丝在组织内蔓延，枝叶即表现症状。子囊孢子在1年中只侵染1次，5月间出现症状，10月间叶变黑，并在叶背产生子囊越冬。

（3）防治措施

在5—6月病症状出现期及时剪除病叶，并集中烧掉。

在杏芽萌动前结合防治其他病虫害喷5波美度石硫合剂，展叶后喷0.3波美度石硫合剂12次，或在5月喷30%绿得保胶悬剂400～500倍液、14%络铜水剂300倍药液。

（二）杏树虫害及防治

杏树害虫有许多与苹果、桃等果树所共有的，如桃小食心虫、梨小食心虫、大青叶蝉、天幕毛虫、桃蚜等（参见苹果、桃害虫防治）。此外，还有以下主要种类。

1. 杏仁蜂

膜翅目广肩小蜂科。

（1）发生规律

杏仁蜂1年发生1代，以幼虫在果园地面落杏、园内所弃杏核以及干枯在树上的杏核内越夏、越冬，其次在留种的杏核内越冬者也不少。越冬幼虫在3月中旬开始进入蛹，延至4月中旬全部化蛹。蛹期约1个月。成虫于5月上旬开始羽化，羽化后在杏核停留一段时间，待体躯坚硬后，用强有力的上颚将杏核咬穿一圆形羽化孔，1.6～1.8 mm；成虫早晚不活动，栖息在树上，日间在树间飞翔交尾产卵，尤以中午最活跃。雌成虫选择幼嫩的杏实产卵，产卵时，产卵管通过产卵器的外鞘刺入杏内，刺入部位均在上部靠近果柄的一端。绝大多数每杏仅产卵1粒。一雌成虫能产卵120粒。卵期约30 d。5月中旬出现新一世代幼虫。幼虫期长达10个月，均在杏核内，这为防治提供了有利的条件。

（2）防治措施

清除落杏、干杏，杏仁蜂幼虫在杏核内越夏越冬，只要及时将落杏和树上干杏清除深埋或烧毁均可达到防治目的。

用水选法清除被害杏核将漂浮水面的空杏核予以烧毁。

成虫羽化期间地面撒3%辛硫磷颗粒剂，250%～500%或25%辛硫磷胶囊每株30～50 g，或用50%辛硫磷30～50倍药液，施药后浅耙使药土混合。

杏花开过后立即用20%速灭杀丁或杀灭菊酯5 000～6 000倍药液喷冠，消灭成虫保护杏果。

2. 朝鲜球坚蚧

朝鲜球坚蚧属同翅目，蜡蚧科。又名朝鲜球坚蜡蚧、杏球坚蚧、桃球坚蚧。

（1）发生规律

1年发生1代，以2若虫固着在枝条上越冬。第二年3月上中旬开始活动，从蜡堆里的脱皮中爬出，另找固着点，群居在枝条上危害，不久便逐渐分化为雌雄性。雌性若虫于 3 月下旬又脱皮 1 次，体背逐渐膨大成球形。雄性若虫于 4 月上旬分泌白色蜡质形成介壳，再脱皮化蛹其中，4 月中旬开始羽化成虫。4 月下旬到 5 月上旬为雄成虫羽化并与雌成虫交配。雌雄比 3∶1。雄成虫寿命约 2 d，可与数头雌虫交配，未交配的雌虫产的卵亦能孵化。交配后的雌虫体迅速膨大，逐渐硬化，5 月上旬开始产卵，产卵于母体下面，每雌虫产卵平均在 1 200 粒左右，卵期 7 d，5 月中旬为若虫孵化盛期，初孵化若虫从母体臀裂处爬出，在杏叶正反两面危害，叶背叶脉处较多；秋季由叶部转到枝条裂缝处和枝条基部越冬。

（2）防治措施

芽膨大时喷洒 5 波美度石硫合剂或 45% 晶体石硫合剂 300 倍液。

在若虫泌蜡期，用 1 500～2 000 倍水胺硫磷药液喷枝干可达到很好的防效；在 6 中旬新孵化的若虫爬到叶片上危害时，用 2 000 倍的水胺硫磷、2.5% 敌杀死、20% 速灭丁等 3 000～4 000 倍药液喷树冠可毒杀死若虫。

加强检疫，防止传播蔓延、初发生果园，轻的可剪除危害枝烧掉灭虫，可保护天敌黑缘红瓢虫和寄生蜂。

3．桑盾蚧

桑盾蚧属同翅目，盾蚧科。别名桑白蚧、桑介壳虫、桃介壳虫、桑白盾蚧。

（1）发生规律

我国南方每年发生 35 代，北方 2 代。2 代地区以第二代受精雌虫于枝条树干上越冬，翌年 4 月下旬 5 月初开始产卵于介壳下，产卵完毕，即干缩枯死于介壳下。卵期 9～14 d，5 月上中旬为孵化盛期，初孵化若虫 3～4 d 内不危害，在树干、枝条上爬行，第四天固定，开始吸取汁液。再经过 3 d 左右分泌丝状蜡质作介壳。随着虫体成长，介壳逐渐增大。6 月中旬至 7 月下旬第一代成虫出现，交尾后雄虫死亡，雌虫腹部逐渐膨大，7 月下旬产卵、8 月中旬孵化，若虫危害至 8 月中下旬羽化，交尾后雌虫继续危害至秋末越冬。

（2）防治措施

用铜丝、钢丝硬毛刷，刷掉枝干上的虫体，结合整枝修剪，剪除被害的枝条。

若虫分散转移晚期喷洒：50% 的马拉松乳剂 1 000 倍药液，25% 亚胺硫 1 000 倍液，80% 敌敌畏乳剂或氧化乐果 1 000 倍液均可达到防治目的。

4．红颈天牛

红颈天牛属鞘翅目，天牛科。又名桃红颈天牛、铁炮虫、哈虫、钻木虫。

（1）发生规律

2～3 年 1 代，以各龄幼虫越冬，寄主树萌动后开始危害。成虫 5—8 月发生，南方早，如福建 5 月下旬盛发，湖北 6 月上中旬，山西、河北、山东发生期为 7 月上中旬至 8 月中旬。成虫羽化后在蛀道中停留 3～5 d 出树。交配 2～3 d，卵产在树皮缝中，距地面 35 cm 以内树干上着卵较多，产卵期 5～7 d，卵期 7～9 d。单雌产卵 40～50 粒。孵化后蛀入皮层，随虫体增长逐渐蛀入皮下韧皮部与木质部之间危害。长到 3 cm 以后才蛀入木质部危害。多由上向下蛀食成弯曲的隧道。隔一定距离向外蛀 1 通气排粪孔；幼虫蛀过 2 或 3 个冬天成熟并在蛀道末端先蛀入化孔但不咬被，用分泌物黏结木屑作室化蛹。幼虫期 23～35 个月，蛹期 17～30 d，天敌有肿腿蜂等。

（2）防治措施

成虫发生期白天捕杀成虫。

在树上涂刷石灰硫黄混合涂白剂（生石灰 10 份，硫黄 1 份，水 40 份）防止成虫产卵。

幼虫刚蛀入枝干发现排粪孔可用铁丝刺杀幼虫，也可用 80% 敌敌畏乳油 15～20 倍液好棉球塞到排粪孔内熏杀幼虫，用 56% 磷化铝片剂分成 7～8 小粒，每粒塞入一虫孔中用泥封口熏杀；在虫洞内塞毒签，在成虫产卵集中期，用 25% 西维因可湿性粉剂 200 倍液喷洒 1.5 m 以下的树干，10 d 后再喷 1 次。

5．梨眼天牛

梨眼天牛属鞘翅目，天牛科，又名梨绿天牛，俗称苹果钻心虫。

（1）发生规律

该虫 1 年发生 2 代，世代极不整齐，以幼虫在树皮韧皮部于坑道内越冬。翌年春季树液流动后，幼虫继续蛀食危害韧皮部，粪便不排出树外，老熟幼虫在距树表皮 0.1～0.2 mm 处做蛹室化蛹。每年 5 月下旬为越冬代成虫羽化盛期。第二代成虫 7 月中旬出现，羽化盛期为 8 月下旬；成虫从羽化孔钻出、交尾后，雌虫在被害木上先垂直蛀孔，深度达到木质部为止，一雌虫一生筑母坑道长度平均为 5～28 cm，宽度平均 0.257 cm，每个母坑道两侧的子坑道平均为 34.86 条，其长度最长平均为 6.14 cm，最短平均为 3.34 cm，羽化的成虫攻击危害的目标是有选择的，树势旺盛的健壮树很少危害。即便受攻击危害，因树液旺盛而分泌出树胶封闭蛀入口，使成虫、卵及初孵化幼虫窒息死亡。该虫最喜欢攻击当年刚死亡的整株或局部枝、干以及衰弱濒死的枝干。成虫无趋光性，完成一代所需的时间差异较大，当年第一代卵发育到成虫所需 60～70 d，而越冬代则需 8 个多月。又因为雌虫产卵不是一次完成的，故同一坑道内可同时见到卵、幼虫，或幼虫、成虫等极不整齐现象。

（2）防治措施

清除枯死，濒死的枝干，并剥皮烧掉。

破洞点注药液法。在成虫新蛀入后筑母坑道时，用尖刀把蛀孔捣坏后将药液点入。用 80% 敌敌畏 100 倍药液，敌杀死、速灭杀丁 6 000 倍药液直接毒杀成虫及幼虫。

加强杏园综合管理，提高树势，可阻止多毛小长蠹的蛀入。

利用成虫蛀入新寄主和成虫在蛀入孔口潜伏交尾习性时间 7～10 d，此时可用敌杀死、速灭杀丁 10 000 倍药液和敌敌畏、辛硫磷 1 000 倍药液喷枝干毒杀成虫，防效可达 95% 以上。

任务五　杏设施生产技术

一、设施选择

西藏杏设施栽培上应优先选择日光温室，东南部较温暖地区可以考虑塑料大棚。

二、定植

（一）品种选择

1. 主栽品种

选择早果性、早期丰产性强，需冷量低，休眠期短，成熟期早，自花结实能力强，品质优良的鲜食品种，肉硬皮厚，耐贮运。

2. 授粉树配置

杏花属两性花。但是，我国绝大多数杏树品种自花不孕。因此，建立杏园时必须配置授粉树。选择授粉树的条件是：与主栽品种几乎同时开花，能产生大量发芽率高的花粉，与主栽品种没有杂交不孕现象，果实经济价值高。授粉树与主栽树的比例，一般为1：（3～4）。前面所列的主栽品种，除红丰杏花期稍晚外（晚5～8 d）其他品种的花期基本相近，可以互为授粉树，在同一杏园内栽植品种不宜过多，一般以2～4个品种为宜。

（二）定植前准备

1. 挖定植沟

沟宽1.0 m，深0.8 m，表土与底土分放，回填时先将表土和足量腐熟有机肥、适量磷钾肥混匀填入，至离地面20～30 cm时再填底土，防止肥料烧根。

2. 施肥

每667 m^2 施入优质腐熟厩肥6 000～8 000 kg或腐熟鸡粪3 000～4 000 kg，氮磷钾复合肥50 kg。施肥后及时浇水，待定植沟下沉后，用土填平。此项工作应在上冻前完成。

（三）定植时间

杏设施栽培春、秋均可栽植。春栽多在土壤解冻后至萌芽前进行；秋栽多在落叶以后至土壤封冻前进行。

（四）定植技术

选健壮无病虫害的优质苗木，按定植穴栽植，栽植深度以苗圃地根颈痕迹处为标准，定植后及时浇水。定植的密度多为每亩200～300株；株行距可按1（或1.5）m×2 m。定植穴60 cm×60 cm×60 cm。每穴施基肥7.5～10.0 kg，基肥以厩肥或腐熟的鸡粪为最好，另外再施200 g左右磷酸二铵。

三、定植后的管理

（一）定干

根据不同的树形要求确定定干高度，如开心形定干高度 40～60 cm，纺锤形 60～80 cm。由于棚内前后树体的高矮要求不一，因而温室南面的苗木定干应低一些，其余的苗木定干适当高些

（二）整形修剪

1. 树形选择

在自然条件下，杏树的树冠多为自然圆头形或自然半圆形。在设施条件下，光照条件较露地差，因此，骨干枝不能太多，树冠不能太高。树形仍以"Y"形为好。但是，由于杏树具有强烈的非均匀生长的特性，"Y"形整形比较困难，因此根据树体生长状况，可以采用少主枝自然开心形。

自然开心形树体小，主枝开张，通风透光良好，结果枝牢固而充实，适于设施栽培。

2. 修剪技术

杏树在幼年期的修剪应以早结果为目的。在盆栽和化学控制树冠的情况下，树体的生长已受到了很大的抑制。因此修剪量不会太大。为了使其早结果，修剪时以轻剪和疏剪为主，并结合拉枝、扭梢等技术，使之通风透光良好，促进花芽形成。

冬季修剪时，主要对主枝延长枝进行短截，一般剪去 1/3 左右。对生长较强的长枝和有饱满芽的中长枝，除过密枝影响光照应除去外，一般不要剪截，进行缓放，当年可萌发出若干短枝，逐步培养成结果枝组，这些短果枝可以年年结果，并向外延伸，成为结果的主要部位。凡是短果枝和花束状果枝，均不要短截。对过密的果枝本着"去弱留强"的原则进行合理的疏除。

扣棚升温后，结合花前复剪，短截部分花量过大的结果枝，控制花量。果实膨大期至果实成熟前当新梢长到 15～20 cm 时，进行多次摘心控制，提高坐果率和单果重，背上直立旺盛新梢抹除或扭梢，防止郁闭。夏季修剪是冬季修剪的补充，主要目的是疏通光路，创造很好的光照条件，充实枝条，促进花芽分化。主要措施是采用拉枝、疏枝、摘心等。

①拉枝。对生长旺盛的枝条夏季拉枝可起到延缓生长，促进结果枝的形成，提早结果。拉枝最好在树液流动之后，萌芽以前进行。拉枝的角度以 45°～50° 为宜。

②疏枝。在幼树时应及时疏除位置不合适的背生徒长枝，过密枝等，使树体通风透光良好。

③摘心。杏树在设施条件下一年有 3 个生长高峰，芽又具有早熟性和萌发力强的特点。摘心有利于抑制新梢生长，使枝条充实，改善通风透光条件。摘心时期，以枝条开始木质化为心宜，过早还可能发生分枝。

（三）设施内温、湿、气、光的调控

1. 温度的控制

杏对温度的忍耐范围很广，但在最适宜的温度下对生长发育以及产量和品质有良好的影响。不同生育时期对温度要求不同。

①保温催芽。催芽期分三个阶段进行，第一阶段白天温度控制在 14～15 ℃，夜温控制在 3 ℃以上，保温开始后应马上覆盖地膜，使地温尽快提高到 15 ℃以上，以利于根系活动，维持 3～5 d。第二阶段白天温度 15～18 ℃，夜间 5～10 ℃，维持 10 d，第三阶段温度不能超过 23 ℃，相对湿度 80%～85%。

②开花期。温度不能过高或过低，否则对授粉受精不利，一般要求最高温度白天 16～18 ℃，但为了贮蓄热量，保证夜间温度，一般最高保持 20～22 ℃，夜温 8～10 ℃，最适宜的平均气温为 11～13 ℃。

③果实膨大期。果实膨大期要求较高的温度。一般白天气温控制在 26～28 ℃，夜温控制在 10～15 ℃，对果实生长有利。但膨大后期可降低夜温，将温度控制在 10 ℃左右，有利于品质的提高。

④采收期。白天温度维持在 26～28 ℃，夜温 10 ℃左右。

2. 湿度的控制

杏比较抗旱，但不同时期对湿度的要求不同。应根据需要加以控制，特别是花期的湿度；直接地影响授粉受精，是关系到设施栽培成功的重要问题之一。设施内湿度的大小与灌水量有直接的关系，也与室（棚）内通风密切相关。一般情况下，设施内湿度的控制应是在保温及催芽开花以前，相对湿度控制在 80% 左右；开花期控制在 50%～60%；其他生育期均控制在 60% 左右。

对此必须注意灌水和放风，即利用灌水和放风来控制室内湿度。一般情况下保温开始后至开花前 7 d 可灌 2～3 次小水。花期绝对禁止灌水，并在开花前 7 d 覆盖地膜，防止水分蒸发，注意放风，使相对湿度不超过 60%。

（四）花果管理

杏设施栽培往往出现花开满树，坐果很少，甚至无产量现象，因此要加强花果管理。

1. 授粉

①利用蜜蜂对设施内杏花进行传粉。方法简便，省工省时，授粉效果好，且延长了蜜蜂采蜜时间。

②瓶插多品种花枝与设施内栽培品种进行授粉。但费工费时，而瓶插花枝，与设施内杏树同时开花，也需要相应的措施。如水插培养等。

③严格控制花期温度。通过山东省泰安市林业科学研究所薛树桢等（1998）试验，设施栽培杏花期授粉时所界定的 6～16 ℃ 的温度，既适应了杏生物学特性，也是蜜蜂的正常活动传粉的温度。

④配置授粉品种。杏多数品种如"红荷苞""二花曹""车头""麦黄杏"均自花不育,定植时应选择花期一致的授粉树。

2. 喷、施保果激素和微肥

在杏盛花期,幼果膨大期喷 15 mg/LGA:+0.2%KHPO:+0.1 蔗糖或 25 mg/L GA+40.5% 葡萄糖都有防止生理落果的作用。盛花期喷 0.3% 的硼砂或 0.2% 的硼酸有利于提高坐果率和防止缺硼。在盛花期喷 90 mg/L 赤霉素可以提高当年的坐果率和增加果重。新梢生长初期,每株土施 15% 多效唑粉剂 10 g,可使枝条节间缩短,控制生长,并可增大果实。采用环剥和绞缢措施可缓和树势,提高坐果率,摘心也能显著的提高坐果率。

3. 合理留果

落花后半个月至硬核期以前进行疏果,先将病虫果、畸形果和小型果全部疏掉,再摘除过密果,使留下的果均匀地分布在果树上。疏果标准一般长果枝留 4～6 个果,中果枝留 2～3 个果,短果枝留 1～2 个果,掌握每平方米 60～80 个。

(五)采收和包装

1. 采收

杏采收是杏栽培的重要环节。采收的时期对杏的产量和果实品质有重大影响。采收过早,产量低,果实色泽差,酸度大,果肉硬,香味欠佳,品质不良;采收过晚组织变软,落果多,不耐贮运,也影响产量和品质。

杏果适宜的采收期可通过测定果实可滴定酸、可溶性糖、总糖、总酸的变化来判断,但此法比较复杂。较方便的方法可采用计算果实发育日期的方法,即由盛花期至果实成熟期的天数。但这一方法对不熟悉的新品种来说也有一定困难。因此在生产实践中,仍然以感观来判断,即用肉眼观察其色泽的变化,用嗅觉闻其香味,用味觉尝其风味和软硬程度,基本上能表现出该品种特有的性状即可采收。另外,如运输较远时可提前 1～2 d 采收。

2. 果实包装

杏果实在设施栽培下 4 月上旬即可成熟上市,价格较贵,应注意包装,提高商品价值。包装不宜过大,一般以 1 kg 为一盒为宜,即每盒 8～10 个。根据果个大小可分级包装。小型包装运销方便,消费者容易携带,作为礼品或自己食用一般均能承受。运输时可将小盒竖码于大的硬纸箱内。成熟的杏果实不耐贮存,要求随采收,随包装,随销售。

【实训1】杏冬季修剪

一、实训目标

了解杏冬季修剪手段、修剪方法和步骤,掌握冬季修剪的技术要领。

二、实训材料

材料。整形方式不同的杏幼树和结果树。

用具。修枝剪、手锯、梯子等。

三、实训内容

修剪的一般规则、修剪顺序、一年生枝剪截、多年生枝缩剪、疏枝等。

整形：主侧枝的选留与剪截。

结果枝组修剪。结果枝组的培养、修剪和更新。

更新修剪。结果枝的单、双枝更新及多年生枝的更新。

四、实训方法

本实训一般在杏落叶3周后至翌年树液流动前进行。

实训时，先由指导教师讲解示范，然后由学生分组操作训练。学生训练初期可按每组2～3人分组进行，随操作技能的提高，小组人数逐渐减少，最后独立操作，老师点评总结。

五、实训结果考核

考查学生实训态度，要求学生不迟到早退，态度端正，认真、仔细，遵守纪律（20分）。

考查学生对相关知识的掌握程度，要求学生掌握杏休眠期修剪基本知识，并能陈述杏短截修剪和缓放修剪的区别（25分）。

技能考核，能够正确进行杏冬剪，程序准确，技术规范熟练（40分）。

对实训结果进行判定，按时完成杏冬季修剪实训报告，内容完整，结论正确（15分）。

课程思政

1. 思政元素点

通过介绍杏树生长发育规律，以及杏树生态系统的构成及杏树在我国的栽培历史，培养学生的科学精神和爱国主义情怀及生态文明意识。

2. 课程思政导入

通过讲解杏树生长发育的科学规律和栽培技术的原理和方法，培养学生的科学思维和创新能力，鼓励学生探索新知识和新技术，提高杏树生产的效率和质量。通过介绍果树生态系统的构成和功能，培养学生的生态意识和环保意识，教育学生保护果树生态环境，实现果树生产与自然环境的和谐发展。

复习思考题

1. 调查了解目前西藏设施杏栽培品系，有哪些新品种，其特征、特性如何？
2. 简述杏树冬季和夏季修剪要点。
3. 杏疔病有什么症状？发病条件是什么？如何防治？

附　　录

一、农药的配制及注意事项

（一）计算农药和配料的取用量

农药取用量要根据其制剂有效成分的含量、单位面积的有效成分用量和施用面积来计算。可用下式计算农药制剂用量：

农药用量＝单位面积农药制剂用量（毫升／亩）×施药面积（亩）。

（1）计算出的农药制剂取用量和配料用量（通常为加水量），要严格按照计算量量取或称取。

（2）液体农药可用有刻度的量具如量杯、量筒，最好用注射器量取；固体和大包装粉剂农药要用秤称取；称取少量药剂宜用克秤或天平秤取；小包装粉剂农药，在没有称量工具时，可用等分法分取，也较为准确。

（3）农药和配料称（量）取后，要放在专用容器里混合配制，并用工具（不得用手）搅拌均匀。

（二）药剂用药量计算法

1. 稀释倍数在100倍以上的计算公式

$$药剂用药量 = \frac{稀释剂（水）用量}{稀释倍数}$$

［例1］需要配73%克螨特乳油2 000倍稀释液50L，求用药量。

$$克螨特乳油用药量 = \frac{50}{2000} = 0.025 L（kg）= 25 mL（g）$$

［例2］需要配制50%多菌灵可湿性粉剂800倍稀释液50 L，求用药量。

$$多菌灵可湿性粉剂用药量 = \frac{50}{800} = 0.062\ 5\ kg = 62.5\ g$$

2. 稀释倍数在100倍以下时的计算公式

$$药剂用药量 = \frac{稀释剂（水）用量}{稀释倍数 - 1}$$

（三）农药施用原则

1. 对症用药

果树病害、虫害等有害生物种类很多，化学农药的种类也很多样，只有在准确识别有害生物种类，了解其发生发展规律，并了解药剂特性的基础上，才能做到准确对症用药。

2．适时用药

对于虫害一定要在害虫最佳防治期用药。对病害也要根据其发生条件和扩散规律，确定最佳用药时机，在病害发生前或发生初期用药。

3．适量用药

有的果农在用药时为了增进效果，经常加大浓度，这样容易增加病菌抗药性，杀菌效果也增加不了多少。

4．轮换用药

种农药长期使用，病菌往往产生抗药性，应在1年里轮换使用几种农药，而不要在一个果园内连续多年使用一两种农药。

5．混合用药

在苹果生产中，往往在同一个时期发生几种虫害和病害，混合使用农药可兼治几种病虫。但应注意杀菌剂多是酸性，这些药一般不应和石硫合剂、波尔多液等碱性药混合使用。石硫合剂和波尔多液都是碱性，但二者混合立即产生黑褐色的硫化铜沉淀，有效成分遭到破坏，易发生对植物的药害。机油乳剂要在休眠季使用，且使用后1个月才能使用其他农药。

（四）农药配制注意事项

（1）不提倡用瓶盖倒取农药，极易洒落和引起经皮中毒；不要用水桶配药，残留药液易引起人、畜误食；不能用盛药容器直接到河、沟、塘、池中取水；不准用手伸入药液或粉剂中搅拌。

（2）开启农药包装，称量及配制过程中，操后作人员应该佩戴必要的防护器具。

（3）农林植保人员和农药配制人员，必须经过专业培训，掌握必备的操作技术，熟悉所用的农药性能。

（4）孕妇和哺乳期妇女不准参加农药配制工作。

（5）配制农药应远离住宅区，牲畜栏厩和水源等场所；药液随配随用，配好或用剩药液应采取密封措施；已开装的农药制剂应封存在原包装内，不得转移到其他包装中（如食品包装或饮料瓶）。

（6）配药器械要求专用，每次用后要洗净，不准在河流、小溪、塘、池、坝和水井边清洗。

（7）少量用剩和不要的农药应该深埋地坑中；处理粉剂农药时要小心，以防粉尘飞扬，污染环境。

（8）喷施农药，喷雾器不要装得太满，以免药液泄漏；以当天配制当天用完为好。

二、波尔多液的配制及使用

波尔多液是一种广谱、无机（铜）、保护性杀菌剂，是防治马铃薯晚疫病；葡萄炭疽病、黑痘病；瓜类炭疽病；梨树黑星病；苹果炭疽病、轮纹病、早期落叶病等的常用药剂，广泛用于防治果树、蔬菜、棉、麻等的多种病害，防治叶部病害效果尤佳，可防止病菌侵染，并能促使叶色浓绿、生长健壮，提高抗病能力。成品为天蓝色、微碱性悬浮液，该制剂具有杀菌谱广、持效期长、病菌不会产生抗性、对人和畜低毒等特点，是农业生产上优良的保护剂和杀菌剂，也是应用历史最长的一种杀菌剂。

（一）药效作用机制

药液喷雾在植物体上后，生成一层白色的药膜，可有效地阻止孢子萌发，防止病菌侵染，提高抗病能力，且黏着力强，较耐雨水冲刷，波尔多液本身并没有杀菌作用，当它喷洒在植物表面时，由于其黏着性而被吸附在作物表面。而植物在新陈代谢过程中会分泌出酸性液体，加上细菌在入侵植物细胞时分泌的酸性物质，使波尔多液中少量的碱式硫酸铜转化为可溶的硫酸铜，从而产生少量铜离子（Cu^{2+}），Cu^{2+} 进入病菌细胞后，使细胞中的蛋白质凝固。同时 Cu^{2+} 还能破坏其细胞中某种酶，因而使细菌体中代谢作用不能正常进行。在这两种作用的影响下，即能使细菌中毒死亡。

（二）配制方法及意事项

1. 配制方法

配制原料为硫酸铜、生石灰及水，其混合比例要根据作物对硫酸铜和石灰的敏感程度、防治对象以及用药季节和气温的不同而定。生产上常用的波尔多液比例有：硫酸铜石灰等量式（硫酸铜：生石灰 =1：1）、倍量式（1：2）、半量式（1：0.5）、多量式 [1：（3～5）] 和少量式，用水一般为 160～240 倍。所谓半量式、等量式和多量式等波尔多液，是指石灰与硫酸铜的比例。而配制浓度 1.0%、0.8%、0.5% 等，是指硫酸铜的用量。例如施用 0.5% 浓度的半量式波尔多液，即用硫酸铜 1 份、石灰 0.5 份，水 200 份配制。也就是 1：0.5：200 倍波尔多液。

在配制过程中，可按用水量一半溶化硫酸铜，另一半溶化生石灰，待完全溶化后，再将两者同时缓慢倒入备用的容器中，不断搅拌；也可用 10%～20% 的水溶化生石灰，80%～90% 的水溶化硫酸铜，待其充分溶化后，采用稀铜浓灰法，反应在碱性介质中进行，将硫酸铜溶液缓慢倒入石灰乳中，边倒边搅拌使两液混合均匀即得天蓝色波尔多液，此法配成的波尔多液质量好，胶体性能强，不易沉淀。要注意切不可将石灰乳倒入硫酸铜溶液中，否则易发生沉淀，影响药效。

面积较大的果园一般要建配药池，配药池由一个大池，二个小池组成，两个小池设在大池的上方，底部留有出水口与大池相通。配药时，塞住两个小池的出水口，用一小池稀释硫酸铜，另一小池稀释石灰，分别盛入需兑水数的 1/2（硫酸铜和石灰都需要先用少量水化开，并滤去石灰渣子）。然后，拔开塞孔，两小池齐汇注于大池内，搅拌均匀即成。如果药剂配制量少，可用一个大缸，两个瓷盆或桶。先用两个小容器化开硫酸铜和石灰。然后两人各持一容器，缓缓倒入盛水的大缸，边倒边搅拌，即可配成。

2. 注意事项

（1）配制用的生石灰必须质量好，应选用白色块状的新鲜优质石灰，质量不好的不能用。不要用风化的石灰。块状石灰可放在大缸或塑料袋内封闭贮藏。如果没有块状石灰，也可用过滤在石灰池内的建筑用石灰，但应除掉表层，用量要加一倍；硫酸铜要天蓝色，不带绿色或黄绿色。

（2）硫酸铜在冷水中溶解缓慢，为了提高工作效率，可先用少量热水使硫酸铜完全溶解后再按配量将水加足。

（3）不能用金属容器盛放波尔多液，喷雾器用后，要及时清洗，以免腐蚀而损坏。原因：波尔多液中含有硫酸铜，化学性质比铜活泼的金属会把它从溶液中置换出来，使其变质，如铁：$Fe+CuSO_4=Cu+FeSO_4$；铝：$2Al+3CuSO_4=3Cu+Al_2(SO_4)_3$。

（4）浓的波尔多液不可再加水稀释。一次配成的波尔多液是胶悬体，相对比较的稳定，若再加水则会形成沉淀或结晶而影响质量，易造成药害。

（5）不可将浓石灰水倒入稀硫酸铜中，这样配成的波尔多液极不稳定，易出现沉淀；也不能将浓硫酸铜倒入石灰水中，配成的波尔多液质量差。

（6）波尔多液配成后，将磨光的铁钉或铁片放在药液里浸泡1~2 min，取出后，以不产生镀铜为好，如钉上有暗褐色铜离子，则需在药液中再加一些石灰水，否则易发生药害。

（三）波尔多液在病害防治中的应用及注意事项

1. 波尔多液在病害防治中的应用

（1）不同的蔬菜种类和生育阶段，应使用不同浓度的药液。蔬菜上使用波尔多液的浓度，一般为1份硫酸铜1份生石灰、200份水。瓜类对石灰敏感，宜用1份硫酸铜、0.5份石灰、200份水。蔬菜在幼苗期对波尔多液的适应性弱，使用时浓度也应适当降低。

（2）在葡萄树上的运用。葡萄霜霉病在病菌初侵染前喷雾第一次药，以后每半月喷1次1：0.7：200倍波尔多液，连续喷2~3次，对该病有效；葡萄锈病在发病初期喷1：0.7：200倍波尔多液；葡萄灰霉病在发病初期及时剪除发病花穗，并喷半量式300倍波尔多液；葡萄黑痘病在发病初期喷1：0.5：250倍波尔多液；葡萄黑腐病在开花前、谢花后和果实生长期喷1：0.7：200倍波尔多液，保护果实，并兼防叶片及新梢发病。葡萄褐斑病在发病初期结合防治黑痘病、炭疽病，每半月喷1次1：0.7：200倍波尔多液，连续喷2~3次。

（3）在苹果树上的运用。对苹果早期落叶病，在发病前半月（6月底至7月初）喷等量式200倍波尔多液，以后每隔15~20 d再喷1次，效果很好。但金帅、红玉的果实在生长期间，抗铜力弱，不宜使用；苹果干腐病在5—6月喷2次1：2：（200~240）倍波尔多液；苹果炭疽病从幼果期（5月下旬）喷1：2：200倍波尔多液，以后每隔10~15 d喷1次，连续喷3~4次；苹果锈病在发芽后至幼果期喷倍量式200倍波尔多液；苹果黑星病在6—7月喷雾1：1.5~2：（160~200）倍波尔多液；苹果褐腐病在发病期（9—10月）喷雾2～3次1∶1∶（160～200）倍波尔多液；苹果疫腐病在6—7月喷2～3次倍量式200倍波尔多液。

（4）在梨树上的应用。梨黑星病、叶炭疽病、火疫病在开花前和落花后各喷1次1∶2∶200倍波尔多液，以后每隔15～20 d再喷1次，以保护花序、嫩梢和叶片；梨锈病、褐斑病在萌芽期喷1∶2∶（160～200）倍波尔多液，以后每隔10 d左右喷1次，连续喷2～3次；梨黑斑病在4月下旬至7月上旬，喷雾1∶2∶（160～200）倍波尔多液，以后每隔10 d左右喷1次，连续喷7～8次；梨干枯病在苗木生长期，喷倍量式200倍波尔多液。

（5）在桃、李树上的运用。桃缩叶病防治的关键期在芽苞开始膨大时，喷1次半量式150～200倍波尔多液，效果较好，如果在冬季喷施，则把浓度提高为半量式100倍液；桃细菌性穿孔病，在早春芽萌动时喷等量式200倍波尔多液，发病盛期喷1次等量式200倍波尔多液；李子红点病在开花末期叶芽萌发期，喷雾倍量式200倍波尔多液进行预防。

（6）在核桃树上的运用。核桃黑斑病在发病前，喷等量式200倍波尔多液，以后每隔15～20 d再喷1次。

2．注意事项

（1）波尔多液要现配现用，不可放置时间太长，24 h后会发生质变，不宜使用。

（2）波尔多液是植物保护剂，要在作物发病前或发病初期喷施。在早晨露水未干或潮湿阴雨天气，或晴天温度超过30 ℃以上的中午，应避免施用波尔多液，否则易发生药害。

（3）波尔多液为碱性液，不能与酸性药剂混用，否则易分解失效；也不能与石硫合剂、松脂合剂等混用，两药间隔期为15～20 d，否则会发生药害；果实采收前20 d停用；蔬菜收前半个月内不能使用波尔多液；苹果有的品种（金冠等）喷过波尔多液后幼果易生果锈，可改用其他农药。

（4）喷药要均匀，药滴不能太大，以不使多余药液自叶面流下为限。

（5）易发生药害的果树在施用时要慎重。施用时可参考主要果树对农药的敏感情况。如桃、李、杏、樱桃等核果类果树等长期使用波尔多液易发生药害而导致落叶，使用时间和浓度，应通过小面积试验后，再大面积推广使用。

（6）波尔多液中的硫酸铜有剧毒，如误食波尔多液，应大量食用鸡蛋清。

三、石硫合剂的合理配制与使用

石硫合剂由生石灰和硫黄粉加水熬煮而成，是一种应用广泛的杀菌、杀螨、杀虫剂，可防治白粉病、锈病、褐斑病、黑星病及红蜘蛛、介壳虫等多种园艺植物病虫害。在众多的杀菌剂中，石硫合剂以其取材方便、价格低廉、效果好、对多种病菌具有抑杀作用等优点，被广大果农所普遍使用。但由于石硫合剂的熬制环节较多，常造成熬制的母液浓度过低，同时许多人仅凭经验兑水稀释后就进行喷洒，不仅防效差，甚至还会引起药害，使其达不到预期的防治效果。因此，使用石硫合剂必须科学合理。

（一）石硫合剂的理化性质与特点

石硫合剂原液是酱油色透明的液体，有臭蛋气味，可溶于水，呈强碱性，遇酸易分解，对皮肤和金属物有腐蚀作用。石硫合剂的主要成分为多硫化钙和部分硫酸钙，多硫化钙为杀菌、杀虫的主要有效成分。它能渗透和侵蚀病菌细胞和害虫体壁，起直接杀菌、杀虫（螨）作用。此外，多硫化钙易被空气中的氧、二氧化碳或人为加水稀释后，进行分解产生硫黄细粒，硫黄细粒在高温下挥发的气体进入病菌和虫体内，经一系列反应转化为硫化氢气体，也可杀死病菌和害虫。发病前喷石硫合剂可保护作物不受危害，发病后喷施可杀死病菌防止病害蔓延。石硫合剂对高等动物的急性中毒中等，对人的眼睛、鼻黏膜、皮肤有腐蚀和刺激作用。对植物安全，无残留，不污染环境，病虫不易产生抗性。

（二）石硫合剂的熬制

1. 原料和用具的选择

石硫合剂原液质量的好坏，取决于所用原料生石灰和硫黄粉的质量。生石灰质量对原液质量影响最大，所用的生石灰要呈块状、白色、质轻、含杂质少而未吸湿风化。杂质过多的生石灰及粉末状的消石灰不能采用。硫黄粉要细，块状硫黄要加工成硫黄粉后使用。不能用含铁锈的水来溶解或配制。熬制最好用铁锅，不能用铜、铝器皿。

2. 熬制方法

（1）老方法。配料比为生石灰1份，细硫黄粉2份，水10～12份。首先称量好优质生石灰放入锅内，加入少量水使石灰消解，然后加足水量，加热烧开后，滤出渣子，再把事先用少量热水调制好的硫黄糊自锅边慢慢倒入，同时进行搅拌，并记下水位线，然后加火熬煮，沸腾时开始计时（保持沸腾40～60 min），熬煮中损失的水分要用热水补充，在停火前15 min加足。注意熬煮时火力要猛而均匀，沸腾后不要搅拌。当锅中溶液呈深红棕色（酱油色）、渣子呈蓝绿色时，则可停止燃烧。进行冷却过滤或沉淀后，清液即为石硫合剂母液。为了避免在熬制过程不断加水的麻烦，可按生石灰∶硫黄粉∶水 = 1∶2∶15或1∶2∶13的比例进行熬制。

熬制过程中如果煮的太过（时间过长或火力过大），则药液中已经生成的多硫化钙与空气中的氧起作用，生成无效的硫代硫酸钙，这时药液变成深绿色，浓度虽大但有效成分低；煮得不够时药液呈黄褐色，渣滓也呈黄色，浓度低，有效成分低。确定药液是否熬好，应根据色泽来判断，以药液酱油色渣滓黄色微绿色为好，而熬制的时间只能作为参考。

（2）新方法。传统的石硫合剂熬制法比较烦琐，一些果农难以把握。以下介绍一种简便易学的新方法。石硫合剂配制比例一般为石灰∶硫黄∶水 =1∶2∶10，即熬制一锅石硫合剂需用生石灰1 kg、硫黄2 kg、水10 kg，可得到10 kg左右石硫合剂。老方法是先将石灰水烧开，然后加硫黄粉，再连续熬制1 h即成。从配料、烧火到最后熬好要花2～3 h，而且质量不易控制。新法熬制石硫合剂概括起来就是：慢烧火，加锅盖，加调料，放石块；先撒硫黄粉，后放石灰块，不用人搅锅，时间只需一半，工序配方改后成本下降。具体操作如下。

选料、配方及建锅灶。石灰应选择白色、质轻、无杂质、含钙高的优质石灰。水应用清洁的河水、井水等。硫黄要用色黄质细的优质硫黄，最好达到350目以上。洗衣粉以中性为好。石块以拳头大小、质轻的为好。硫黄、石灰、水、石块的比例为2∶1∶15∶5，再加入总用水量0.4%的洗衣粉。锅灶建造时要两锅相连，炉膛要大而广。

熬制方法。前锅根据配制比例在锅中加好水，后锅的水要多于前锅（烧开水备前锅用，使前锅的水量保持在一定的比例），盖上锅盖开始烧火，当水温达60℃时把化好的洗衣粉倒进锅里进行搅拌，接着用罗把硫黄粉均匀撒在锅里，边撒边搅拌，由于洗衣粉的作用，硫黄粉很快溶于水。当水温达到80℃时立即把石灰块顺锅边放到锅里，接着把石头块也放到锅里，搅拌几下，盖上锅盖进行熬制，并开始计时。熬制时，由于石灰放出大量的热量，水马上沸腾，石灰和硫黄开始进行反应，这时炉膛里的火应大而均匀，使整个锅沸腾，以促进反应速度。有时锅里气泡很大会溢出药液来，掀一下锅盖，气泡就会马上破裂。因锅里放了石块，会自动搅拌，只要火候掌握得好，基本不会跑锅。计时到15 min时火应匀而稳，20 min后火要弱而匀。烧火应掌握前大、后小、中间稳，始终保持整个锅沸腾。熬制25 min时，应及时观察火候，当药液熬到酱油色、锅底渣子变为深绿色时马上停火出锅。如果渣子呈墨绿色，则说明火候已过，有效成分开始分解；若渣子呈黄绿色，表明火候不到，应继续加火。

优点。新法熬制石硫合剂可使锅内温度均衡适宜，可防止硫黄蒸发，减轻污染，而且省工、省力、省燃料，同样的原材料可使药液增加30%，燃料节省50%以上，人工节省40%，而且药液质量高，渣子少，结晶少，多硫化钙的含量高。

（三）石硫合剂的稀释和使用

1．原液的稀释

在使用时应该注意药液浓度要根据植物的种类、病虫害对象、气候条件、使用时期等不同而定。使用前必须用波美比重计测量好原液的波美度，根据所需浓度计算出稀释的加水量。计算公式为：

兑水重量 =（母液波美度 ÷ 稀释后波美度 −1）× 母液重量。

例如：有2 kg的20波美度的母液，要稀释成0.5波美度的药液，应加的水量为：（20÷0.5−1）×2 kg=78 kg

稀释倍数可按下列公式重量倍数稀释：

加水稀释倍数 =（原液波美度 − 需要稀释的波美度）÷ 需要稀释的波美度。或者按书上的石硫合剂稀释表计算。

如果没有比重计，可找一个干燥的浅色玻璃瓶，先称出空瓶重量，再装满清水后称重，减去空瓶重量，即得出1瓶水净重量（不含空玻璃瓶重量）；再把瓶内清水倒掉，把瓶内弄干后，再装满1瓶石硫合剂原液称重，求出原液净重量（不含空玻璃瓶重量）。然后按下列公式计算原液比重：

$$原液比重 =（原液重量 \div 同容积的水重量）。$$

再根据原液比重计算出原液的波美度：

$$波美度 =144.3-144.3 \div 比重$$

石硫合剂的配制公式：

$$原液需要量 = 所需稀释浓度 \div 原液浓度 \times 所需稀释液量$$

2．防治对象和使用方法

（1）喷雾法

休眠期。在每年早春和冬季休眠期分别喷施 1 次不同浓度的石硫合剂，能有效地防治一些病虫害的发生与危害。在冬季修剪清园后，喷布 0.5～0.8 波美度石硫合剂，对越冬的病原菌或螨类、介壳虫等有控制的效果。一般喷洒 1～2 波美度的石硫合剂稀释液，可防治黑星病、黑痘病、白粉病，苹果腐烂病，苹果蚜虫、红蜘蛛，介壳虫等，效果良好。在发芽前，用 3～5 波美度石硫合剂，可防治苹果树腐烂病、白粉病、炭疽病、梨树黑星病、葡萄黑痘病、山楂花腐病、桃细菌性穿孔病等，并可防治苹果全爪螨的越冬卵及山楂叶螨的出蛰成螨、葡萄瘿螨、梨潜叶壁虱、梨圆蚧、桃树球坚蚧、梨盾蚧和草履蚧等害虫。防治苹果、海棠和梨锈病，由于其病原菌在针叶树（如桧柏、圆柏、龙柏等）寄主上越冬，因此在春季树木萌芽前，应向针叶树上喷洒 0.5～0.8 波美度石硫合剂以控制病菌的传播和蔓延。

生长期。生长期使用石硫合剂，其浓度需控制在 0.1～0.5 波美度。在适当浓度下，对锈病、白粉病、花腐病、螨类、蚧类等多种果树病虫有良好效果。一般可使用 0.2～0.5 波美度石硫合剂稀释液，防治桧柏、苹果、海棠锈病，桃球介壳虫，苹果红蜘蛛等。

（2）伤口处理剂

石硫合剂原液消毒刮治的伤口，可减少有害病菌的侵染，防止腐烂病、溃疡病的发生。

（3）涂白剂

熬制石硫合剂剩余的残渣可以配制为保护树干的涂白剂，能防止日灼和冻害，兼有杀菌、治虫等作用，配置比例为：生石灰∶石硫合剂（残渣）∶水 =5∶0.5∶20，或生石灰∶石硫合剂（残渣）∶食盐∶动物油∶水 =5∶0.5∶0.5∶1∶20。

（四）配制和使用石硫合剂要注意的问题

1．忌用铜、铝器具

石硫合剂属强碱性药剂，熬制和贮存时，不能用铜、铝容器，可用铁质或陶瓷容器。施用石硫合剂后的喷雾器，必须及时进行充分洗涤，以免腐蚀损坏。

2．腐蚀性强，应注意防护

因该品对人的眼睛、鼻黏膜、皮肤有刺激和腐蚀性，因此，在熬制和施用时应注意防护皮肤或衣服勿沾染原液。

3．要掌握好与其他药剂混用和间隔使用

石硫合剂呈强碱性，不能与大多数忌碱性农药品种混用，如果与其他药剂混用不当，或前后使用间隔时间不足，不但会降低药效，而且还会引起药害。不能与波尔多液等碱性药剂或机油乳剂、松脂合剂、铜制剂混用，否则会发生药害。在喷石硫合剂后，要间隔 10～15 d，才能喷波尔多液；先喷波尔多液或机油乳剂的，要间隔 20 d 以后才能喷布石硫合剂，以免发生药害。

4. 注意施用时气温

夏季气温在 32 ℃以上，早春低温在 4 ℃以下，均不宜施用石硫合剂。稀释用水温度不得超过 30 ℃。

5. 贮存时应密闭隔氧

多硫化钙的性质很不稳定，在石硫合剂原液贮存不当时，易被空气中的氧、二氧化碳分解，原液面结成一层硬皮，底部产生沉淀，药效降低。原液贮藏时必须用小口容器（塑料桶、瓦坛罐）密封，在液面滴加少许煤油，使之与空气隔绝，可延长贮藏期，一般可保存半年。经过稀释的药液现配现用，不宜贮藏。

6. 适宜的树种和品种

一般情况下，石硫合剂可以在苹果、梨、葡萄、桃、杏、樱桃等果树的休眠期使用。在李树上喷布，会抑制花芽分化，造成翌年减产。梨、葡萄、杏等对硫比较敏感，生长期不能使用。

7. 掌握适宜的使用时期

苹果和桃的花期喷布石硫合剂，具有一定的疏花疏果作用。特别是在国光苹果的盛花期喷布时，疏花的效果很显著。因此，在苹果和桃树的花期，如果不是为了疏花疏果，一般不宜喷布，以免造成减产。另外，在苹果生长季中喷布石硫合剂，在浓度适宜的情况下，虽不易发生药害，但易在果面形成污斑，降低外观品质。在发生红蜘蛛的苹果园中，当叶片受害已很严重时，不宜再喷石硫合剂，以免引起叶片加速干枯、脱落。果实着色后忌用石硫合剂，否则可能引起大量落果。果树休眠期和早春萌芽前，是使用石硫合剂的最佳时期。

8. 要根据气候条件及防治对象来确定使用浓度

冬季气温低，植株处于休眠阶段，使用浓度可高些，夏季气温高，使用浓度宜低些，一般在果树休眠期用 3～5 波美度，而在生长阶段则用 0.1～0.5 波美度，否则易产生药害。

四、果树涂白剂的配制及操作方法

（一）涂白剂的作用

1. 杀菌

涂白剂中含有大量杀菌成分，可起到杀菌、防止伤口病菌感染、加速伤口愈合的作用。

2. 杀虫

涂白剂中的杀虫成分，可杀死树皮内的越冬虫卵和蛀干害虫。由于害虫一般喜欢黑色、肮脏的地方，不喜欢白色、干净的地方，树干被涂成白色，可以防止天牛、吉丁虫、大青叶蝉等害虫在枝干上产卵。

3. 防啃食

涂白剂中含有石灰、硫黄等不适口成分，可预防鼠兔在冬季啃食树皮。

4. 防日灼

冬季，树干是黑褐色的，易于吸收热量，造成向阳的树皮昼夜温差大，容易冻裂。尤其是大树，因树干粗、颜色深，而且组织韧性比较差，更容易裂开。涂白后，能够使40%～70%的阳光被反射，减小了树干的昼夜温差，树皮不易裂开，起到保护皮层、防止日灼和冻害的作用。

5. 防春冻

涂白可使树体温度缓慢上升，延迟萌芽和开花，以避免果树在早春花期遭受冻害。

（二）果树涂白剂的几种配制方法

1. 硫酸铜石灰涂白剂

有效成分为硫酸铜 0.5 kg、生石灰 10 kg、水 30～40 kg，或者三者的比例为 1 : 20 : （60～80）。配制时，用少量开水将硫酸铜充分溶解，再加入 2/3 的水加以稀释；将生石灰加入 1/3 的水，慢慢熟化，调成浓石灰乳；待两者充分溶解且温度相同后，将硫酸铜溶液倒入浓石灰乳中，并不断搅拌均匀即可。

2. 石灰硫黄四合剂涂白剂

有效成分为生石灰 10 kg、硫黄 1 kg、食盐 200 g、动（植）物油 200 g、热水 40 kg。配料中，生石灰要求色白、质轻、无杂质，如采用不纯熟石灰作原料，要先用少量水浸泡数 h，使其变成膏状且无颗粒最好。如果把带颗粒的石灰涂到树干上，其会在树干上继续吸收水分、释放热量而烧伤树皮，对光皮或薄皮的树木更应该注意这一点。硫黄粉越细越好，最好再加一些中性洗衣粉，用量占水重量的 0.2%～0.3%。配制时，先用 40～50 ℃ 的热水分别将硫黄粉与食盐溶化，并在硫黄粉溶液里加入洗衣粉。将生石灰慢慢放入 80～90 ℃ 的水中，慢慢搅动，充分溶化。石灰乳和硫黄加水充分混合，然后加入盐和油脂，充分搅匀即成。

3. 石硫合剂生石灰涂白剂

有效成分为石硫合剂原液 0.5 kg、食盐 0.5 kg、生石灰 1.5 kg、油脂适量、水 15 kg。配制时，将生石灰加水熟化，加入油脂，搅拌后加水，制成石灰乳，再倒入石硫合剂原液和盐水，充分搅拌即成。

4. 涂料涂白剂

涂料和水以 5 : 1 的比例配制，加入适量的杀虫剂、杀菌剂、趋避剂。配制时，先将杀虫剂、杀菌剂和趋避剂溶解到水中，再与涂料混合，调整涂料浓度，以方便涂刷，充分搅拌即成。此涂白剂附着时间长，白度较高，兼治林木枝干病虫、病菌及预防鼠兔啃食树皮，在日灼危害严重地区使用较好。

（三）涂白剂的使用

树干涂白全年都可进行，用于防冻应在严寒来临前进行，一般在11月至12月上旬，落叶果树涂白的最佳时间为树木落叶后的1周左右；防枝干日灼应在盛暑前的5月下旬到6月；防天牛、吉丁虫产卵应该在成虫羽化前的4—5月涂白；桃、梨、杏、梨等早花果树，早春发芽前将枝干涂白可使树体温度上升缓慢，延迟萌芽和开花（一般延迟3～5 d），以避免在早春花期受冻害。

（四）注意事项

1．随配随用，不得久放

果树涂白剂要随配随用，不得久放。使用时，要将涂白剂充分搅拌，以利刷均。涂白剂的浓度以涂在树干上不下流、不成疙瘩、干后不翘、不脱落为宜。涂白时，一定要均匀，尤其是树皮缝隙、洞孔、树杈等处要重复涂刷，以免漏刷。

2．清理翘皮，处理枝条

在使用涂白剂前，最好先刮去树皮上的翘皮和苔藓等寄生物，树洞、树皮缝是介壳虫等害虫越冬的良好场所，也要刮除干净。如发现枝干上已有害虫蛀入，要先把害虫杀死后，再进行涂白处理。最好先剪除病枝、弱枝、老化枝及过密枝，然后收集起来集中烧毁，并且把折裂、冻裂处用塑料薄膜包扎好。树体涂白前，先对树干进行刮除、清理，以使涂白剂附着力更强，渗透力更好，防治病虫效果更佳。先把折裂、冻裂处用塑料薄膜包扎好对已有害虫蛀入的枝干，要用棉花浸药把害虫杀死后再进行涂白处理。

3．及时涂抹，均匀涂刷

树干涂白主要是为防止果树害虫越冬，保护果树，因此，涂白工作必须在冷空气入侵前全面结束。涂白迟了，害虫已完成上下转移，起不到阻隔作用，一般在11—12月涂白较适宜。涂刷时，用宽毛刷蘸取涂白剂，温度适宜时，将主枝基部及主干均匀涂白。低于0 ℃涂刷，涂白剂不仅易脱落，而且容易因为水结冻凝冰而造成涂刷部位冻伤，对果树越冬不利。

4．涂白高度

涂白剂中含有大量杀菌杀虫成分，可拒避老鼠啃树皮。涂白高度应视树木的大小而定，通常距离地面0.6～1.2 m为宜。如老树露骨更新后，为防止日晒，则涂白位置应提高，或全株涂白。涂刷时用毛刷或草把蘸取涂白剂，选晴天将主枝基部及主干均匀涂白，涂白部位主要在离地1.0～1.5 m为宜。如老树露骨更新后，为防止日晒，则涂白位置应升高，或全株涂白。石灰的白色反光作用，不仅能减少对太阳热能的吸收，缩小昼夜温差，起到保护皮层，防止日灼、冻害作用，而且能防止天牛、吉丁虫、大青叶蝉等害虫在枝干上产卵为害。

5．混合需谨慎

混合杀虫剂、杀菌剂和趋避剂时要慎重。涂白剂是碱性物质，而大部分杀虫剂和杀菌剂是酸性物质，在涂白剂中混合杀虫剂或杀菌剂时，要选用可与碱性农药混合的杀菌剂、杀虫剂、趋避剂。

参考文献

代安国，谢红江，朱子政，2017. 西藏核桃资源与产业发展研究［M］. 成都：四川科学技术出版社.

董启凤，1998. 中国果树实用新技术大全（落叶果树卷）［M］. 北京：中国农业科技出版社.

高梅，潘自舒，2018. 果树生产技术（北方本）［M］. 北京：化学工业出版社.

《果树园艺工》编委会，2013. 果树园艺工［M］. 北京：中国农业大学出版社.

河北农业大学，1987. 果树栽培学各论（北方本）［M］. 2版. 北京：农业出版社.

胡国谦，陈凯，周维灼，等，1993. 我国优质梨分布区域及其适宜生态指标的研究［J］. 生态农业研究，1（2）：70-73.

黄海帆，杨振宇，郑智龙，2014. 果树栽培技术［M］. 北京：中国农业科学技术出版社.

蒋锦标，卜庆雁，2014. 果树生产技术（北方本）［M］. 北京：中国农业大学出版社.

朗杰，2021. 高原果树栽培学［M］. 南京：东南大学出版社.

李美桂，谢钟琛，郑宇，等. 西藏果业可持续发展对策［J］. 园艺学报，2008，35（6）：899-908.

李绍华，贾克功，肖兴国，1997. 桃优质稳产高效栽培［M］. 北京：高等教育出版社.

刘凤之，王海波，胡成志，2021. 我国主要果树产业现状及"十四五"发展对策［J］. 中国果树（1）：1-5.

刘玉洪，2015. 浅谈我国果树生产及发展建议［J］. 中国农业信息（13）：35.

龙兴桂，2000. 现代中国果树栽培（落叶果树卷）［M］. 北京：中国林业出版社.

路贵龙，代安国，崔永宁，等，2018. 西藏梨发展现状及展望［J］. 西藏农业科技（3）：68-71.

马文哲，雷世俊，2019. 果树生产技术北方本［M］. 2版. 北京：中国农业出版社.

穆长安，徐明，2016. 我国果树生产现状与提高果品质量的关键措施［J］. 农业科技通讯（05）：215-217.

任晶晶，2020. 我国果树栽培技术的发展特点［J］. 现代农业科技（17）：81.

沈元月，郭家选，贾克功，1998. 桃品种自然休眠结束期及需冷量［J］. 莱阳农学院学报，15（1）：6-9.

沈元月，郭家选，刘成连，等，1999. 温度对桃花器官发育的影响［J］. 园艺学报，26（1）：1-6.

相栋，徐秉良，王森山，等，2020.西藏果树病虫害种类及发生情况调查［J］.中国果树（2）：130-136.

谢红江，杨文渊，刘清元，等，2012.西藏苹果生产现状、问题及发展思路［J］.中国园艺文摘（8）：48-50.

叶彦辉，高毅，韩艳英，等，2019.5个梨品种在西藏林芝的引种表现及光合特性［J］.高原农业，3（6）：615-623.

于绍夫，1985.梨树种类论［J］.烟台果树（04）：1-8.

于泽源，2009.果树栽培［M］.2版.北京：高等教育出版社.

曾骧，1992.果树生理学［M］.北京：北京农业大学出版社.

张华国，李宝海，2012.西藏设施果树发展现状及对策建议［J］.南方农业，6（12）：68-70.

张玉星，2003.果树栽培学各论（北方本）.［M］.3版.北京：中国农业出版社.

邹雨婷，索朗曲珍，黄鹏程，等，2020.西藏地区苹果产业发展的SWOT分析［J］.西藏农业科技（2）：69-72.

左力，代安国，刘清元，等，2004.茜藏果树资源与区划初探［J］.西藏农业科技，26（3）：13-26.

左力，嘎玛益西，王青山，等，1995.早酥梨引种试验总结［J］.西藏农业科技，17（4）：21-23.